水文与水资源利用管理研究

刘凯　刘安国　左婧　李蛟　刘喆　著

天津出版传媒集团
天津科学技术出版社

图书在版编目（CIP）数据

水文与水资源利用管理研究 / 刘凯等著. -- 天津 : 天津科学技术出版社, 2021. 7
ISBN 978 - 7 - 5576 - 9474 - 6

Ⅰ. ①水… Ⅱ. ①刘… Ⅲ. ①水文学 - 研究②水资源管理 - 研究 Ⅳ. ①P33②TV213. 4

中国版本图书馆 CIP 数据核字（2021）第 144899 号

水文与水资源利用管理研究
SHUIWEN YU SHUIZIYUAN LIYONG GUANLI YANJIU
责任编辑：房　芳
责任印制：兰　毅
出　　版：天津出版传媒集团 / 天津科学技术出版社
地　　址：天津市西康路 35 号
邮　　编：300051
电　　话：(022)23332397
网　　址：www. tjkjcbs. com. cn
发　　行：新华书店经销
印　　刷：北京时尚印佳彩色印刷有限公司

开本 787×1092　1/16　印张 20. 5　字数 360 000
2021 年 7 月第 1 版第 1 次印刷
定价：88.00元

前言

水是人类及其他生物赖以生存的不可缺少的重要物质，也是工农业生产、社会经济发展和生态环境改善不可替代的极为宝贵的自然资源。然而，自然界中的水资源是有限的，人口增长与经济社会发展对水资源需求量不断增加，水资源短缺和水环境污染问题日益突出，严重地困扰着人类的生存和发展。水资源的合理开发与利用，加强水资源管理与保护已经成为当前人类为维持环境、经济和社会可持续发展的重要手段和保证措施。水是基础性的自然资源和战略性的经济资源，是生态环境的控制性要素，在国民经济和国家安全中具有重要的战略地位。水资源的可持续利用直接关系到全面建设小康社会目标的实现。我国是一个水利大国，同时也是一个水资源相对贫乏的国家，人多水少，水资源时空分布不均，水土资源与经济社会发展布局不相匹配，是我国的基本水情。因此，必须从保障经济社会可持续发展的高度，把水资源可持续利用作为水利工作的切入点，统筹考虑水资源问题与经济社会发展，统筹考虑生活、生产、生态用水，在水资源开发、利用、治理的同时，突出加强水资源的节约、配置和保护，大力推进节水型社会建设，提高水资源承载力和水环境承载力。水资源是自然环境的重要组成部分，又是环境生命的血液。它不仅是人类与其他一切生物生存的必要条件，也是国民经济发展不可缺少和无法替代的资源。随着人口与经济的增长，水资源的需求量不断增加，水环境又不断恶化，水资源短缺已经成为全球性问题。水资源的保护与管理，是维持水资源可持续利用、实现水资源良性循环的重要保证，管理是为达到某种目标而实施的一系列计划、组织、协调、激励、调节、指挥、监督、执行和控制活动，保护是防止事物被破坏而实施的方法和控制措施。水资源管理与保护是我国现今涉水事务中最重要的并受到较多关注的两个方面。因此，要正确认识水资源环境保护与利用的现状，分析其存在的问题，挖掘其开发利用潜力，在借鉴国内外水资源环境保护与利用的经验教训的基础上，探索与市场经济相适应的水资源环境保护与利用的运行机制及其保障体系，以合理利用水资源，加强水资源环境保护，努力实现经济社会又好又快发展。

本书由黄河水利委员会山东水文水资源局刘凯、黄河水利委员会山东水文水资源局陈山口水文站刘安国、黄河水利委员会山东水文水资源局左婧、黄河水利委员会山东水文水资源局泺口水文站李蛟、黄河口水文水资源勘测局刘喆担任主编。其中刘凯负责第一章至第三章的编写（共计7万字），刘安国负责第四章和第五章的编写（共计7.2万字），左婧负责第六章和第七章的编写（共计7.2万字），李蛟负责第八章和第九章的编写（共计7.2万字），刘喆负责第十章和第十一章的编写（共计7.4万字）。刘凯负责全书的统稿和修改。

目 录

第一章　水文与水资源的概述

第一节　水文与水资源学的定义

一、水文与水资源学的定义、研究对象、研究内容及其分类

水文学是研究地球上各种水体的存在、分布、运动及其变化规律的学科，主要探讨水体的物理、化学特性和水体对生态环境的作用。水体是指以一定形态存在于自然界中的水的总称，如大气中的水汽，地面上的河流、湖泊、沼泽、海洋、冰川，以及地面下的地下水。各种水体都有自己的特征和变化规律，因此，按水体在地球圈层的分布情况，水文学可分为水文气象学、地表水文学和地下水文学；按水体在地球表面的分布情况，地表水文学又可分为海洋水文学和陆地水文学。

1. 水文气象学。水文气象学即运用气象学来解决水文问题，是水文学与气象学间的边缘学科，是主要研究大气水分形成过程及其运动变化规律，亦可解释为研究水在空气中和地面上各种活动现象（如降水过程、蒸发过程）的学科。如可能最大降水的推求，即属于水文气象学中的问题。

2. 海洋水文学。海洋水文学又称海洋学，是主要研究海水的物理、化学性质，海水运动和各种现象的发生、发展规律及其内在联系的学科。海水的温度、盐度、密度、色度、透明度、水质，以及潮汐、波浪、海流和泥沙等与海上交通、港口建筑、海岸防护、海洋资源开发、海洋污染、水产养殖和国防建设等有密切关系。

3. 陆地水文学。陆地水文学主要研究存在于大陆表面上的各种水体及其水文现象的形成过程与运动变化规律，按研究水体的不同又可分为河流水文学、湖泊水文学、沼泽水文学、冰川水文学、河口水文学等。在天然水体中，河流与人类经济生活的关系最为密切，因此，河流水文学与其他水体水文学相比，发展得最早、最快，目前已成为内容比较丰富的一门学科。

河流水文学按研究内容的不同，可划分为以下一些学科：①水文测验学及水文调查。研究获得水文资料的手段和方法、水文站网布设理论、水文资料观测与整编方法、为特定目的而进行的水文调查方法及资料整理等；②河流动力学。研究河流泥沙运动及河床演变的规律；③水文学原理。研究水分循环的基本规律和径流形成过程的物理机制；④水文实验研究。运用野外实验流域和室内模拟模型来研究水文现象的物理过程；⑤水文地理学。根据水文特征值与自然地理要素之间的相互关系，研究水文现象的地区性规律；⑥水文预报。根据水文现象变化的规律，预报未来短时期（几小时、几天）或中长期（几天、几个月）内的水文情势；⑦水文分析与计算。根据水文现象的变化规律，推测未来长时期

（几十年到几百年以上）内的水文情势。此外，还有研究水体化学与物理性质的水文化学与水文物理学。

4. 地下水文学。地下水文学是主要研究地壳表层内地下水的形成、分布、运动规律及其物理性质、化学性质，对所处环境的反应以及与生物关系的学科。

二、水资源学的定义、性质及其主要内容

水资源学是在认识水资源特性、研究和解决日益突出的水资源问题的基础上，逐步形成的一门研究水资源形成、转化、运动规律及水资源合理开发利用基础理论并指导水资源业务（如水资源开发、利用、保护、规划、管理）的学科。

水资源学的学科基础是数学、物理学、化学、生物学和地学，而气象学、水文学（含水文地质学）则是直接与水资源的形成和时空变化、动态演变有关的专业基础学科，水资源的开发利用则涉及经济学、环境学和管理学。水资源学的发展动力是人类社会生存和发展的需要。水资源学研究的核心是人类社会发展和人类生存环境演变过程中水供需问题的合理解决途径。因此，水资源学带有自然科学、技术科学和社会科学的性质，但主要是技术科学，体系上属于水利科学中的一个分支。

水资源学的基本内容包括以下 7 个方面。

1. 全球和区域水资源的概况。这是进行水资源学研究的最基本内容。关于全球水储量和水平衡，20 世纪 70 年代曾由联合国教科文组织在国际水文十年（IHD）计划中进行过分析。自 1977 年联合国水会议号召各国进行本国的水资源评价活动之后，有多数国家进行了此项工作，并取得了一批基础成果。这些成果为了解各国的水资源概况及其基本问题，以及世界上的水资源形势提供了依据，也是各国水资源工作的出发点。

2. 水资源评价。水资源评价不仅限于对水文气象资料的系统整理与图表化，还应包括对水资源供需情况的分析和展望等水资源中心问题。各国都在进行水资源评价活动，通过对评价的方向、条件、方法论和范围的经验总结，为指导今后的水资源评价工作提供了科学基础。

3. 水资源规划。水资源规划重点是在对区域水资源的多种功能及特点进行分析的基础上，结合区域的历史、地理、社会和经济特点提出水资源合理开发利用的原则和方法；在区分水资源规划和水利规划关系的基础上，叙述水资源规划的各类模型，包括结合水质和水环境问题的治理和保护规划，以及结合地区宏观经济和社会发展的水资源规划理论和方法等。

4. 水资源管理。水资源管理包括对水资源的管理原则、体制和法规等，如统一管理和分散管理、统一管理和分级分部门的管理体制的比较等；对不同水源、不同供水目标和包括其他用水要求的合理调度及分配方法、水资源保护和管理模型及专家系统，管理的行政、经济、法规手段的分析等。

5. 水资源决策。水资源决策包括水资源决策和水利决策的关系和配合、水资源决策的条件和决策支持系统的建立、决策风险分析和决策模型等。

6. 水资源与全球变化。水资源与全球变化包括全球变化对水资源影响的分析、水资源的相应变化与水资源供需关系的分析等。

7. 与水资源学有关的交叉学科。由于水资源问题的重要性和社会性，许多独立学科在介入水资源问题时发展了和水资源学的共同交叉学科，如水资源水文学、水资源环境学、水资源经济学等。虽然从本质上讲这些新的交叉学科属于水文学、环境学和经济学，但都是直接为水资源的开发、利用、管理和保护服务的，带有专门性质，也应在水资源学中有所反映，并说明水资源问题的多方位性。

第二节　水文学与水资源学的关系

水资源学与水文学之间既有区别又有密切的联系，常引起一些混淆。总的来说，水文学是水资源学的重要学科基础，水资源学是水文学服务于人类社会的重要应用内容。本节从这两方面分别阐述二者之间的具体联系。

一、水文学是水资源学的重要学科基础

首先，从水文学和水资源学的发展过程来看，水文学具有悠久的发展历史，是自人类利用水资源以来，就一直伴随着人类水事活动而发展的一门古老学科；而水资源学是在水文学的基础上，为了满足日益严重的水资源问题的研究需求而逐步形成的知识体系。因此，可以近似地认为，水资源学是在水文学的基础上衍生出来的。

其次，从水文学与水资源学的研究内容来看，水文学是一门研究地球上各种水体的形成、运动规律以及相关问题的学科体系，其中，水资源的开发利用、规划与管理等工作是水文学服务于人类社会的一个重要应用内容；水资源学主要包括水资源评价、配置、综合开发、利用、保护以及对水资源的规划与管理，其中，水循环理论、水文过程模拟以及水资源形成与转化机理等水文学理论知识是水资源学知识体系形成和发展的重要理论基础。比如，研究水资源规划与管理，需要考虑水循环过程和水资源转化关系，以及未来水文情势的变化趋势。再比如，研究水资源可再生性、水资源承载能力、水资源优化配置等内容，需要依据水文学基本原理（如水循环机理、水文过程模拟），因此水文学是水资源学发展的重要学科基础。

二、水资源学是水文学服务于人类社会的重要应用内容

水循环理论支撑水资源可再生性研究，是水资源可持续利用的理论依据。水资源的重要特点之一是“水处于永无止境的运动之中，既没有开始也没有结束”，这是十分重要的水循环现象。永无止境的水循环赋予水体可再生性，如果没有水循环的这一特性，根本就谈不上水资源的可再生性，更不用说水资源的可持续利用，因为只有可再生资源才具备可持续利用的条件。当然，说水资源是可再生的，并不能简单地理解为“取之不尽，用之不竭”。水资源的开发利用必须要考虑在一定时间内水资源能得到补充、恢复和更新，包括水资源质量的及时更新，也就是要求水资源的开发利用程度必须限制在水资源的再生能力之内，一旦超出它的再生能力，水资源得不到及时的补充、恢复和更新，就会面临着水资源不足、枯竭等严重问题。从水资源可持续利用的角度分析，水体的总储量并不是都可被

利用的，只有不断更新的那部分水量才能算作可利用水量。另外，水循环服从质量守恒定律，这是建立水量平衡模型的理论基础。

水文模型是水资源优化配置、水资源可持续利用量化研究的基础模型。通过对水循环过程的分析，揭示水资源转化的量化关系，是水资源优化配置、水资源可持续利用量化研究的基础。水文模型是根据水文规律和水文学基本理论，利用数学工具建立的模拟模型。这是研究人类活动和自然条件变化环境下水资源系统演变趋势的重要工具。以前，在建立水资源配置模型和水资源管理模型时，常常把水资源的分配量之和看成是总水资源利用量，并把总水资源利用量看成是一个定值。而现实中，由于水资源相互转换，原来利用的水有可能部分回归到自然界（称为回归水），又可以被重复利用，也就是说，水循环过程是一个十分复杂的过程，在实际应用中应该体现这一特性，因此，在水资源配置、水资源管理等研究工作中，要充分体现这一复杂过程。

第三节　水文现象及水资源的基本特性

一、水文现象的概念及其基本特性

地球上的水在太阳辐射和重力作用下，以蒸发、降水和径流等方式周而复始地循环着。水在循环过程中的存在和运动的各种形态统称为水文现象。水文现象在时间和空间上的变化过程具有以下特点。

1. 水文过程的确定性规律。从流域尺度考察一次洪水过程，可以发现暴雨强度、历时及笼罩面积与所产生的洪水之间的因果联系。从大陆或全球尺度考察，各地每年都出现水量丰沛的汛期和水量较少的枯季，表现出水量的季节变化，而且各地的降水与年径流量都随纬度和离海距离的增大而呈现出地带性变化的规律。上述这些水文过程都可以反映客观存在的一些确定性的水文规律。

2. 水文过程的随机性规律。自然界中的水文现象受众多因素的综合影响，而这些因素本身在时间和空间上也处于不断变化的过程之中，并且相互影响着，致使水文现象的变化过程，特别是长时期的水文过程表现出明显的不确定性，即随机性，如年内汛、枯期起讫时间每年不同；河流各断面汛期出现的最大洪峰流量、枯季的最小流量或全年来水量的大小等，各年都是变化的。

二、水资源的概念及其基本特性

（一）水资源的概念

目前，关于水资源的概念，尚未形成公认的定义。在国内外文献中，对水资源的概念有多种提法，其中具有一定代表性的有以下几种。

在《英国大百科全书》中，水资源被定义为“全部自然界任何形态的水，包括气态水、液态水和固态水的全部水量”。

1963 年通过的《英国水资源法》中，水资源则被定义为“具有足够数量的可用水源”。

在联合国教科文组织和世界气象组织共同制定的《水资源评价活动——国家评价手册》中，将水资源定义为：“可利用或有可能被利用的水源，具有足够的数量和可用的质量，并能在某一地点为满足某种用途而可被利用。”

苏联水文学家 O · A · 斯宾格列尔在其所著的《水与人类》一书中指出：“所谓水资源，通常可理解为某一区域的地表水（河流、湖泊、沼泽、冰川）和地下水储量。水资源储量可分为更新非常缓慢的永久储量和年内可恢复的储量两类，在利用永久储量时，水的消耗不应大于它的恢复能力。”

《中国水资源初步评价》将水资源定义为“逐年可得到恢复的淡水量，包括河川径流量和地下水补给量”，并指出大气降水是河川径流和地下水的补给来源。

《中国大百科全书 · 气海水卷》提出，水资源是“地球表层可供人类利用的水，包括水量（质量）、水域和水能资源。但主要是每年可更新的水量资源”。

上述各定义彼此差别较大：有的把自然界各种形态的水都视为水资源；有的只把逐年可以更新的淡水作为水资源；有的把水资源与用水联系考虑；有的除了水量之外，还把水域和水能列入水资源范畴之内。如何确切地给水资源下定义呢？这一问题值得进一步探索和研究。

部分学者认为，水资源概念的确定应考虑以下几条原则。

第一，水作为自然环境的组成要素，既是一切生物赖以生存和发展的基本条件，又是人类生活、生产过程中不可缺少的重要资源，前者用于水的生态功能，后者则是水的资源功能。地球上存在多种水体，有的可以直接取用，资源功能明显，如河流水、湖泊水和浅层地下水；有的不能直接取用，资源功能不明显，如土壤水、冰川和海洋水。一般只宜把资源功能明显的水体作为水资源。

第二，人类社会各种活动的用水，都要求有足够的数量和一定的质量。随着工农业生产发展以及人民生活水平的提高，人类对水量和水质的要求也愈来愈高，这就要求有更多的水源具有良好的水质和好的补给条件，能保证长期稳定供水，不会出现水质变坏或水量枯竭的现象。因此，水资源应该与社会用水需求密切联系。社会用水需求包含“水量”和“水质”两方面的含义。也就是说，只有逐年可以更新并满足一定水质要求的淡水水体才可作为水资源。

第三，地表、地下的各种淡水水体均处在水循环系统中，它们能够不断地得到大气降水的补给。参与水循环的水体补给量称为动态水量，而水体的储量称为静态水量。为了保护自然环境、维持生态平衡和保证水源长期不衰，一般只能取用动态水量，不宜过多动用静态水量，静态水量的一部分可作为调节备用水量。水资源的数量应以参与水循环的动态水量（即水体的补给量）来衡量。把静态水量计入水资源量的观点完全忽视了水的生态功能，不利于水资源的合理开发和综合利用。

第四，人类对水资源的开发利用，除了采用工程措施直接引用地表水和地下水外，还可通过生物措施利用土壤水，使无效蒸发转化为有效蒸发。农作物的生长与土壤水有密切的关系，不考虑土壤水的利用，就不能正确估计农作物的需水定额。大气降水是地表水、地下水、土壤水的补给来源，所以土壤水和大气降水也应列入水资源的研究范畴。

（二）水资源的基本特性

水是自然界的重要组成物质，是环境中最活跃的要素。它不停地运动着，积极参与自然环境中一系列物理的、化学的和生物的作用过程，在改造自然的同时，也不断地改造自身的物理、化学与生物学特性，并由此表现出水作为地球上重要自然资源所独有的性质特征。

1. 资源的循环性。水资源与其他固体资源的本质区别在于其所具有的流动性，它是在循环中形成的一种动态资源，具有循环性。这是水资源具有的最基本特征。水循环系统是一个庞大的天然水资源系统，处在不断地开采、补给、消耗和恢复的循环之中，可以不断地供给人类利用和满足生态平衡的需要。

2. 储量的有限性。水资源处在不断地消耗和补充过程中，具有恢复性强的特征。但实际上全球淡水资源的储量是十分有限的。全球的淡水资源仅占全球总水量的 2.5%，大部分储存在极地冰帽和冰川中，真正能够被人类直接利用的淡水资源仅占全球总水量的 0.8%。从水量动态平衡的观点来看，某一期间的水消耗量应接近于该期间的水补给量，否则将会破坏水平衡，造成一系列不良的环境问题。可见，水循环过程是无限的，水资源的储量是有限的。

3. 时空分布的不均匀性。水资源在自然界中具有一定的时间和空间分布。时空分布的不均匀性是水资源的又一特性。全球水资源的分布表现为极不均匀性，如大洋洲的径流模数为 $51.0L/(s \cdot km^2)$、亚洲为 $10.5L/(s \cdot km^2)$，最高值和最低值相差数倍。我国水资源在区域上分布极不均匀。总体上表现为东南多，西北少；沿海多，内陆少；山区多，平原少。在同一地区中，不同时间分布差异性很大，一般夏多冬少。

4. 利用的多样性。水资源是被人类在生产和生活活动中广泛利用的资源，不仅广泛应用于农业、工业和生活，还用于发电、水运、水产、旅游和环境改造等。在各种不同的用途中，消费性用水与非常规消耗性或消耗很小的用水并存。因用水目的不同而对水质的要求各不相同，从而使得水资源一水多用，能够充分发挥其综合效益。

5. 利、害的两重性。水资源与其他固体矿产资源相比，最大的区别是：水资源具有既可造福于人类，又可危害人类的两重性。水资源质、量适宜，且时空分布均匀，将为区域经济发展、自然环境的良性循环和人类社会进步做出巨大贡献。水资源开发利用不当，又可制约国民经济发展，破坏人类的生存环境。如水利工程设计不当、管理不善，可造成垮坝事故，引起土壤次生盐碱化。水量过多或过少的季节和地区，往往又产生了各种各样的自然灾害。水量过多容易造成洪水泛滥，内涝渍水；水量过少容易形成干旱等自然灾害。适量开采地下水，可为国民经济各部门和居民生活提供水源，满足生产、生活的需求。无节制、不合理地抽取地下水，往往引起水位持续下降、水质恶化、水量减少、地面沉降，不仅影响生产发展，而且严重威胁人类生存。正是由于水资源的双重性质，在水资源的开发利用过程中尤其要强调合理利用、有序开发，以达到兴利避害的目的。

三、水和水资源的区别

应当指出，水和水资源两者在含义上是有所区别的，不能混为一谈。地球上各种水体的储量虽然很大，但因技术等限制，还不能将其全部纳入水资源范畴。例如，海洋水量虽然极其丰富，但由于技术原因，特别是经济条件的限制，目前还不能大量开发利用；冰川储水占地球表面淡水储量的68.7%，目前也难以开发利用；深层地下水的开发利用也有较大的困难。

能够作为水资源的水体一般应符合下列条件：其一，通过工程措施可以直接取用，或者通过生物措施可以间接利用；其二，水质符合用水的要求；其三，补给条件好，水量可以逐年更新。

因此，水资源是指与人类社会生产、生活用水密切相关而又能不断更新的淡水，包括地表水、地下水和土壤水。地表水资源量通常用河川径流量来表示，地下水和土壤水资源量可用补给量来表示。三种水体之间密切联系而又互相转化，扣除重复量之后的资源总量相当于对应区域内的降水量。

四、水作为资源的用途

水作为一种重要的资源，其用途可用图1－1来概括。图中“直接利用”中的“水流利用”，以及“间接利用”中的“傍水利用”一般来说不会直接引起水资源量的改变，但是对水资源的量有很高的要求；图中“直接利用”中的“抽水利用”是为了直接满足人们生活、生产的要求，将从水源中抽取一定的水量，当然也对水资源的量有很高的要求。图示的各种用途是广义上的水资源利用，而满足生活、生产需要的“抽水利用”是狭义上的水资源利用。生活、生产用水以外的水资源利用往往会被人们所忽视，但它们也是水资源利用价值的重要体现。

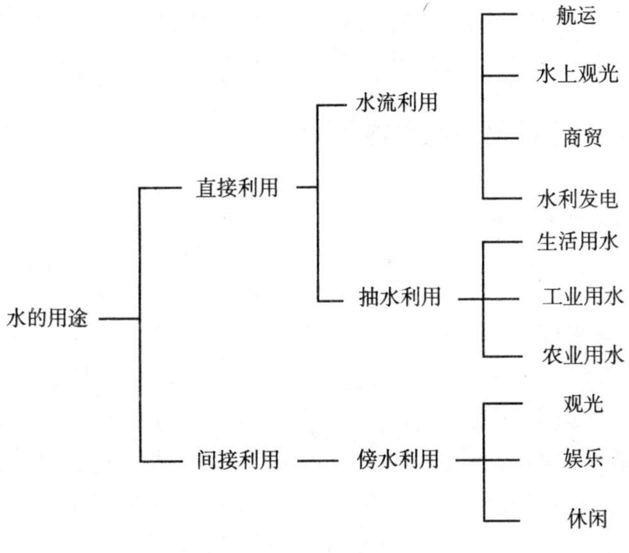

图1－1　水的用途

下面讨论与水量消耗直接相关的水资源用途，即生活用水、工业用水和农业用水。从与人的生存和生活质量的相关程度来看，生活用水应当说是水资源最基本、最重要的用途，它通常包括饮用水（饮水、炊事用水等）、卫生用水（洗涤、沐浴、冲厕等）、市政用水（绿化、清扫等）、消防用水等。工业用水和农业用水则与人们的生产活动密切相关。上述三种用水之间的比例称之为用水结构，用水结构的差异可以反映不同国家工农业及城市建设发展的水平。

第四节　水文学与水资源学的研究现状

一、水文学的研究方法

1. 成因分析法。由于水文现象与其影响因素之间存在确定性关系，通过对观测资料和实验资料的分析研究，可能建立某一水文现象与其影响因素之间的定量关系。这样，就可以根据当前影响因素的状况，预测未来的水文现象。这种利用水文现象的确定性规律来解决水文问题的方法，称为成因分析法。这种方法能求出比较确切的成果，在水文现象基本分析和水文预报中，得到广泛应用。

2. 数理统计法。根据水文现象的随机性规律，以概率理论为基础，运用数理统计方法，可以求得长期水文特征值系列的概率分布，从而得出工程规划设计所需要的设计水文特征值。水文计算的主要任务就是预估某些水文特征值的概率分布，因此，数理统计法是水文计算的主要方法。

3. 地理综合法。根据气候要素及其他地理要素的地区性规律，我们可以按地区研究受其影响的某些水文特征值的地区分布规律。这些研究成果可以用等值线图或地区经验公式（如多年平均年径流量等值线图，洪水地区经验公式等）表示。利用这些等值线图或经验公式，可以求出观测资料短缺地区的水文特征值，这就是地理综合法。

上述三种研究方法，在实际工作中常常同时应用，它们是相辅相成、互为补充的。

二、水文学与水资源学的发展现状

（一）水文学的发展现状

为了战胜洪水灾害，人类很早就注意对水文现象的观测和研究，不断积累水文知识，早在4000多年前大禹治水时，就根据“水流就下”的规律疏导洪水。但是，水文发展成为一个学科是在19世纪的欧洲，主要标志是近代水文仪器的发明，使水文观测进入了科学的定量观测阶段，并逐渐形成近代水文学理论。进入20世纪，特别是第一次世界大战以后，大量兴起的防洪、灌溉、水力发电、交通工程和农业、林业乃至城市建设，为水文学理论提出了越来越多的新课题，使其研究方法逐渐理论化和系统化。

20世纪50年代以来，人与水的关系已由古代的趋利避害和近代较低水平的兴利除害发展到了现代较高水平的兴利除害的新阶段。这个阶段赋予水文科学以新的动力和下列新的特色。

现代化工业和农业的发展增加了对水资源的需求，同时也造成了水源污染，加剧了水资源的供需矛盾。水文科学的研究领域正在向水资源最优开发利用的方向发展，以期为客观评价、合理开发利用和保护水资源提供水文信息和依据。

现代科学技术的发展，使获取水文信息的手段和水文分析方法有了长足的进步。例如遥感技术和电子计算机的应用，使从水文观测到基本规律的研究已发展成以电子计算机为核心的自动化。另外，水文模拟方法和水文系统分析方法使人们研究水文现象的能力提高到了新的水平。

随着科学技术的进步以及大规模的人类活动对自然界水体，尤其是对自然环境产生的多方面的影响，水文学在向新的研究领域发展。如在随机数学理论基础上逐步形成的随机水文学；又如水文科学和环境科学的交叉学科——环境水文学、城市水文学等正在孕育形成。

（二）水资源学的发展现状

随着水资源问题的日益突出，人们探索水资源规律和解决水资源问题的紧迫性不断增加，再加上人类认识水平的不断提高和科学技术的飞速发展，人们对水资源问题的认识不断深入，极大地带动了水资源学的发展和学科体系的完善。自 20 世纪中期水资源学形成以来，其主要进展可概括如下。

对于水资源人们从“取之不尽，用之不竭”的片面认识，逐步转变为科学的认识，逐步认识到“水资源开发利用必须与经济社会发展和生态系统保护相协调，走可持续发展的道路”，要从水资源形成、转化和运动的规律角度来系统分析和看待水资源变化的规律和出现的水资源问题，为人们解决日益严重的水资源问题奠定了基础。这是水资源学发展的重要认识论方面的进展。

随着实验条件的改善和观测技术的发展，对水资源形成、转化和运动的实验手段和观测水平得到极大的提高，促进了人们对水资源规律的认识和定量化研究水平的提高。通过实验分析，不仅掌握了水资源在数量上的变化，还可以定量分析水资源质量状况以及水与生态系统的相互作用关系。近几十年来，人们做了大量的实验研究，极大地丰富了水资源学的理论和应用研究内容。这是水资源学发展的重要实验进展。

现代数学理论、系统理论的发展为水资源学提供了量化研究和解决复杂水资源问题的重要手段。随着经济社会的发展，原本复杂的水资源系统经过人类的改造作用后变得更加复杂。复杂的水资源系统，既要面对水资源短缺、洪涝灾害、水环境污染等问题，又要满足生活、工业、农业、生态等多种类型的用水需求，必须借用现代数学理论、系统理论的方法。近几十年来，随着现代数学理论、系统理论的不断引入，极大地丰富了水资源学的理论方法和研究手段。这是水资源学发展的重要理论方法的进展。

随着现代计算机技术的发展，对复杂的数学模型可以求得数值解，对复杂的水资源系统可以寻找解决问题的途径和对策，可以多方案快速进行对比分析，可以建立复杂的定量化模型，可以实时进行分析、计算和实施水资源调度。这些方法和手段既丰富了水资源学的内容，也促进了水资源学服务于社会的应用推广。这是水资源学发展的重要技术方法的进展。

以可持续发展为理论指导，促进现代水资源规划与管理的发展。传统的水资源规划与管理主要注重经济效益、技术可行性和实施的可靠性。近几十年来，水资源规划与管理在观念上发生了很大变化，包括从单一性向系统性转变，从单纯追求经济效益向追求社会－经济－环境综合效益转变，从只重视当前发展向可持续发展转变。

第二章　地表水文及地表水资源基础知识

在重力作用下，沿着连续延伸的凹地流动的水所构成的天然水体称为河流。河流在灌溉、航运、发电、给水等方面发挥着巨大的作用，但是它也会造成沿岸地区的洪涝等灾害。

流动的水与容纳水流的河槽是构成河流的两个要素。河槽由于水流的冲刷和淤积，形态不断地变化，而一定的河槽形状又决定着相应的水流性质。所以，在一定的气候和地质条件下，河槽形状和水流性质是互为因果的。

一条河流是由众多支流组成的，可分为上游、中游、下游三个部分。一般取河长最长或水量最大的一个支流作为干流。直接汇入干流的为一级支流，汇入一级支流的为二级支流，以此类推。划分河流上、中、下游并没有严格和统一的标准，有的着重地貌特征，有的着重水文特征。河口是河流注入海洋、湖泊或其他河流的地方，有些河流最终消失在沙漠中，就没有河口。

河流某断面的集水区域称为该断面的流域。当不指明断面时，流域是对河口断面而言的。流域的周界称为分水线，是流域四周最高点的连线。地下径流的流向是由地下水面等高线决定的，也有地下径流的分水线。如河床切割较深，河槽可截获全部地下径流，地面分水线与地下分水线相重合，这样理想的流域称为闭合流域。但由于地质构造上的原因，地面分水线与地下分水线并不完全重合，这种流域称为非闭合流域。实际上很少有严格的闭合流域。但是，除有石灰岩溶洞等特殊地质情况外，一般通过流域交换的水量，要比出口断面输出的水量小得多，可近似按闭合流域考虑。

流域各条水流路线构成脉络相通的系统，称为水系、河系或河网，与之相通的湖泊也属于水系之内。根据河系干支流分布的状态，河系可分为四种类型：干支流分布如扇骨状的称为扇形河系；如羽毛状的称为羽状河系；几条支流并行排列，至河口附近才汇合的称为平行河系；大河流多由以上两三种形式混合排列，称为混合河系。

第一节　河流及流域的主要特征

1. 河流长度 L。从河源沿河道至河口的距离称为河长。可在大比例尺地形图上用曲线仪或小分规量取。

2. 河网密度 D。是指一个流域范围内各级河道的总长度 $\sum L$ 与该流域面积 A 之比，即表示单位面积内的河流长度。

3. 河流弯曲系数 K_P。河流的实际长度 L 与从河口到河源两端点间的直线长度 l 的比值，称为河流的弯曲系数，即 $K_P = L/l$，它表示河流平面形状的弯曲程度。一般平原区河流的弯曲系数比山区的大，下游的比上游的大。

4. 河流分段。每一条河流都有河源、河口之分。河源是河流开始的地方，可以是溪涧、泉、冰川、湖泊或沼泽等；河口则是河流的终点，即河流注入海洋、湖泊、沼泽或其他河流的地方。在干旱区，有的河流消失于沙漠之中而无明显河口。

河流可按河槽形态、冲淤程度及流速、流量大小等分为河源、上游、中游、下游、河口五段，或只分上、中、下游三段。一般上游段比降大，流速大，河流下切和溯源侵蚀作用强，河槽横断面多呈“V”形，河底纵断面成不规则阶梯状，多急流险滩和瀑布，河槽多砾石；中游段比降、流速均有所减小，河槽多沙，两岸有河漫滩出现；下游段则比降平缓，流速较小，常有浅滩、沙洲，淤积占优势，河槽多细沙或淤泥。

5. 流域面积 A。分水线所包围的面积称为流域面积或集水面积。它是直接影响河流水文情势的基本因素。为测定流域面积，通常在大比例尺的地形图上画出分水线，用求积仪量出它所包围的面积。也可采用几何的方法，将流域分成若干个几何图形，用面积公式法或数方格法求出面积，再求总和，即得流域面积。

6. 流域长度 L_A、平均宽度 B 以及流域形状系数 K_B。流域的几何中心轴长称流域长度（L_A）。以河口为圆心，任意长为半径，画出不同半径的若干圆弧，各与流域边界线相交于两点，绘出各弧的割线，并取这些割线中点的连线长度即为流域的长度。它一般比蜿蜒的河道长度要短得多，但若流域为狭长形，其河流两岸较为对称时，流域长度可接近河道长度。流域面积 A 与流域长度 L_A 之比称为流域平均宽度 B（即 $B=A/L_A$。而 B 与 L_A 的比值则称为流域形状系数，用 K_B 表示，其计算公式为：

$$K_B = \frac{B}{L_A} = \frac{A}{L_A^2}$$

K_B 近似于 1 时流域接近于眉形。K_B 值愈小，流域愈狭长。

7. 流域平均高度 H。流域范围内地表的平均高程即为流域平均高度。计算流域平均高度可用方格法或求积仪法。方格法是将流域划分成许多的方格，记取每个方格交叉点的高程，求其算术平均值即得流域的平均高度。求积仪法是在流域地形图上用求积仪分别量出两相邻等高线间的面积，再按下式计算：

$$H = \frac{A_1 h_1 + A_2 h_2 + \cdots A_n h_n}{A} = \frac{\sum A_i h_i}{A}$$

式中：H——流域平均高度；

A_i——相邻两等高线间的面积；

h_i——相邻两等高线的平均高度。

8. 河槽的平面形态。山区河流的平面形态极为复杂，急弯、卡口比比皆是，两岸和河心常有巨石突出，岸边极不规则，宽度变化很大。急滩、深潭上下交错，有时呈台阶状，在落差较大的地方往往形成陡坡跌水或瀑布。

平原河道具有蜿蜒曲折的平面形态。在河道弯曲的地方，由于水流的冲淤作用使凸岸形成浅滩，凹岸形成深槽；深槽与浅滩间比较平直，河槽中各横断面上最大水深点的连线称为谿线（即一般航线）。一般的平原河流，深槽与浅滩相互交替，具有一定的规律性。

9. 河流纵、横断面及比降。

(1) 河流纵断面：河流从河源至河口，其高程是逐渐下降的。河流河底高程沿河长的变化称为河槽纵断面（纵剖面）。河流纵断面可用测量的方法测出谿线上河底若干地形变化转折点的高程与各点到河流一端的距离，以河底高程为纵坐标，河长为横坐标，即可绘出河流的纵断面图。河流的纵断面图可以表示河流的纵坡及落差的沿程分布，这也是推算河流水能蕴藏量的主要依据。

河段两端的河底高程差叫落差（Δh）。河源和河口两处的河底高程差称为总落差。某河段的落差 Δh 与该河长 l 之比称为比降（$I=\Delta h/l$），常以小数或百分数来表示。

(2) 河流横断面：与河水流向垂直的河槽断面称为河流横断面。它是决定河床过水能力、流速分布、河流横比降和计算流量的重要因素。

在横断面中流速为零的部分为静水断面；流速大于零的部分称过水断面；若以历年最高洪水位以上某一距离处作为上界，则称大断面；过水断面上，河槽被水流浸湿部分的周长称为湿周（P）；过水断面面积 A 与湿周 P 的比值称为水力半径（R）；河床面凸凹不平和河床上的砂石、水草等对水流阻碍作用的程度称为河床糙度。

第二节　降　　水

一、降水的成因与类型

降水的形成主要是由于地面暖湿气团在各种因素的影响下升入高空，在上升过程中产生动力冷却使温度下降，当温度达到露点（即空气中水汽达到饱和时的温度）以下时，气团中的水汽便凝结成水滴或冰晶，这就形成云。云中的水滴或冰晶由于水汽继续凝结及相互碰撞合并，不断凝聚增大，当其重量超过上升气流顶托力时，在重力作用下就形成降水。由此可知，气流上升过程中产生动力冷却是形成降水的主要条件，而气流中的水汽含量及冷却程度则决定着降水强度和降水量的大小。

降水有多种形式，如雨、雪、雹等。对我国多数河流而言，降雨对水文现象的影响最大。按照气流上升的原因，常把降雨分为以下 4 种类型。

1. 对流雨。对流雨是因地表局部受热，气温向上递减率过大，大气稳定性降低，因而产生垂直上升运动，形成动力冷却而降雨。因对流上升速度较快，形成的云多为垂直发展的积状云，降雨强度大，但面积不广，历时也较短。

2. 地形雨。地形雨是气流因所经地面的地形升高而被抬升，由于动力冷却而成云致雨。地形雨的降雨特性因空气本身的温湿特性、运行速度及地形特点而异，差别较大。

3. 锋面雨（图 2－1）。在一个较大地区范围的空气柱内，各水平高度上具有较均匀的温湿特性，当受到气压场作用而向共同方向移动时，这部分空气就称为气团。两个温湿不同的气团相遇时，在其接触处由于性质不同而来不及混合，温度、湿度和气压场形成一个不连续面，称为锋面。所谓锋面实际上是一个过渡带，有时又称为锋区。锋面与地面的交线称为锋线。习惯上把锋面和锋线统称为锋。锋的长度从数百千米到数千千米不等；锋面伸展高度，低的离地 1～2km，高的可达 10km 以上。锋面是向冷气团一侧倾斜的，暖气团在运动中将沿锋面抬升，只要暖空气中有足够的水汽，就能成云致雨。

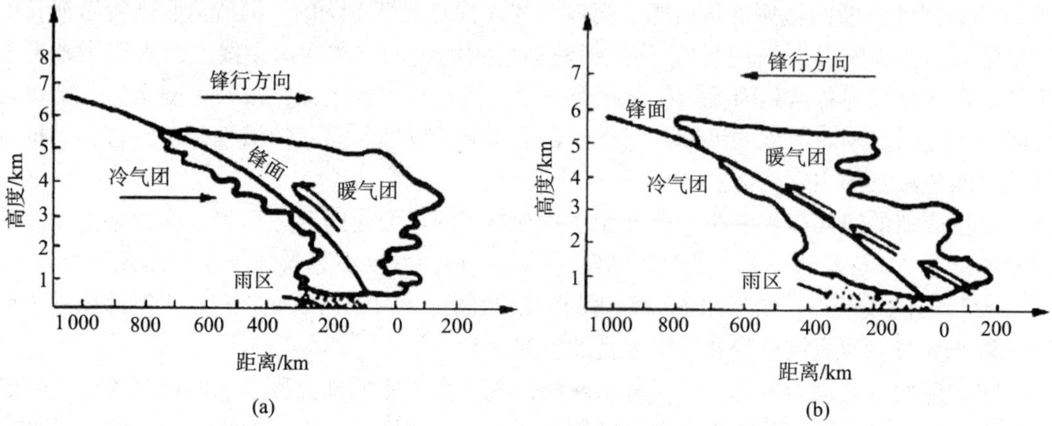

（a）冷锋雨　（b）暖锋雨

图 2－1　锋面雨示意图

锋面随冷暖气团的移动而移动。当冷气团向暖气团方向移动并占据原属暖气团的地区时，这种锋称为冷锋；当暖气团向冷气团方向移动并占据原属冷气团的地区时，这种锋称为暖锋；若冷、暖气团势均力敌，在某一地区摆动或停滞，这种锋称为准静止锋；若冷锋追上暖锋，或两条冷锋相遇，暖空气被抬离地面，则称为锢囚锋。

一般来说，冷锋雨强度大，历时较短，雨区范围较小；暖锋雨强度较小，历时较长，范围也较大；准静止锋将产生历时长、强度较大的降雨。

4. 气旋雨（图 2－2）。当一地区气压低于四周气压时，四周气流就要向该处汇集，由于地球转动力的影响，北半球辐合气流是沿逆时针方向流入的。气流汇入后再转向高层，上升气流中的水汽因动力冷却凝结成云，条件具备时即产生降雨。这种大气的涡旋称为气旋，高空中的涡旋则称为涡。

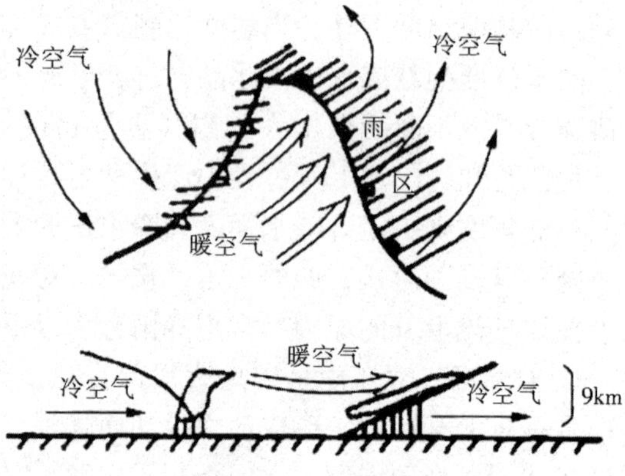

图 2－2　气旋模式

气旋的产生、发展与锋区的位置以及高空中的低压系统活动情况有关。高空的涡旋在我国是以形成地区命名的，如西北涡、华北涡、西南涡等。西南涡对我国降雨情况影响较大，它是在西南特殊的地形影响下形成的。西南涡在源地时就可产生阴雨天气，如东移发展，则雨区扩大，雨量也增大，夏秋季节在我国中部常引起暴雨。

低纬度海洋上形成的气旋称为热带气旋。我国气象部门根据气旋地面中心附近风速的大小将其分为 3 类：热带低压的最大风速为 10.8～17.1m/s，台风的最大风速为 17.2～32.6m/s，强台风的最大风速大于 33.6m/s。台风由于气流抬升剧烈，水汽供应充分，常发展成为浓厚的云区，降水多为阵性暴雨，强度很大，分布不均。

二、降水量的观测

降水量以降落在地面上的水层深度表示，单位为 mm。降水量的观测可采用仪器观测、雷达探测和卫星云图估算。

（一）仪器观测

观测降水量的常用仪器有雨量器和自记雨量计。

1. 雨量器。雨量器的构造如图 2－3 所示。上部为一漏斗，口径为 20cm，漏斗下面放储水瓶，用于收集雨水。设置时其上口一般距地面 70cm，器口保持水平。降雨量的观测，通常在每天 8 时与 20 时（两段制）观测两次。雨季增加观测段次，如 4 段制、8 段制，雨大时还要加测。观测时用空的储水瓶将雨量筒中的储水瓶换出，在室内用特制的取量杯量出降雨量。当遇降雪时，将雨量筒的漏斗和储水瓶取出，仅留外筒，作为盛雪的器具。观测时，将带盖的外筒带至装置雨量筒的地点，调换外筒，并将筒盖盖在已用过的外筒上，拿回室内加温融化后计算降水深度。

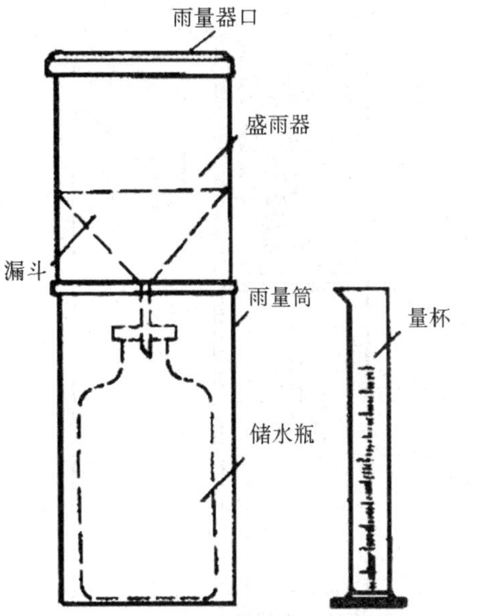

图 2－3　雨量器示意图

2. 自记雨量计。常用的自记雨量计有称重式、虹吸式和翻斗式 3 种类型。

（1）称重式：这种仪器可以连续记录接雨杯上的以及储积在其内的降水的质量。记录方式可以用机械发条装置或平衡锤系统，将全部降水量的质量如数记录下来，也能够记录雪、冰雹及雨雪混合降水。

（2）虹吸式：虹吸式自记雨量计如图 2－4 所示。雨水从盛雨器流入浮子室，浮子随注入雨水的增加而上升，并带动自记笔在附在时钟控制的转筒上的记录纸上画出曲线。当雨量达到 10mm 时，浮子室内的水面升至虹吸管的顶端，浮子室内的水就通过虹吸管排至储水瓶。同时，自记笔亦下落至原点，然后再随着降雨量增加而上升，往复记录降雨过程。

自记雨量计记录纸上的雨量曲线，是累积曲线，纵坐标表示雨量，横坐标由自记钟驱动，表示时间。

这种曲线既表示了雨量的大小，又表示了降雨过程的变化情况。曲线的坡度表示降雨强度。虹吸式自记雨量计的分辨率为 0. 1mm，降雨强度适用范围为 0. 01 ~4. 0mm/min。

（3）翻斗式：翻斗式自记雨量计由感应器及信号记录器组成，如图 2－5 所示。观测时，雨水经盛雨器进入对称的小翻斗的一侧，当接满 0. 1mm 的降雨量时，小翻斗向一侧倾倒，水即注入储水箱内。同时，另一侧处于进水状态，当小翻斗倾倒一次即接通一次电路，向记录器输送一个脉冲信号，记录器控制自记笔将雨量记录下来。自记笔记录 100 次后，将自动从上到下落到自记纸的零线位置，再重新开始记录。翻斗式自记雨量计分辨率为 0.1mm，降雨强度适用于 40mm/min 以内。自记雨量计记录可远传到控制中心的接收器内，实现有线远传和无线遥测。

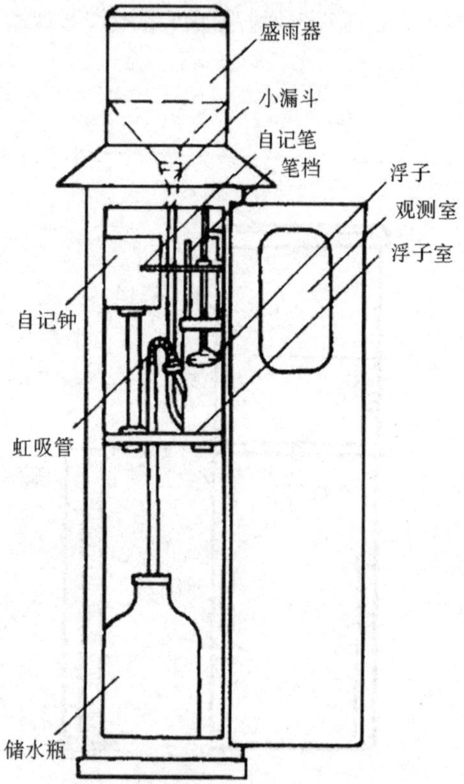

图 2-4　虹吸式自记雨量计示意图

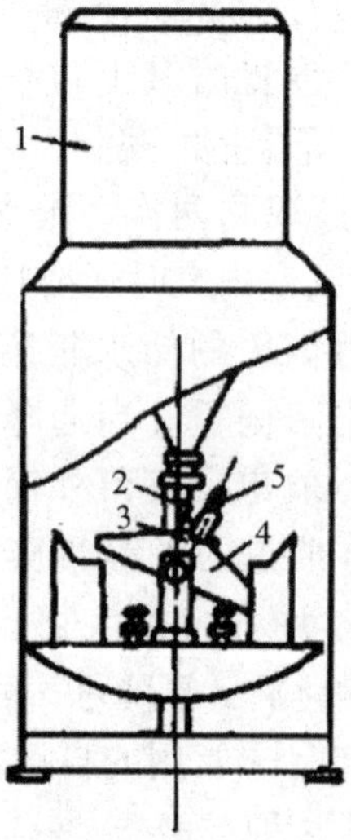

1. 盛雨器　2. 浮球　3. 小钩　4. 翻斗　5. 舌簧管

图 2-5　翻斗式自记雨量计示意图

（二）雷达探测

气象雷达是利用雨、云、雪等对无线电波的反射现象来发现目标的。用于水文方面的雷达，有效范围一般是 40～200km。雷达的回波可在雷达显示器上显示出来。不同形状的回波反映着不同性质的天气系统、云和降水等。根据雷达探测到的降水回波位置、移动方向、移动速度和变化趋势等资料，即可预报出探测范围内的降水量、降水强度及降水开始和终止时刻。

（三）气象卫星云图

气象卫星按其运行轨道分为极轨卫星和地球静止卫星。目前地球静止卫星发回的高分辨数字云图资料有 2 种：一种是可见光云图；另一种是红外云图。可见光云图的亮度反映云的反照率。反照率强的云，云图上的亮度大，颜色较白；反照率弱的云，亮度弱，色调灰暗。红外云图能反映云顶的温度和高度，云层的温度越高，云层的高度越低，发出的红外辐射就越强。在卫星云图上，一些天气系统也可以根据特征云型分辨出来。

用卫星资料估计降水的方法很多，目前投入水文业务应用的是利用地球静止卫星短时间间隔的云图图像资料，再用某种模型估算。这种方法可以引入人－机交互系统，自动进行数据采集、云图识别、降水量计算、雨区移动预测等工作。

在水文年鉴中，一般都按站给出逐日降水量（使用日降水量资料，应注意查明其日分界）。此外，还有年内各种历时的最大降水量的统计成果。在汛期降水量摘录表中，会给出较详细的降水过程的资料。

第三节　蒸　　发

蒸散发是水循环及水量平衡的基本要素之一，陆地上一年的降水约有66%通过蒸散发返回大气。水由液态或固态转化为气态的过程称为蒸发，被植物根系吸收的水分，通过植物茎叶散逸到大气中的过程称为散发或蒸腾。具有水分子的物体表面称为蒸发面。蒸发面为水面称为水面蒸发；蒸发面为土壤表面称为土壤蒸发；蒸发面为植物茎叶则称为植物散发。土壤蒸发和植物散发合称陆面蒸发。流域内各类蒸发的总和称为流域总蒸发。单位时间内的蒸发量称为蒸发率。在充分供水条件下，某一蒸发面的蒸发量，就是在同一气象条件下可能达到的最大蒸发率，称为可能最大蒸发率或蒸发能力，记为 *EM*。一般情况下，蒸发面上的蒸发量只能小于或等于蒸发能力。

一、蒸发类型

（一）水面蒸发

1. 水面蒸发及其影响因素。水面蒸发是在充分供水条件下的蒸发现象，在蒸发面上有两种水分子运动：一种是水分子跃离水面（液态变为气态），另一种则是空气中的水分子跃入水面（气态变为液态），前者称为蒸发，后者称为凝结。实际蒸发量（E）为蒸发面跃出的水分子数与返回水中的水分子数之差。

影响水面蒸发的因素有水汽压差、风速、辐射、温度、气压、水质、水深等，蒸发量与水汽压差的关系可由道尔顿定律表示：

$$E = K_e\ (e_s - e_z)$$

式中：e_s——水面温度下的饱和水汽压；

e_z——水面以上 z 高度处的实际水汽压；

K_e——与气温、风等有关的对流、扩散系数。

该公式表明，当蒸发面上方的空气处于饱和状态时，$e_z = e_s$，则跃出及跃入水面的水分子数量相等，即蒸发停止。若饱和差（$e_z - e_s$）大，空气干燥，蒸发也快。在同样的饱和差条件下，风速大时蒸发量大，其作用反映在 K_e 中。太阳辐射是蒸发的能源，太阳辐射总量与月蒸发量关系密切。水温影响水分子的逸出速度并决定 e_s 的大小，气温决定水汽传播速度及空气的饱和水汽压。水面上气压值低，空气密度小，水分子易逸出。水中溶解质含量高则 e_s 会减小，从而减少蒸发。在同样受热条件下，浑水温度较高，间接影响蒸发。此外，水的深度对蒸发影响较大，水浅时水体水温变化迅速，影响蒸发显著；水深时水体水温变化缓慢，水中蕴藏热能较多，对水温起调节作用，故蒸发量较稳定。

2. 水面蒸发的测定和估测。

第一种，确定水面蒸发量的器测法。水面蒸发量常用蒸发水层的深度（单位 mm）来表示。水面蒸发量常用蒸发器进行观测。常用的蒸发器有 20cm 直径蒸发皿、口径为 80cm 带套盆的蒸发器、口径为 60cm 的埋在地表下的带套盆的 E－601 蒸发器（图 2－6）。

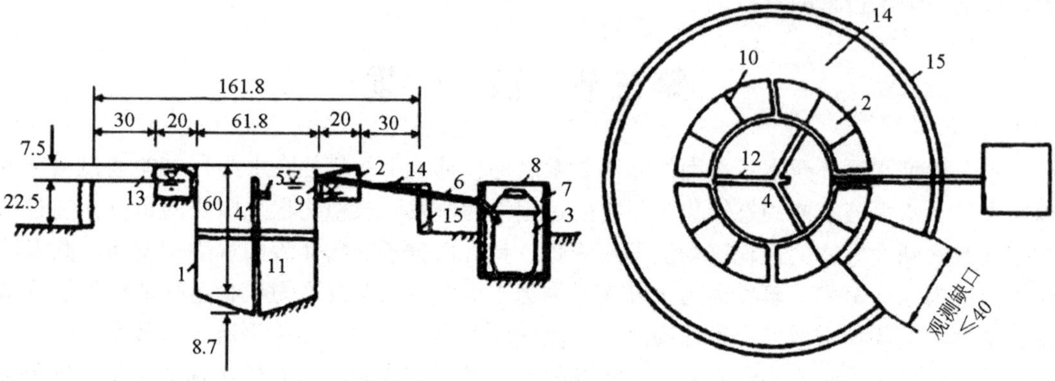

(a)　　(b)

1. 蒸发圈　2. 水圈　3. 溢流桶　4. 侧针桩　5. 器内水面指示针　6. 溢流用胶管　7. 放溢流桶的箱　8. 箱盖　9. 溢流嘴　10. 水圈外缘的撑挡　11. 直管　12. 直管支撑　13. 排水嘴　14. 土圈　15. 土圈外围的防塌设施

（a）剖面图　（b）平面图

图 2－6　E－601 型蒸发器（单位：cm）

E－601 蒸发器观测条件比较接近天然水体，代表性和稳定性都较好。但这三者都属于小型蒸发器皿，观测到的蒸发量，与天然水体水面上的蒸发量仍有显著差别。观测资料表明，当蒸发器的直径超过 3.5m 时，蒸发器观测的蒸发量与天然水体的蒸发量才基本相同。因此，用上述设备观测的蒸发量数据，都应乘折算系数，才能作为天然水体蒸发量的估计值，即：

$$E = KE_{器}$$

式中：E——天然水面蒸发量，mm；

$E_{器}$——蒸发器实测水面蒸发量，mm；

K——蒸发器折算系数。

折算系数一般通过与大型（如面积为 $100m^2$）蒸发池的对比观测资料确定，即：

$$K = E_{池} / E_{器}$$

折算系数随蒸发皿（器）的直径而异，且与月份及所在地区有关。在实际工作中，应根据当地的分析资料采用不同的蒸发器。根据实地试验表明，折算系数 K 因蒸发器口径的大小、结构以及季节、气候等条件的不同而存在差别。

第二种，确定水面蒸发量的经验公式法。在缺乏实测资料的情况下，可采用经验公式法估算水面蒸发量，其关键是确定经验系数，一般根据各地实验站的观测资料来推求，因此选用时必须注意适用的范围与条件。通常这类经验公式如下：

$$E = (c + bW_z)(e_0 - e_z)$$

式中：E——蒸发量；

W_z——水面上 z 高度处风速；

$e_0 - e_z$——水面 z 高处与水平面饱和水汽压差；

c、b——经验系数。

此类经验公式国内外很多，如施成熙教授根据国内 12 个蒸发实验资料，得出如下经验公式：

$$E = 0.22(e_0 - e_{200})\sqrt{1 + 0.31 W_{200}^2}$$

式中：e_{200}——水面上 200cm 高处饱和水汽压；

e_0——水平面饱和水汽压；

W_{200}——水面上 200cm 高处风速；

其余符号同前。

第三种，确定水面蒸发量的热量平衡法。该法的原理是在任意时段内，水体从外界收入的热量等于支出的热量与该水体蓄热量的变化之和，其热量平衡方程式为：

$$R + W_a + W_b = LE + W_p + \Delta W$$

式中：R——辐射平衡；

W_p——水面的显热损失；

L——蒸发潜热；

W_a——平流热量，包括地面地下径流带入、带走的热量差；

W_b——水团与底部交换的热量；

ΔW——水体储热量的变化。

根据以上公式，先确定蒸发过程中的耗热量，再据此计算相应的水汽量，即得蒸发量。计算时为求解上述平衡方程，引入鲍文比率 B_w：

$$B_w = p/LE \approx 0.64 \times \frac{T_0 - T_z}{e_0 - e_z} \cdot \frac{p}{1013}$$

式中：e_o，e_z——与水面温度 T_0、水面以上高度 z 处的温度 T_z 相对应的饱和水汽压；

p——水面上大气压。

根据以上公式，可推演得出如下计算蒸发量的公式：

$$E = \frac{1013\Delta e}{0.64L\Delta T}$$

（二）土壤蒸发

1. 土壤蒸发及其影响因素。土壤蒸发即土壤中所含水分以水汽的形式逸入大气的现象。湿润的土壤，蒸发过程一般可分为 3 个阶段。

第一阶段，当土壤含水量大于田间持水量时，土壤中存在自由重力水，且土层中毛管上下沟通，水分从表面蒸发后，能得到下层的充分供应。土壤蒸发主要发生在表层，蒸发速度稳定。其蒸发量等于或接近相同气象条件下的蒸发能力。此时，气象条件是影响蒸发的主要因素。随着蒸发的继续，土壤水分不断损耗，土壤含水量降至其田间持水量以下，土层中毛管连续状态逐渐破坏，毛管水不能升至地表，便进入第二阶段。

在第二阶段内，随着土壤水分的减少，供水条件越来越差，土壤表面局部地方开始干化。影响此阶段土壤蒸发的主要因素是土壤含水量。附在土层内部土粒上的水分变为水汽后，气象因素的影响退居其次。当土壤含水量减至毛管断裂含水量时，土壤蒸发便进入第三阶段。

在第三阶段中，土壤水分蒸发主要发生在土壤内部，蒸发的水汽由分子扩散作用通过表面的干涸层逸入大气，蒸发速度极其缓慢。在这种情况下，不论是气象因素还是土壤含水量对土壤蒸发均不起明显作用。

2. 土壤蒸发的测定和估算。土壤蒸发量的确定一般有 2 种途径，即器测法和间接计算法。

第一种，器测法。土壤蒸发器种类很多，图 2－7 所示为目前常用的 GGN－500 型土壤蒸发器。

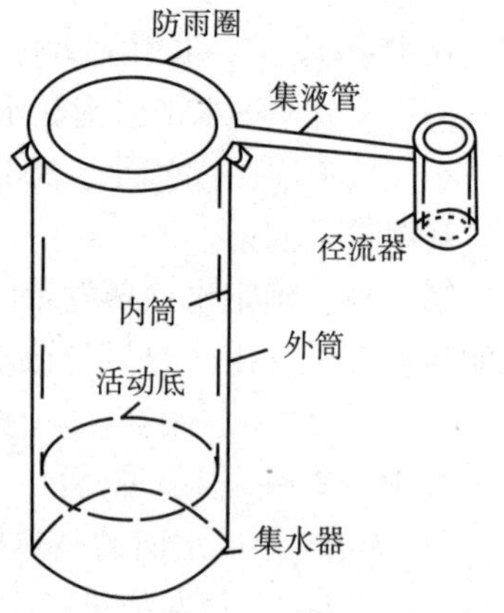

图 2－7　GGN－500 型土壤蒸发器

蒸发器有内外两个铁筒，内筒用来切割土样和装填土样，内径 25.2cm，面积 500cm^2，高 50cm，筒下有一个多孔活动底，以便装填土样；外筒内径 26.7cm，高 60cm，筒底封闭，埋入地面以下，供置入内筒用。内筒下有一个集水器，以接纳蒸发器内土样渗漏的水量。内筒上接一个排水管，与径流器相通，以接纳蒸发器上面所产生的径流量。另设地面雨量器，器口面积 500cm^2，以观测降雨量。定期对土样称重，再按下式推算时段蒸发量：

$$E = 0.02 \times (G_1 - G_2) - (R + q) + P$$

式中：E——观测时段内土壤蒸发量，mm；

G_1，G_2——时段初、时段末筒内土样的质量，g；

P——观测时段内的降雨量，mm；

R——观测时段内产生的径流量，mm；

q——观测时段内渗漏的水量，mm；

0.02——蒸发器单位换算系数。

由于器测时土壤本身的热力条件与天然情况不同，其水分交换与实际情况差别较大，并且器测法只适用于单点，因此观测结果只能在某些条件下应用或参考。对于较大面积的情况，因流域下垫面条件复杂，难以分清土壤蒸发和植物散发，所以器测法很少在生产上具体应用，多用于蒸发规律的研究。

第二种，间接计算法。间接计算法是从土壤蒸发的物理概念出发，以水量平衡、热量平衡、乱流扩散等理论为基础，建立包括影响蒸发的一些主要因素在内的理论、半理论半经验或经验公式来估算土壤的蒸发量。

（三）植物散发

植物散发指在植物生长期，水分从叶面和枝干蒸发进入大气的过程，又称蒸腾。植物散发比水面蒸发及土壤蒸发更为复杂，它与土壤环境、植物的生理结构以及大气状况有密切的关系。

1. 植物散发过程。植物根细胞液的浓度和土壤水的浓度存在较大的差异，由此可产生高达 10 多个大气压的渗压差，促使土壤水通过根膜液渗入根细胞内。进入根系的水分，受到根细胞生理作用产生的根压和蒸腾拉力的作用通过茎干输送到叶面。叶面上有许多气孔，当叶面气孔打开，水分通过开放的气孔逸出，这就是散发过程。叶面气孔能随外界条件变化而收缩，控制散发的强弱，甚至关闭气孔。但气孔的这种调节作用，只有在气温 40℃以内才具有这种能力，当气温达到 40℃以上时便失去了这种能力，此时叶面气孔全开，植物由于散发消耗大量水分，加上天气炎热，空气极端干燥，植物就会枯萎死亡。由此可知，植物本身参与了散发过程，散发过程不是单纯的物理过程，而是一种生物－物理过程。植物散发的水分很大，吸收的水分约有 90% 用于散发。

2. 植物散发的测定和估算。

第一种，器测法。在天然条件下，由于无法对大面积的植物散发进行观测，只能在实验条件下对小样本进行测定分析。过程如下：用一个不漏水的圆筒，里面装满足够植物生长的土，种上植物，土壤表面密封以防止土壤蒸发，水分只能通过植物叶面逸出。视植物生长需水情况，随时灌水。试验期内，测定时段始末植物及容器质量和注水质量，按下式求散发量：

$$E = G + (G_1 - G_2)$$

式中：E——时段散发量，m^3；

G——时段注水量，m^3；

G_1，G_2——时段初、时段末圆筒内土壤的水量，m^3。

器测法不可能模拟天然条件下的植物散发，上述方法只能在理论研究时应用，实际工作中难以直接采用。

第二种，水量平衡法。根据水量平衡原理，测定出一块样地或流域的整片植物群落生长期始末的土壤含水量、土壤蒸发量、降雨量、径流量和渗漏量，再用水量平衡方程即可推算出植物生长期的散发量。

此外，还可以用热量平衡法或数学模型进行估算。

（四）流域总蒸发

流域总蒸发包括流域水面蒸发、土壤蒸发、植物截留蒸发和植物散发。一个流域的下垫面极其复杂，从现有技术条件看，要精确求出各项蒸发量是有困难的。通常是先对全流域进行综合研究，再用流域水量平衡法或模式计算法分析求出。

用水量平衡法推求流域总蒸发量，一般是对多年平均情况而言，根据水量平衡原理，闭合流域多年平均水量平衡方程为：

$$\bar{E} = \bar{P} - \bar{R}$$

式中：E——蒸发量；

P——降水量；

R——径流量。

二、年蒸发量的地理及时间分布

1. 年蒸发量的地理分布。我国年蒸发量为364mm，地理分布与年降水量地区分布大体相当，总的趋势是由东南向西北递减。淮河以南、云贵高原以东广大地区年蒸发量大都为700～800mm；海南岛东部和西藏东南部年蒸发量可达1000mm以上，是我国年蒸发量最大的地区；华北平原大部分地区年蒸发量为400～600mm；东北平原为400mm左右；大兴安岭以西地区、内蒙古高原、鄂尔多斯高原、阿拉善高原以及西北广大地区，都小于300mm，是我国大陆蒸发量最小的地区，其中塔里木盆地、柴达木盆地和新疆若羌以东地区，年蒸发量不到25mm。

2. 年蒸发量的年内变化。年蒸发量的年内变化与气象要素及太阳辐射的年内变化趋势一致。全年最小蒸发量一般出现在12月及1月，以后随太阳辐射量的增加而增加，夏季明显增强，蒸发量最大的月份因地而异，云贵高原东南部常在4～5月；华北地区和西南地区西北部常在5～6月；长江中下游及东南沿海地区常在7～8月。蒸发量峰值期间若少雨，即形成旱期。例如，华北和西南多春旱，长江中下游多伏旱等。一年中连续最大4个月蒸发量约占全年总蒸发量的50%～60%。

第四节　地表径流

降落到流域表面上的降水，由地面及地下汇入河川、湖泊等形成的水流称为径流。自降雨开始至水流汇集到流域出口断面的整个物理过程，称为径流形成过程。为了便于分析，一般把它概括为产流过程和汇流过程。

一、产流过程

降落到流域表面的雨水，除去损失，剩余的部分形成径流，也称为净雨。通常把降雨扣除损失成为净雨的过程称为产流过程。净雨量称为产流量，降雨不能形成径流的部分雨量称为损失量。径流的形成过程如图2－8所示。

降雨开始后，除少量降落到河流水面的降雨直接形成径流外，一部分被植物枝叶所拦截，称为植物截留，并耗于雨后蒸发。降落到地面上的雨水，部分渗入土壤。当降雨强度小于下渗强度时，雨水全部下渗；若降雨强度大于下渗强度，雨水按下渗能力下渗，超出下渗能力的雨水称为超渗雨。超渗雨会形成地面积水，先填满地面的坑洼，称为填洼。填洼的雨量最终耗于下渗和蒸发。随着降雨的持续，满足了填洼的地方开始产生地面径流。下渗到土壤中的雨水，除补充土壤含水量外，还逐步向下层渗透。当土壤含水量达到田间持水量后，下渗趋于稳定。继续下渗的雨水，一部分从坡侧土壤空隙流出，注入河槽，形成表层流或壤中流；另一部分继续向深层下渗，到达地下水面后，以地下水的形式汇入河流，则成为地下径流。位于第一个不透水层之上的冲积层地下水，称为潜水或浅层地下水。在两个不透水层之间的地下水，称为深层地下水或承压水。流域产流过程对降雨进行了一次再分配。

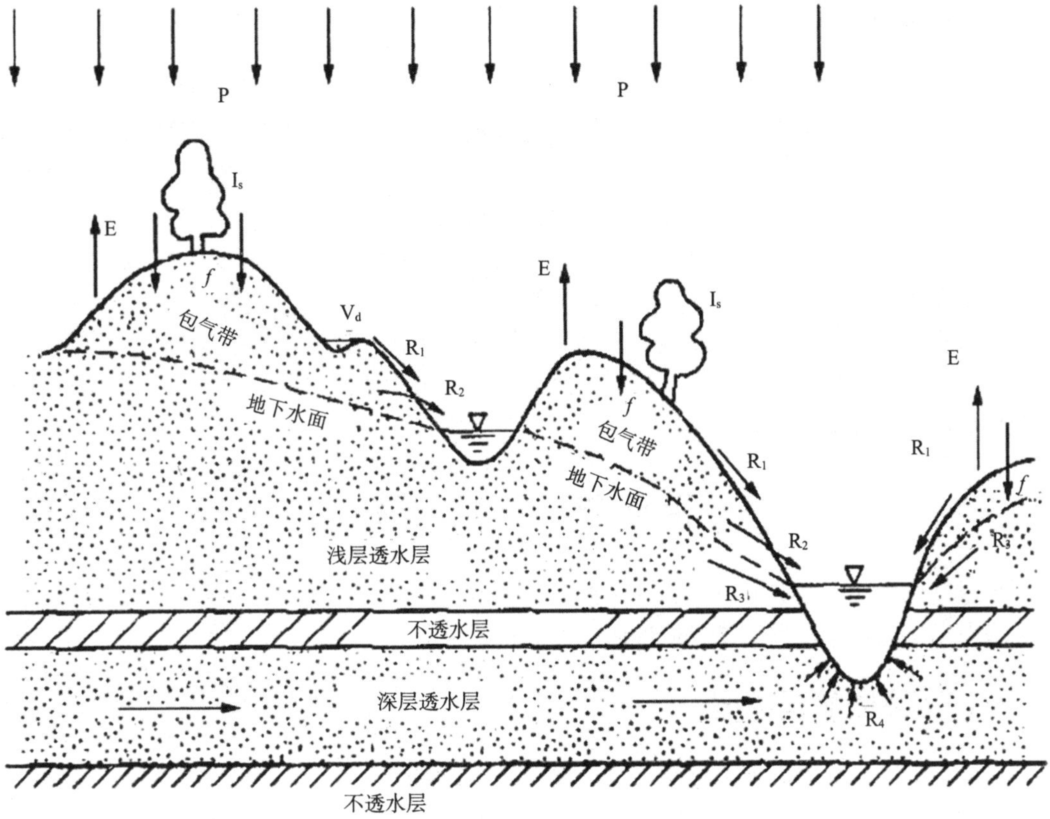

P. 降雨 E. 土壤蒸发 I_s. 植物散发 f. 下渗 V_d. 填洼 R_1. 地面径流 R_2. 壤中流 R_3. 浅层地下径流 R_4. 深层地下径流

图 2-8 径流形成过程示意图

二、汇流过程

净雨沿坡面汇入河网，然后经河网汇集到流域出口断面，这一过程称为流域汇流过程。为了便于分析，将全过程分为坡地汇流和河网汇流两个阶段。

（一）坡地汇流

地面净雨沿坡面流到附近河网，称坡面漫流。坡面漫流是由无数股彼此时分时合的细小水流所组成的，通常无明显固定沟槽，雨强很大时形成片流。坡面漫流的流程一般不长，为数米至数百米。地面净雨经坡面漫流注入河网，形成地面径流。大雨时地面径流形成河流洪水。表层流净雨注入河网，形成表层流径流。表层流与坡面漫流互相转化，常并入地面径流。地下净雨下渗到潜水或深层地下水体后，沿水力坡降最大方向汇入河网，称为地下汇流。深层地下水流动缓慢，降雨后地下水流可以维持很长时间，较大河流终年不断流，是河川基本径流，常称为基流。在径流形成过程中，坡地汇流过程对净雨在时程上进行第一次再分配。降雨结束后，坡地汇流仍将持续一定的时间。

（二）河网汇流

进入河网的水流，从支流向干流，从上游向下游汇集，最后全部流出流域出口断面，这个汇流过程称为河网汇流过程。显然，在此过程中，沿途不断有坡面漫流、表层流及地下径流汇入，使河槽水量增加，水位升高，为河流涨水阶段。在涨水阶段，由于河槽储蓄一部分水量，所以，对于任一河段，下断面流量总是小于上断面流量。随降雨和坡面漫流量逐渐减少直至完全停止，河槽水量减少，水位降低，这就是退水阶段。这种现象称为河槽的调蓄作用。河槽调蓄是对净雨在时程上进行的第二次再分配。

一次降雨，经植物截留、填洼、入渗和蒸发等损失后，进入河网的水量自然比降雨总量小，而且经过坡面漫流及河网汇流两次再分配的作用，使出口断面的径流过程比降雨过程变化缓慢、历时增长、时间滞后。

第五节　下　　渗

水透过地面进入土壤的过程，称为下渗，它是在分子力、毛管力和重力的综合作用下在土壤中发生的物理过程，是径流形成过程的重要环节之一。

一、下渗的物理过程

下渗是水从土壤表面进入土壤的运动过程。水分首先在分子力的作用下，被土壤颗粒吸附。降水初期干燥土壤吸附力极大，使下渗率很大。当土壤含水量达到最大分子持水量时，薄膜形成，分子力消失。然后，下渗的水充填土壤空隙，产生毛管力，水分在毛管力的作用下在土壤孔隙中做不稳定流动。当毛管水一定程度充满土壤孔隙以后，毛管力消失，毛管作用停止。继续入渗的水分在土壤空隙中形成自由水，并充满孔隙达到饱和。自由水在重力作用下沿空隙向下流动，称为重力下渗。当水分供应充足时重力下渗会逐渐趋于稳定，故又称稳定下渗。有时将分子力、毛管力、重力作用下的下渗阶段分别称为渗润阶段、渗漏阶段、渗透阶段。实际上这些阶段并无明显界限，特别是土层较厚时，各阶段可能同时交错进行。

二、下渗量的测定

下渗量的大小一般用下渗率 f 表示，单位时间内，单位面积上渗入土壤中的水量称为下渗率，以 mm/h 或 mm/min 计算。下渗率可通过野外下渗实验来测定。测定方法按供水不同又分为注水型和人工降雨型。前者采用单管下渗仪或同心环下渗仪，后者采用人工降雨设备在小面积上进行测定。

三、下渗公式

大量下渗实验表明，下渗率随时间呈递减的规律。开始时下渗率很大，以后随着土壤吸水量的增加而迅速减少，最后趋于一个稳定值，称为稳定下渗率 f_c（图 2－9）。

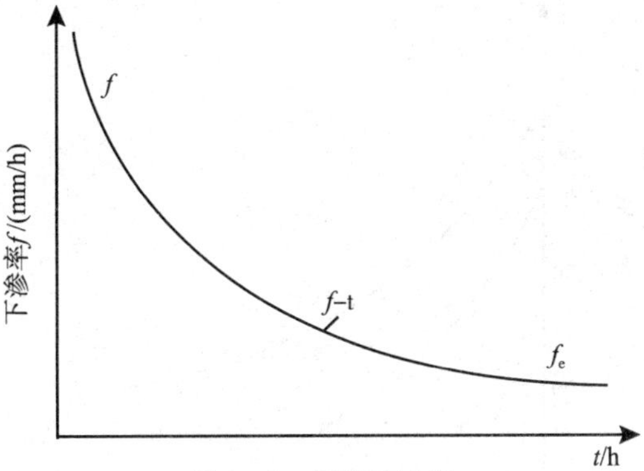

图 2－9 下渗率曲线

不少学者根据实验和理论研究提出了许多经验公式和理论公式，较常用的经验公式有：

（1）霍顿公式：

$$f_t = (f_0 - f_c)e^{-\beta t} + f_c$$

式中：f_t——t 时刻的下渗率，mm/h；

f_0——t 时的初始下渗率，mm/h；

f_c——$t=0$ 稳定下渗率，mm/h；

β——递减指数；

e——自然对数的底。

上式中的参数 β，f_0 及 f_c 可根据实验资料确定。

（2）菲利浦公式：

$$f_t = f_c + \frac{1}{2} s t^{\frac{1}{2}}$$

式中：s——土壤吸水系数；

f_c——稳定下渗率；

s 和 f_c 由试验资料确定。

四、影响下渗的因素

下渗是一个较复杂的过程，它受多方面因素的影响，主要包括土壤性质、降水、植被、流域、地形、人类活动等。

1. 土壤性质。土壤粒径愈大，孔隙愈大，稳定下渗率（f_c）愈大，因为土壤团粒结构会增加下渗率。此外，初始土壤含水量对下渗也有影响。干燥土壤吸水力强，下渗率大；湿润土壤下渗率小。但干黏土在供水初期，分子力、毛管力和重力同时作用，初渗率 f_0 特别大（高于干沙土），后期黏土稳定，下渗率最小。

2. 降水。当降雨强度小于下渗能力时，降雨全部渗入土壤；当雨强大于下渗能力时，则产生超渗雨，形成地面径流。在土壤水分相同时，下渗率随雨强增大而增大，尤其对有草皮覆盖的情况（如地表的滞水、积水等）更为明显。但对赤裸土壤，雨强增大，雨滴也增大，增大的雨滴以较大能量撞碰并溅起地表土粒，土粒随下渗水流充塞土壤孔隙，从而使下渗率减小。这种现象在无植被的松散结构土壤（如西北黄土高原）较为明显。此外，降雨时程分布、连续或间歇降水都会影响下渗。

3. 植被。有植被地区的下渗一般大于裸地的，如图 2－10，这是因为植被阻止地面径流，延缓了下渗时间，且枯枝落叶及根系的腐烂使土壤更易透水。

4. 流域。坡度的大小，坡面的向阳、背阳，地形的起伏等都对下渗有一定影响。

5. 人类活动。植树种草，开挖水平沟及鱼鳞坑，修梯田，平整土地等农、林措施，以及灌排水等水利措施使流动滞水及蓄水能力增加，因而影响下渗。图 2－11 表示耕作的深浅不同，会有不同的下渗过程。

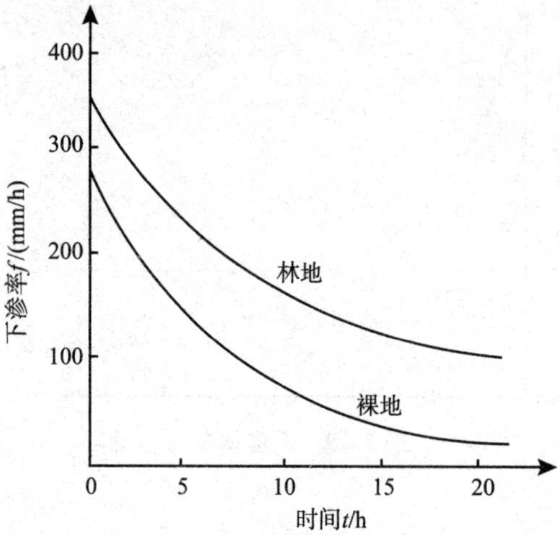

图 2-10 植被对下渗的影响

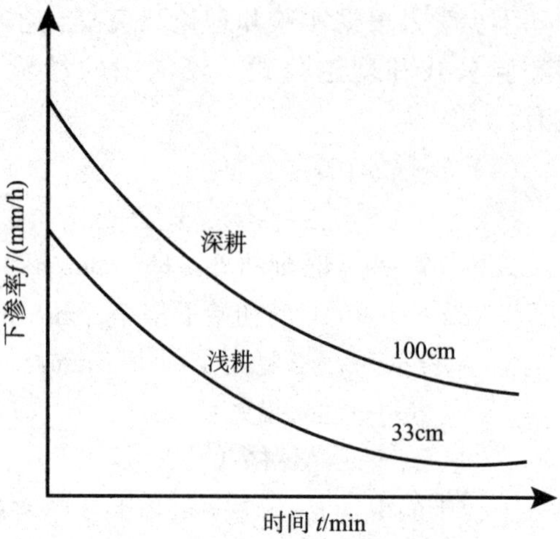

图 2-11 耕作对下渗的影响

第六节 包气带和饱和带

地表土层是能吸收、储存和向任何方向输送水分的多孔介质。流域上沿垂向的土柱结构，以地下水面为界，土层可分为两个不同的土壤含水带。在地下水面以上，土壤含水量未达到饱和，是土粒、水分和空气同时存在的三相系统，称为包气带。在地下水面以下，土壤处于饱和含水状态，是土粒和水分组成的两相系统，称为饱和带或饱水带（图 2-12）。

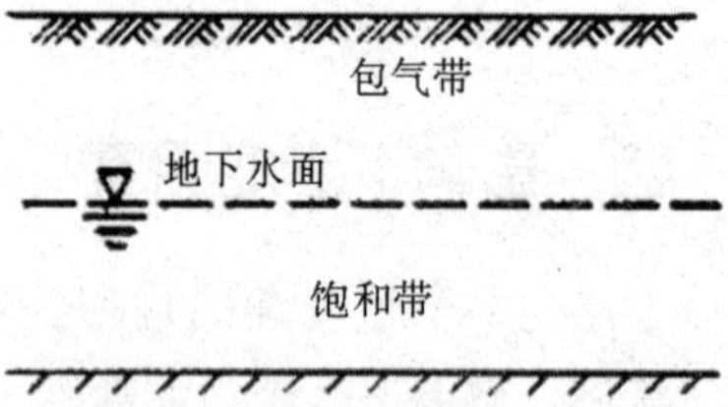

图 2-12 气包带和饱和带示意图

一、饱和带

地下水位以下是饱和带。地下水位是指这样一个面，在这个面上，土体的孔隙水压力或流体的压力水头都正好等于零。从这个定义出发，饱和带有以下性质：①它存在于地下水位以下；②土体的孔隙被水充满，因此，土的体积含水量等于土的孔隙度；③随着深度增加，流体压力大于大气压力，压力水头大于零；④水力水头可以用地下水位计或者孔压计来测量；⑤对于同一种土来说，渗透系数是一个常量。

二、包气带

包气带按其水分分布特征又可分为三个明显不同的水分带：悬着水带、中间包气带和毛管水带。

1. 悬着水带。悬着水带也称表层悬着水带。在包气带上部靠近地表面的部分，水分主要是以悬着水形式存在于土壤之中。它的特点之一是经常直接或间接与外界进行水分交换，水分变化较大。与外界进行水分交换是悬着水带得以存在的必要条件，也是其水分动态变化的根本原因。在一般情况下，土壤水分的增长主要来源于降水，而土壤水分的消退主要耗于土壤蒸发及植物散发。在特殊情况下，即当悬着水带与地下水有水力联系时．饱和带参与这种水分增长与消退活动。在水文上，通常称悬着水带为影响土层，因为它直接参与和影响径流循环。其范围大致在 1m 左右，其中主要影响层在 0.5m 左右，而其中水分发生强烈变化的部分大约在近地表面 0.3m 范围以内，有时称为水分积极活动层。

2. 毛管水带。在地下水面以上，由于土壤毛管力的作用，一部分水分沿着土壤孔隙浸入。地下水面以上的土壤中，形成一个水分带称为支持毛管水带，也称为毛管水带。毛管水带的厚度取决于该土壤的毛管最大上升高。毛管水带内的水分分布具有它独有的特征，一般是在毛管水带最大厚度内，土壤含水量自下而上逐渐减小，由饱和含水量逐渐减低到与中间包气带下端相衔接的含水量，在干旱土壤则以最大分子持水量为下限。对给定土壤，这种分布具有相对稳定的性质。这样的水分分布是由于土壤中存在着各种大小不同的孔隙，形成高度不同的毛管水柱所造成的。毛管水带水分分布曲线的形状特征与土壤毛管孔隙的孔径分布特征密切有关。由于毛管水带下端有充分的水分来源，故其水分分布具有较稳定的特性．但是它的位置却是直接受地下水位的升降而变化的。地下水位的埋深及变化决定了包气带的厚度和变化。

3. 中间包气带。它是一个处于悬着水带与毛管水带之间的水分过渡带，它本身并不直接与外界进行水分交换，而是一个水分的蓄存及输送带。它的厚度一般与地下水位埋深及上、下水分带的厚度有关。它的水分不仅沿深变化较小，同时在时程上也具有相对稳定的性质。其水分含量的大小取决于年降水量的大小、土壤的透水性及地下水位的高低等因素。在地下水埋藏很深、年降水量较少的地区，中间包气带的含水量一般在毛管断裂含水量及最大分子持水量附近（如陕北子洲），年变化幅度不大，水分运行缓慢、稳定。在中等降水、透水性较好的土壤层，中间包气带的水分大致在毛管断裂含水量与田间持水量之间。当地下水埋深较浅时，中间包气带往往消失。

第七节　土　壤　水

通常把存于包气带中的水称为土壤水。土壤水是指吸附于土壤颗粒和存在于土壤孔隙中的水。当水分进入土壤后，在分子力、毛管力或重力的作用下，形成不同类型的土壤水。

一、土壤水分的存在形式

液态的土壤水有以下几种存在形式。

1. 吸湿水。由土粒表面的分子力所吸附的水分子称为吸湿水。它被紧紧地束缚在土粒表面，不能流动也不能被植物利用。

2. 薄膜水。由土粒剩余分子力所吸附在吸湿水层外的水膜称为薄膜水。薄膜水受分子力作用，不受重力的影响，但能从水膜厚的土粒（分子引力小）向水膜薄的土粒（分子引力大）缓慢移动。

3. 毛管水。土壤孔隙中由毛管力所保持的水分称为毛管水。毛管水又分为支持毛管水和毛管悬着水。支持毛管水（毛管上升水）是地下水面以上由毛管力所支持而存在于土壤孔隙中的水分。由于孔隙大小分布不均匀，毛管水上升高度也不相同。孔隙越细，毛管水上升高度越大。毛管悬着水是依靠毛管合力（向上和向下的毛管力之差）支持的一部分水。这部分水悬吊于孔隙之中而不与地下水面接触，称为毛管悬着水。

4. 重力水。土壤中在重力作用下沿着土壤孔隙自由移动的水分称为重力水。它能传递压力，在任何方向只要静水压力差存在，就可以产生水流运动。渗入土中的重力水，到达不透水层时，就会聚集，使一定厚度的土层饱和形成饱和带。当它到达地下水面时，补充了地下水，使地下水面升高。重力水在水文学中有重要的意义。

二、土壤含水量（率）和水分常数

1. 土壤含水量（率）。土壤含水量（率）又称为土壤湿度，它表示一定量的土壤中所含水分的数量，为了便于同降雨、径流及蒸发量进行比较与计算，将某个土层所含的水量以相应水层深度来表示，以 mm 计。土壤含水量还可用土壤重量含水率和土壤容积含水率来表示。

2. 土壤水分常数。土壤水分常数是反映土壤水分形态和性质的特征值。水文学中常用的土壤水分常数有以下几种。

第一，最大吸湿量。在饱和空气中，土壤能够吸附的最大水汽量称为最大吸湿量。它表示土壤吸附气态水的能力。

第二，最大分子持水量。这是由土粒分子力所结合的水分的最大量称为最大分子持水量。此时薄膜水厚度达到最大值。

第三，凋萎含水量（凋萎系数）。植物根系无法从土壤中吸收水分，开始凋萎，此时的土壤含水量称为凋萎含水量。

第四，毛管断裂含水量。毛管悬着水的连续状态开始断裂时的含水量。当土壤含水量大于此值时，悬着水就能向土壤水分的消失点或消失面（被植物吸收或蒸发）运行。低于此值时，连续供水状态遭到破坏，这时，水分交换将以薄膜水和水汽的形式进行，土壤水分只有吸湿水和薄膜水。

第五，田间持水量。这是指土壤中所能保持的最大毛管悬着水时的土壤含水量。当土壤含水量超过这一限度时，多余的水分不能被土壤所保持，以自由重力水的形式向下渗透。

第六，饱和含水量。指土壤中所有孔隙都被水充满时的土壤含水量，它取决于土壤孔隙的大小，是介于田间持水量到饱和含水量之间的水量，就是在重力作用下向下运动的自由重力水分。

第八节　地表水及地表水资源

一、地表水

地表水为河流、冰川、湖泊（水库、洼淀）、沼泽、海洋等水体的总称。广义地讲，以液态或固态形式覆盖在地球表面上、暴露于大气的自然水体，都属于地表水。在我国，人们通常所说的地表水并不包括海洋水，属于狭义的地表水的概念，主要包括河流水、湖泊水、冰川水和沼泽水，并把大气降水视为地表水体的主要补给源。

二、地表水资源

地表水资源是指在社会生产中具有使用价值和经济价值的地表水，既包括天然水，又包括通过工程措施（水库、运河等）和生物措施取得的地表水。地表水资源量是指河流、湖泊、冰川、沼泽等地表水体的动态水量，一般用河川径流量综合反映。河川径流量通常是由设在河道上的水文站在固定的测流断面上测量获得的。

大气降水是地表水体的主要补给来源，在一定程度上反映地表水资源的丰枯情况。对一定地域的地表水资源而言，其丰富程度是由降水量的多少决定的，所能利用的是河流径流量。多年平均条件下，地表水资源量的收支项主要为降水、蒸发和径流。在平衡条件下，收支在数量上是相等的。

三、地表水资源的特点

1. 流动性。地表水资源能够得到大气降水的补给，处在不断地开采、利用、补给、消耗、恢复的循环中，是在循环中形成并能得到再生的一种动态资源，具有流动性。

2. 不稳定性。地表水资源的径流量大，水质和水量有明显的季节性，且由于受地面各种因素的影响，地表水资源易受污染，有机物和细菌含量高，水温变幅大，有时还有较高的色度。

3. 有限性。在一定时间和空间范围内，大气降水对地表水资源的补给量是有限的，也决定了区域地表水资源的有限性。

4. 多用途性。地表水资源是具有多种用途的自然资源，水量、水能、水体均各有用途，广泛应用于农业（包括林、牧、副业）生产用水、工业生产用水、城镇居民生活用水、水力发电用水、船筏水运用水、水产养殖用水、水利环境保护用水等。

5. 空间分布不均匀性。地表水资源空间分布的主要特征是降水和河川径流的地区分布不均匀。时间分布的主要特征是地表水资源的年际、年内变化幅度大。一个地区地表水资源的丰富程度主要取决于降水量的多寡。我国东南部属丰水带和多水带，西北部属少水带和缺水带，中间部及东北部属过渡带。河流的主要径流量分布在东南和中南地区，与降水量的分布具有高度一致性。

四、地表水资源量计算方法

地表水资源量的计算，要求河川径流资料系列具有统一的基础，即要求资料具有连续性和一致性。然而，由于治水、用水等人类活动的影响，改变了天然状态下的河川径流特征，使得实测的河川径流资料不能反映天然径流状态。为了恢复年径流量资料的连续性和一致性，以便正确地计算和分析河川年径流量，就需要对水文站的年径流实测资料进行还原计算。还原项目包括灌溉用水、工业用水、城市生活用水、跨流域引水、河道分洪、大中型水库蓄水变量和水库蒸发损失等。

根据区域的气候及下垫面条件，综合考虑气象站、水文站点的分布、实测资料的年限及质量等情况，河川径流量的计算可选用代表站法、等值线法、年降水径流关系法、水热平衡法等不同的方法。有条件时，也可以某种计算方法为主，同时用其他方法对计算结果进行校验，以保证计算结果具有足够的精度。

（一）代表站法

在研究区域内，选择一个或几个基本能够控制全区、实测径流资料系列较长并具有足够精度的代表站，从径流形成条件的相似性出发，将代表站的年径流量按面积比或综合修正的方法移用到整个研究区域范围内，从而推算出研究区域多年平均及不同频率的年径流量，这种方法叫作代表站法。

代表站法计算河川年径流量的基本公式为：

$$W_{研} = \frac{F_{研}}{F_{代}} W_{代}$$

式中：$W_{研}$——研究区域河川径流量，亿 m^3；

$W_{代}$——代表站流域的河川径流量，亿 m^3；

$F_{研}$——研究区域流域面积，km^2；

$F_{代}$——代表站流域面积，km^2。

式中的 $W_{代}$ 为某年代表站流域的河川径流量时，$W_{研}$ 即为该年研究区域的河川径流量；式中 $W_{代}$ 为多年平均值时，$W_{研}$ 即为研究区域多年平均年径流量。

依据以上公式推求研究区域逐年径流量时，通常要视代表站的个数、代表站情况与研究区域的自然地理条件等而选用适当的计算途径。

1. 当在研究区域内选择一个代表站就能够控制整个研究区域的基本情况时，可直接利用公式进行计算。

2. 当研究区域内气候及下垫面条件差别较大时，则需根据具体情况将研究区域划分为 n 个小区（2 个或 2 个以上），每个小区内选择一个代表站，整个研究区域的河川径流量则由下式计算：

$$W_{研} = \frac{F_{研1}}{F_{代2}} W_{代1} + \frac{F_{研2}}{F_{代2}} W_{代2} + \cdots + \frac{F_{研n}}{F_{代n}} W_{代n} = \sum_{i=1}^{n} \frac{F_{研i}}{F_{代i}} W_{代i}$$

3. 当研究区域与代表站流域自然地理条件差异较大时，应在上一公式已考虑面积比的基础上，进一步选择影响产水条件的指标，对研究区域河川径流量进行修正，其修正方法主要有以下几种。

第一，用区域多年平均年降水量进行修正，其公式为：

$$W_{研} = \frac{F_{研} \bar{P}_{研}}{F_{代} \bar{P}_{代}} W_{代}$$

第二，用区域多年平均年径流深进行修正，其公式为：

$$W_{研} = \frac{F_{研} \bar{R}_{研}}{F_{代} \bar{R}_{代}} W_{代}$$

4. 当研究区域内实际年降水量、年径流量资料都很缺乏时，可直接借用与该研究区域自然地理条件相似的典型流域的年径流深资料系列，乘以研究区域与典型领域多年平均年径流深的比值，得出研究区域年径流深资料系列，再乘以研究区域面积即得研究区域河川径流量系列，其计算公式为：

$$W_{研} = R_{研} F_{研} = R_{典} \frac{\bar{R}_{研}}{\bar{R}_{典}} F_{研}$$

利用代表站法求得的研究区域的逐年径流量，构成了该区域的年径流系列，该径流系列的算术平均值，即为该研究区域多年平均年径流量。利用年径流系列进行频率计算，即可推求出研究区域不同频率的年径流量。频率计算方法可参阅有关书籍。

（二）等值线法

在区域面积不大并且缺乏实测径流资料的情况下，可以利用包括该研究区域在内的较大面积的多年平均年径流深及年径流离差系数等值线，计算区域多年平均年径流量及不同频率的年径流量。等值线图的绘制及其合理性的分析如下。

在绘制等值线图之前，应广泛搜集已有的《水文特征值统计》《水文图集》《水文年鉴》和其他水文分析成果，同时注意搜集气候、地形、地貌、植被、土壤及水文地质等方面的资料，以供绘图时应用和参考。

1. 代表站的选择。绘制多年平均年径流深及年径流离差系数等值线图，应以中等流域面积的代表站资料为主要依据，其集水面积一般控制在 300 ~ 5000km^2。在站网稀少的地区，条件可以适当放宽。代表站选定以后，应按资料精度、实测资料系列长短、集水面积大小等，将代表站划分为主要站、一般站和参考站三类，其分类条件见表 2 – 1。

表 2 – 1　代表站分类条件

代表站分类	分类条件
主要站	资料可靠，还原水量精度较可靠，实测资料序列长度超过 25 年，插补精度高，集水面积 300 ~ 5000km^2
一般站	资料可靠，还原水量成果合理，实测资料序列长度为 20 ~ 25 年，插补精度高，集水面积超过不大
参考站	还原水量精度较差，实测资料序列长度不足 20 年，插补具有一定精度，集水面积超过较多（具备上述一条者，即为参考站，可不计算值）

在集水面积过大的流域，上、下游不同的下垫面造成不同的径流条件，因此仅以下游大面积站推求径流深，其代表性较差。在这种情况下应将下游大面积站及同水系上游站多年平均年径流量相减求得区间多年平均年径流量，再除以区间面积得出区间多年平均年径流深。此值可供绘制等值线时参考。

2. 统计参数的确定与点绘。单站多年平均年径流深，一般采用按日历年推求的算术平均值。年径流离差系数值应按现行频率计算方法——适线法确定。

在大比例尺地形图上，勾绘出全部代表站及区间站集水范围，并分别确定其面积形心。当自然地理条件较一致且高程变化不大时，面积形心基本是径流分布的重心；当高程变化较大、径流分布不均匀，或者面积形心位于河谷平原时，径流分布重心则应根据面积形心和径流的分布综合修正确定。将计算求得的各代表站多年平均年径流深及年径流离差系数分别标注在径流分布重心处，并用不同符号表明其精度，作为绘制等值线的基本依据。

3. 多年平均年径流深等值线图的绘制。在具有充分实测径流资料的情况下，绘制年径流深等值线应考虑下列主要原则：①降水的地区分布基本上决定了径流深的分布特点。因此，应以多年平均年降水量等值线作为框绘年径流深等值线总趋势和确定高低值区位置的依据；②分析下垫面条件的影响。径流是降水和下垫面综合作用的产物。在相同的降水条件下，地形、地貌、土壤、水文地质等条件对径流深的地区分布也有较大的影响。因此，应当注意参考地形等高线绘制径流深等值线；③掌握绘图技巧，通过综合分析定图。应先给出100mm、500mm 等主等值线，框绘等值线大势，然后再绘其他等值线。

绘制时应注意：山丘区等值线梯度大于平原区；径流深等值线跨大江时不斜交，跨大山时不横穿。在综合分析的基础上，把本区等值线与邻区相应等值线衔接起来。

在缺乏实测径流资料的情况下，或者区域为产水、汇流条件比较特殊的平原水网区、岩溶地区等，可以首先采用适当的方法（如水热平衡法等）推求陆地蒸发量，然后用降水量减去蒸发量求得径流深，最后绘出径流深等值线图。

4. 多年平均年径流深等值线图的合理性分析。该项分析主要从以下几方面入手。

第一，若年径流深等值线及年降水量等值线的变化总趋势和高、低值区的地区分布都比较吻合，在已经对年降水量等值线图的合理性进行了多方面论证的前提下，即可认为年径流深等值线也是基本合理的。

第二，在一定高程范围内，年径流深随高程的增加而增加是合理的，否则是不合理的。

第三，选择大流域或独立水系的主要控制站，自上游向下游进行平面上的水量平衡检查，其天然情况下的多年平均年径流深与用等值线量算的径流深的相对误差应不超过5%，且无系统偏差。

第四，分析垂直方向上的水量平衡，即分析年降水、年径流、年陆地蒸发量三要素之间的综合平衡。由于陆地蒸发量的地区分布相对稳定，故可以陆地蒸发量作为平衡项，按下式计算其相对误差：

$$\Delta \bar{E} = \frac{\bar{E} - (\bar{P} - \bar{R})}{\bar{P} - \bar{R}} \times 100\%$$

若由上式算出的年陆地蒸发量相对误差不超过 ±10%，且无系统偏差，即认为年径流深等值线及其他等值线均是合理的。

第五，与以往绘制的多年平均年径流深等值线图对照检查，看看等值线走向、等值线量级、低值区的分布等方面是否存在明显差异，若有明显差异，应从代表站选择、资料系列长短、还原水量精度、分析途径及绘图方法等方面查找原因，以确保资料基础可靠，分析计算方法合理，最大限度地提高等值线图的精度。

5. 年径流离差系数等值线图的绘制与合理性分析。年径流离差系数的大小及其地区分布，与年降水量、年径流深、年径流系数以及集水面积的大小等密切相关。因此应参照年降水量离差系数、多年平均年径流深和年径流系数等值线的趋势，框绘年径流离差系数等值线，经合理性分析、修正后定图。

年径流离差系数等值线可从两个方面进行合理性分析。

第一，年径流离差系数 C_v 值的地区分布应符合下述规律：干旱地区的 C_v 值大于湿润地区的 C_v 值；以雨水补给为主的河流的 C_v 值大于得到较多湖水补给、地下水补给或高山冰雪补给的河流的 C_v 值；支流及上游的 C_v 值大于干流及下游的 C_v 值。在同一气候区，年径流离差系数 C_v 的高、低值区应与年径流深的低、高值区对应，即两者的变化趋势相反。

第二，水量平衡三要素的离差系数通常是相互影响、相互制约的，在大部分地区是年径流的 C_v 值相对较大，年降水的 C_v 值次之，陆地年蒸发量的 C_v 值相对较小。三者的对比关系因地而异，这又与气候及下垫面情况有关。例如，在降水丰沛的湿润地区，年径流的 C_v 值与年降水的 C_v 值差别较小，而在干旱、半干旱地区，年降水的 C_v 值很大，年径流的 C_v 值更大，两者相差很大，差别可达 2 倍以上；在冰川融水或地下水补给较多的少数干旱地区，年径流的 C_v 值与年阵水的 C_v 值接近，甚至出现年径流的 C_v 值小于年降水的 C_v 值的情况。

（三）年降水－径流函数关系法

假如本区域有足够年份的实测降水、径流资料或相邻相似代表区域有足够年份的实测降水、径流资料，可以建立年降水－径流函数关系。这样，就可以用年降水资料来推算年径流量。通常可以用类似式的数学模型：

$$R = Ae^{BP}$$

式中：A，B——模型经验参数；

P——年降水量；

R——径流量；

e——自然对数的底。

这种方法的关键是要根据大量的实测资料来建立降水—径流函数关系模型。

（四）水热平衡法

在代表流域内，依据降水、径流和太阳辐射平衡值实测资料，综合考虑下垫面因素，建立计算陆地蒸发量的经验公式。由研究区域降水量减去用上述经验公式算得的研究区域陆地蒸发量，即得研究区域的天然年径流量。这种方法称为水热平衡法。

水热平衡法的基本原理是：在气候并不十分湿润的地区，陆地蒸发量 E 通常随降水量 P 和太阳辐射平衡值 θ 的变化而变化，并且 E 和 P，θ 均呈正相关关系。在 $\theta/LP \to 0$ 和 $\theta/LP \to \infty$ 的边界条件下，E/P 和 θ/LP 之间的关系可用下式表达：

$$\frac{E}{P} = \varphi\left(\frac{\theta}{LP}\right)$$

式中：φ——某种函数符号；

E 和 P——陆地年蒸发量和年降水量，mm；

θ——太阳辐射平衡值，J/(cm^2·a)；

L——蒸发潜热，J/g。

为综合考虑陆地蒸发量、降水量和太阳辐射平衡值的经验关系，在代表流域内，P 为已知项，L 为定值，可由《中国物理气候图集》中查得，E 可由代表流域的水量平衡方程推求。当依据实测资料建立了代表流域的水热平衡经验关系后，便可根据降水量、太阳辐射平衡值及下垫面特性，直接推算出缺乏实测资料的区域的多年平均年陆地蒸发量和年径流量。现举出部分研究者所建立的水热平衡经验关系如下：

$$E = P10^{-a+0.1553\theta/LP}$$

式中：a——随流域平均高程而变的系数，它随高程增大而增加，其值在 0.354 ~ 0.475 间变化。其他符号的含义同前。

$$E = \left(-0.246 + 0.246\frac{\theta}{LP}\right)P$$

$$E = (0.19T + 0.8)Q/L$$

式中：Q——太阳总辐射，J/(cm^2·d)；

T——2m 高百叶箱内日平均气温，℃；

E——陆地日蒸发量，mm。

需要指出，上述经验公式均仅适用于特定区域，公式中有关系数、参数因地而异。各地区在建立水热平衡经验公式时应当考虑这一情况。

第九节 地表水资源的开发利用途径及工程

地表水资源是人类开发利用最早、最多的一类水资源，由于地表水具有分布广、径流量大、矿化度和硬度低等特点，自古以来开发利用最为广泛。

一、地表水资源的利用途径

（一）地表水资源的特点

地表水源包括江、河、湖泊、水库和海水。大部分地区的地表水源流量较大，由于受地面各种因素的影响，地表水资源表现出以下特点：①地表水多为河川径流，因此径流量大，矿化度和硬度低；②地表水资源受季节性影响较大，水量时空分布不均；③地表水水量一般较为充沛，能满足大流量的需水要求，因此城市、工业企业常利用地表水作为供水水源；④地表水水质容易受到污染，浊度相对较高，有机物和细菌含量高，一般均须常规处理后才能使用；⑤采用地表水源时，在地形、地质、水文、卫生防护等方面均较复杂。

（二）地表水资源开发利用途径及主要工程

为满足经济社会用水要求，人们需要从地表水体取水，并通过各种输水措施传送给用户。除在地表水附近，大多数地表水体无法直接供给人类使用，需修建相应的水资源开发利用工程对水进行利用，也就是说，一般的地表水开发利用途径是通过一定的水利工程，从地表取水再输送到用户。常见的地表水资源开发利用工程主要有河岸引水工程、蓄水工程、扬水工程和输水工程。

1. 河岸引水工程。由于河流的种类、性质和取水条件各不相同，从河道中引水通常有两种方式：一是自流引水，二是提水引水。自流引水可采用有坝与无坝两种方式（见图2－14）。

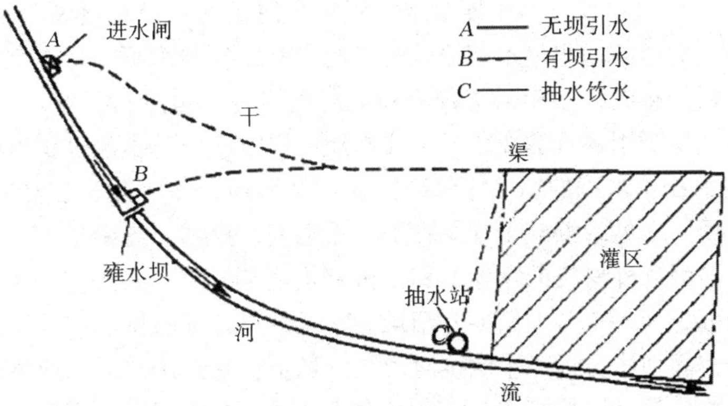

图2－14　灌溉三种取水方式平面示意图

（1）无坝引水：当小城镇或农业灌区附近的河流水位、流量在一定的设计保证率条件下，能够满足用水要求时，即可选择适宜的位置作为引水口，直接从河道侧面引水，这种引水方式就是无坝引水。

在丘陵山区，若灌区和城镇位置较高，水源水位不能满足灌溉要求时，亦可从河流上游水位较高地点筑渠引水。这种引水方式的主要优点是可以取得自流水头；主要缺点是引水口一般距用水地较远，渗漏损失较大，且引水渠通常有可能遇到施工较难地段。

无坝引水渠首一般由进水闸、冲沙闸和导流堤三部分组成。进水闸的主要作用是控制入渠流量，冲沙闸的主要作用为冲走淤积在进水闸前的泥沙，而导流堤一般修建在中小河流上，平时发挥导流引水和防沙作用，枯水期可以截断河流，保证引水。总之，渠首工程各部分的位置应统一考虑，以利于防沙取水为原则。

（2）有坝引水：当天然河道的水位、流量不能满足自流引水要求时，须在河道上修建壅水建筑物（坝或闸），抬高水位以便自流引水，保证所需的水量，这种取水形式就是有坝引水。有坝引水枢纽主要由拦河坝（闸）、进水闸、冲沙闸及防洪堤等建筑物组成。

拦河坝的作用为横拦河道、抬高水位，以满足自流引水对水位的要求，汛期则在溢流坝顶溢流，泄流河道洪水。因此，坝顶应有足够的溢流宽度，在宽度受到限制或上游不允许壅水过高时，可降低坝顶高程，改为带闸门的溢流坝或拦河闸，以增加泄洪能力。

进水闸的作用是控制引水流量。其平面布置主要有两种形式：一是正面排沙，侧面引水。这种布置形式防止泥沙进入渠道的效果较差，一般只用于清水河道；二是正面引水，侧面排沙。采用这种取水方式，能在引水口前激起横向环流，促进水流分层，表面清水进入进水闸，而底层含沙水流则涌向冲沙闸排除。

冲沙闸的过水能力一般应大于进水闸的过水能力，能将取水口前的淤沙冲往下游河道。冲沙闸底板高程应低于进水闸底板高程，以保证较好的冲沙效果。

为减少拦河坝上游的淹没损失，在洪水期保护上游城镇、交通的安全，可以在拦河坝上游沿河修筑防洪堤。此外，若有通航、过鱼、过木和水力发电等要求时，还要设置船闸、鱼道、筏道及水电站等建筑物。

（3）提水引水：提水引水就是利用机电提水设备（水泵）等，将水位较低水体中的水提到较高处，满足引水需要。

2. 蓄水工程。这里主要介绍水库蓄水工程。当河道的年径流量能满足人们用水要求，但其流量过程与人们所需的水量不相适应时，则需修筑拦河大坝，形成水库。水库具有径流调节作用，可根据年内或多年河道径流量，对河道内水量进行科学调节，以满足灌溉、发电或城市生活、生产用水等的要求。水库枢纽由以下三类基本建筑物组成。

（1）挡水建筑物：水库的挡水建筑物，系指拦河坝。一般按建筑材料分为混凝土坝、浆砌石坝和土石坝。常见的混凝土坝的种类有重力坝、拱坝、支墩坝等；浆砌石坝可分为重力坝和拱坝等，因这种材料的坝体不利于机械化施工，故多采用在中小型水库上；土石坝可分为土坝和堆石坝。本节仅简要介绍最为常见的重力坝、拱坝和土坝。

重力坝主要依靠坝体自重产生的抗滑力维持稳定，它是用混凝土或浆砌石修筑而成的大体积挡水建筑物，具有结构简单、施工方便、安全可靠性强、抗御洪水能力强等特点，但同时由于它体积庞大，水泥用量多，且对温度要求严格，坝体应力较低，受扬压力作用大。

重力坝通常由非溢流坝段、溢流坝段和二者之间的连接边墩、导墙及坝顶建筑物等组成。一般来说，坝轴线采用直线，需要时也可以布置成折线或曲线。溢流坝段一般布置在中部原河道主流位置，两端用做溢流坝段与岸坡相接，溢流坝段与非溢流坝段之间用边墩、导墙隔开。

拱坝是坝体向上游凸出，在平面上呈现拱形，拱端支承于两岸山体上的混凝土坝或浆砌石坝。拱的两端支承于两岸山坡岩体上，作用于迎水面的荷载，大部分依靠拱的作用传递到两岸岩体上，只有少部分通过梁的作用传至坝基。拱坝具有体积小、超载能力和抗震性好的特点，但由于拱坝坝体单薄、孔口应力复杂，因此坝身泄流布置复杂，同时施工技术要求高，尤其对地基的处理要求十分严格。修筑拱坝的理想地形条件是左右对称的“V”形和“U”形狭窄河段。理想的地质条件是岩石均匀单一，透水性小，基岩坚固完整，无大的断裂构造和软弱夹层。

土坝是历史最悠久也是最普遍的坝型。它具有可就地取材、构造简单、施工方便，适应地基的变形能力强等特点，但缺点是坝顶身不能溢流，工程造价较高，坝体填筑工程量大。土坝的剖面一般是梯形，主要考虑渗流、冲刷、沉陷等对土坝的影响。土坝主要由坝体、防渗设备、排水设备和护坡四部分组成。坝体是土坝的主要组成部分，其作用是维持土坝的稳定。防渗设备的主要作用是减小坝体和坝基的渗透水量，要求用透水性小的土料或其他不透水材料筑成。排水设备的主要作用是尽量排出已渗入坝身的渗水，增强背水坡的稳定，可采用透水性大的材料，如砂、砾石、卵石和块石等。护坡的主要作用是防止波浪、冰凌、温度变化、雨水径流等的破坏，一般采用块石护坡。

（2）泄水建筑物：泄水建筑物主要用以宣泄多余水量，防止洪水漫溢坝顶，保证大坝安全。泄水建筑物有溢洪道和深式泄水建筑物两类。

深式泄水建筑物有坝身泄水孔、水工隧洞和坝下涵管等。一般仅作为辅助的泄洪建筑物。

溢洪道可分为河床式和河岸式两种形式。河岸溢洪道根据泄水槽与溢流堰的相对位置的不同可分为正槽式溢洪道和侧槽式溢洪道两种形式。正槽式溢洪道的溢流堰上的水流方向与泄水槽的轴线方向保持一致；而侧槽式溢洪道的溢流堰上的水流方向与泄水槽轴线方向斜交或正交。在实际中，主要根据库区地形条件选择溢洪道的形式。

溢洪道通常由引水段、控制段、泄水槽、消能设备和尾水渠五部分组成。控制段、泄水槽和消能设备是溢洪道的主体部分；引水段和尾水渠分别是主体部分同上游水及下游河道的连接部分。引水段的作用是将水流平顺、对称地引向控制段。控制段主要控制溢洪道泄流能力，是溢洪道的关键部位。泄水槽的作用是宣泄通过控制段的水流。消能设备用于消除下泄水流所具有的破坏作用的动能，可以防止下游河床和岸坡及相邻建筑物受水流的冲刷。尾水渠是将消能后的水流平顺地送到下游河道。

(3) 引水建筑物：在水库引水建筑物中，常见的形式有水工隧洞、坝下涵管和坝体泄水孔等。水工涵洞和坝下涵管均由进口段、洞（管）身段和出口段组成。其不同之处在于水工隧洞开凿在河岸岩体内，坝下涵管在坝基上修建，涵管管身埋设在土石坝坝体下面。

3. 扬水工程。扬水是指将水由高程较低的地点输送到高程较高的地点，或给输水管道增加工作压力的过程。扬水工程主要是指泵站工程，是利用机电提水设备（水泵）及其配套建筑物，给水增加能量，使其满足兴利除害要求的综合性系统工程。水泵与其配套的动力设备、附属设备、管路系统和相应的建筑物组成的总体工程设施称为水泵站，亦称扬水站或抽水站。扬水的工作程序为高压电流→变电站→开关设备→电动机→水泵→吸水（从水井或水池吸水）→扬水。

用以提升、压送水的泵称为水泵。按其工作原理可分为两类：动力式泵和容积式泵。动力式泵是靠泵的动力作用使液体的动能及压能增加和转换完成的，属于这一类的有离心泵、轴流泵和旋涡泵等；容积式水泵对水流的压送是靠泵体工作室容积的变动来完成的，属于这一类的有活塞式往复泵、柱塞式往复泵等。

目前，在城市给排水和农田灌溉中，最常用的是离心泵。离心泵的工作原理是利用泵体中的叶轮在动力机（电动机或内燃机）的带动下高速旋转，由于水的内聚力和叶片与水之间的摩擦力不足以形成维持水流旋转运动的向心力，使泵内的水不断地被叶轮甩向水泵出口处，而在水泵进口处造成负压，进水池中的水在大气压的作用下经过底阀、进水管流向水泵进口。离心泵按其转轴的立卧可分为卧式离心泵和立式离心泵；按其轴上叶轮数目多少可分为单级离心泵和多级离心泵两类；按水流进入叶轮的方式可分为单侧进水式泵和双侧进水式泵。离心泵的技术性能有流量（输水量）、扬程（总扬程）、轴功率、效率、转速、允许吸上真空高度 6 个工作参数表示。

泵站主要由设有机组的吸水井、泵房和配电设备三部分组成：①吸水井的作用是保证水泵有良好的吸水条件，同时也可以当作水量调节建筑物；②设有机组的泵房包括吸水管路、管路、控制闸门及计量设备等。低压配电与控制起动设备一般也设在泵房内。各水管之间的联络管可根据具体情况设置在室内或室外；③配电设备包括高压配电、变压器、低压配电及控制起动设备。变压器可以设在室外，但应有防护设施。除此之外，泵房内还应有起重等附属设备。

根据泵站在给水系统中的作用，泵站可以分为取水泵站、送水泵站、加压泵站和循环泵站四类。取水泵站也称一级泵站，它直接从水源处取水，将水输送到净化建筑物或配水管网、水塔等建筑物中。送水泵站设在净水厂内，将净化后的水输送给用户，又叫清水泵站。加压泵站也称中途泵站，主要用于某一地区对水压要求较高或输水距离过长、供水对象所在地势较高的用户。循环泵站是将处理过的生产排水抽升后，再输入车间加以重复使用。

4. 输水工程。在开发利用地表水的实践活动中，水源与用水户之间往往存在着一定的距离，这就需要修建输水工程。输水工程主要采用渠道输水和管道输水两种方式。其中，渠道输水主要应用于农田灌溉，管道输水主要用于城市生产和生活用水。

二、地表水输水工程的选择与设计

（一）给水管网系统

给水管网系统是保证城市、工矿企业等用水的各项构筑物和输配水管网组成的系统。其基本任务是安全合理地供应城乡人民生活、工业生产、保安防火、交通运输等各项用水，保证满足各项用水对水量、水质和水压的供水要求。

给水管网系统一般由输水管（渠）、配水管网、水压调节设施（泵站、减压阀）及水量调节设施（清水池、水塔、高地水池）等构成。

1. 输水管（渠）。输水管（渠）是指在较长距离内输送水量的管道或渠道，一般不沿线向外供水。

2. 配水管网。配水管网是指分布在供水区域内的配水管道网络，其功能是将来自于较集中点（如输水管渠的末端或储水设施等）的水量分配输送到整个供水区域，使用户能从近处接管用水。

3. 泵站。泵站是输配水系统中的加压设施，可分抽取原水的一级泵站、输送清水的二级泵站和设于管网中的增压泵站等。

4. 减压阀。减压阀是一种自动降低管路工作压力的专门装置，它可将阀前管路较高的水压减少至阀后管路所需的水压。

5. 水量调节设施。水量调节设施包括清水池、水塔和高地水池等，其中清水池位于水厂内，水塔和高地水池位于给水管网中。水量调节设施的主要作用是调节供水和用水的流量差，也用于储备用水量。

给水管网有多种类型，包括统一给水系统，即采用同一系统供应生活、生产和消防等各种用水；当用户对水质或水压有不同的要求时（通常是工业对水质和水压有特殊的要求），可采用分质或分压供水系统；分区供水系统是将给水范围分成不同的区域，每区都有泵站和管网等，各区之间有适当的联系。另外还有区域供水系统、工业供水系统等。

（二）给水管网的布置

城市给水管网由直径大小不等的管道组成，担负着城镇的输水和配水任务。给水管网布置的合理与否关系到供水是否安全、工程投资和管网运行费用是否经济。

1. 管网布置的原则。管网布置的原则包括：①根据城市规划布置管网时，应考虑管网分期建设的需要，留出充分发展的余地；②保证供水有足够的安全可靠性，当局部管线发生事故时，断水范围最小；③管线应遍布整个供水区内，保证用户有足够的水量和水压；④管线敷设应尽可能短，以降低管网造价和供水能量费用。

2. 管网布置形式。给水管网主要有树状网和环状网 2 种形式。

树状网是指从水厂泵站到用户的管线布置呈树枝状。适用于小城市和小型工矿企业供水。这种管网的供水可靠性较差，但其造价低。

环状网中，管线连接成环状，当其中一段管线损坏时，损坏部分可以通过附近的阀门切断，而水仍然可以通过其他管线输送至以后的管网，因而断水的范围小，供水可靠性高，还可大大减轻因水锤作用产生的危害，但其造价较高，一般在城市初期可采用树状管网，以后逐步连成环状管网。

3. 管网布置要点。城市管网布置取决于城镇平面布置，供水区地形、水源和调节构筑物位置，街区和用户特别是大用水户分布，河流、铁路、桥梁等位置以及供水可靠性要求，主要遵循以下几点：①干管延伸方向应与主要供水方向一致。当供水区中无用水大户和调节构筑物时，主要供水方向取决于用水中心区所在的位置；②干管布设应遵循水流方向，尽可能沿最短距离达到主要用水户。干管的间距，可根据街区情况采用 500～800m；③对城镇边缘地区或郊区用户，通常采用树状管线供水；对个别用水量大、供水可靠性要求高的边远地区用户也可采用双管供水；④若干管之间形成环状管网，则连接管的间距可根据街区大小和供水可靠性要求，采用 800～1000m；⑤干管一般按城市规划道路定线，并要考虑发展和分期建设的需要；⑥管网的布置还应考虑一系列关于施工和经营管理上的问题。

4. 管道材料的选择。给水管网的投资占给水工程的 60%～80%，合理选择管材是降低工程造价、保证供水安全的重要措施。水管可分为金属管和非金属管两类。水管材料的选择取决于承受的水压、外部荷载、埋管条件、供应情况和价格等因素。

（1）金属管：金属管包括铸铁管和钢管。

铸铁管按材质可分为灰铸铁管和球墨铸铁管。灰铸铁管具有较强的耐腐蚀性和耐水压能力，价格低廉，以往使用最广，但质地较脆，不耐振动和弯折，因此抗冲击和抗震能力较差，且经常发生漏水、水管断裂和爆管事故，造成大量的经济损失，一般宜用于地基较好、无振动的地方。球墨铸铁管有较强的强度和较高的韧性，且耐腐蚀性也较强，其重量较轻，往往采用柔性连接，有一定的伸缩性，漏水和爆管现象较少发生，是我国新兴的一种很有前途的铸铁管材。

钢管可分为无缝钢管和有缝钢管两种。钢管的特点是强度高，耐高压、韧性好、重量轻，运输方便，单管的长度大和接口方便，但耐腐蚀性差、造价较高。通常只在大口径、高水压以及因地质、地形条件限制或穿越铁路、河谷及地震区的时候采用。

（2）非金属管：非金属管包括预应力和自应力钢筋混凝土管、玻璃钢管，以及塑料管。

预应力钢筋混凝土管的特点是造价低、耐腐蚀、抗震性能好、爆管率低，但重量大，运输不方便，主要用于大口径的输水管线。预应力钢筒混凝土管是在预应力钢筋混凝土内放入钢筒，其用钢量比钢管省，集中了钢管和预应力钢筋混凝土的优点。目前，在我国的实际应用中，预应力钢筒钢筋混凝土管的口径已达到2000mm。自应力钢筋混凝土管的管径最大为600mm，管壁较脆，不适合应用于重要管线，但若质量可靠，可用于农村等水压不高的次要管线上。

玻璃钢管是一种新型的管材，它的特点是耐腐蚀、不结垢、管内光滑、水头损失小、重量轻、便于安装和运输，但其价格较高，适用于具有强腐蚀性的土壤中。

塑料管具有耐腐蚀、强度高、表面光滑、不结垢、水头损失小、重量轻、加工和接口方便等优点，其缺点是强度较低、膨胀系数较大，易受温度影响。塑料管有多种，其中以UPVC（硬聚氯乙烯）管的力学性能和阻燃性能最好，且价格也较低，应用较为广泛，在城镇供水中的应用逐步扩大。

第三章　地下水及地下水资源基础知识

第一节　地下水的储存与地下水流系统

一、岩石中水的存在形式

储存于岩石空隙中的地下水，按其物理力学性质的不同，分为气态水、吸着水、薄膜水、毛管水、重力水与固态水几种主要形态。它们能在一定条件下相互转化，形成统一的动力平衡系统。

地面以下，根据土壤岩石含水是否饱和可分为两个带：地下水面以上的包气带和地下水面以下的饱水带。饱水带中的土壤岩石空隙全部被液态水充满，主要是重力水；饱水带以上的土壤岩石空隙没有完全被水充满，包含有与大气连通的气体，因此称作包气带。包气带是大气水、地面水与地下重力水相互转化的过渡带。若久旱不雨，包气带近地表部分土壤干燥。包气带上部主要分布气态水和结合水（吸着水、薄膜水），靠近下部饱水带的部位，是一个以毛管水为主的毛管带。水文学中地下水一词，通常专指饱水带中的重力水。

二、地下水的储存空间与岩石的水理性质

（一）含水层和隔水层

地下水的储存空间是岩石的空隙，这个空隙可分为孔隙、裂隙和溶隙三类。自然界小的岩石，都有大小不等、数量不一的空隙，都有一定的含水能力。但是，所谓含水层是指储存有地下水，并在自然条件或人为条件下能流出水来的岩石，因为这样含水的岩石大多呈层状，所以叫作含水层，如砂层、砂卵石层等。有些岩层虽然含水但几乎不透水或透水很弱，称为隔水层，如黏土、页岩等。

实际上，含水层与隔水层之间并没有一条分明的界线，它们的划分是相对的。隔水层通常可分两种：一种是致密岩石，其中没有空隙，既不含水，也不透水；另一种是孔隙度很大，但孔隙直径很小，孔隙中存在的水绝大部分是结合水，在常压下不能靠重力自由流出，因此也不能透水。

（二）岩石的水理性质

岩石的空隙虽然为地下水提供了存储空间，但是水能否自由进出这些空间却与岩石表面控制水分活动的条件、性质有很大关系，这些与水分的贮容运移有关的岩石性质通常称

为岩石的水理性质，它包括容水性、持水性、给水性、透水性、毛管性等。

1. 容水性。容水性是指岩石空隙能容纳一定水量的性能，通常以容水度来衡量。容水度是指岩石中所能容纳的水的体积与容水岩石体积之比，以小数或百分数表示。容水度在数值上与岩石的孔隙率或裂隙率、岩溶率相等。但对于具有膨胀性的黏土来说，充水后其体积会增大，容水度可以大于孔隙度。

2. 持水性，持水性是指由于岩石颗粒表面对水分子的吸引力，而在岩石空隙中保持若干水量的性能。因为在分子力作用范围内分子力比重力大若干倍，所以岩石所保持的这种水不受重力支配。岩石的持水性能用持水度来衡量。持水度是指受重力作用排水后，岩石空隙中保持的水量与岩石总体积之比。在这种情况下所能保持的水主要是结合水，它取决于岩石颗粒表面对水分子的吸附能力。在松散沉积物中，颗粒组成物质愈细，空隙直径愈小，则同体积内的总表面积愈大，持水度愈大。所以持水度实际上说明岩石中结合水与毛管水合量的多少。

3. 给水性。给水性是指饱和含水的岩石在重力作用下，能自由流出（排出）若干水量的性能，以给水度作为数量指标。给水度表示在常压下从饱和含水岩石中流出的水的体积与饱水岩石总体积之比。给水度在数值上等于容水度与持水度之差。粗粒松散岩石以及具有张开裂隙的岩石，持水度很小，给水度接近于容水度，黏土以及具有闭合裂隙的岩石，持水度接近于容水度，给水度几乎等于零。

4. 透水性。透水性是指在一定压力梯度条件下岩石允许水透过的性能。岩石的透水能力首先取决于孔隙直径的大小和连通程度，其次是孔隙的多少。因为水在细粒物质（如黏土）组成的微小孔隙中运动时，不仅由于水与孔壁的摩擦阻力而难以通过，而且还由于细小颗粒吸附了一层结合水水膜，这种水膜几乎占满了整个孔隙，水是很难通过的。坚硬的岩石中孔隙愈多，透水性愈强。衡量岩石透水性的指标是岩石的渗透系数。透水层与隔水层虽然没有严格的界限，不过目前已公认，渗透系数小于 0.001m/d 的岩石，均列入隔水层，大于或等于这个数值的岩石属于透水层。

5. 毛管性。毛管性是指松散岩石中存在毛细孔隙，具有孔隙毛管作用的性质。毛管力作用支持的水称为毛管水，这种水在常压下不能靠重力作用流出来。在潜水面上部常出现一个毛管上升带。水的毛管上升高度与毛管的半径成反比，所以地下水在松散岩石中毛管上升带的高度大致与半径成反比，见表 3-1。

表 3-1　孔隙度相同（41%）的样品中 72d 后的毛管上升高度

岩石种类	粒径/mm	毛管上升高度/cm
细砾石	5~2	2.5
极粗砾	2~1	6.6
粗砂	1~0.5	18.5
中砂	0.5~0.2	24.6
细砂	0.2~0.1	42.8
粉砂	0.1~0.05	105.5
细粉砂	0.05~0.02	200

三、地下水流系统

在一定的水文地质条件下，汇集于某一排泄区的全部地下水流，构成一个相对独立的水文系统，称为地下水流系统。[①] 处于同一水流系统的地下水，往往具有相同的补给来源，相互之间水力联系密切，形成统一的整体，而不同的含水系统中的地下水，则没有或只有极弱的水力联系。

与地表水流系统相比较，地下水的运动深入地下很大的深度，所以其水流系统具有空间上的立体形态。同时，地下水流系统是由众多的流线组合而成的，不像地表水系那样可明确区分为干流、支流。而且，地下水流的流动方向，在补给区表现为下降，在排泄区则往往表现为上升。

从图 3－1 中可看出，埋藏在均质松散沉积物中的地下水，在渗流过程中存在众多的流线，都从补给区经过不同的深度指向排泄区。通常，在各种地下水流系统中，岩溶水的系统性表现得较为典型，排泄一般以大泉或泉群的形式出现，如由泉口顺水流溯源而上，可以发现有不同级别的地下通道，并如地表水系那样脉络相通。但岩溶水系的发育还是不同于地表水系的沿平面发育，而是表现为水平方向上与垂直方向上的交替发育。有时地下通道和地表河流连接，成为地上河段；自然地表水流成为断头河潜入地下，河流流域也就成为地下水域的一部分。

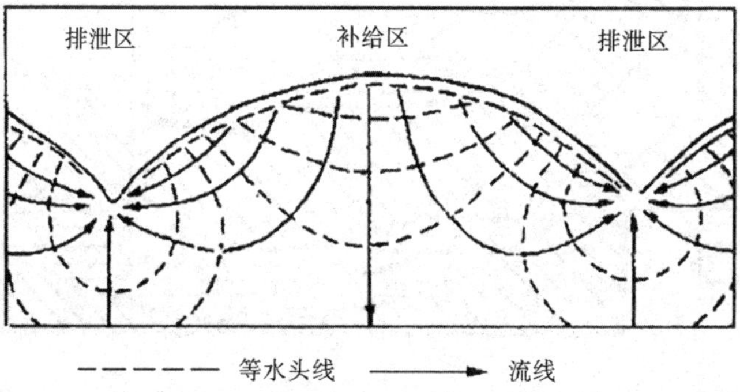

图 3－1　河间地块均质各向同性介质中地下水流示意图

第二节　不同埋藏条件下的地下水

地下水按埋藏条件和含水层空隙的性质可分为上层滞水、潜水、承压裂隙水和岩溶水；按其存在的形式可分为气态水、吸着水、薄膜水、毛细管水、重力水和固态水；按含水层的埋藏特点可分为上层滞水、潜水和承压水三个基本类型，每一类型按含水层的空隙特点，又可分为孔隙水、裂隙水和岩溶水。

包气带中常有局部隔水层存在，下渗的重力水可以在局部隔水层上积聚起来，形成上

① 尤晓君．地下水资源开发利用规划与管理［J］．黑龙江科学，2016（12）：136－137.

层滞水，它是包气带内部的局部饱水带。

上层滞水分布范围有限，距地表较近，补给区与分布区一致，一般水量不大，动态变化量显著，只能作为小型或暂时性供水水源，开采时应注意防范水质污染。下面详细介绍一下潜水和承压水。

一、潜水

潜水是埋藏于地表以下第一个稳定隔水层上，具有自由水面的地下水，见图3－2。它通过包气带与大气连通，潜水面为自由水面，不承受静水压力。潜水面与地下水面之间的距离为潜水埋藏深度，而潜水面与第一个稳定隔水层顶之间的距离则为潜水含水层厚度。潜水面受降水等因素影响而升降。潜水储存取决于地质、地貌、土壤、气候条件，一般山区潜水埋藏较深，平原区较浅，有的不到1m。

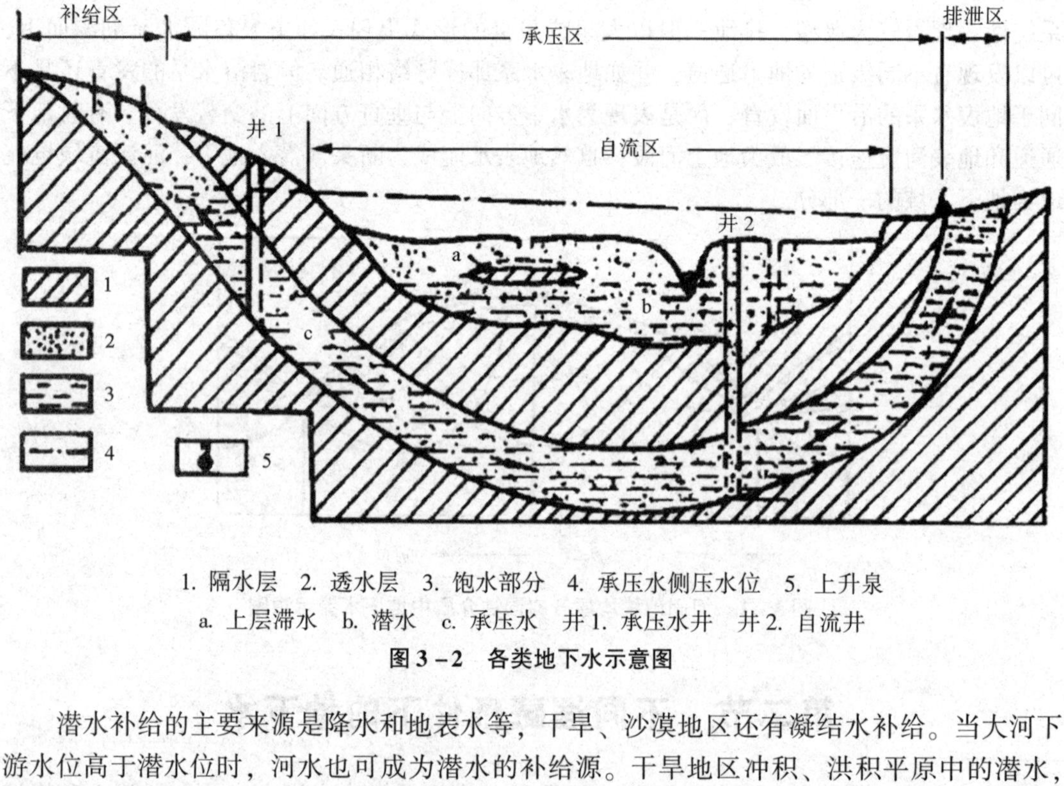

1. 隔水层　2. 透水层　3. 饱水部分　4. 承压水侧压水位　5. 上升泉

a. 上层滞水　b. 潜水　c. 承压水　井1. 承压水井　井2. 自流井

图3－2　各类地下水示意图

潜水补给的主要来源是降水和地表水等，干旱、沙漠地区还有凝结水补给。当大河下游水位高于潜水位时，河水也可成为潜水的补给源。干旱地区冲积、洪积平原中的潜水，主要靠山前河流补给，河水通过透水性强的河床垂直下渗而大量补给潜水，有时水量较小的溪流甚至可全部潜入地下。降雨补给地下水的指标常用降水入渗补给系数表示，即降雨的下渗对地下水的补给量与同期降雨量之比值，它是地下水与地表水、大气水相互转换的水文参数。

二、承压水

承压水的主要特性是处在两个稳定隔水层之间，具有压力水头，一般不受当地气象水文因素影响，具有动态变化较稳定的特点。承压水的水质不易遭受污染，水量较稳定，在城市、工矿供水中占有重要地位。

承压水含水层按水文地质特征可分为三个组成部分，即补给区、承压区和排泄区。含水层出露于地表较高的部分为其补给区，直接承受大气降水和地表水体的补给，实际上该区内的地下水为潜水，并主要受下渗补给；另一部分含水层在高程较低的位置出露地表，则是它的排泄区，以潜水、地表水或泉水的形式排出；而在这两层之间的含水层即为承压区。承压区的主要特征是承受静水压力，具有压力水头（即补给区高程与回水点或河水水位之差）。承压水来自补给区，其水量大小与补给区的大小及补给量的多少有关。

第三节　地下水循环

除了极少数地下水以外，绝大多数地下水都是在不断地演化和持续形成的，即它不断地接受补给、流动和排泄。这种持续的水交替过程就是地下水的形成过程。

地下水由大气降水、地表水的渗入而得到补给，流经地下最后又排泄入地表水和大气中，这一地下水获得补给、产生径流、进行排泄的过程形成了地下水的水循环系统，它是自然界水循环系统的一部分。

一、地下水的补给

大气降水的渗入、地表水的渗入是地下水的主要补给来源，此外还有大气中水汽和包气带岩石空隙中水汽的凝结补给，以及人工补给。①

1. 大气降水的渗入补给。大气降水到达地表以后便向岩石、土地的空隙中渗入，当降雨强度超过入渗强度时，多余的水便形成地表径流。入渗到岩石和土壤中的那部分降水并不是全部都能补给地下水。当降雨强度过小、延续时间短，则水分下渗只能湿润包气带，地下水得不到补给，而只有当包气带的毛细空隙完全被水充满时，才能形成重力水的连续下渗，而不断地补给地下水。包气带岩石透水性好、厚度小、地形平坦、植被良好，则入渗作用就强，地下水获得的补给就多。

2. 地表水的渗入补给。地表水包括江、湖、河、海、水渠、水库等一切地表汇集的水体，这些地表水在一定条件下均可补给地下水。河水补给地下水，其补给情况及补给量的大小取决于河水位与地下水位的高差、河床下部岩石透水性的强弱、河床过水时间的长短。

3. 水汽凝结补给。当气温趋于露点时，储藏在岩石空隙中的水汽便凝成液态补给地下水，称为凝结水补给。

4. 人工补给。人工补给是指水利工程对地下水的补给，可分为两大类：第一类是人类兴建水库、引水灌溉农田、城市工矿企业排放工业废水，以及城镇生活污水排放，因渗漏而补给地下水。这是盲目的补给，有时通过增加地下水的补给而对地下水资源进行利用

① 魏日华，孙桂喜．影响降水补给地下水资源的因素分析［J］．吉林水利，2006.

是有利的；有时由于引起土壤次生盐渍化、地下水污染等环境问题，而对地下水资源进行利用是不利的。第二类是人类为了有效地保护和改善地下水资源、控制地下水漏斗以及地面沉降现象的出现，而采取的一种有目的的人工回灌。有些国家或地区用人工回灌补给地下水量已占到地下水利用量的30%左右。我国的河北省、上海市等地区也开展了大量的回灌工作，取得了显著效果。

二、地下水的排泄

地下水通过泉水溢出、向地表水泄流、蒸发及人工排泄等形式向外排泄，消耗地下水量的这一过程称为地下水排泄。

三、地下水的径流

地下水在重力或压力差的作用下，从高水位到低水位、从补给区向排泄区运动，形成了地下水的径流。

与地表水不同，地下水的运动是在岩石空隙中进行的，这种运动称为渗透。地下水的运动由于受到介质的阻滞，其运动速度远比地表水缓慢得多。

可用地下径流模数 M（或称地下径流率）说明地下径流量的大小，其计算式为：

$$M = \frac{Q \times 10^3}{365 \times 864 \times F}$$

式中：Q——年内的地下径流总量，m^3；

F——含水层的分布面积或地下径流流域的面积，km^2；

M——地下径流模数，$L/(s \cdot km^2)$。

地下径流模数不仅反映径流的强弱，还可以用来评价水资源。

第四节　地下水资源

地下水资源是指一个地区或一个含水层中，有利用价值且本身又具有不断更替能力的各种动态地下水量的总称。地下水有利用价值必定包括水质和水量两个方面：地下水能够构成资源首先是因为它有利用价值，这是由质决定的，而其来源多少则是由量来体现的。

一、地下水资源类型

通常可将地下水资源分为补给量、储存量和允许开采量三类（表3-2）。

1. 补给量。补给量是指在天然状态或开采条件下，单位时间内以各种形式从各种途径进入含水层的水量。补给来源主要有大气降水渗入、地表水渗入、地下水径流流入、越流补给和人工补给。补给量分为天然补给量、开采补给量、补给量的增量。天然补给量是天然条件下在含水层或含水带中循环流动的地下水量；开采补给量是开采条件下，地下水补给与循环条件改变后所增加的补给量。

表3－2　地下水资源分类

<table>
<tr><td rowspan="8">补给量</td><td rowspan="5">天然补给量</td><td rowspan="3">垂向补给量</td><td>降雨入渗补给量</td></tr>
<tr><td>地表水体渗漏补给量</td></tr>
<tr><td>越流补给量</td></tr>
<tr><td rowspan="2">侧向补给量</td><td>地表水体侧渗补给量</td></tr>
<tr><td>含水层上游侧渗补给量</td></tr>
<tr><td rowspan="3">开采补给量</td><td colspan="2">越流补给量</td></tr>
<tr><td colspan="2">地下水水力梯度增大补给量</td></tr>
<tr><td colspan="2">地表水体补给增加量</td></tr>
<tr><td rowspan="2">储存量</td><td colspan="3">容积储存量</td></tr>
<tr><td colspan="3">弹性储存量</td></tr>
<tr><td rowspan="3">允许开采量</td><td colspan="3">地下水径流排泄量</td></tr>
<tr><td colspan="3">潜水蒸发排泄量</td></tr>
<tr><td colspan="3">泉水溢出量</td></tr>
</table>

2. 储存量。储存量是指储存在含水层中水位变动带以下的重力水的体积。在潜水含水层中，储存量的变化主要反映为水体积的改变，称为体积储存量；在承压水含水层中，压力水头的变化主要反映弹性水的释放，称为弹性储存量。

3. 允许开采量。允许开采量是指通过技术经济合理的取水方案，在整个开采期内出水量不会减少，动水位不超过设计要求，水质和水温变化在允许范围内，不影响已建水源地正常开采，不发生危害性的环境地质现象的前提下，单位时间内从水文地质单元或取水地段中能够取得的水量。

我国地下水资源量统计的范围是指地下含水层的动态水量，通常是用地下水的补给量表示。对山丘区，地下水资源量为河川基流量、河床潜流量、山前侧渗流出量和未计入河川径流的山前泉水出露量、潜水蒸发量及浅层地下水开采净消耗量等项之和，相当于降水的入渗补给量。对平原区，地下水资源量为降水入渗补给量、地表水体补给量、山前侧渗补给量和越流补给量等项之和。

二、地下水资源特点

1. 流动性。地下水资源的主要特点是其有流动性，处在不断地利用、补给、消耗和恢复的循环中。

2. 稳定性。地下水资源受形成、埋藏和补给等条件的影响，具有水质澄清、水温稳定、不易污染、水质较好、调蓄能力强、供水保证程度高、在时间和空间上具有更为稳定性的特点。同时，开采地下水工程简易，费用较低。在中国北方的许多地区和干旱半干旱地区的许多城市，地下水成为人们用水和农田灌溉重要的甚至是唯一的水源。

3. 可恢复性。地下水具有可恢复的特性。地下水一面被开采消耗，一面又受降雨及其他地表水体的入渗补给、更新。如开采的地下水量在补给量之内，下降的地下水位可以得到恢复，但超过补给的大量抽取地下水将破坏地下水的动态平衡，导致地下水位不断下降，降落漏斗不断扩大，从而出现井的出水量减少，甚至水井干涸，还将引起水质恶化、地层压密、地面沉降，以及生态不平衡等严重恶化现象。

4. 规律复杂性。地下水赋存于地下岩层的空隙之中，具有赋存、运动、补给和排泄的特点，而这些特点都不是在地表所能直接观察到的，也不是能简单证实的，再加上含水岩层的空隙形体和分布都呈现无规律性，使得地下水的现象变得更加复杂。

三、地下水资源量的计算方法

地下水资源量，即多年平均地下水补给量。由于其补给方式、补给过程比较复杂，地下水资源量的估算要比地表水资源量略显麻烦。

在计算地下水资源量，即地下水补给量时，由于山丘区与平原区的补给方式不同、获得资料的途径不同，因此计算方法也不同，常常分开进行计算后再汇总。

1. 在山丘区，由于受到资料条件的限制，常常难于直接采用公式来计算地下水补给量，而是根据“多年平均总补给量等于总排泄量”这一原理，一般采用计算地下水的总排泄量来近似作为总补给量。即有下式：

$$Q_m = R_{gm} + R_{um} + U_{km} + Q_{sm} + E_{gm} + q_m$$

式中：Q_m——山丘区多年年平均地下水补给量；

R_{gm}——山丘区多年年平均河川基流量；

R_{um}——山丘区多年年平均河川潜流量；

U_{km}——山丘区多年年平均山前侧向流出量；

Q_{sm}——山丘区未计入河川径流的多年年平均山前泉水出露量；

E_{gm}——山丘区多年年平均潜水蒸发量；

q_m——山丘区多年年平均实际开采的净消耗量。

2. 在平原区，可以采用分类型计算补给水量再求和的方法来计算地下水总补给水量。即有下面一般计算式：

$$Q_f = U_{pf} + U_{rf} + U_{kf} + U_{ef} + U_{df} + U_{ff} + U_{jf} + q_{mf}$$

式中：Q_f——平原区多年年平均地下水补给量；

U_{pf}——平原区多年年平均降水入渗补给量；

U_{rf}——平原区多年年平均河道渗漏入渗补给量；

U_{kf}——平原区多年年平均山前侧向流入补给量；

U_{ef}——平原区多年年平均渠系渗漏入渗补给量；

U_{df}——平原区多年年平均水库渗漏入渗补给量；

U_{ff}——平原区多年年平均灌溉入渗补给量；

U_{jf}——平原区多年年平均越流补给量；

q_{mf}——平原区多年年平均人工回灌补给量。

第五节　地下水资源开发利用的规划与管理

一、地下水的开发利用规划

（一）规划的原则

地下水的开发利用规划，应在区域或地区统一综合利用各种水利资源规划的前提下进行，上下游同时考虑，并注意防止生态环境恶化。

规划时，要对规划区内各种有关自然条件、经济技术条件作全面的了解。对区内的备用水情况及它们对水质水量的要求调查清楚。再依据客观条件，针对主要规划任务进行全面合理的规划，制定出方案，并从中选择出最佳方案，使规划在技术上先进、切实、可行，经济上合理，以节省费用。

由于利用地下水灌溉时，多采用各种类型的水井开采地下水，故一般习惯称井灌规划。井灌规划是农田水利规划的重要组成部分，其基本原则如下：①必须因地制宜，即根据当地自然条件的特点，结合农业生产和发展的需要，立足当前、着眼长远，进行全面规划和合理布局；②规划中要坚持三水（天上水、地面水和地下水）统管，综合统一利用当地各种水利资源的基本思想；③保护与涵养地下水资源，以防衰减水量与恶化水质；④集中开采与分散开采相结合；⑤新、旧井相结合。

规划时还要根据当地水文地质条件的特点，布设管理与监测地下水的观测网，以及时开展观测工作。

（二）基本资料收集

要做好一个切合实际、行之有效的井灌规划，必须要有足够和准确的基本资料。井灌规划所需要的资料，除一部分与地表水灌溉规划基本相同外，还需大量有关地质和水文地质的资料。通常，井灌规划需要如下资料：①自然地理概况；②水文和气象概况；③水文地质条件；④农业生产情况和水利现状；⑤社会经济情况；⑥经济技术条件。

（三）水量平衡计算

水量平衡计算的目的，主要是为了分析和解决规划区内农业生产和其他部门对水的需求量与水源可能供给量之间的矛盾。其中包括平衡计算的基本任务、需水量确定、地下水可开采量的计算和供需水量平衡计算。

二、地下水开发利用的管理工作

加强地下水开发利用管理工作的目的是为了经济、合理、高效地利用和保护地下水资源，以便更好地为国民经济各项生产服务。

1. 要因地制宜，合理开发利用地下水资源，防止局部地区过量开采。一些地区由于地下水实际开采量大于当地的地下水资源量，造成局部地区形成降落漏斗，引起地面沉降，并影响其他区域安全用水。据初步统计，截至1983年底，我国北方平原区已形成浅层地下水降落漏斗40多个，漏斗总面积达1.5万km^2，漏斗中心水位埋深10~40m，地下水位平均年下降0.3~3.4m。有些地区地下水的降落漏斗低于海平面。在这些地区应控制地下水的开发利用，尤其是深层地下水，因其补给条件差，不宜作为长期、稳定的供水水源。滨海地区，已有局部地区出现海水倒灌，更应注意控制开采地下水。

2. 注意回升地下水位引起的致涝和致碱。要正确认识和处理地面水和地下水相互转化的关系。单纯地大量引用地面水灌溉会引起地下水位上升，发生大面积土壤盐渍化。一般防涝的地下水埋深要求不小于1.5m，防碱的地下水埋深要求不小于1.8m。

3. 利用地下水人工补给，解决地下水资源的不足。地下水人工补给是解决地下水资源不足的最经济的方法之一。当地下水开采量较大，而天然补给量又不足时，不可避免地会引起水位下降、水量不足，甚至出现含水层枯竭，在平原地区还会出现咸水入侵及地面沉降等不良后果。为此，采用人工补给办法可以增加地下水资源，从而消除或减轻因过量开采所引起的各种恶果。另外，采取人工补给也是防止地面沉降的有效措施。

4. 保护水源，防止污染和盐化。工业“三废”中的废水、废渣和城市污水及垃圾，都会污染水源。有些具有毒害的污染物，如砷、汞、高价铬、镉、苯酚和氯化物等，一旦污染了地下水源，其危害是十分严重的。为此，应设置必要的监测设施，采取相应的防治污染和净化污水的措施。

第六节　地下水资源的开发利用途径及工程

地下水资源在我国水资源开发利用中占有举足轻重的地位，由于地下水具有分布广、水质好、不易被污染、调蓄能力强、供水保证程度高等特点，目前已被全国各地广泛开发利用。

一、地下水资源的开发利用途径

合理开发利用地下水，对满足人类生活与生产需求以及维持生态平衡具有重要意义，特别是对于某些干旱半干旱地区，地下水更是其主要的甚至是唯一的水源。据统计，目前在我国的大中型城市中，北方70%、南方20%以地下水作为主要供水水源。此外，许多大中型能源基地、重化工和轻工企业均以地下水作为供水水源。

（一）地下水的开发利用途径

地下水的开发利用需要借助一定的取水工程来实现。取水工程的任务是从地下水水源地中取水，送至水厂处理后供给用户使用，它包括水源、取水构筑物、输配水管道、水厂和水处理设施（见图3-3）。其中，地下水取水构筑物与地表水取水构筑物差异较大，而输配水管道、水厂和水处理设施基本上与地表水供水设施一致。

地下水取水构筑物的形式多种多样，综合归纳可概括为垂直系统、水平系统、联合系统和引泉工程四大类型。当地下水取水构筑物的延伸方向基本与地表面垂直时，称为垂直

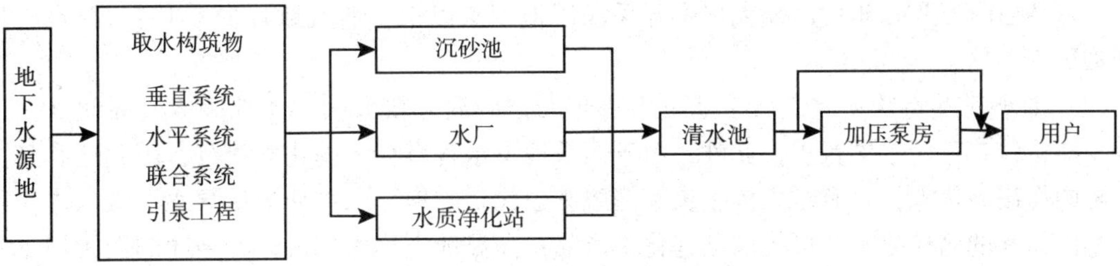

图 3－3　地下水取水工程系统组合形式

系统，如管井、筒井、大口井、轻型井等各种类型的水井；当取水构筑物的延伸方向基本与地表面平行时，称为水平系统，如截潜流工程、坎儿井、卧管井等；将垂直系统与水平系统结合在一起，或将同系统中的几种联合成一整体，便可称为联合系统，如辐射井、复合井等。

在修建取水工程之前，首先要对开采区开展水文地质调查，明确地下水水源地的特性，如是潜水还是承压水，是孔隙水、裂隙水还是岩溶水，进而选择经济合理、技术可行的取水构筑物（类型、结构与布置等）来开采地下水。

（二）地下水开发利用的优点

同地表水相比，地下水的开发利用有其独特优势。

1. 分布广泛，容易就地取水。我国地下水开发利用主要以孔隙水、岩溶水、裂隙水三类为主，其中以孔隙水分布最广，岩溶水在分布、数量和开发上均居其次，而裂隙水则最小。据调查，松散岩类孔隙水分布面积约占全国面积的 1/3，我国许多缺水地区，如位于西北干旱区的石羊河流域、黑河流域山前平原处都有较多的孔隙水分布。此外，孔隙水存在于松散沉积层中，富水性强且地下水分布比较均匀，打井取水比较容易。

2. 水质稳定可靠。一般情况下，未受人类活动影响的地下水是优质供水水源，水质良好、不易被污染，可作为工农业生产和居民生活用水的首选。地下水资源的这种优势在我国北方干旱半干旱地区尤为明显，因为当地地表水资源极其贫乏，因此不得不大量开采地下水来维持生活和生产用水。此外，地下水含水层受包气带的过滤作用和地下微生物的净化作用，有了天然的屏障，不易被污染。地下水在接受补给和运移过程中，由于含水层的溶滤作用使地下水中含有多种矿物质和微量元素，成为优质的饮用水源。我国的高寿命地区大多与饮用优质地下水有关。

3. 具有时间上的调节作用。由于地下水和地表水汇流机制的不同，导致其接受补给的途径和时间存在一定的差别。地表水的补给受降水影响显著，降水在地面经过汇流后可迅速在河道形成洪水，其随时间的变化比较剧烈。地下水的补给则受降水入渗补给、地表水入渗补给、灌溉水入渗补给等多方面的影响，且由于其在地下的存储流动通道与地表水有很大的差异，因此地下水资源随着时间的变化相对稳定，在枯水期也能保证有一定数量的地下水供应。

4. 减轻或避免了土地盐碱化。在一些低洼地区开采地下水，降低了地下水位，减少了潜水的无效蒸发，进而可改良盐碱地，并取得良好的社会效益和环境效益。如黄淮海平原，自从20世纪50年代后期大规模开采浅层地下水以来，盐碱地减少了1/2，粮食产量增加了1.5倍。

5. 具备某些特殊功效。由于地下水一年四季的温差要大大小于地表水，因此常常成为一些特殊工业用水的首选。此外，由于多数地下水含有特定的化学成分，因此还有其他重要的作用。例如，含有对人体生长和健康有益元素的地下水可作为矿泉水、洗浴水；富含某些元素的高矿化水，可提取某些化工产品；高温地下热水，可作为洁净的能源用于发电或取暖；富含硝态氮的地下水可用于农田灌溉，有良好的肥效作用等。

（三）地下水过度开发带来的环境问题

正是由于地下水具有种种用途，20世纪70年代以来，我国通过各种地下水工程大量开发利用地下水资源。同时，由于我国水资源时空分布的不均匀性，又加速了在枯水期对地下水资源的过度开采，致使在某些地区（特别是在北方的一些大中型城市）地下水位急剧下降、含水层疏干、枯竭，进而引发一系列的环境问题。

1. 形成地下水位降落漏斗。随着我国经济的快速发展，对水资源需求日益增加，进而会对地下水长期过量开采，造成地下水位持续下降，并形成地下水位降落漏斗。

2. 引发地面沉降、地面塌陷、地裂缝等地质灾害。地下水过度开采，不仅会引起地下水位下降、形成降落漏斗，还会引发地面沉降、地面塌陷、地裂缝等地质灾害。地面沉降是指在自然或人为超强度开采地下流体（地下水、天然气、石油等）等造成地表土体压缩而出现的大面积地面标高降低的现象。地面沉降具有生成缓慢、持续时间长、影响范围广、成因机制复杂和防治难度大的特点。我国城市地面沉降的最主要原因是城市发展导致水资源需求量增加，进而加剧对地下水的过度开采，使得含水层和相邻非含水层中空隙水压力减少，土体的有效应力增大，由此产生压缩沉降。另外，地下水超采还会产生地裂缝。地裂缝可使城市建筑物地基下沉、墙壁开裂、公路遭到破坏，严重影响到工农业生产与居民生活，并造成了很大的经济损失。

3. 泉水流量衰减或断流。我国北方平原在20世纪70年代以前，不少地区承压地下水可喷出地表，并形成了许多著名的岩溶泉水，如济南四大泉群、太原晋祠泉等。然而近年来由于泉域内地下水开采布局不够合理，在泉水周围或上游凿井开采同一含水层的地下水，导致泉水流量衰减，枯季断流，甚至干涸。在我国西北内陆干旱区，由于在细土带大量开采地下水，以及在出山口兴建过多地表水库和在戈壁带修建高防渗渠道，改变了河流对地下水补给的天然条件，致使河流渗漏补给量大量减少，进而造成山前冲洪积扇处的泉水溢出量大幅下降。

4. 引起海水（或咸水）入侵。在近海（或干旱内陆）地区过量开采地下水，常会引起海水（或咸水）入侵现象。这是因为地下水的过度开采改变了天然情况下地下含水层的水动力学条件，破坏了原有的淡水与咸水平衡界面，从而使海水（或咸水）侵入淡水含水层。近20年来，随着环渤海湾城市群的快速发展和扩张，地下水开采量不断增加，进而引起大连、秦皇岛、天津、青岛、烟台等沿海城市的地下含水层海水入侵现象加剧。

5. 引起生态退化。在我国西北干旱地区，由于地下水与地表水联系密切，当地下水资源过量开采时，就会造成超采区地下水位大幅度下降，包气带增厚，并引发草场、耕地退化和沙化、绿洲面积减少等生态退化问题。

6. 造成地下水水质恶化。随着经济的高速发展和城市人口的急剧膨胀，近年来由于工业废水和生活污水不合理地排放，而相应的污废水处理设施没有跟上，从而使不少城市的地下水遭到严重污染。此外，过量开采地下水还导致地下水动力场和水化学场发生改变，并造成地下水中某些物理化学组分的增加，进而引起水质恶化。

综上所述，由于地下水过度开发所带来的环境问题十分复杂且后果严重。此外，需要注意的是，上述问题并不是独立的，而是相互关联的，往往随着地下水的超采，几个问题会同时出现。

（四）地下水资源的合理开发模式

从上面的介绍可以看出，不合理地开发利用地下水资源，会引发地质、生态、环境等方面的负面效应。因此，在地下水开发利用之前，首先要查清地下水资源及其分布特点，进而选择适当的地下水资源开发模式，以促使地下水开采利用与经济社会发展相互协调。① 下面将介绍几种常见的地下水资源开发模式。

1. 地下水库开发模式。地下水库开发模式主要用于含水层厚度大、颗粒粗，地下水与地表水之间有紧密水力联系，且地表水源补给充分的地区，或具有良好的人工调蓄条件的地段，如冲洪积扇顶部和中部。冲洪积扇的中上游区通常为单一潜水区，含水层分布范围广、厚度大，有巨大的存储和调蓄空间，且地下水位埋深浅、补给条件好，而扇体下游区受岩相的影响，颗粒变细并构成潜伏式的天然截流坝，因此极易形成地下水库。地下水库的结构特征，决定了其具有易蓄易采的特点，以及良好的调蓄功能和多年调节能力，有利于“以丰补歉”，充分利用洪水资源。目前，不少国家和地区，如荷兰、德国、英国的伦敦、美国的加利福尼亚州，以及我国的北京、淄博等城市都采用地下水库开发模式。

2. 傍河取水开发模式。我国北方许多城市，如西安、兰州、西宁、太原、哈尔滨、郑州等，其地下水开发模式大多是傍河取水型的。实践证明，傍河取水是保证长期稳定供水的有效途径，特别是利用地层的天然过滤和净化作用，使难于利用的多泥沙河水转化为水质良好的地下水，从而为沿岸城镇生活、工农业用水提供优质水源。在选择傍河水源地时，应遵循以下原则：①在分析地表水、地下水开发利用现状的基础上，优先选择开发程度低的地区；②充分考虑地表水、地下水富水程度及水质；③为减少新建厂矿所排废水对大中型城市供水水源地的污染，新建水源地尽可能选择在大中型城镇上游河段；④尽可能不在河流两岸相对布设水源地，避免长期开采条件下两岸水源地对水量、水位的相互削减。

3. 井渠结合开发模式。农灌区一般采用井渠结合开发模式，特别是在我国北方地区，由于降水与河流径流量在年内分配不均匀，与农田灌溉需水过程不协调，易形成“春夏旱”。为解决这一问题，发展井渠结合的灌溉，可以起到井渠互补、余缺相济和采补结合的作用。实现井渠统一调度，可提高灌溉保证程度和水资源利用效率，不仅是一项见效快的水利措施，而且也是调控潜水位，防治灌区土壤盐渍化和改善农业耕作环境的有效途

---

① 伊永强．地下水资源开发利用的环境效应［J］．西部探矿工程，2017，29（10）：159－160.

径。经内陆灌区多年实践证明，井渠结合灌溉模式具有如下效果：一是提高灌溉保证程度，缓解或解决了春夏旱的缺水问题；二是减少了地表水引水量，有利于保障河流在非汛期的生态基流；三是可通过井灌控制地下水位，改良盐渍化。

4. 排供结合开发模式。在采矿过程中，由于地下水大量涌入矿山坑道，往往使施工复杂化和采矿成本增高，严重时甚至威胁矿山工程和人身安全，因此需要采取相应的排水措施。例如，我国湖南某煤矿平均每采 1t 煤，需要抽出地下水 130m^3左右。矿坑排水不仅增加了采矿的成本，而且还造成地下水资源的浪费，如果矿坑排水能与当地城市供水结合起来，则可达到一举两得的效果，目前在我国已有部分城市（如郑州、济宁、邯郸等）将矿坑排水用于工业生产、农田灌溉，甚至是生活用水等用途。

5. 引泉模式。在一些岩溶大泉及西北内陆干旱区的地下水溢出带可直接采用引泉模式，为工农业生产提供水源。大泉一般出水量稳定，水中泥沙含量低，适宜直接在泉口取水使用，或在水沟修建堤坝，拦蓄泉水，再通过管道引水，以解决城镇生活用水或农田灌溉用水。这种方式取水经济，一般不会引发生态环境问题。

以上是几种主要地下水开发模式，实际中远不止上述几种，可根据开采区的水文地质条件来选择合适的开发模式，使地下水资源开发与经济社会发展、生态环境保护相协调。

二、地下水水源地的选择

地下水资源的开发利用首先要选择好合适的地下水水源地，因为水源地位置选择的正确与否，不仅关系到对水源地建设的投资，而且关系到是否能保证其长期经济和安全的运转，以及避免由此产生各种不良的地质环境问题。对于大中型集中供水方式，水源地选择的关键是确定取水地段的位置与范围；对于小型分散供水方式，则是确定水井的井位。

（一）集中式供水水源地的选择

在选择集中供水水源地的位置时，既要充分考虑其能否满足长期持续稳定开采的需水要求，也要考虑它的地质环境和利用条件。

1. 水源地的水文地质条件。取水地段含水层的富水性与补给条件，是地下水水源地的首选条件。首先从富水性角度考虑，水源地应选在含水层透水性强、厚度大、层数多、分布面积广的地段上。例如，冲洪积扇中、上游的砂砾石带和轴部；河流的冲积阶地和高漫滩；冲积平原的古河床；裂隙或岩溶发育、厚度较大的层状或似层状基岩含水层；规模较大的含水断裂构造及其他脉状基岩含水带。在此基础上，进一步考虑其补给条件。取水地段应有良好的汇水条件，可以最大限度地拦截、汇集区域地下径流，或接近地下水的集中补给、排泄区。例如，区域性阻水界面的迎水一侧；基岩蓄水构造的背斜倾末端、浅埋向斜的核部；松散岩层分布区的沿河岸边地段；岩溶地区和地下水主径流带、毗邻排泄区上游的汇水地段等。

2. 水源地的环境影响因素。新建水源地应远离原有的取水点或排水点，减少相互干扰。为保证地下水的水质，水源地应选在远离城市或工矿排污区的上游；远离已污染（或天然水质不良）的地表水体或含水层的地段；避开易于使水井淤塞、涌砂或水质长期混浊的沉砂层和岩溶充填带；在滨海地区，应考虑海水入侵对水质的不良影响；为减少垂向污水入渗的可能性，最好选在含水层上部有稳定隔水层分布的地段。此外，水源地应选在不易引发地面沉降、塌陷、地裂等有害地质作用的地段。

3. 水源地的经济、安全性和扩建前景。在满足水量、水质要求的前提下，为节省建设投资，水源地应靠近用户、少占耕地；为降低取水成本，应选在地下水浅埋或自流地段；河谷水源地要考虑水井的淹没问题；人工开挖的大口井取水工程，要考虑井壁的稳固性。当有多个水源地方案可供比较时，未来扩大开采的前景条件，也是必须考虑的因素之一。

（二）小型分散式水源地的选择

集中式供水水源地的选择原则，对于基岩山区裂隙水小型水源地的选择也是适合的。但在基岩山区，由于地下水分布极不均匀，水井布置还要取决于强含水裂隙带及强岩溶发育带的分布位置。此外，布井地段的地下水埋深及上游有无较大的汇水补给面积，也是必须考虑的条件。

三、地下水取水构筑物的选择及布局

在地下水水源地选择的基础上，还要正确选择和设计地下水取水构筑物，以最大限度地截取补给量，提高出水量、改善水质、降低工程总造价。

（一）地下水取水构筑物的选择

常见的地下水取水构筑物有管井、大口井等构成的垂直集水系统，渗渠、坎儿井等构成的水平集水系统，辐射井、复合井等构成的复合集水系统，以及引泉工程。由于类型不同，其适用条件具有较大的差异性。其中，管井适用于开采深层地下水，井深一般在300m以内，最大开采深度可达1000m以上；大口井广泛用于集取井深20m以内的浅层地下水；渗渠主要用于地下水埋深小于2m的浅层地下水，或集取河床地下水；辐射井一般用于集取地下水埋藏较深、含水层较薄的浅层地下水，它由集水井和若干从集水井周边向外铺设的辐射形集水管组成，可以克服上述条件下大口井效率低、渗渠施工困难等不足；复合井常用于同时集取上部孔隙潜水和下部厚层高水位承压水，以增加出水量和改良水质。

我国地域辽阔，水资源状况差异悬殊，地下水类型、埋藏深度、含水层性质等取水条件以及取材、施工条件和供水要求各不相同，开采地下水的方法和取水构筑物的选择必须因地制宜。管井具有对含水层的适应能力强，施工机械化程度高、效率高、成本低等优点，在我国应用最广；其次是大口井；辐射井适应性虽强，但施工难度大；复合井在一些水资源不很充裕的中小城镇和不连续供水的铁路供水站中被较多地应用；渗渠在东北、西北一些季节性河流的山区及山前地区应用较多。此外，在我国一些严重缺水的山区，为了解决水源问题，当地人们创造了很多特殊而有效的开采和集取地下水的方法，如在岩溶缺水山区修建规模巨大、探采结合的取水斜井等。

（二）地下水取水构筑物的合理布局

取水构筑物的合理布局，是指在确定水源地的允许开采量和取水范围后，进而明确在采取何种工程技术和经济承受能力下的取水构筑物布置方案，才能最有效地开采地下水并尽可能地减少工程所带来的负面作用。一般所说的取水构筑物合理布局，主要包括取水井的平面布局、垂向布局，以及井数和井间距离的确定等问题。

1. 水井的平面布局。水井的平面布局主要决定于地下水的运动形式和可开采量的组成性质。

在地下径流条件良好的地区，为充分拦截地下径流，水井应布置成垂直地下水流向的并排形式或扇形，视断面地下径流量的多少，可布置一个至数个并排。例如，在我国许多山前冲洪积扇上，其水源地主要是靠上游地下径流补给的河谷水源地，一些巨大阻水界面所形成的裂隙——岩溶水源地，则多采用此种水井布置形式。在某些情况下，当预计某种地表水体将构成水源地的主要补给源时，则开采井应接线形平行于这些水体的延长方向分布；当含水层四周为环形透水边界包围时，开采井也可以布置成环形、三角形、矩形等布局形式。

在地下径流滞缓的平原区，当开采量以含水层的存储量（或垂向渗入补给量）为主时，则开采井群一般应布置成网格状、梅花形或圆形的平面布局形式。在以大气降水或河流季节补给为主、纵向坡度很缓的河谷潜水区，其开采井则应沿着河谷方向布置，视河谷宽度布置一到数个纵向并排。

在岩层导、储水性能分布极不均匀的基岩裂隙水分布区，水井的平面布局主要受富水带分布位置的控制，应该把水井布置在补给条件最好的强含水裂隙带上，而不必拘束于规则的布置形式。

2. 水井的垂向布局。对于厚度不大（小于 30m）的孔隙含水层和多数的基岩含水层（主要含水裂隙段的厚度亦不大），一般均采用完整井形式取水，因此不存在水井在垂向上的多种布局问题。而对于大厚度（大于 30m）的含水层或多层含水组，是采用完整井取水，还是采用非完整井井组分段取水，两者在技术和经济上的合理性则需要深入讨论。相关实验表明，在大厚度含水层中取水时，可以采用非完整井形式，对出水量无大的影响；同时实验还表明，为了充分吸取大厚度含水层整个厚度上的水资源，可以在含水层不同深度上采取分段（或分层）取水的方式。

大厚度含水层中的分段取水一般是采用井组形式，每个井组的井数决定于分段（或分层）取水数目。一般多由 2 ~ 3 口水井组成，水井可布置成直线形或三角形。由于分段取水时在水平方向的井间干扰作用甚微，所以其井间距离一般采用 3 ~ 5m 即可；当含水层颗粒较细，或水井封填质量不好时，为防止出现深、浅水井间的水流串通，可把孔距增大到 5 ~ 10m。

分段取水设计时，应正确给定相邻取水段之间的垂向间距，其取值原则是：既要减少垂向上的干扰强度，又能充分汲取整个含水层厚度上的地下水资源。表 3 – 3 列出了在不同水文地质条件下分段取水时，垂向间距的经验数据。如果要确定垂向间距的可靠值，则应通过井组分段（层）取水干扰抽水实验确定。许多分段取水的实际材料表明，上、下滤水管的垂向间距在5~10m的情况下，其垂向水量干扰系数一般都小于25%，完全可以满足供水管井设计的要求。

表3-3 不同水文地质条件下分段取水时垂向间距的经验数据

序号	含水层厚度（m）	井组配置数据			
		管井数（个）	滤水管长（m）	水平间距（m）	垂直间距（m）
1	30~40	1	20~30		
2	40~60	1~2	20~30	5~10	>5
3	60~100	2~3	20~25	5~10	≥5
4	>100	3	20~25	5~10	≥5

大量事实说明，在透水性较好（中砂以上）的大厚度含水层中分段（层）取水，既可有效开发地下水资源，提高单位面积产水量，又可节省建井投资（不用扩建或新建水源地），并减轻浅部含水层开采强度。据北京、西安、兰州等市20多个水源地统计，由于采用了井组分段（层）取水方法，水源地的开采量都获得了成倍增加。当然，井组分段（层）取水也是有一定条件的。如果采用分段取水，又不相应地加大井组之间的距离，将会大大增加单位面积上的取水强度，从而加大含水层的水位降深或加剧区域地下水位的下降速度。因此，对补给条件不太好的水源地要慎重采用分段取水方法。

3. 井数和井间距离的确定。在明确了水井平面和垂向布局之后，取水构筑物合理布局所要解决的最后一个问题是，如何在满足设计需水量的前提下，本着技术可行且经济合理的原则，来确定水井的数量与井距。由于集中式供水和分散式农田灌溉供水在水井布局上有很大差别，故其井数与井距确定的方法也不同，下面分别进行叙述。

（1）集中式供水井数与井距的确定：集中式供水井数与井距，一般是通过解析法井流公式和数值法计算而确定的。解析法仅仅适用于均质各向同性，且边界条件规则的情况下。为了更好地逼近实际，在勘探的基础上，最好采用数值模拟技术来确定井数与井间距离。

一般工作程序：①在勘探基础上，概化水文地质概念模型，建立地下水流数学模型（必要时要建立水质模型），对所建的数学模型进行参数率定与验证；②根据水源地的水文地质条件、井群的平面布局形式、需水量的大小、设计的允许水位降深等已给定条件，拟定出几个不同井数和井间距离的开采方案；③分别计算每一布井方案下的水井总出水量和指定点或指定时刻的水位降深；④选出出水量和指定点（时刻）水位降深均满足设计要求、井数最少、井间干扰强度不超过要求、建设投资和开采成本最低的布井方案，即为技术经济上最合理的井数与井距方案。

对于水井呈面状分布（多个并排或在平面上按其他几何形式排列）的水源地，因各井同时工作时，将在井群分布的中心部位产生最大的干扰水位降深，故在确定此类水源地的井数时，除考虑所选用的布井方案能否满足设计需水量外，主要是考虑中心点（或其他预计的强干扰点）的水位是否超过设计上允许的降深值。

（2）分散式灌溉供水的井数与井距的确定：为灌溉目的开发地下水，一般要求对开采井采取分散式布局，如均匀布井、棋盘格式布井。对灌溉水井的布局，主要是确定合理的井距。因某一灌区内应布置的井数，主要决定于单井灌溉面积，即决定于井距。确定井距时，涉及的因素较多，除了与单井出水量和影响半径有关外，还与灌溉定额、灌溉制度、每日浇地时间长短、土地利用情况、土质、灌溉技术有关。确定灌溉水井的合理间距时，应以单位面积上的灌溉需水量与该范围内地下水的可采量相平衡为原则。

第四章　水资源概况

第一节　水资源分布状况及开发利用状况

一、世界水资源量及分布状况

（一）地球系统中水的储量

地球是一个由岩石圈、水圈、大气圈和生物圈构成的巨大系统。水在这个系统中起着重要作用，有了水，地球各圈层之间的相互关系就变得十分密切。

存在于地球各圈层中的水可分为地表水、地下水、大气水和生物水等四部分。地表水主要指存储于海洋、湖泊（水库）、河流、冰川、沼泽等水体中的水。地下水指存储于土壤和岩石孔隙、裂隙、洞穴、溶穴中的水，这里包括土壤水。大气水主要指悬浮于大气中的水汽，也包括以液态和固态形式悬浮于大气中的水。生物水指含在生物体内的水分。

地球上的水数量巨大，据水文地理学家的估算，地球上的总水量约为 13.86 亿 km^3（见表 4－1），但地球为人类提供的“大水缸”里，能直接被人们生产和生活利用的却少得可怜。地球有 70.8% 的面积为水所覆盖，但其中 96.5% 的水是海水。海水又咸又苦，不能饮用，不能浇地，也难以用于工业。而淡水资源仅占地球总水量的 2.5%，在这极少的淡水资源中，又有 69.56% 被冻结在南极和北极的冰盖，以及高山冰川、永久积雪中，难以利用。同时深层地下水补充缓慢，开采后难以恢复，通常不作为可利用水资源。人类真正能够直接利用的淡水资源是江河湖泊水（约占淡水总量的 0.27%）和地下水中的一部分。

表 4－1　地球水圈水储量

水体	总水量		咸水		淡水	
	$\times 10^3 km^3$	%	$\times 10^3 km^3$	%	$\times 10^3 km^3$	%
海洋水	1 338 000	96.53787	1 338 000	99.04		
永久积雪	24 064	1.73624			24 064	68.697
地下水	23 400	1.68823	12 870	0.95	10 530	30.061
永冻层中冰	300	0.02165			300.0	0.856
湖泊水	176.4	0.01273	85.4	0.006	91.0	0.260
土壤水	16.5	0.00119			16.5	0.047

续表

水体	总水量		咸水		淡水	
	$\times 10^3 km^3$	%	$\times 10^3 km^3$	%	$\times 10^3 km^3$	%
大气水	12.9	0.00093			12.9	0.037
沼泽水	11.5	0.00083			11.5	0.033
河流水	2.12	0.00015			2.12	0.006
生物水	1.12	0.00008			1.12	0.003
总计	1 385 984.6	100	1 350 955.4	100	35 029.2	100

尽管地球上淡水资源有限，但是全球的江河湖泊水每年可以全部或部分得到更新。据联合国世界观察研究所估计，太阳的能量使地球表面上每年有 $577 \times 10^3 km^3$ 的水升入天空。同一数量的水，化为雨雪又降回地球，降到陆面的水为 $119 \times 10^3 km^3$，其中 $72 \times 10^3 km^3$ 的水被蒸发掉，而降在陆面的降水又只有39%成为河川径流，成为可被利用的水资源。全球水量循环每年将 $47 \times 10^3 km^3$ 经过蒸馏的水，由海洋运至陆地，水作为“径流”又重新流回海洋，如此循环往复。所以说，淡水是一种可再生资源，在地球目前气候条件下，每年这一淡水资源的数量大致相等。

（二）世界水资源分布状况

鉴于对水资源量概念的不同解释，水资源量的计算在全球范围内不尽相同。当前多数国家以多年平均河川径流量作为年水资源量的代表。根据全球水循环可知，全球水资源量为 $47 \times 10^3 km^3$。而我国除了计算年河川径流量外，还考虑了部分浅层地下水的资源量。这样我国的计算结果要偏大于其他国家的计算结果。

世界各大洲的自然条件不同，降水和径流的差异也较大。以年降水和年径流的厚度计，大洋洲各岛（除澳大利亚外）水量最丰富，多年平均年降水深达2170mm，年径流深达1500mm以上。但大洋洲的澳大利亚大陆却是水量最少的地区，其年降水深只有460mm，年径流深只有40mm，有2/3的面积为荒漠和半荒漠。南美洲水量也较丰富，年降水深和年径流深均为全球陆面平均值的2倍。欧洲、亚洲和北美洲的年降水深和年径流深都接近全球陆面平均值，而非洲大陆则有大面积的大沙漠，气候炎热，虽年降水深接近全球陆面平均值，但年径流深却不及全球陆面平均值的1/2。南极洲降水深虽然不多，只有全球陆面平均降水深的20%，但全部降水以冰川的形态存储，总存储量相当于全球淡水总量的62%。总体而言，世界上水资源量是够用的，但全球淡水资源分布极不平衡，约65%的水资源集中在不到10个国家。世界上年径流总量超过1万亿 m^3 的国家有巴西6.95万亿 m^3，俄罗斯4.27万亿 m^3，加拿大3.12万亿 m^3，美国3.06万亿 m^3，印度尼西亚2.81万亿 m^3，中国2.81万亿 m^3，印度2.09万亿 m^3 等10个国家。而约占世界人口总数40%的80多个国家和地区却严重缺水，其中有近30个国家为严重缺水国，非洲占有19个，其中卡塔尔人均占有水量仅有 $91m^3$，科威特为 $95m^3$，利比亚为 $111m^3$，马耳他为 $82m^3$，是世界上四大缺水国。而几个富水国，水资源消费急剧上升，贫富相差极为悬殊。世界各大洲年降水及年径流分布如表4-2所示。

表4-2　世界各大洲年降水及年径流分布

洲名	面积（万 km^2）	年降水		年径流		径流系数
		mm	$\times 10^3 km^3$	mm	$\times 10^3 km^3$	
亚洲	4347.5	741	32.2	332	14.41	0.45
非洲	3012.0	740	22.3	151	4.57	0.20
北美洲	2420.0	756	18.3	339	8.20	0.45
南美洲	1780.0	1596	28.4	661	11.76	0.41
南极洲	1398.0	165	2.31	165	2.31	1.00
欧洲	1050.0	790	8.29	306	3.21	0.39
澳大利亚	761.5	456	3.47	39	0.30	0.09
大洋洲（各岛）	133.5	2704	3.61	1566	2.09	0.58
全球内陆	14 902.5	798	118.88	314	46.85	0.39

二、水资源量及分布状况

（一）我国水资源总量

我国水资源总量虽然较多，但人均占有量并不丰富。我国水资源的特点是地区分布不均，水土资源组合不平衡；年内分配集中，年际变化大；连丰连枯年份比较突出；河流的泥沙淤积严重。这些特点造成了我国容易发生水旱灾害，产生水的供需矛盾，这也决定了我国对水资源的开发利用、江河整治的任务十分艰巨。

我国平均年水资源总量28 124 亿 m^3，其中河川平均年径流量27 115 亿 m^3，地下水量8840 亿 m^3，重复计算量7831 亿 m^3。我国还有年平均融水量近500 亿 m^3的冰川以及近500万 km^3的近海海水。我国河川平均年径流量相当于全球陆面年径流总量的5.7%，居世界第6位，低于巴西、俄罗斯、加拿大、美国和印度尼西亚。但由于我国国土辽阔、人口众多，耕地面积也较多，平均径流深（284mm）低于全球平均径流深（314mm），人均、亩（1 亩 =10 000/15m^2，下同）均占有水量都相当低。我国人均占有河川径流量为2086m^3，仅为世界人均占有量的1/4，是美国的1/5、印度尼西亚的1/6、加拿大的1/50。日本河川径流量仅有我国的1/5，但人均占有量却为我国的2倍。我国亩均占有河川径流量为1800m^3，是世界亩均占有量的76%，远低于印度尼西亚、巴西、日本和加拿大，我国被联合国列为13个贫水国家之一。从我国人均、亩均占有水资源量来看，我国水资源并不丰富，水资源在我国是十分珍贵的自然资源。因此，有效保护和节约使用水资源应作为我国长期坚持的方针。

（二）我国水资源分布状况

雨热同期是我国水资源最突出的优点，较高的气温、充足的雨水是许多作物生长需要同时具备的自然条件。我国各地6、7、8月为高温期，一般也是全年降水最多的时期，这就具备了作物生长的良好条件，因此有可能在有限的土地上经过辛勤耕耘取得丰硕的成果。我国国土面积占世界陆地面积的6%，却养育着占世界22%的人口。同时，我国水资源也存在一些不能完全适应人类生活、生产活动的矛盾，即空间分布和时程分配的不均匀。

1. 我国水资源地区分布不均，有余有缺。我国水资源的地区分布很不均匀，南多北少，相差悬殊。长江流域及其以南的珠江流域、东南诸河和西南诸河等南方四片，平均年径流深都在500mm以上，其中东南诸河片平均年径流深超过1000mm。北方六片中，淮河流域片225mm，略低于全国均值，黄河、海河、辽河、松花江四片平均年径流深仅有100mm左右，西北内陆河流域平均年径流深仅有32mm。

我国水资源的地区分布与人口和耕地的分布很不相应。南方四片面积占全国总面积的36.5%，耕地面积占全国总耕地面积的36.0%，人口占全国总人口的54.4%，但水资源总量却占全国水资源总量的81%，人均占有量为4180m^3，约为全国均值的2倍，亩均占有水量为4130m^3，约为全国均值的2.3倍。其中西南诸河片水资源丰富，但多高山峻岭，人烟稀少，耕地也很少，人均占有水资源量达38 400m^3，约为全国均值的15倍，亩均占有量达21 800m^3，约为全国均值的12倍。辽河、海河、黄河、淮河4个流域片，总面积占全国面积的18.7%，相当于南方四片面积的1/2，但水资源总量仅有2702亿m^3，仅相当于南方四片水资源总量的12%。而且这四片多为大平原，耕地很多，占全国总耕地面积的45.2%，人口密度也较高，人口占全国总人口的38.4%。其中以海河流域最为突出，人均占有水量仅有430m^3，为全国均值的16%，亩均占有水量仅有251m^3，为全国均值的14%。

与水资源的空间分布一样，我国的水能资源在地区分布上也很不均匀。西南地区人口只有全国人口的15.1%，而水能资源量却为全国水能资源总量的70%，尤其是云南、贵州、西藏三省（区），人口为全国总人口的6.9%，而水能资源量为全国水能资源总量的48%，将近全国水能资源总量的1/2。其他地区与全国相比，东北地区，人口占9.0%，水能资源量只占1.8%；华北地区，人口占11.4%，水能资源量只占1.8%；华东地区，人口占29.2%，水能资源量只占4.4%；中南地区，人口占27.1%，水能资源量只占9.5%。由此可见，我国水能资源只在少数地区比较丰富，而在人口较多、工农业生产占重要地位又需要大量能源的多数地区，水能资源并不丰富。水资源的分布对国民经济的布局影响很大，但又不能完全决定国民经济布局。海河、辽河、淮河流域和黄河中下游在土地、矿产量（特别是煤炭）等天然资源，以及经济社会基础等方面都具有进一步发展经济的巨大潜力，这些流域缺水的矛盾将更加突出。广大内陆河地区水资源贫乏，在经济有较大发展后，水资源也会成为突出矛盾。解决缺水地区的水资源问题，将是保证我国国民经济长期稳定发展的基本措施。

2. 我国水资源量的年际和季节变化很大，水旱灾害频繁。我国大部分地区季风影响明显，降水量的年际变化和季节变化都很大，而且贫水地区的变化一般大于丰水地区。我国南部地区最大年降水量一般是最小年降水量的2～4倍，北部地区一般是3～6倍。南部地区最大年径流量一般是最小年径流量的2～4倍，北部地区一般是3～8倍，有的站高达10多倍。我国历年汛期最大降水量都为同年最小月降水量的10倍以上，有的站高达100

倍。我国多数地区雨季为 4 个月左右，南方有的地区雨季可长达 6 ~ 7 个月，北方干旱地区仅有 2 ~ 3 个月。全国大部分地区连续最大 4 个月降水量占全年降水量的 70% 左右。南方大部分地区连续最大 4 个月径流量占全年径流量的 60% 左右，华北平原和辽宁沿海可达 80% 以上。

据统计，平均约每 4 年发生一次受旱面积超过 4 亿亩的严重旱灾。全国各地几乎都有可能发生旱灾，旱灾出现次数较多、灾情比较严重的有 5 个地区，自北向南是松辽平原、黄淮海平原、黄土高原、四川盆地东部和北部，以及云贵高原至广东省湛江一带。全国约有 70% 以上的受旱面积是在这些地区，其中以黄淮海地区旱灾最严重，受旱面积占全国受旱面积的 1/2 以上。北方各地多春旱，其次为夏旱，长江中下游及珠江流域以伏旱为主，其次为秋旱。对国民经济影响最大的是连年出现旱灾，如 1959—1961 年连续 3 年干旱，每年受旱面积都在 5 亿亩以上。

新中国成立后，我国尽管在抗旱、防洪涝斗争中取得了卓越的成绩，但降水量的年际变化和季节变化剧烈这一自然特性决定了水旱灾害将是长期威胁国民经济稳定发展的主要自然灾害。兴修水利，治理江河，抗干旱，防洪涝将始终是我国人民的一项艰巨任务。

三、世界水资源的开发利用状况

20 世纪 50 年代以后，全球人口急剧增长，工业发展迅速。一方面，人类对水资源的需求以惊人的速度扩大；另一方面，日益严重的水污染蚕食大量可供消费的水资源。世界上许多国家正面临水资源危机。每年有 400 万 ~ 500 万人死于与水有关的疾病。水资源危机带来的生态系统恶化和生物多样性破坏，也将严重威胁人类生存。水资源危机既阻碍世界可持续发展，也威胁世界和平。在过去 50 年中，由水引发的冲突达五百多起，其中 37 起有暴力性质，21 起演变为军事冲突。专家警告说，水的争夺战随着水资源日益紧缺将愈演愈烈。

统计数据表明，人类的现有水资源与对它的使用之间存在严重的不协调，主要表现在以下几个方面。

1. 健康方面。每年有超过 220 万人因为使用污染和不卫生的饮用水而死亡。

2. 农业方面。每天有大约 2. 5 万人因饥饿而死亡；有 8. 15 亿人受到营养不良的折磨，其中发展中国家有 7. 77 亿人，转型国家有 2700 万人，工业化国家有 1100 万人。

3. 生态学方面。靠内陆水生存的 24% 的哺乳动物和 12% 的鸟类的生命受到威胁。19 世纪末，已有 24 ~ 80 个鱼种灭绝。世界上内陆水的鱼种仅占所有鱼种的 10% ，但其中1/3 的鱼种正处于危险之中。

4. 工业方面。世界工业用水占用水总量的 22% ，其中高收入国家占 59% ，低收入国家占 8% 。每年因工业用水，有 3 亿 ~ 5 亿 t 的重金属、溶剂、有毒淤泥和其他废物沉积到水资源中，其中 80% 的有害物质产生于美国和其他工业国家。

5. 自然灾害方面。在过去 10 年中，66. 5 万人死于自然灾害，其中 90% 死于洪水和干旱，35% 的灾难发生在亚洲，29% 发生在非洲，20% 发生在美洲，13% 发生在欧洲和大洋洲等其他地方。

6. 能源方面。在再生能源中，水力发电是最重要和得到最广泛使用的能源。

四、中国水资源的开发利用状况

我国水资源南多北少，地区分布差异很大。黄河流域的年径流量约占全国年径流总量的2%，为长江水量的6%左右。在全国年径流总量中，淮河、海河及辽河三流域仅分别约占2%、1%及0.6%黄河、淮河、海河和辽河四流域的人均水量分别仅为我国人均值的26%、15%、11.5%和21%。由于北方各区水资源量少，导致开发利用率远大于全国平均水平，其中海河流域水资源开发利用率达到惊人的78%，黄河流域达到70%，淮河现状耗水量已相当于其水资源可利用量的67%，辽河已超过94%。

由于受所处地理位置和气候的影响，我国是一个水旱灾害频繁发生的国家，尤其是洪涝灾害长期困扰着经济的发展。据统计，从公元前206年—1949年的这2155年间，共发生较大洪水1062次，平均两年就有一次。黄河在2000多年中，平均三年两决口，百年一改道，仅1887年的一场大水就死亡93万人，全国在1931年的大洪水中丧生370万人。新中国成立以后，洪涝灾害仍不断发生，造成了很大的损失。因此，兴修水利、整治江河、防治水害实为国家的一项治国安邦的大计，也是十分重要的战略任务。

我国50多年来共整修江河堤防20余万km，保护了5亿亩耕地，建成各类水库8万多座，配套机电井263万眼，拥有6 600多万kW的排灌机械。机电排灌面积约3066亿km^2，除涝面积约1933亿km^2，改良盐碱地面积480亿km^2，治理水土流失面积51万km^2。这些水利工程建设，不仅每年为农业、工业和城市生活提供5000亿m^3的用水，解决了山区、牧区1.23亿人口和7300万头牲畜的饮水困难，而且在防御洪涝灾害上发挥了巨大的效益。除了自然因素外，造成洪涝灾害的主要原因有以下几点。

1. 不合理利用自然资源。尤其是滥伐森林，破坏水土平衡，生态环境恶化。如前所述，我国水土流失严重，河流带走大量的泥沙，淤积在河道、水库、湖泊中。湖泊不合理的围垦，面积日益缩小，使其调洪能力下降。据中国科学院南京地理与湖泊研究所调查，20世纪70年代后期，我国面积1km^2以上的湖泊约有2300多个，总面积达7.1万km^2，占国土总面积的0.8%，湖泊水资源量为7077亿m^3，其中淡水资源量2250亿m^3，占我国陆地水资源总量的8%。新中国成立以后，我国的湖泊已减少了500多个，面积缩小约1.86万km^2，占现有湖泊面积的26.3%，湖泊蓄水量减少513亿m^3。长江中下游水系和天然水面减少，1954年以来，湖北、安徽、江苏，以及洞庭、鄱阳等湖泊水面因围湖造田等缩小了约1.2万km^2，大大削弱了防洪抗涝的能力。另外，河道因淤塞和被侵占，行洪能力降低；大量泥沙淤积河道，使许多河流的河床抬高，减少了过洪能力，增加了洪水泛滥的机会。此外，河道被挤占，过水断面变窄，也降低了行洪、调洪能力，加大了洪水危害程度。

2. 水利工程防洪标准偏低。我国大江大河的防洪标准普遍偏低，目前除黄河下游可预防60年一遇洪水外，其余长江、淮河等6条江河只能预防10~20年一遇洪水标准。许多大中城市防洪排涝设施差，经常处于一般洪水的威胁之下。广大江河中下游地区处于洪水威胁范围的面积达73.8万km^2，占国土陆地总面积的7.7%，其中有耕地5亿亩，人口4.2亿，均占全国总数的1/3以上，工农业总产值约占全国的60%。此外，各条江河中下游的广大农村地区排涝标准更低，随着农村经济的发展，远不能满足目前防洪排涝的要求。

3. 人口增长和经济发展使受灾程度加深。一方面抵御洪涝灾害的能力受到削弱，另一方面由于经济社会发展使受灾程度大幅度增加。新中国成立以后人口增加了1倍多，尤其是东部地区人口密集，长江三角洲的人口密度为全国平均密度的10倍。全国1949年工农业总产值仅466亿元，至1988年已达24 089亿元，增加了51倍。近20年来，我国经济不断得到发展，在相同频率洪水情况下所造成的各种损失却成倍增加。例如，1991年太湖流域地区5～7月降雨量为600～900mm，不及50年一遇，并没有超过1954年大水，但所造成的灾害和经济损失都比1954年严重得多。此外，各江河的中下游地区一般农业发达，建有众多的商品粮棉油的生产基地，一旦受灾，农业损失也相当严重。

水资源危机将会导致生态环境的进一步恶化。为了取得足够的水资源供给社会，必将加大水资源开发力度。水资源过度开发，可能导致一系列的生态环境问题。水污染严重，既是水资源过度开发的结果，也是进一步加大水资源开发力度的原因，两者相互影响，形成恶性循环。通常认为，当径流量利用率超过20%时就会对水环境产生很大影响，超过50%时则会产生严重影响。目前，我国水资源开发利用率已达49%，接近世界平均水平的3倍，个别地区更高。此外，过度开采地下水会引起地面沉降、海水入侵、海水倒灌等环境问题。因此，集中力量解决供水需求增长及抓节水措施，是我国今后一定时期内水资源面临的最迫切任务之一。

第二节　水资源的形成

一、水循环

地球上的水以液态、固态和气态的形式分布于海洋、陆地、大气和生物机体中，这些水体构成了地球的水圈。水圈中的各种水体在太阳的辐射下不断地蒸发变成水汽进入大气，并随气流的运动输送到各地，在一定条件下凝结形成降水。降落的雨水，一部分被植物截留并蒸发，一部分渗入地下，另一部分形成地表径流沿江河回归大海。渗入地下的水，有的被土壤或植物根系吸收，然后通过蒸发或散发返回大气；有的渗入到更深的土层形成地下水，并以泉水或地下水的形式注入河流回归大海。水圈中的各种水体通过蒸发、水汽输送、凝结、降落、下渗、地表径流和地下径流的往复循环过程，称为水循环。

按照水循环的规模与过程可分为大循环、小循环和内陆水循环。

从海洋蒸发的水汽被气流输送到大陆上空，冷凝形成降水后落到陆面，其中一部分以地表径流和地下径流的形式从河流回归海洋；另一部分重新蒸发返回大气。这种海陆间的水分交换过程，称为大循环。

海洋上蒸发的水汽在海洋上空凝结后，以降水的形式降落到海洋里，或陆地上的水经蒸发凝结又降落到陆地上，这种局部的水循环称为小循环。前者称为海洋小循环，后者称为内陆小循环。

水汽从海洋向内陆输送的过程中，在陆地上空一部分冷凝降落，形成径流向海洋流动，同时也有一部分再蒸发成水汽继续向更远的内陆输送。愈向内陆水汽愈少，循环逐渐减弱，直到不再能成为降水为止。这种局部的循环也叫作内陆水循环。内陆水循环对内陆地区降水有着重要作用。

实际上，一个大循环包含着多个小循环，多个小循环组成一个大循环。水循环过程中的蒸发、输送、降水和径流称为水循环的四个基本环节。水循环中的各种现象如图 4－1 所示。

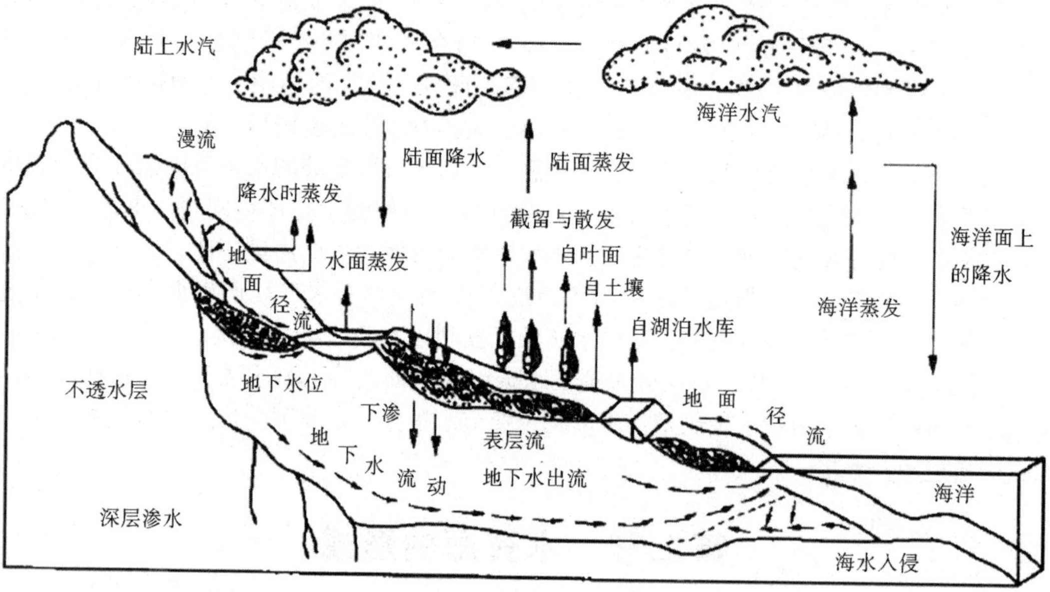

图 4－1　水循环示意图

水循环是地球上最重要、最活跃的物质循环之一，它实现了地球系统水量、能量和地球生物化学物质的迁移与转换，构成了全球性的连续有序的动态大系统。水循环把海陆有机地连接起来，塑造着地表形态，制约着地球生态环境的平衡与协调，不断提供再生的淡水资源。因此，水循环对于地球表层结构的演化和人类社会可持续发展都具有重要意义。

第一，水循环深刻地影响着地球表层结构的形成、演化和发展。水循环不仅将地球上各种水体组合成连续、统一的水圈，而且在循环过程中进入大气圈、岩石圈与生物圈，将地球上的四大圈层紧密地联系起来。水循环在地质构造的基底上重新塑造了全球的地貌形态，同时影响着全球的气候变迁和生物群类。

第二，水循环是海陆间联系的纽带。水循环的大气过程实现了海陆上空的水汽交换，海洋通过蒸发源源不断地向陆地输送水汽，进而影响着陆地上一系列的物理、化学和生物过程；陆面通过径流归还海洋损失的水量，并源源不断地向海洋输送大量的泥沙、有机质和各种营养盐类，从而影响着海水的性质、海洋沉积及海洋生物等。虽然陆地有时也向海洋输送水汽，但总体上是海洋向陆地输送水汽，陆地向海洋输送径流。

第三，水循环使大气水、地表水、土壤水、地下水相互转换。水循环的过程中，大气以降水的形式补给地表；地表水以下渗的形式补给土壤或通过岩石裂隙直接补给地下水；土壤以下渗的形式补给地下水，在一定条件下，土壤水也可以壤中流的形式补给地表，地下水以地下径流的形式补给地表；土壤水和地下水又以蒸发或植物散发的形式补给大气。从而形成大气水、地表水、土壤水、地下水的相互转换。

第四，水循环使得水成为可再生资源。水循环的实质就是物质与能量的传输过程，水循环改变了地表太阳辐射能的纬度地带性，在全球尺度下进行高低纬、海陆间的热量和水量再分配。水是一种良好的溶剂，同时具有搬运能力，水循环负载着众多物质不断迁移和聚集。通过水循环，地球系统中各种水体的部分或全部逐年得以恢复和更新，这使得水成为可再生资源。水循环与人类关系密切，水循环强弱的时空变化导致水资源的时空分布不均，是制约一个地区生态平衡和可持续发展的关键。

由于在水循环过程中，海陆之间的水汽交换以及大气水、地表水、地下水之间的相互转换，形成了陆地上的地表径流和地下径流。由于地表径流和地下径流的特殊运动，塑造了陆地的一种特殊形态——河流与流域。一个流域或特定区域的地表径流和地下径流的时空分布既与降水的时空分布有关，亦与流域的形态特征、自然地理特征有关。因此，不同流域或区域的地表水资源和地下水资源具有不同的形成过程及时空分布特性。

二、地表水资源的形成

地表水资源和地下水资源量的多少及时空分布特点与其降水特性密切相关。

（一）降水

降水是指液态或固态的水汽凝结物从云中降落到地表的现象，如雨、雪、霰、雹、露、霜等，其中以雨、雪为主。在我国大部分地区，一年内降水以雨水为主，雪仅占少部分。所以，这里降水主要指降雨。

降水特征常用几个基本要素来表示，如降水量、降水历时、降水强度、降水面积及暴雨中心等。降水量是指一定时段内降落在某一点或某一面积上的总水量，用深度表示，以mm计。如一场降水的降水量是指该次降水全过程的总降水量。日降水量是指一日内的降水总量。降水量一般分为7级，如表4－3所示。凡日降水量达到和超过50mm的降水称为暴雨。暴雨又分为暴雨、大暴雨和特大暴雨3个等级。降水持续的时间称为降水历时，以min、h或d计。单位时间的降水量称为降水强度，以mm/min或mm/h计。降水笼罩的平面面积称为降水面积，以km^2计。暴雨集中的较小的局部地区，称为暴雨中心，一场降水可能有几个暴雨中心，暴雨中心在降水过程中也可能是移动的。

表4－3 降水量等级

24h雨量（mm）	<0.1	0.1～10	10～25	25～50	50～100	100～200	>200
等级	微量	小雨	中雨	大雨	暴雨	大暴雨	特大暴雨

降水历时和降水强度反映了降水的时程分配，降水面积和暴雨中心反映了降水的空间分布。

当水平方向物理属性（温度、湿度等）较均匀的大块空气即气团受到某种外力的作用向上抬升时，气压降低，空气膨胀，为克服分子间引力需消耗自身的能量，在上升过程中发生动力冷却使气团降温。当温度下降到使原来未饱和的空气达到了过饱和状态时，大量多余的水汽便凝结成云。云中水滴不断增大，直到不能被上升气流所托时，便在重力作用下形成降雨。因此，空气的垂直上升运动和空气中水汽含量超过饱和水汽含量是产生降雨的基本条件。

按空气上升的原因，降水的成因可分为锋面抬升、地形抬升、局地热力对流和动力辐合上升；降水的类型可相应分为锋面雨、地形雨、对流雨和气旋雨。

1. 锋面抬升与锋面雨。冷暖气团相遇，其交界面叫锋面，锋面与地面的相交地带叫锋，锋面随冷暖气团的移动而移动。当冷气团向暖气团推进时，因冷空气较重，冷气团楔进暖气团下方，把暖气团挤向上方，发生动力冷却而致雨。这种空气上升称为锋面抬升，这种雨称为冷锋雨，如图4－2（a）所示。由于冷空气与地面的摩擦作用使锋面接近地面部分坡度很大，暖空气几乎被迫垂直上升，在冷锋前形成积雨云。因此，冷锋雨一般强度大、历时短、雨区面积较小。当暖气团向冷气团移动时，由于地面的摩擦作用，上层移动较快，底层较慢，使锋面坡度较小。暖空气沿着这个平缓的坡面在冷气团上爬升，在锋面上形成了一系列云系并冷却致雨。这种空气上升也称为锋面抬升，这种雨称为暖锋雨，如图4－2（b）所示。由于暖锋面比较平缓，故暖锋雨一般强度小，历时长，雨区广，长江中下游春夏交替时期的梅雨就属于这种情况。

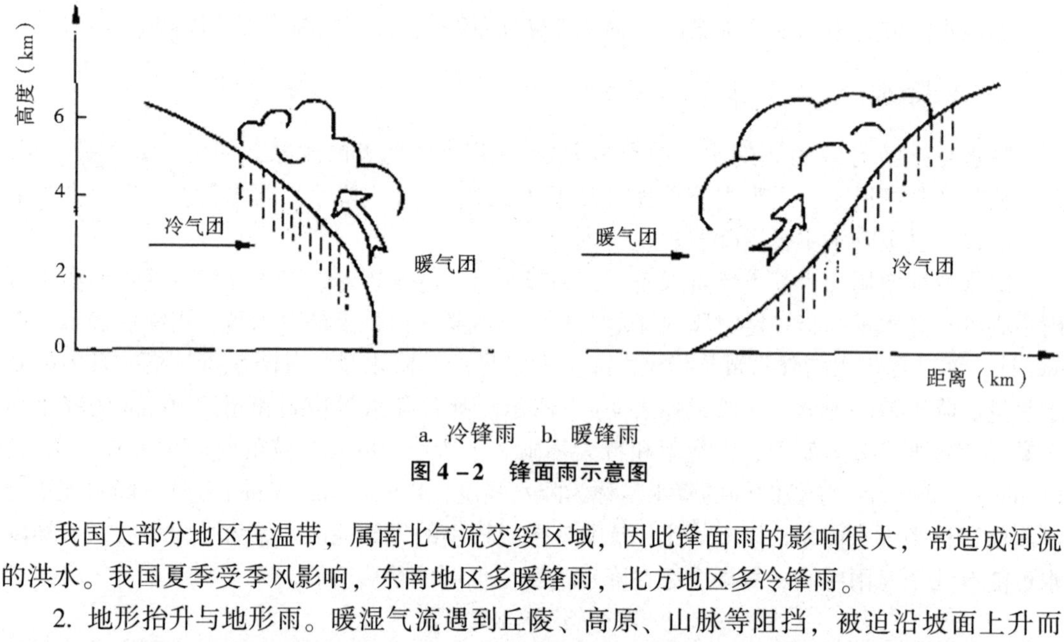

a. 冷锋雨　b. 暖锋雨

图4－2　锋面雨示意图

我国大部分地区在温带，属南北气流交绥区域，因此锋面雨的影响很大，常造成河流的洪水。我国夏季受季风影响，东南地区多暖锋雨，北方地区多冷锋雨。

2. 地形抬升与地形雨。暖湿气流遇到丘陵、高原、山脉等阻挡，被迫沿坡面上升而冷却致雨。这种空气上升称为地形抬升，这种雨称为地形雨。地形雨大部分降落在山地的迎风坡。在背风坡，因气流下沉增温，且大部分水汽已在迎风坡降落，故降雨稀少。

3. 局地热力对流与对流雨。当暖湿空气笼罩一个地区时，因下垫面局部受热增温，与上层温度较低的空气产生强烈对流作用，使暖空气上升冷却而降雨。这种空气上升称为局地热力对流，这种雨称为对流雨。对流雨一般强度大，但雨区小，历时也较短，并常伴有雷电，又称雷阵雨。

4. 动力辐合上升与气旋雨。气旋是中心气压低于四周的大气旋涡。在北半球，气旋内的空气作逆时针旋转，并向中心辐合，引起大规模的上升运动，水汽因动力冷却而致雨。这种空气上升称为动力辐合上升，这种雨称为气旋雨。

在低纬度的海洋上形成的气旋，称为热带气旋。我国气象部门过去曾根据气旋地面中心附近风速大小，将其分为3类：热带低压（近中心最大风速为6~7级）；台风（近中心最大风速为8~11级）；强台风（近中心最大风速大于12级）。

1988年我国气象部门正式采用热带气旋名称，共分5级：①低压区，气旋中心位置不能精确测定，平均最大风力小于8级；②热带低压，气旋中心位置能确定，但中心附近平均最大风力小于8级；③热带风暴，中心附近平均最大风力8~9级；④强热带风暴，气旋中心附近平均最大风力10~11级；⑤台风，气旋中心附近平均最大风力在12级以上。台风中心附近由于气流抬升剧烈，水汽供应充分，常发展成为浓厚的云区，降水多属阵性暴雨，强度很大，分布不均。因为气旋是运动的，所以气旋雨区总是呈带状分布。

（二）蒸发

蒸发是自然界水循环的基本环节之一，它是地表或地下的水由液态或固态转化为水汽，并返回大气的物理过程，也是重要的水量平衡要素，对径流有直接影响。降水是流域水资源的补给，蒸发则是流域水资源的耗散。据估计，我国南方地区年降水量的30%~50%，北方地区年降水量的80%~95%都消耗于蒸发，余下的部分才形成径流。蒸发的大小可用蒸发量或蒸发率表示，蒸发量是指某一时段如日、月、年内总蒸发掉的水层深度，以mm计。蒸发率是指单位时间的蒸发量，也称蒸发速度，以mm/min或mm/h计。流域或区域上的蒸发包括水面蒸发、土壤蒸发和植物散发。

1. 水面蒸发。水面蒸发是指江，河、水库、湖泊和沼泽等地表水体水面上的蒸发现象。水面蒸发是最简单的蒸发方式，属饱和蒸发。影响水面蒸发的主要因素是温度、湿度、风速和气压等气象条件。

2. 土壤蒸发。土壤蒸发是指水分从土壤中以水汽形式逸出地面的现象。它比水面蒸发要复杂得多，除了受上述气象条件的影响外，还与土壤结构、土壤含水量、地下水位的高低、地势和植被等因素密切相关。

蒸发面在一定气象条件下充分供水时的最大蒸发量或蒸发率称为蒸发能力。水面蒸发自始至终在充分供水条件下进行，所以它一直按蒸发能力蒸发。而土壤含水量可能是饱和的，也可能是非饱和的，情况复杂。

对于完全饱和并且无后继水量加入的土壤，其蒸发过程大体上可分为三个阶段。

第一阶段，土壤完全饱和，供水充分，蒸发在表层土壤进行，此时的蒸发率等于或接近土壤蒸发能力，蒸发量大而稳定。

第二阶段，由于水分逐渐蒸发消耗，土壤含水量转为非饱和状态，局部表土开始干化，土壤蒸发一部分仍在地表进行，另一部分发生在土壤内部。在这一阶段中，随着土壤含水量的减少，供水条件越来越差，故其蒸发率随时间也就逐渐减小。

第三阶段，表层土壤干涸，且向深层扩展，土壤水分蒸发主要发生在土壤内部。蒸发形成的水汽由分子扩散作用通过表面干涸层逸入大气，其速度极为缓慢，蒸发量小而稳定，直至基本终止。

由此可见，土壤蒸发过程实质上是土壤失去水分或干化的过程。

3. 植物散发。土壤中的水分经植物根系吸收，输送到叶面，散发到大气中去，称为植物散发。土壤水分消耗于植物散发的部分数量很大，根据实验得知，有些植物的蒸散发量比水面蒸发量还大。由于植物本身参加了这个过程，并能利用特殊的气孔进行调节，故植物散发过程是一种生物物理过程，它比水面蒸发和土壤蒸发更为复杂。

由于植物生长在土壤中，植物散发与植物覆盖下的土壤蒸发实际上是并存的。因此，研究植物散发往往和土壤蒸发合并进行，两者总称为陆面蒸发。

4. 流域总蒸发。流域总蒸发包括流域水面蒸发、土壤蒸发、植物截留蒸发和植物散发。一个流域的下垫面极其复杂，从现有技术条件看，要精确求出各项蒸发量是有困难的。通常是先对全流域进行综合研究，再用流域水量平衡法或模型计算法分析求出。

我国许多省区利用中小流域的降水量与径流量观测资料，用水量平衡公式推算出各地的流域总蒸发量，并绘制了多年平均蒸发量等值线图供使用。

（三）径流

径流是指由降水所形成的，沿着流域地表和地下向河川、湖泊、水库、洼地等流动的水流。其中，沿着地面流动的水流称为地面径流，或地表径流；沿着土壤岩石孔隙流动的水流称为地下径流；汇集到河流后，在重力作用下沿河床流动的水流称为河川径流。径流因降水形式和补给来源的不同，可分为降雨径流和融雪径流，我国大部分河流以降雨径流为主。

径流过程是地球上水循环中的重要一环。在水循环过程中，大陆上降水的34%转化为地表径流和地下径流汇入海洋。径流过程又是一个复杂多变的过程，与人类同洪旱灾害进行斗争，以及水资源的开发利用和水环境保护等生产经济活动密切相关。

流域内，自降雨开始至水流汇集到流域出口断面的整个物理过程，称为径流形成过程。径流的形成是一个相当复杂的过程，为了便于分析，一般把它概括为产流过程和汇流过程两个阶段。

1. 产流过程。降落到流域表面的雨水，除去损失，剩余的部分形成径流，也称为净雨。通常把降雨扣除损失成为净雨的过程称为产流过程，净雨量称为产流量，降雨不能形成径流的部分雨量称为损失量。径流形成过程如图 4－3 所示。

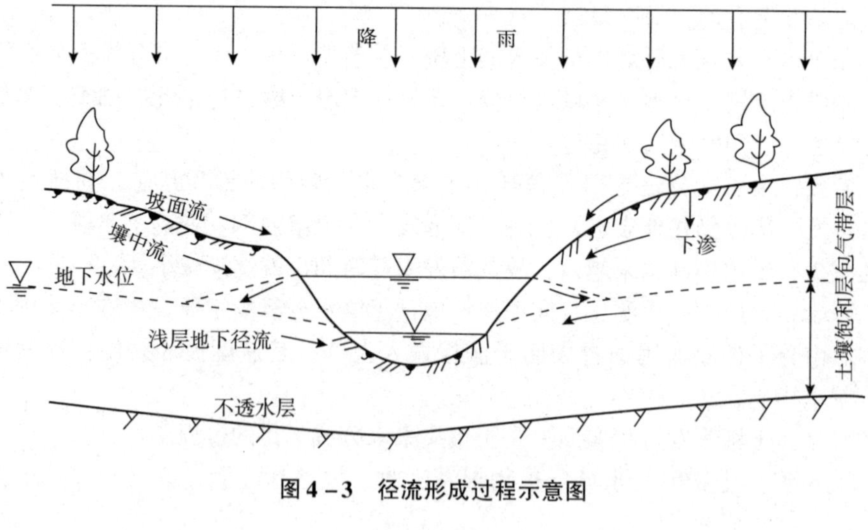

图 4－3　径流形成过程示意图

降雨开始后，除少量降落到河流水面的降雨直接形成径流外，其一部分被植物枝叶所拦截，称为植物截留，并耗于雨后蒸发。降落到地面上的雨水，部分渗入土壤。当降雨强度小于下渗强度时，雨水全部下渗。当降雨强度大于下渗强度时，雨水按下渗能力下渗，超出下渗能力的雨水称为超渗雨。超渗雨会形成地面积水，先填满地面的洼坑，称为填洼量。填洼的雨量最终耗于下渗和蒸发。随着降雨的持续，满足了填洼的地方开始产生地表径流。下渗到土壤中的雨水，除补充土壤含水量外，还逐步向下层渗透。当土壤含水量达到田间持水量后，下渗趋于稳定。继续下渗的雨水，一部分从坡侧土壤空隙流出，注入河槽，形成表层流或壤中流；另一部分继续向深层下渗，到达地下水面后，以地下水的形式汇入河流，形成地下径流。位于第一个不透水层之上的冲积层地下水，称为潜水或浅层地下水。在两个不透水层之间的地下水，称为承压水或深层地下水。

流域产流过程对降雨进行了一次再分配。在这个过程中有水量损失，产流量（净雨量）小于降雨量。对整个径流而言，植物截留、蒸发、土壤蓄存的水量以及填洼的部分水量是损失水量；对地表径流而言，植物截留、蒸发、全部填洼量、除形成壤中流的全部地表下渗量均为损失水量。

2. 汇流过程。净雨沿坡面汇入河网，然后经河网汇集到流域出口断面，这一过程称为流域汇流过程。为了便于分析，将全过程分为坡地汇流和河网汇流两个阶段。

（1）坡地汇流：地面净雨沿坡面流到附近河网，称为坡面漫流。坡面漫流由无数股彼此时分时合的细小水流所组成，通常无明显固定沟槽，雨强很大时形成片流。坡面漫流的流程一般不长，约为数米至数百米。地面净雨经坡面漫流注入河网，形成地表径流。大雨时地表径流形成河流洪水。表层流净雨注入河网，形成表层流径流。表层流与坡面漫流互相转化，常并入地表径流。地下净雨下渗到潜水或深层地下水体后，沿水力坡降最大方向汇入河网，称为地下汇流。深层地下水流动缓慢，降雨后地下水流可以维持很长时间，较大河流终年不断流，是河川基本径流，常称为基流。

在径流形成过程中，坡地汇流过程对净雨在时程上进行第一次再分配。降雨结束后，坡地汇流仍将持续一定的时间。在这个过程中，没有水量损失，只是净雨在时程上的再分配。

（2）河网汇流：进入河网的水流，从支流向干流、从上游向下游汇集，最后全部流出流域出口断面，这个汇流过程称为河网汇流过程。显然，在此过程中，沿途不断有坡面漫流、表层流及地下径流汇入，使河槽水量增加、水位升高，为河流涨水阶段。在涨水阶段，由于河槽贮存一部分水量，所以对处于波前的任一河段，下断面流量总是小于上断面流量。随降雨量和坡面漫流量逐渐减少直至完全停止，河槽水量减少，水位降低，这就是退水阶段。这种现象称为河槽的调蓄作用。河槽调蓄是对净雨在时程上进行的第二次再分配。

一次降雨经植物截留、填洼、入渗和蒸发等损失后，进入河网的水量自然比降雨总量小，而且经过坡面漫流及河网汇流两次再分配的作用，使出口断面的径流过程比降雨过程变化缓慢、历时增长、时间滞后。径流过程是流域降雨径流形成的最终效应，是流域上许多因素综合作用的结果，一次降雨的水量最终归结于两个方面——蒸发与径流。

影响径流形成的因素可分三大类，即流域的气候因素、地理因素和人类活动因素。

第一类，流域的气候因素。流域的气候因素包括降雨、蒸发。

降雨是径流形成的必要条件，降雨特性对径流的形成和变化起着重要作用。在其他条件相同时，降雨量大，降雨历时长，降雨笼罩面积大，则产生的径流量也大。降雨强度愈大，所产生的洪峰流量也愈大，流量过程线多呈尖瘦状。暴雨中心在下游，洪峰流量则较大，暴雨中心在上游，洪峰流量就小些。暴雨中心若由流域上游向下游移动，各支流洪峰流量相互叠加，使干流洪峰流量加大，反之则较小。故同一流域，雨型不同，形成的径流过程也不同。

蒸发是直接影响径流量的因素，蒸发量大，降雨的损失量就大，形成的径流量就小。对于一次暴雨形成的径流来说，虽然在径流形成过程中蒸发量的数值相对不大，甚至可忽略不计，但流域在降雨开始时的土壤含水量直接影响着本次降雨的损失量，即影响着径流。而土壤含水量与流域蒸发有密切关系。

第二类，流域的地理因素。流域的地理因素包括：①流域地形；②流域的大小和形状；③河道特性；④土壤、岩石和地质构造；⑤植被；⑥湖泊和沼泽。

流域地形特征包括地面高程、坡面倾斜方向及流域坡度等。流域地形一方面是通过影响气候间接影响径流的特性，如山地迎风坡降雨量较大，背风坡是气流下沉区，降雨量小，同时，山地高程较高时，气温较低，蒸发量较小，所以降雨损失量较小；另一方面，流域地形还直接影响汇流条件，从而影响径流过程。例如，地形陡峭，河道比降大，则水流速度快，河槽汇流时间较短，洪水陡涨陡落，流量过程线多呈尖瘦形；反之则较平缓。故同一雨型，不同流域，形成的径流过程也不同。

流域本身具有调节水流的作用，流域面积愈大，地表与地下蓄水容积愈大，调节能力也愈强。流域面积较大的河流，河槽下切较深，得到的地下水补给就较多；而流域面积小的河流，河槽下切往往较浅，因此地下水补给也较少。流域长度决定了流域上的径流到达出口断面所需要的汇流时间。汇流时间愈长，流量过程线愈平缓。流域形状与河系排列有密切关系。扇形排列的河系，各支流洪水较集中地汇入干流，流量过程线往往较陡峻；羽形排列的河系，各支流洪水可顺序而下，遭遇的机会少，流量过程线较矮平；平行状排列的河系，其影响与扇形排列的河系类似。

若河道短、坡度大、糙率小，则水流流速大，河道输送水流能力大，径流容易排泄，流量过程线尖瘦；反之则较平缓。

流域土壤、岩石性质和地质构造与下渗量的大小有直接关系，从而影响产流量和径流过程特性，同时也影响地表径流和地下径流的产流比例关系。

植被能阻滞地表水流，增加下渗。森林地区表层土壤容易透水，有利于雨水渗入地下，从而增大地下径流，减少地表径流，使径流趋于均匀。融雪补给的河流，由于森林内温度较低，能延长融雪时间，其春汛径流历时增长。

湖泊和沼泽对洪水能起一定的调节作用，在涨水期，它能拦蓄部分洪水到退水期再逐渐放出，因此它对削减洪峰起很大作用，使径流过程变得平缓。一般情况下水面蒸发较陆面蒸发大，湖泊、沼泽将使径流有所减少。

第三类，人类活动因素。影响径流的人类活动，主要指人们为开发利用和保护水资源，以及为战胜水旱灾害所采用的工程措施及农林措施等。这些措施改变了流域的自然面貌，从而也就改变了径流的形成和变化条件，并改变了蒸发与径流的比例、地表径流和地下径流的比例，以及径流在时间和空间上的分布等。例如，水库和引水工程，能明显地改变径流的时空分布；植树造林、兴修梯田、水土保持等措施能增加下渗水量，既改变了地表与地下水的比例及径流的时程分配，还可影响蒸发；水库和灌区的建成，增加了蒸发，减少了径流。

综上所述，降雨径流的形成和变化过程是极其复杂的，很难单独分出某种影响因素的作用，因为它是气候、自然地理各因素和人类改造自然活动综合作用的结果。

（四）地表水资源

流域或特定区域的地表水资源指的是流域出口断面的河川径流，上述降雨径流的形成过程基本反映了地表水资源的形成过程，地表径流的时程分配和空间分布体现了地表水资源的时空变化规律。应该注意的是，流域出口断面的河川径流既有地表径流，也包括壤中流以及部分地下径流。不同的流域几何形态及自然地理特征、不同的河槽形态及下切深度，流域出口断面所汇集的地下径流在组成上和数量上均不相同。也就是说，一个流域或特定区域的地表水资源既包括被称之为雨洪的地表径流和部分浅层地下径流，也包括被称之为基流的浅层地下径流和深层地下径流。地表水资源的形成过程既有地表径流的形成特征，也有地下径流的形成特征；影响径流形成的诸多因素同样是地表水资源形成的影响因素，地表水资源的形成和时空变化过程也是极其复杂的，是流域上许多因素及人类活动综合作用的结果。我国地表水资源的时程分配和空间分布特点与降水量的时程分配和空间分布特点基本一致。

三、地下水资源的形成

广义上的地下水指埋藏在地表以下各种状态的水。按埋藏条件，地下水可划分为包气带水（土壤水）、上层滞水、潜水和承压水四个基本类型。

在地下水面以上，土壤含水量未达饱和，是土壤颗粒、水分和空气同时存在的三相系统，称为包气带。在地下水面以下，土壤处于饱和含水状态，是土粒和水分组成的二相系统，称为饱和带或饱水带。

饱水带岩层按其透过和给出水的能力，可分为含水层和隔水层。含水层是指能够透过并给出相当数量水的岩层。隔水层则是不能或基本不能透过并给出水的岩层。划分含水层与隔水层的关键在于岩层所含水的性质，空隙细小的岩层（如致密黏土、裂隙闭合的页岩），含的几乎全是不能移动的结合水，实际上起着阻隔水透过的作用，所以是隔水层。而空隙较大的岩层（如砂砾石、发育溶穴的可溶岩），主要含有重力水，在重力作用下，能够透过和给出水，就构成了含水层。

土壤水是指吸附于土壤颗粒和存在于土壤空隙中的水。上层滞水是指包气带中局部隔水层或弱透水层上积聚的具有自由水面的重力水。潜水是指饱水带中第一个具有自由表面的含水层中的水。承压水是指充满于两个隔水层之间的含水层中的水。

组成地壳的岩石，无论是松散的沉积物还是坚硬的基岩，都存在数量及大小不等、形状各异的空隙。岩石的空隙为地下水的赋存提供了必要的空间条件，空隙的多少、大小、形状、连通情况与分布规律，对地下水的分布、运动及赋存规律有重要影响。

按照空隙特征，可将其分为松散岩石中的孔隙、坚硬岩石中的裂隙和可溶岩中的溶隙三大类。松散岩石由大小不等、形状各异的颗粒组成，颗粒或颗粒集合体之间的空隙称为孔隙。固结的坚硬岩石，包括沉积岩、岩浆岩和变质岩，受地壳运动及其他内外地质应力作用，破裂变形产生的空隙称为裂隙。可溶岩石中的各种裂隙被水流溶蚀扩大成为各种形态的溶隙，甚至形成巨大溶洞，这是岩溶地下水的赋存空间。

下面来介绍一下地下水的循环过程。

地下水循环是自然界水循环的一个重要组成部分，地下水自身又有独立的补给、径流、排泄小循环。

地下水经常不断地参与自然界的循环。含水层或含水系统通过补给从外界获得水量，径流过程中水由补给处输送到排泄处，然后向外界排出。在水的交换运移过程中，往往伴随着盐分的交换与运移。补给、径流与排泄决定着含水层或含水系统的水量与水质在空间和时间上的变化，同时，这种补给、径流、排泄无限往复进行，构成了地下水的循环。

1. 地下水的补给。含水层自外界获得水量的过程称为补给。地下水的补给来源主要有大气降水入渗补给、地表水入渗补给、凝结水入渗补给、含水层之间的补给和人工补给。

（1）大气降水入渗补给：当大气降水降落到地表后，一部分变为地表径流，一部分蒸发重新回到大气，剩余一部分渗入地下形成地下水。在很多情况下，大气降水是地下水的主要补给方式。大气降水补给地下水的数量受到很多因素的影响，与降水强度、降水形式、植被、包气带岩性、地下水的埋深等有关。一般当降水量大、降水过程长、地形平坦、植被茂盛、上部岩层透水性好、地下水埋藏深度不大时，大气降水才能大量入渗补给地下水。

（2）地表水入渗补给：地表水对地下水的补给强度主要受岩层透水性的影响，同时也取决于地表水水位与地下水水位的高差、洪水的延续时间、河水流量、河水的含泥量、地表水体与地下水联系范围的大小等因素。

（3）凝结水入渗补给：凝结水的补给是指大气中过饱和水分凝结成液态水渗入地下补给地下水。在干旱区，凝结水的补给备受关注，由于干旱区大气降水较少，大气降水和地表水补给量均较少，因此凝结水是其主要补给来源。

（4）含水层之间的补给：当两个含水层之间存在水头差且有水力联系时，则水头较高的含水层将水补给水头较低的含水层。其补给途径可以通过含水层之间的“天窗”发生水力联系，也可以通过含水层之间的越流方式补给。

（5）人工补给：地下水的人工补给就是借助某些工程设施，人为地使地表水自流或用压力将其引入含水层，以增加地下水的渗入量。人工补给地下水具有占地少、造价低、易管理、蒸发少等优点，不仅可以增加地下水资源，而且可以改善地下水的水质，调节地下水的温度，阻拦海水入侵，减少地面沉降。

2. 地下水的径流。地下水在岩石空隙中的流动过程称为径流。地下水的径流过程是整个地球水循环的一部分。大气降水或地表水通过包气带向下渗漏，补给含水层成为地下水，地下水又在重力作用下，由水位高处向水位低处流动，最后在地形低洼处以泉的形式排出地表或直接排入地表水体，如此的循环过程就是地下水的径流过程。影响地下水径流的主要因素有：含水层的空隙特性、地下水的埋藏条件、补给量、地形状况、地下水化学成分、人类活动因素等。

3. 地下水的排泄。含水层失去水量的作用过程称为地下水的排泄。在排泄过程中，地下水的水量、水质及水位都会随之发生变化。

地下水通过泉（点状排泄）、向河流泄流（线状排泄）及蒸发（面状排泄）等形式向外界排泄。此外，一个含水层中的水可向另一个含水层排泄，也可以由人工进行排泄，如用井开发地下水，或用钻孔、渠道排泄地下水都属于地下水的人工排泄。

在地下水的排泄方式中，蒸发排泄仅耗失水量，盐分仍留在地下水中。其他种类的排泄都属于径流排泄，盐分随水分同时排走。

4. 地下水运动的特点。地下水存储并运动于岩石颗粒间像串珠管状的孔隙和岩石内纵横交错的裂隙之中。由于这些孔隙的形状、大小和连通程度等的变化，地下水运动存在复杂性和特殊性：①地下水运动比较迟缓，一般流速较小。在实际计算中，常忽略地下水的流速水头，认为地下水的水头就等于测压管水头；②由于地下水是在曲折的通道中进行缓慢渗流，故地下水流大多数都呈层流运动。只有当地下水流通过漂石、卵石的特大孔隙或岩石的大裂隙及可溶岩的大溶洞时，才会出现紊流状态；③地下水在自然界的绝大多数情况下呈非稳定流运动。但当地下水的运动要素在某一时间内变化不大，或地下水的补给、排泄条件随时间变化不大时，人们常常把地下水的运动近似看成是稳定流，这给地下水运动规律研究带来很大方便；④人们在研究地下水运动规律时，并不是去研究每个实际通道中复杂的水流运动特征，而是研究岩层内平均直线水流通道中的水流特征，假想水流充满含水层。

地下水资源是指埋藏于地表以下的、能够被人类生产或生活直接利用的、逐年可以得以恢复和更新的地下水体。上述的上层滞水、潜水（或称浅层地下水）、补给条件良好的承压水均为地下水资源；而埋藏数百米甚至上千米的深层地下水，因开采后恢复和更新缓慢，目前不列入地下水资源。

地下水资源的补给来源是天然降水、地表水体及人工补给等，由于水文地质条件不同，经包气带（土壤）入渗后，形成不同的地下水体——上层滞水、潜水（或称浅层地下水）、承压水。各种水体有着各自的运动规律，并可在一定条件下相互转化。

第三节 水资源评价

尽管水是循环的、可恢复的自然资源，但就某一地区而言，在一定时间内可供人们使用的水量总是有一定限度的。目前，世界上不少国家和地区水资源的供需矛盾日益严重，水资源问题已成为对经济发展起制约作用的重要因素之一。为了摸清水资源状况，需要对水资源进行科学评价。

一、概述

1988 年，在由联合国教科文组织和世界气象组织共同提出的文件中，对水资源评价定义为："水资源评价是指对于水资源的源头、数量范围及其可依赖程度、水的质量等方面的确定，并在其基础上评估水资源利用和控制的可能性。"

目前，人们比较认同的水资源评价的概念可以表达为：水资源评价一般是针对某一特定区域而言，在水资源调查的基础上，研究特定区域内的降水、蒸发、径流诸要素的变化规律和转化关系，阐明地表水、地下水资源的数量、质量及其时空分布特点，开展供水量调查和水资源开发利用评价，计算水资源可利用量，为寻求水资源可持续利用最优方案提供基础资料，为区域经济、社会发展和国民经济各部门提供服务。

（一）水资源评价的意义

1. 水资源评价是水资源合理开发利用的前提。一个国家或地区，要合理地开发利用水资源，首先必须对本国或本地区水资源的状况有全面了解，包括水源、水资源量、开采利用量、水质和水环境状况等。所以，科学评价水资源状况，是水资源合理开发利用的前提。

2. 水资源评价是科学规划水资源的基础。为了充分发挥水资源作用，最大可能地减少水害，需要在详细调查的基础上，科学规划水资源的分配、使用等。这其中非常重要的基础条件是摸清水资源状况，用到水资源评价的成果。

3. 水资源评价是保护和管理水资源的依据。水是人类不可缺少而又有限的自然资源，因此必须保护好、管理好才能兴利除害，持久受益。水资源保护和管理的政策、法规、措施、具体实施方案的制定等，其根本依据就是水资源评价成果。

（二）水资源评价的原则

水资源评价工作要求客观、科学、系统、实用，并遵循以下技术原则：①地表水与地下水统一评价；②水量、水质并重；③全面评价与重点区域评价相结合。

（三）水资源评价的一般要求

进行水资源评价时需要制定评价工作大纲，包括明确评价目的、评价范围、评价项目、资料收集、评价方法、预期成果等。

水资源评价的一般要求：①水资源评价应以调查、收集、整理、分析利用已有资料为主，辅以必要的观测和实验工作。分析评价中应注意水资源量评价、水资源质量评价及水资源开发利用评价之间的资料衔接；②水资源评价使用的各项基础资料应具有可靠性、一致性和代表性；③水资源评价应分区进行。各单项评价工作在统一分区的基础上，可根据该项评价的特点与具体要求，再划分计算区域评价单元；④水资源评价成果应能够充分反映各评价水体的时程分配和空间分布规律；⑤全国及区域水资源评价应采用日历年，专项工作中的水资源评价可根据需要采用水文年。计算时段应根据评价目的和要求选取；⑥应根据经济社会发展需要及环境变化情况，每间隔一定时期对前次水资源评价成果进行一次全面补充修订或再评价。

（四）水资源分区

为了反映水资源量地区间的差异，分析各地区水资源的数量、质量及其年际、年内变化规律，提高水资源量的计算精度，在水资源评价中应对所研究的区域依据一定的原则和计算要求进行分区，即划分出计算和汇总的基本单元。

1. 水资源分区的原则。水资源分区的原则包括：①水文气象特征和自然地理条件相近，基本上能反映水资源的地区差别；②尽可能保持河流水系的完整性。为便于水资源量的计算及应用，大江大河进行分段，自然地理条件相近的小河可适当合并；③结合流域规划、水资源合理利用和供需平衡分析及总水资源量的估算要求，兼顾水资源开发利用方向，保持供排水系统的连贯性。

2. 水资源分区的方法。水资源分区有按流域水系分区和行政分区两种方法。采用哪种方法分区，应根据水资源评价成果汇总要求和水资源量分析计算条件及要求而定。

为了便于计算总水资源量，满足水资源规划和开发利用的基本要求，评价成果要求按流域水系汇总，即水资源分区按流域水系划分。划分的基本单元的大小视所研究总区域范围酌情而定。举例说明如下。

全国按主要流域水系划分为 10 大流域片，称为一级区。在一级区内进一步划分为若干次级区，称为二级区，全国共划分出 77 个二级区作为全国成果汇总的基本单元。有的江河需要分别计算出上、中、下游或特定大支流的水资源量，在一、二级之间设亚区。

例如，海河流域划分为滦河（包括冀东沿海诸河）、海河北系、海河南系和徒骇、马颊河 4 个二级区，其中海河北系、海河南系和徒骇、马颊河同属于海河亚区。全流域又进一步将山丘区按水系划分为 10 个三级区；将平原区原则上按排水系统划分为 12 个三级区；全流域共划分 22 个成果汇总基本单元，详见表 4－4。

表 4－4 海河流域片地表水资源分区名称

一级区	亚区	二级区	三级区
海河流域片		滦河（包括冀东沿海诸河）	滦河山区、冀东沿海诸山区、滦河冀东沿海平原
	海河	海河北系	潮白河山区、蓟运河山区、北运河山区、永定河山区、海河北系平原
		海河南系	大清河山区、滹沱河山区、滏阳河山区、漳卫河山区、淀西清北平原、淀西清东平原、淀西清南平原、淀东清南平原、滹滏平原、滏西平原、黑龙港平原、漳卫平原、远东平原
		徒骇、马颊河	徒骇—马颊平原

淮河流域共划分为4个二级区28个三级区，详见表4－5。

表4－5　淮河流域片地表水资源分区名称

一级区	亚区	二级区	三级区
淮河流域片	淮河	淮河上中游区（洪泽湖以上）	洪汝河区、淮洪区间区、桐大山丘区、谷润河区、史淠河区、沙颍河区、涡河区、西肥河区、瓦埠湖区、涡东诸河区、定凤嘉区
		淮河下游平原区	天长区、高宝湖区、里下河区、斗南垦区、渠北区
		沂沭泗河区	南四湖湖西区、南四湖湖东区、沂河区（临沂以上）、沭河区（山东境内）、邳苍地区、沂沭河下游平原区、独流入海日照区
		山东沿海诸河区	小清河区、潍弥白浪区、胶莱大沽区、胶东半岛区、独流入海胶南区

各流域片，是否需要在以上流域分区基础上再进一步划分若干小区（如供需平衡区）由各地酌情而定。

为了评价计算各省（自治区、直辖市）的水资源量，评价成果要求按行政分区汇总，即按行政分区划分水资源汇总基本单元。全国按现行行政区划，划分到省（自治区、直辖市）一级。各省（自治区、直辖市）和流域片可根据实际需要，划分次一级行政区。

成果汇总分区便于水资源总量计算，能够满足水资源规划及开发利用的基本要求，但也存在着两个问题：第一，有些基本单元不能完全满足水资源分区的原则（尤其是行政分区）；第二，基本单元一般较大，单元面积内产汇流条件差异较大，影响水资源量的计算精度。为了提高分区水资源量的计算精度，需要在成果汇总分区的基础上进一步划分计算小区，或称计算单元。

计算单元的划分主要考虑产流、汇流条件的差异。在气象要素变化较大，地形、地貌、土壤变化较复杂的地区，即使在同一个三级区内，降水、蒸发、下垫面等条件也不尽相同，产流、汇流条件差异较大。此时，应按河流及水文站位置、河川径流特征、水文地质条件和开发利用情况等进一步划分计算小区即计算单元，计算单元越小，单元面积内产流、汇流条件差异越小，但单元面积上水文资料的完整性、代表性、系统性有可能降低。所以，计算单元的划分还要充分考虑水文资料情况，既满足产流、汇流条件一致，又兼顾水文资料符合精度要求。

计算单元的划分，在山丘区应按流域水系分区，平原区可按排水系统结合供需平衡情况分区。各省（自治区、直辖市）、地（市）、县水资源评价，也可结合供需平衡兼顾水资源开发利用按行政区划划分。

例如，海河流域在22个三级区基础上划分出46个计算单元；淮河流域在28个三级区基础上划分出127个计算单元。

在水资源分区的基础上，分别进行降水量、地表水资源量、地下水资源量、水资源总量、水资源质量、水资源可利用量以及水资源开发利用的评价。

二、降水量评价

（一）分析内容

水资源分区确定之后，需对分区内年降水量特征值、地区分布、降水量的年内分配和多年变化进行分析研究，寻求区域降水的时空分布规律，为区域地表水资源、地下水资源评价奠定基础。一般要求编制下列图表：①雨量站分布图；②选用雨量站观测年限、站网密度表；③选用站降水量统计表；④多年平均年降水量等值线图；⑤多年降水量变差系数 C_v 等值线图；⑥多年降水量偏差系数 C_a 与变差系数 C_v 比值分区图；⑦同步期降水量等值线图；⑧多年平均连续最大 4 个月降水量占全年降水量百分率图；⑨主要测站典型年降水量月分配表。

（二）资料的收集和审查

1. 资料的收集。资料的收集有以下几点注意事项：①根据资料可靠、系列较长、面上分布均匀、能反映地形及气候变化等原则，在所研究区域内选用适当数目的测站资料（包括水文站、雨量站、气象台（站）的降水资料），以此作为分析的依据。注意各站资料的同步性；②为了正确绘制边界地区的等值线，为地区间计算结果协调创造条件，需要收集部分系列较长的区域外围站资料，以供分析；③对选用资料应认真校对，资料来源和质量应加以注明，如站址迁移、合并和审查意见等；④选用适当比例尺的地形图作为工作底图，并要求底图清晰、准确，以便考虑地形对降水的影响，从而较易勾绘等值线图；⑤收集以往有关分析研究成果，如水文手册、图集、水文气象研究文献等，作为统计、分析、编制和审查等值线图时的重要参考资料。

2. 资料的审查。降水量特征值的精度取决于降水资料的可靠程度。为保证质量，对选用资料应进行真实性和一致性审查，将特大值和特小值及新中国成立前资料作为审查的重点。审查方法通常可以通过本站历年和各站同年资料对照分析，视其有无规律可循，对特大、特小值要注意分析原因，是否在合理范围内；对突出的数值，要深入对照其汛期、月、日的有关数据后方能定论。此外，对测站位置和地形影响也要进行审查、分析。对资料的审查和合理性检查，应贯穿整个工作的各个环节，如资料抄录、插补延长、分析计算和等值线绘制等环节。

（三）单站统计分析

单站统计分析的主要内容是对已被选用各站的降水资料分别进行插补延长、系列代表性分析和统计参数分析。

1. 资料的插补延长。为了减少样本的抽样误差，提高统计参数的精度，对缺测年份的资料应当插补，对较短的资料系列应适当延长，但展延资料的年数不宜过长，最多不超过实测年数，相关线无实测点据控制的外延部分的使用应特别慎重，一般不宜超过实测点数变幅的 50%。资料的插补延长主要有以下途径。

第一，直接移用。当两站距离很近，并具有小气候、地形的一致性时，可以合并进行统计或将缺测的月、年资料直接移用。

第二，相关分析。相关分析是资料插补延长方法中适用范围较广、效果较好的一种方法，这种方法的关键是选择适当的参证站或参证变量。在实际工作中，通常利用年降水量和汛期雨量作为参证变量来插补展延设计站变量。

第三，汛期雨量与年降水量相关关系移置法。当设计站年降水量资料很少（年数 $n<10$）或没有年降水量资料，只有长期汛期降水量资料（如汛期雨量站）情况时，不能直接采用上述两种方法。为了充分利用现有雨量资料，更合理、更准确地推求汛期雨量站的年降水量，可采用汛期雨量与年降水量相关关系移置法。

第四，等值线图内插。利用设计站附近雨量站降水资料，绘制局部次、月、汛期、非汛期降水量和年降水量等值线图，用来插补制图范围内设计站点的降水量。

第五，取邻站均值。在地形、气候条件一致的地区，移用同期邻近几个站的算术平均值代替缺测站点的资料。此法一般用在非汛期，因为非汛期降水在面上变化较小。

第六，同月多年平均。对缺测个别非汛期月份的站，因非汛期各月降水量不大，占年降水量比重又很小，且年际变化不大，亦可采用同月降水量的多年平均值进行插补。

第七，水文比拟法。在地理相似区，可将插补站与参证站同步观测降水量均值的比值，作为缺测期间两站降水量的比值，以插补缺测的年（或月）降水量。

2. 资料的代表性分析。资料的代表性，指样本资料的统计特性（如参数）能否很好地反映总体的统计特性，若样本的代表性好，则抽样误差就小，年降水成果精度就高。如果实测年降水样本系列是总体中的一个平均样本，那么这个实测样本系列对总体而言有较好的代表性，据此计算的统计参数接近总体实际情况；如果实测样本系列处于总体的偏丰或偏枯时期，则实测样本系列对总体就缺乏代表性，用这样的样本进行计算会产生较大的误差。

因降水系列总体的分布是未知的，若仅有几年样本系列，是无法由样本自身来评定其代表性的。但据统计数学的原理可知，样本容量愈大，抽样误差愈小，但也不排除短期样本的代表性高于长期样本的可能性，只不过这种可能性较小而已。因此，样本资料的代表性好坏，通常通过其他长系列的参证资料来分析推断。那么，对特定区域而言，年降水样本系列究竟取多长年限才能代表总体？样本和总体统计参数的差别如何？这些就是系列代表性分析所要解决的问题。

系列代表性分析方法有：①长短系列统计参数对比；②年降水量模比系数累积平均过程线分析；③年降水量模比系数差积曲线分析。

3. 统计参数的分析确定。降水量一般按日历年统计，在计算分区内各站的降水统计参数时，通常分两种情况：一是分析计算各站同步期系列的统计参数；二是计算各站多年系列的统计参数。需确定的统计参数是降水系列的均值 X，变差系数 C_v，偏差（偏态）系数 C_s。目前，我国普遍采用适线法分析确定统计参数。

（四）降水量的地区分布

分区内各站降水资料，经过资料审查、插补展延、代表性分析和统计参数分析，获得各站点以及各站点所代表附近区域的降水这一水文要素的变化规律，利用各站降水特征分析研究分区整体范围降水特性，称为降水量地区分布。其表征方法主要包括：①多年平均年降水量等值线图；②多年降水量变差系数 C_v 等值线图；③多年降水量偏差系数 C_s 与变差系数 C_v 比值分区图；④同步期平均年降水量等值线图。此项内容根据水资源评价要求而定。如评价估算起止期年平均降水量等值线图以及相应的 C_v 等值线图、多年平均汛期降水量等值线图，多年平均各月降水量等值线图等。

（五）降水量年内分配和多年变化

1. 降水量的年内分配。包括：①多年平均连续最大 4 个月降水量占全年降水量百分率及其出现月份分区图。选择资料质量较好，实测系列长且分布比较均匀的代表站，统计分析多年平均连续最大 4 个月降水量占多年平均年降水量的百分率及其出现时间，从而绘制降水量百分率图及其出现月份分区图，以反映降水量集中程度和相应出现的季节；②代表站不同保证率年降水量月分配过程。对不同降水类型的区域，分区选择代表站，统计分析各代表站不同保证率年降水的月分配过程，列出“主要测站不同保证率年降水量逐月分配表”和“代表站分时段平均降水量统计表”，以示年内分配及其在地区上的变化。不同保证率年降水的月分配过程根据典型年内分配过程按同倍比缩放法推求。典型年的选择原则是：①年降水量接近设计频率的年降水量；②降水量年内分配具有代表性；③月分配过程对径流调节不利。

2. 降水量的多年变化。包括：①统计各代表站年降水量变差系数 C_v 值或绘制 C_v 等值线图。年降水量变差系数 C_v 值反映年降水量的年际变化。C_v 值大，说明年降水系列比较离散，即年降水量的相对变化幅度大，该处水资源的开发利用也就不利。②年降水量丰枯分级统计。选择一定数量具有长系列降水资料的代表站，分析旱涝周期变化，连涝连旱出现时间及变化规律，结合频率分析计算，可将年降水量划分为 5 级：丰水年（$P<12.5\%$），偏丰水年（$12.5\%<P<37.5\%$），平水年（$37.5\%<P<62.5\%$），偏枯水年（$62.5\%<P<87.5\%$），枯水年（$P>87.5\%$）。由此对年降水量进行统计，以分析多年丰枯变化规律。

三、地表水资源量评价

（一）径流分析计算

天然水资源是指在径流形成过程中，基本上未受到人类活动，特别是水利设施影响的地表径流量，它近似地保持径流的天然状态。

由于人类活动的影响，使流域自然地理条件发生变化，影响地表水的产流、汇流过程，从而影响径流在空间和时间上的变化，使水文测站实测水文资料不能真实地反映地表径流的固有规律。因此，为全面、准确地估算各河系、地区的河川径流量，需对流域内各选用测站实测水文资料分别进行还原计算，得出天然径流量，然后进行评价。

要求对年径流特征值、地区分布、年内分配和多年变化进行研究。需编制下列图表：①水文站分布图；②多年平均径流深、变差系数 C_v 等值线图；③年径流量偏差系数 C_s 与变差系数 C_v 比值分区图；④同步期年径流深和 C_v 等值线图；⑤多年平均最大 4 个月径流量占全年径流量的百分率图；⑥选用测站天然年径流量特征值统计表；⑦主要测站年径流量年内分配表。

1. 资料的收集。收集径流资料的要求与收集降水资料的要求基本相同，主要内容有：①摘录研究区域及其外围有关水文站历年流量资料，尽量选用正式刊印的水文年鉴资料；其次是专门站、临时站的资料；②收集流域自然地理资料，如地质、土壤、植被和气象资料等；③收集流域水利工程（包括水库工程）指标、水库蓄水变量、蒸发和渗漏资料，以及工农业用水资料；④审查水文资料，包括测站沿革、断面控制条件和测验方法、精度以及集水面积等；⑤选择适当比例尺地形图，以此作为工作底图（与降水量部分相同）。

2. 资料的审查。径流资料的审查原则和方法与上面介绍的降水资料审查相同。

3. 径流资料的还原计算。为使河川径流计算成果基本上反映天然状态，并使资料系列具有一致性，对水文测站以上受水利工程等影响而减少或增加的水量应进行还原计算。

还原计算应采用调查和分析计算相结合的方法，并尽量收集历年逐月用水资料，如确有困难，可按用水的不同发展阶段，选择丰、平、枯典型年份，调查其年用水量和年内变化情势。

测站以上大、中型水库蓄变量，大、中型灌区耗水量，大、中型城市工业及生活用水量，跨流域引水量，河道分洪水量等，应直接采用实测或调查资料，并尽量按年逐月还原计算。

小型灌区耗水量可按典型调查分析估算。

还原计算方法包括以下几种。

（1）分项调查法：还原项目包括工农业用水（地表水部分）、水库蓄水变量、水库蒸发损失、水库渗漏、跨流域引水及河道（决口）分洪等。还原计算所用的水量平衡方程式为：

$$W_n = W_m + W_{irr} + W_{ind} + W_{ret} + W_{ree} + W_{din} + W_{fd} + W_{res}$$

式中：W_n——还原后的天然水量；

W_m——水文站实测水量；

W_{irr}——灌溉耗水量；

W_{ind}——工业耗水量；

W_{ret}——计算时段始末水库蓄水变量；

W_{ree}——库水面蒸发量和相应陆地蒸发量的差值；

W_{din}——跨流域引水增加或减少的测站控制水量；

W_{fd}——河道分洪水量；

W_{res}——水库渗漏量。

在估算还原水量时，水库蓄水变量、水库蒸发损失、跨流域引水量、大型灌区引水量等，一般可应用实测资料进行计算；中、小型灌区引水量和一些跨流域引水量，由于缺乏资料，可通过调查实灌面积和净定额进行估算；河道（决口）分洪水量，应通过洪水调查或洪水分析计算来估算；关于水库渗漏量，包括坝身渗漏、坝基渗漏和库区渗漏三部分，在有坝下反滤沟的实测资料的水库，可以此作为计算坝身渗漏的依据，但坝基和库区渗漏难以直接观测，只能用间接方法粗略估算。如利用多次观测的水库水量平衡资料，建立水库水位与潜水流量关系曲线，然后由库水位求得潜流，即坝基和库区渗漏量。

在山丘区，如果地下水开采量增加很快，减少了泉水涌出量和河川基流量，亦应进行泉水还原。还原的方法有：①当泉水流量比较稳定时，直接用多年平均泉水量与现状泉水量之差作为还原量；②用降水量和泉水量滞后相关法，即以若干年（如5年，具体年数依据泉水运动规律而定）滑动平均泉域降水量和泉水量建立滞后相关关系进行还原。

在平原区，由于河网化、提（引）水灌溉、决口积涝等直接改变了平原测站断面以上河川径流；而汇水范围内井灌和渠灌却改变了流域内潜水位的天然状况和下垫面的产流条件，使产流量减少或增加。若分项调查统计的资料精度差，必然影响还原成果的可靠性。所以，平原区还可采用分析切割法和降雨径流相关法。

（2）分析切割法：在同一图纸上对照绘制降雨、径流逐日过程线，选取降雨径流相应的洪水过程，将非降雨形成的径流部分，如灌溉退水、城市排污水等从洪水过程中切掉，使之成为与降雨相应的洪水过程，将全年几次降雨形成的径流量累加，即为全年的天然径流量。由于平原区在非汛期一般不产流，所以一般只需绘制汛期降雨、径流过程线。

（3）降雨径流相关法：在大量开采地下水的年份，地下水埋深急剧下降，造成降雨大量补给地下水，使产流量减少，破坏了径流系列的一致性；在大量引外流域水量灌溉的年份，使地下水位急剧上升，产流量增加，同样影响径流系列的一致性。此种情况的区域，可利用井灌较少及未受外流域引水影响年份的资料，绘制降雨径流相关图，将此降雨径流关系用于大量开采地下水和大量外域引水的年份，由降水量推求径流量，把受人类活动影响的径流资料进行修正，保证系列的一致性。

（4）模型计算法：利用流域模型生成径流系列。假定人类活动只影响径流，其他水文气象因子不受影响，就可以先根据实际资料研制出合适的流域模型。然后，假定没有受人类活动影响，将水文气象因子资料输入模型，从而计算得到的径流系列就认为是天然径流系列。

还原计算水量的合理性检查：①对于工农业、城市用水定额和实耗水量的计算，要结合工农业特点、发展情况、气候、土壤、灌溉方式等因素，进行部门之间、地区之间和年际之间的比较，以检查其合理性；②还原计算后的年径流量应进行上下游、干支流、地区之间的综合平衡，以分析其合理性；③对还原计算前后的降雨径流关系进行对比分析。

4. 径流系列插补延长。当选用站只有短期实测径流资料，或资料虽长而代表性不足，或资料年限不符合评价要求年限，若直接根据这些资料进行计算，求得的成果可能有很大误差。为了提高计算精度，保证成果质量，必须设法插补展延年、月径流系列。通常采用相关分析法展延径流系列，选择合适的参证资料是该方法的关键。

参证资料应符合以下条件：①参证资料要与选用站的年、月径流资料在成因上有密切联系，这样才能保证相关关系展延的成果有足够的精度；②参证资料与选用站年、月径流资料有一段相当长的平行观测期（同步系列、$n \geq 10$ 年），以便建立可靠的相关关系（相关系数 $r \geq 0.8$）；③参证资料必须具有足够长的实测系列且代表性较好，除用以建立相关关系的同步期资料外，还要有用来展延选用站缺测年份的年、月径流资料。

在实际工作中，通常利用径流量或降水量作为参证资料来展延选用站的年、月径流系列。

（1）利用径流量资料展延系列：①建立邻近站年径流量相关关系。由于影响年径流量的主要因素是降水和蒸发，它们在一定的地区范围内都具有较好的同步性，因而各站年径流量之间也具有相同的变化趋势，可以建立上述测站的相关关系，用长系列实测年径流量资料展延设计系列；②建立邻近站月径流量相关关系。当设计站实测年径流量系列短，难以建立年径流量相关关系，或水资源评价要求提供历年逐月径流量资料时，可以考虑建立月径流量相关关系来展延设计站年、月径流量系列。但因影响月径流量的因素复杂，月径流量相关关系也就不如年径流量相关关系那样密切。因此，用月径流量关系来插补延长径流量系列时，一般精度较低。

（2）利用降水资料展延系列：①建立年降水径流相关关系。当不能利用径流量资料展延系列时，可以利用流域平均降水量作为参证资料来展延年径流量资料，在中小流域常会遇到这种情况。这种年降水量与年径流量的相关关系在我国南方湿润地区效果较好；②建立汛期雨量与年径流量相关关系。在干旱地区，年径流量主要由汛期降雨形成，枯季径流量也主要是汛期雨量补给地下水后再转化为地表径流。因此，在我国北方干旱地区，汛期雨量与年降水量的相关关系优于年降水量与年径流量的相关关系，可以利用流域汛期降雨量作为参证资料展延流域年径流量；③建立月降雨径流相关关系。在不能利用上述参证资料展延系列时，可利用月降雨与月径流相关关系，这种关系一般效果较差。

（3）等值线图内插法和水文比拟法：用等值线图内插法和水文比拟法插补展延年径流量系列，可参考降水量插补方法。

5. 年径流量系列代表性分析。年径流量系列代表性分析方法有：①长短系列统计参数对比；②年径流量模比系数累积平均过程线分析；③年径流量模比系数差积曲线分析。

在区域水资源评价中，为便于进行水文三要素（指降水、蒸发、径流）的平衡分析和较大范围内水资源量的计算，一般要求所采用的系列同步，因为区域径流主要由降水形成，所以在同期系列中，年径流量的变化趋势与年降水量的变化趋势应基本一致。

6. 年径流量统计参数的分析计算。年径流量资料的统计方法有两种：①按日历年统计系列；②按水文年统计系列。采用何种统计系列可按评价要求而定。

年径流量系列的统计参数包括均值、C_v值、C_s值，一般要求分别分析计算同步期系列和多年系列两套统计参数。年径流量统计参数的确定方法类同于年降水量的统计参数确定。

需要指出的是，在岩溶较发育的山丘区，一些地区地表径流可能渗入地下，而另一些地区又可能以泉水形态溢出地面，致使流域不闭合，使年径流量统计参数出现异常。在汇水范围内有漏水区的测站，均值偏小，C_v值偏大；而流域内有泉水出露的测站，均值偏大，C_v值偏小。为使这类地区的分析成果较好地反映产流特性，应当分别计算包括泉水和扣除泉水的年径流量统计参数，以便于同周围站点成果比较和衔接。

7. 统计参数的合理性审查。

（1）均值：要符合水量平衡原理，即下游站均值 W 为上游站与区间之和。一般情况下，以径流总量和平均流量表示时，均值随汇水面积增加而增大；以径流深表示时，均值随汇水面积增加而减小。

（2）C_v值：下游站的C_v值小于上游站和区间的C_v值，或介于两者之间。一般情况下，

C_v值随汇水面积的增大而减小；湿润地区 C_v值小，干旱地区 C_v值大；高山冰雪补给型河流 C_v值小，黄土高原及其他土层厚、地下潜水位低（地下水补给量小）的地区 C_v值大。

（3）设计值：在设计丰水年（一般 P≤20%），上游站与区间站设计值之和大于下游站的设计值。在设计枯水年（一般 P≥50%），上游站与区间站设计值之和小于下游站的设计值。同一频率 P 的设计值，应随着汇水区域的增加而增大。

8. 径流量年内分配和多年变化。径流量的年内分配表示方法有：①绘制多年平均最大 4 个月占全年径流量的百分率图；②统计代表站各种典型年径流量月分配过程。

径流量的年际变化：①统计各代表站年径流量变差系数 C_v值，和偏差系数 C_s与变差系数 C_v的比值（C_s/C_v）；并绘制 C_v等值线图和 C_s/C_v分区图；②统计丰、平、枯水年年径流量的特征值。年径流量的多年变化通常包括变化幅度和变化过程。以降雨补给为主的河流，年径流量的多年变化除受降雨年际变化的影响外，还受流域的地质地貌、流域面积大小、山丘区和平原区面积相对比重的影响。由于流域面积越大，流域降雨径流的不均匀性越大，从而各支流之间的丰枯补偿作用也越大，使年际变化减小；同时，面积越大的河流，一般基流量也越大，也起减缓多年变化的作用；而面积太小，流域往往不闭合。所以，年径流量 C_v等值线图及年径流量 C_s/C_v分区图，主要依据中等面积站点绘制。

区域内年径流的多年变化应呈现与降雨相类似的地带性差异，不同的是径流同时受下垫面因素的影响，比降雨变化幅度应更大，地区之间的差异也应更悬殊。

9. 年径流的地区分布。降水在地区分布的不均匀性决定了径流在地区分布的不均匀性。对于较大研究范围，假如根据总径流量判断，全区域是平水年，各河或各分区不一定都是平水年，而一般是丰、平、枯水年各类都有；全区域是丰水年，往往是由部分河系或分区特大洪水造成的，其他区域有可能是平水年或枯水年；全区域同时发生大水的概率是存在的，但概率较小；全区域同时发生干旱的年份对某些地区则可能较常见。年径流的地区分布研究，就是力图全面、准确地反映年径流的上述特性。依据各个径流站的分析计算成果，综合地区分布规律。

年径流地区分布的表征方法有：①多年平均年径流深等值线图；②同步期平均年径流深等值线图；③多年平均和同步期平均年径流量 C_s/C_v分区图；④选用测站天然年径流量特征值统计表。

年径流量等值线图的绘制方法及原则与年降水量的基本相同。应特别注意的是，对泉水补给较丰富的测站，要按扣除泉水以后计算的统计参数值勾绘等值线图，同时在图上标注泉水出露点及其流量；在汇水范围内有漏水区时，也应在图上圈出漏水区，以反映年径流的实际情况。

等值线图的合理性检查：①用等值线计算控制站以上水量，并与控制站实测水量对照，要求误差不超过 ±5%，如不合格，应修改等值线，直到合格为止；②用降雨与径流深等值线比较，主要线条走向应一致，高低值区要对应，避免线条斜交；③用降雨量、径流量、陆面蒸发量三张图互相协调检查。通过以上合理性检查，最后确定天然年径流量等值线图，此时，该图就能比较确切地反映天然年径流量在地区分布上的规律和特征。

（二）区域地表水资源量计算

区域地表水资源量是指设计区域内降水形成的地表水体的动态水量，不包括过境水量，用天然河川径流量表示，以上所述的单站径流量分析计算成果，代表了径流站以上汇水区域的地表水资源量，而设计区域往往不是一个径流站的汇水区域，即设计区域是非完整流域，一般是包含一个或几个不完整水系的特定行政区。所以，区域地表水资源量的计算方法与单站径流量的分析计算方法有所不同，但前者以后者为基础。

1. 区域地表水资源量的计算内容。区域地表水资源量的计算即区域内河川径流量的计算，主要内容包括：①区域多年平均年径流量；②不同设计保证率的区域年径流量；③不同设计典型年区域年径流量的年内分配；④区域年径流的空间分布。

为了避开局部与整体频率组合的困难，当区域内有多个计算单元时，在分析计算中可先估算各计算单元的逐年年径流量，再计算区域的逐年年径流量，然后利用区域年径流量系列进行频率分析，推求区域地表水资源的年内、年际变化规律和空间分布规律。

2. 区域地表水资源量的计算方法。根据区域的气候及下垫面条件，综合考虑气象、水文站点的分布、实测资料年限及质量等情况，选择合适的方法。常用的方法有代表站法、等值线图法、年降水径流关系法和水文比拟法。

（1）代表站法：在设计区域内，选择一个或几个代表站（或称控制站），实测或计算天然径流量，根据代表站逐年天然径流量系列，按面积比或综合修正的方法计算设计区域的天然年径流量系列，在此基础上进行频率计算，推求区域多年平均及不同保证率的年径流量，这种方法称作代表站法。

此法适用于有实测径流资料的区域。所选代表站实测径流资料系列较长并具有足够精度。代表站法依据所选代表站个数和区域下垫面条件的不同而采取不同的计算形式。

第一，单一代表站。区域内能选择一个代表站，该站控制流域（称代表流域）面积与设计区域相差不大，产流条件基本相同，如图 4 – 4（a）所示。可计算设计区域的逐年径流量：

$$W_{\mathrm{d}} = \frac{F_{\mathrm{d}}}{F_{\mathrm{r}}} W_{\mathrm{r}}$$

式中：W_{d}、W_{r}——设计区域、代表站年径流量，亿 m^3；

F_{d}、F_{r}——设计区域、代表流域面积，km^2。

若区域内不能选择一个控制流域面积与设计区域面积相差不大的代表站，且上下游产汇流条件亦有较大差别时，可选用与设计区域相似的部分代表流域，如图 4 – 4（b）所示。这种情况采用的计算公式为：

$$W_{\mathrm{d}} = \frac{F_{\mathrm{d}}}{F_{\mathrm{r}}}(W_{\mathrm{ru}} - W_{\mathrm{rd}})$$

式中：W_{ru}、W_{rd}——代表流域入境、出境年径流量，亿 m^3；

其他符号意义同前。

第二，多个代表站。区域内可选择两个或两个以上代表站，如图 4 – 5 所示。将设计区域按气候、地形、地貌等条件划分为若干个分区，一个分区对应着一个代表站，先计算各分区逐年径流量，再相加得到全区的逐年径流量。计算公式为：

$$W_{\mathrm{d}} = \frac{F_{\mathrm{d1}}}{F_{\mathrm{r1}}} W_{\mathrm{r1}} + \frac{F_{\mathrm{d2}}}{F_{\mathrm{r2}}} W_{\mathrm{r2}} + \cdots + \frac{F_{\mathrm{dn}}}{F_{\mathrm{rn}}} W_{\mathrm{rn}}$$

式中：W_{r1}、W_{r2}、…、W_{rn}——各代表站年径流量，亿 m^3；

F_{r1}、F_{r2}、…、F_{rn}——各代表站控制流域面积，km^2；

F_{d1}、F_{d2}、…、F_{dn}——各分区面积，km^2；

W_d——设计区域年径流量，亿 m^3。

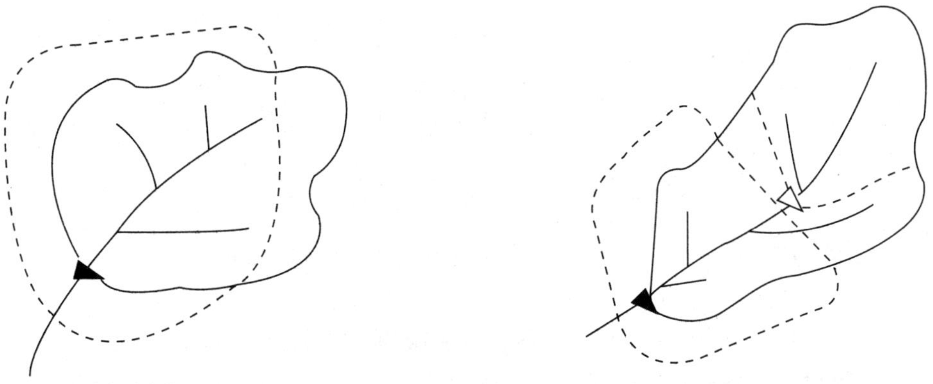

（a）　　　　（b）

—— 代表流域界　- - - - 设计区域界　▲ 代表站位置　△ 代表流域入境位置

图 4－4　单一代表站控制流域与设计流域示意图

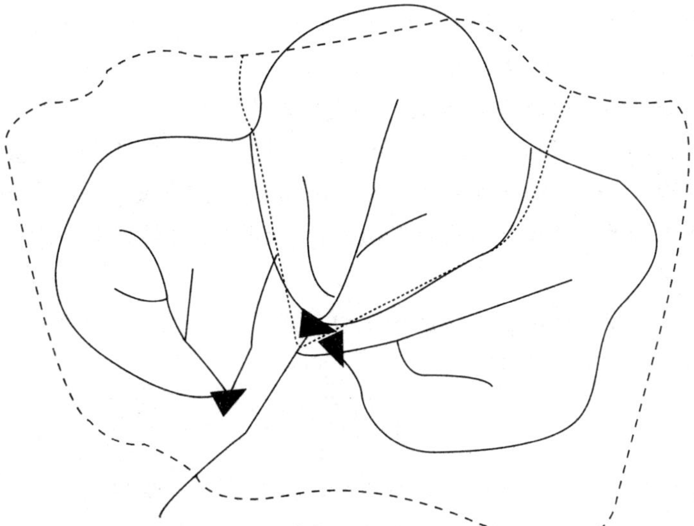

—— 代表流域界　- - - - 设计区域界　………… 分区界　▲ 代表站位置

图 4－5　多个代表站控制流域与设计区域示意图

若设计区域内气候及下垫面条件相差不大，产汇流条件相似，上式可改写为如下形式，即：

$$W_{\rm d} = \frac{F_{\rm d}}{F_{\rm r1} + F_{\rm r2} + \cdots + F_{\rm rn}}(W_{\rm r1} + W_{\rm r2} + \cdots + W_{\rm rn})$$

无论是单一代表站还是多个代表站，上述计算公式只反映面积对年径流量的影响，为了提高精度，应考虑年降水量对年径流量的影响，特别是当设计区域与代表流域的下垫面条件有显著差别时，不宜采用简单的面积比法。代表站法的上述公式应改写成下列形式：

$$W_{\rm d} = \frac{F_{\rm d}\,P_{\rm a}}{F_{\rm r}\,P_{\rm r}}W_{\rm r}$$

$$W_{\rm d} = \frac{F_{\rm d}\,P_{\rm a}}{F_{\rm r}\,P_{\rm r}}(W_{\rm ra} - W_{\rm rd})$$

$$W_{\rm d} = \frac{F_{\rm d1}\,P_{\rm a1}}{F_{\rm r1}\,P_{\rm r1}}W_{\rm r1} + \frac{F_{\rm d2}\,P_{\rm a2}}{F_{\rm r2}\,P_{\rm r2}}W_{\rm r2} + \cdots + \frac{F_{\rm dn}\,P_{\rm an}}{F_{\rm rn}\,P_{\rm rn}}W_{\rm rn}$$

式中：P_a、P_r——设计区域、代表流域的年降水量，mm；

P_{a1}、P_{a2}、…、P_{an}——各分区的年降水量，mm；

P_{r1}、P_{r2}、…、P_{rn}——各代表流域的年降水量，mm。

求得设计区域逐年年径流系列之后，计算该区域的多年平均径流量和不同保证率的年径流量。

（2）等值线图法：等值线图法适用于设计区域面积不大，区域内缺乏实测径流资料，但在包括该区在内的较大面积（气候一致区）上具有多个长期实测年径流资料控制站的情况。

根据中等流域面积的控制站资料，计算各站的统计参数：多年平均径流深 R、变差系数 C_v 和偏差系数 C_s，绘制多年平均径流深等值线图、变差系数等值线图、偏差系数与变差系数比值（C_s/C_v）分区图。

利用等值线图推求设计区域年径流有两种途径。

第一，确定设计区域重心（或形心），据重心位置在不同的参数等值线图上求得该区的统计参数 R、C_v、C_s（或 C_s/C_v），再由设计标准和统计参数推求不同保证率的径流深。然后，将不同的径流深乘以设计区域面积，即得该区的多年平均径流量和不同保证率的年径流量。

第二，若设计区域较大，区域上有多条等值线且分布不均匀，如图 4 - 6 所示，采用如下公式计算多年平均径流深 R，即：

$$R = \frac{R_1 f_1 + R_2 f_2 + \cdots + R_n f_n}{f_1 + f_2 + \cdots + f_n}$$

式中：f_1、f_2、…、f_n——区域界限以内相邻两等值线间的面积，km^2；

R_1、R_2、…、R_n——相应于 f_i 的平均径流深，mm，一般取两条等值线的算术平均值。

变差系数 C_v 的计算可采用类似于上式或取区域形心值的方法。偏差系数 C_g 值的计算一般查 C_s/C_v 分区图，得到 C_s/C_v 值，再乘以 C_v 值计算得到。

应当指出，等值线图用于大小不同的区域，其精度是不相同的。一般较大区域内有长期实测径流资料，实际上等值线图的实用意义不大。对于中等面积区域，等值线图有较大的实用意义，其精度一般也较高。对于小面积区域（300～500km²），等值线图的误差可能较大。因此，小面积区域应用等值线图推求年径流时，应进行实地调查，结合具体条件加以适当修正。

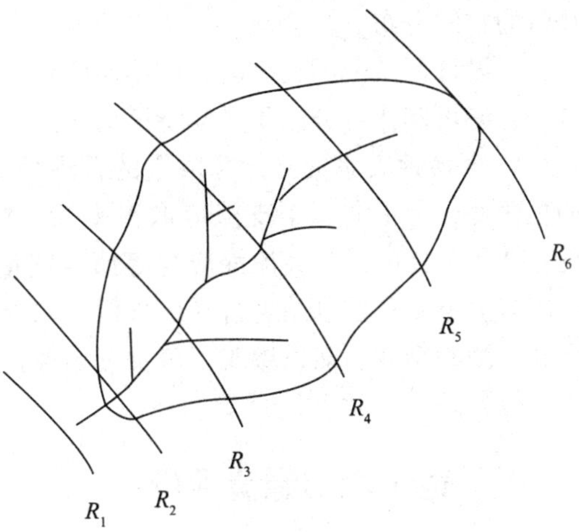

图4－6　多年平均径流深等值线图

（3）年降水径流关系法：年降水径流关系法适用于设计区域内具有长期年降水资料，但缺乏实测年径流资料的情况。

此法推求年径流的过程如下：①在设计区域所在的气候一致区内，选择与设计区域的下垫面条件比较接近的代表流域。代表流域具有充分实测降水资料和径流资料；②分析计算代表流域的逐年降水量 P（mm）和逐年径流深 R（mm）；③建立代表流域年降水径流关系图；④分析计算设计区域的逐年降水量；⑤依据设计区域逐年降水量在代表流域的年降水径流关系图上查得逐年径流深；⑥用查得的逐年径流深乘以设计区域面积得该区的逐年年径流量；⑦通过频率分析计算可求得设计区域的多年平均年径流量和不同保证率的年径流量。

在年降水径流关系点据比较散乱时，可选择适当参数加以改善。如在干旱、半干旱地区，建立以汛期雨量集中程度为参数的年降水径流关系图。

（4）水文比拟法：水文比拟法适用于设计区域无实测径流资料的情况。此法的关键是选择恰当的参证流域（或称代表流域）。参证流域与设计流域在气候一致区内，两者的面积相差不大（一般在10%～15%），影响产汇流的下垫面条件相似，且参证流域具有长期实测径流资料。

水文比拟法就是将参证流域的年径流资料移置到设计区域上的一种方法。为了提高精度，可以用两者的面积比及降水量比（设计区域有降水资料时）对多年平均年径流量加以修正，即：

$$W_d = \frac{F_d P_d}{F_r P_r} W_r$$

式中：W_d、W_r——设计区域、参证流域多年平均年径流量，亿 m^3；

F_d、F_r——设计区域、参证流域面积，km^2；

P_d、P_r——设计区域、参证流域多年平均降水量，mm。

年径流量的 C_v 值和 C_s/C_v 值，可直接移用参证流域的相应数值，有条件时，可根据流域特性的差异略加修正。确定设计区域年径流量的统计参数，依据设计标准，可推求不同保证率的设计年径流量。

3. 区域地表水资源的计算成果。年径流的年际变化特征描述，主要内容包括：①区域年径流系列的统计参数有均值、C_v 值和 C_s/C_v 值；②相应于不同保证率的设计年径流量。

年径流的年内分配特征描述，主要内容包括：①多年平均最大4个月径流量占全年径流量的百分率；②各种典型年（多年平均、不同保证率）径流量月分配过程统计表；③年径流的空间分布。

当设计区域范围较大时，应绘制多年平均径流深 R、变差系数 C_v 等值线图和 C_s/C_v 分区图，亦可制作各分区年径流特征值表。

4. 区域地表水资源计算成果的合理性审查。包括：①特征值在地区分布上应有一定的规律性，上下游、干支流应取得平衡。对个别突出点应进行检查，找出原因，进行修正；②各分区的平均径流深应与等值线图量算结果接近，要求误差在 ±5% 之内；③各分区应与上下游、控制站进行平衡分析，如出现负值，偏大偏小，应检查原因（比如，还原计算、测验精度、河道渗漏、蒸发影响等）。当误差在 ±3% 范围内，对各分区水资源量可不进行平差。

四、地下水资源量评价

地下水资源量是指地下水体中参与水循环且可以逐年更新的动态水量。要求对浅层地下水资源量及其时空分布特征进行全面评价。地下水资源量评价内容包括：补给量、排泄量、可开采量的计算和时空分布特征分析，以及人类活动对地下水资源的影响分析。

（一）地下水资源量评价的内容

在地下水资源量评价之前，应获取评价区以下资料：①地形地貌、区域地质、地质构造及水文地质条件；②降水量、蒸发量、河川径流量；③灌溉引水量、灌溉定额、灌溉面积、开采井数、单井出水量、地下水实际开采量、地下水动态、地下水水质；④包气带及含水层的岩性、层位、厚度及水文地质参数，对岩溶地下水分布区还应搞清楚岩溶分布范围、岩溶发育程度。

地下水资源量评价的主要内容包括以下几方面。

第一，根据水文气象条件、地下水埋深、含水层和隔水层的岩性、灌溉定额等资料的综合分析，正确确定地下水资源量评价中所必需的水文地质参数，主要包括：给水度、降水入渗补给系数、潜水蒸发系数、河道渗漏补给系数、渠系渗漏补给系数、渠灌入渗补给系数、井灌回归系数、渗透系数、导水系数、越流补给系数。

第二，地下水资源量评价的计算系列尽可能与地表水资源量评价的计算系列同步，应进行多年平均地下水资源量评价。

第三，地下水的补给、径流、排泄情势受地形地貌、地质构造及水文地质条件制约，要求按地形地貌及水文地质条件划分为 3 级类型区：①I 级类型区。将评价区划分为平原区和山丘区 2 个Ⅰ级类型区；②Ⅱ级类型区。将平原区划分为一般、内陆盆地、山间平原区和沙漠区 4 个Ⅱ级类型区；将山丘区划分为一般和岩溶山丘区 2 个Ⅱ级类型区（各地可根据实际需要将一般山丘区进一步划分为一般山区和一般丘陵区）；③Ⅲ级类型区。根据水文地质条件，将各Ⅱ级类型区分别划分为若干均衡计算区，称Ⅲ级类型区。

第四，根据水文气象、地下水动态、包气带及含水层与隔水层岩性和厚度、灌溉定额以及抽水实验等资料，考虑降水、地表水与地下水间的转化关系，采用多种方法进行综合分析，确定相应的水文地质参数选用值。

第五，要求评价反映近期（10～20 年）下垫面条件下的地下水资源量，并要求计算长系列（40~50年）与水资源总量有关项目的系列成果。平原区地下水资源量采用补给量法计算，同时计算各项排泄量，地下水补给量包括降水入渗补给量、河道渗漏补给量、水库（湖泊、塘坝）渗漏补给量、渠系渗漏补给量、侧向补给量、渠灌入渗补给量、越流补给量、人工回灌补给量及井灌回归量，沙漠区还应包括凝结水补给量。各项补给量之和为总补给量，总补给量扣除井灌回归补给量为地下水资源量。地下水排泄量包括潜水蒸发量、河道排泄量、侧向流出量、越流排泄量、地下水实际开采量，各项排泄量之和为总排泄量。山丘区地下水资源量采用排泄量法计算；山丘区地下水排泄量包括河川基流量、山前泉水出流量、山前侧向流出量、河床潜流量、潜水蒸发量和地下水实际开采净消耗量，各项排泄量之和为总排泄量，即为地下水资源量。

第六，根据地下水矿化度（M）分区成果，对平原区 $M\leqslant 1g/L$、$1g/L<M\leqslant 2g/L$、$2g/L<M\leqslant 3g/L$（称“微咸水”）、$3g/L<M\leqslant 5g/L$ 和 $M>5g/L$ 等矿化度的地下水资源量分别进行评价和统计。其中，$M\leqslant 1g/L$、$1g/L<M\leqslant 2g/L$ 两个矿化度范围，要求计算地下水蓄变量和进行水均衡分析，评价的地下水资源量参与水资源总量评价；$M>2g/L$ 的各矿化度范围，可根据近期10~20年期间接近平水年年份的有关资料，计算平均地下水资源量，但不参与水资源总量评价。

第七，根据水资源分区中平原区多年平均地下水资源量与山丘区的地下水资源量年均值相加，再扣除两者之间的重复计算量（重复计算量为平原区中多年平均山前侧向补给量与由河川基流量形成的地表水体补给量之和），即为该水资源分区多年平均地下水资源量。

第八，南方四片（长江、东南诸河、珠江及西南诸河）中尚未开发利用浅层地下水的地区，地下水资源量评价可适当简化。

第九，要求对大型、特大型地下水水源地逐一进行多年平均地下水资源量核算，并调查统计各大型、特大型地下水水源地近期10~20年期间年均地下水实际开采量，并核定超采区面积、超采量，以及引发的主要生态环境灾害状况。

第十，平原区中深层承压水开发利用程度较高的地区，要求进行多年平均深层承压水资源量计算，评价成果单列。

（二）平原区地下水补给量的计算

平原区地下水总补给量包括降雨入渗补给量，山前侧向补给量，河道、渠系渗漏补给量，田间回归补给量和越流补给量等项。

1. 降雨入渗补给量。降雨入渗补给是地下水最主要的补给来源。降雨初期土壤干燥，雨量几乎全部由包气带土层吸收，当包气带土层含水量达到一定限度后，入渗的雨水在重力作用下，由土层上部逐渐渗到土层下部，直至地下水面。入渗补给量可按下式计算，即：

$$W_P = FP\alpha$$

式中：W_P——降雨入渗补给量；

F——计算区面积；

P——年降雨量；

α——降雨入渗系数。

2. 山前侧向补给量。山前侧向补给量是指山丘区的产水通过地下水径流补给平原地下水的水量。计算时，首先要有沿补给边界的切割剖面，为了避免补给量之间的重复，剖面要尽量靠近山前位置，然后按达西公式分段选取参数进行计算，即：

$$W_f = KAI$$

式中：W_f——山前侧向补给量；

K——含水层的渗透系数；

A——过水断面面积；

I——垂直于剖面方向上的水力坡度。

3. 河道渗漏补给量。当河水位高于两岸地下水位时，河水渗漏补给地下水。首先分析计算区内骨干河流的水文特征和地下水位变化的关系，以确定河水补给地下水的地段，然后根据资料情况选择计算方法。

（1）水文分析法。该法的计算公式为：

$$W_r = (Q_U - Q_d)(1 - \lambda)L/L_1$$

式中：W_r——河道渗漏补给量；

Q_U、Q_d——上、下游水文站实测流量；

L_1——两水文站间河段长；

L——计算河道或河段长度；

λ——修正系数。

λ 值为两测站间水面蒸发量与两岸浸润带蒸发量之和占（$Q_U - Q_d$）的比率，对间歇性河流及黏性土为主的河道，λ 值取 0.45；对常年流水且砂性土为主的河道，λ 值取0.10～0.15。

计算中，对径流量大、观测系列长的河流，可以按不同的河床岩性，建立上游站人流量和单位河长损失量的相关曲线。对于河床岩性相似的河流，则可以根据上游水文站实测水量推算河流补给地下水的水量。

（2）非稳定流方法：当河水与地下水有直接水力联系时，可用非稳定流理论计算补给量。计算公式为：

$$W_r = 1.128\mu h_0 \sqrt{\alpha t} L$$

式中：W_r——t 时段内，河道向一侧渗漏补给地下水的水量；

μ——给水度；

h_0——t 时段内河道水位上涨高出地下水位值；

α——压力传导系数；

t——水位起涨持续时间；

L——河道长度。

如果两岸的水文地质条件相同，则 W_r 的两倍即为河道渗漏总补给量。

4. 渠系渗漏补给量。渠系渗漏补给量指灌溉渠道进入田间以前，各级渠道对地下水的渗漏补给量。一般情况下，渠系水位均高于地下水位，多数以补给为主。当输水量大，水位上升明显时，可以采用河流非稳定流方法计算。在一般输水情况下，则采用入渗补给系数法来计算，即：

$$W_c = W_d m$$

$$m = \gamma(1 - \eta)$$

式中：W_c——渠系渗漏补给量；

W_d——渠首引水量；

m——渠系渗漏补给系数；

γ——修正系数；

η——渠系有效利用系数。

渠首引水量要根据灌区实际供水情况进行调查统计，主要渠系的有效利用系数 η 可以选择有代表性的地段实测得到。

5. 田间回归补给量。此项是指地表水和地下水进入田间以后，即在灌溉过程中补给地下水的量，其有渠灌回归和井灌回归补给两类。常用回归系数法计算，即：

$$W_c = \beta_c Q_{ci}$$

$$W_w = \beta_w Q_{wi}$$

式中：W_c、W_w——渠灌、井灌回归补给量；

β_c、β_w——渠灌、井灌回归补给系数；

Q_{ci}、Q_{wi}——渠灌、井灌用水量。

灌溉回归补给系数是指田间灌水入渗补给地下水的水量与灌溉水量的比值。该比值随灌水定额、土质和地下水埋深的不同而发生变化，一般取值范围为0.1~0.2。

6. 越流补给量。当上下含水层有足够的水头差，且隔水层是弱透水时，则水头高的含水层中的地下水可以通过弱透水层补给水头较低的含水层。其补给量通常可用下式计算：

$$W_0 = \Delta HFtK_e$$

式中：W_0——越流补给量；

ΔH——水头差；

F——计算面积；

t——计算时段；

K_e——越流系数，是表示弱透水层在垂直方向上导水性能的参数，可用下式求得：

$$K_e = k_1 / m_1$$

式中：k_1——弱透水层的渗透系数；

m_1——弱透水层的厚度。

以上6项补给量加起来，即为平原地区地下水总补给量，也就是地下水在计算时段内的总收入量。

（三）平原区地下水排泄量的计算

平原区地下水排泄量包括泉水出露、侧向流出、河道排泄、人工开采和潜水蒸发等。在大量开采情况下，泉水出露很少，可通过实测求得。向区外的侧向流出量可用达西公式计算。这里重点介绍后两个量的计算。

1. 人工开采量。人工开采量包括工业、生活和农业用水 3 个方面。前两者一般管理比较好，多数都装有水表计量；农业机井数量多而且十分分散，一般通过调查、统计来估算。常用的方法有以下两种。

(1) 单井实测流量法。

该方法的计算式为：

$$Q_m = (n_1 q_1 + n_2 q_2 + \cdots + n_i q_i)\eta$$

式中：Q_m——年总开采量；

n_1、n_2、…、n_i——不同泵型年末配套井数；

q_i、q_2、…、q_i——不同泵型单井年开采量；

η——机井利用率。

(2) 井灌定额估算法。

该方法的计算式为：

$$Q_m = f_1 m_1 + f_2 m_2 + \cdots + f_i m_i$$

式中：Q_m——年总开采量；

f_1、f_2、…、f_i——不同作物的种植面积；

m_1、m_2、…、m_i——不同作物的井灌定额。

m 值一般通过典型调查或实测资料确定。用此法计算的结果，应与单井实测流量法的结果相互验证，使结果更加合理、准确。

2. 潜水蒸发量。浅层地下水受土壤毛细管的作用，不断地沿毛细管上升，一部分受气候的影响，蒸发量散失；一部分湿润土壤，供植物吸收。潜水蒸发量的大小主要决定于气候条件、埋藏深度和包气带岩性，其量可用下式计算，即：

$$E = FE_0C$$

式中：E——潜水蒸发量；

F——蒸发面积；

E_0——水面蒸发量，一般采用 E－601 蒸发器观测资料；

C——潜水蒸发系数。

（四）山丘区地下水补给量的计算

山丘区地下水主要靠降雨入渗补给，由于山丘区水文地质条件复杂，观测孔少和观测资料有限，很难较正确地估算补给量。通常根据均衡原理计算总排泄量来代替总补给量。

山丘区地下水总排泄量包括山前侧向流出量、河床潜流量、河川基流量、山前泉水出露量和人工开采量。

1. 山前侧向流出量，实际上就是平原区的山前侧向补给量。

2. 河床潜流量，是指出山口的河流通过松散沉积物的径流量，当河床沉积物较厚时，用达西公式计算；当沉积物厚度较薄时，潜流量可以忽略不计。

3. 河川基流量，是山丘区地下水主要排泄量，可以通过分割流量过程线的方法求得。

4. 山前泉水出露量，主要通过调查统计和实测获得。

5. 人工开采量，同样包括工业用水、农业用水和生活用水 3 个方面，通常用实测和调查统计获得。

（五）地下水重复计算量

重复计算量包括地下水内部、地下水与地表水之间两部分，在评价计算时要扣除重复计算量。

地下水内部重复计算量包括井灌回归补给量和山前侧向补给量。井灌回归实际上是重复利用水量。山前侧向补给量是重复计算二次的量。山丘区水量平衡计算时，它被作为排泄项计入山丘区总排泄量；平原区水量平衡计算时，则以收入项计入平原总补给量之中。所以，当需要评价山丘区和平原区的总水资源量时，此项必须从山丘区或平原区中扣掉一次。

地下水与地表水之间的重复计算量包括山丘区河川基流、河道渗漏、渠系渗漏和渠灌田间回归 4 项。河川基流量属山丘区和平原区重复计算量，在山丘区计算时作为山丘区排泄量计入其中，在平原区计算时又作为平原径流量计入地表水之中，因此在计算地表、地下总水资源时应扣掉一次。后 3 项属平原区地表水、地下水之间的重复量，在计算地表、地下总水资源时也应从中扣掉一次。

（六）地下水资源量

地下水补给、排泄资料往往不完整、不系统，难以取得较完整的、长系列的逐年地下水补给量或排泄量资料，在这种情况下，可只推求多年平均的地下水补给量或排泄量作为多年平均地下水资源量。但在资料充分时，应分别计算逐年地下水补给量或排泄量，然后采用统计分析方法推求多年平均地下水资源量以及不同保证率下的地下水资源量。

当研究区域范围较大，按地形地貌及水文地质条件可划分为多个Ⅲ级类型区时，应分区计算、统计地下水资源量，以充分反映地下水资源的空间分布，并结合后述水质评价，进行水质功能区的划分。

五、水资源总量评价

（一）天然状态下的水资源总量

在一个区域内，如果把地表水、土壤水、地下水作为一个整体看待，则天然状态下的水资源总量可广义地定义为大气降水量。大气降水是水资源的总补给源。地表水包括河流、水库、湖泊等水体中的水，它的补给源除大气降水外还有地下水、冰雪融水；土壤水为包气带的含水量，它主要由大气降水补给，亦有特殊区域的河流水入渗补给；地下水包括河川基流、地下水潜流和地下水储蓄，它主要由降水和地表水体通过包气带下渗补给。

水资源的总排泄量可分为河川径流量、总蒸散发量和地下潜流量。但水资源中三种水体的排泄方式各不相同。地表水由河川径流、水面蒸发和土壤入渗三种途径进行排泄；土壤水消耗于土壤蒸发、植物散发和下渗补给地下水，或以壤中流形式流入河道；地下水的排泄方式有河川基流、地下潜流（包括周边流出量）与潜水蒸发 3 种。土壤水既可供植物吸用也有连通地表水和地下水的作用。由此可见，降水、地表水、土壤水、地下水之间存在着一定的转化关系，尤其是地表水和地下水间的相互补排更是水循环的重要部分。

三种水体中的地表径流、壤中流及河川基流构成河川径流，是水资源中的动态水量；植物截留、填洼、包气带含水量和地下存蓄的一部分水量转化为有效蒸发，是农作物需水量的天然来源，另一部分水量蒸腾回到大气中成为无效蒸发，是目前未被利用的潜在水资源。上述关系可以用区域水循环概念模型表示，如图 4－7 所示。

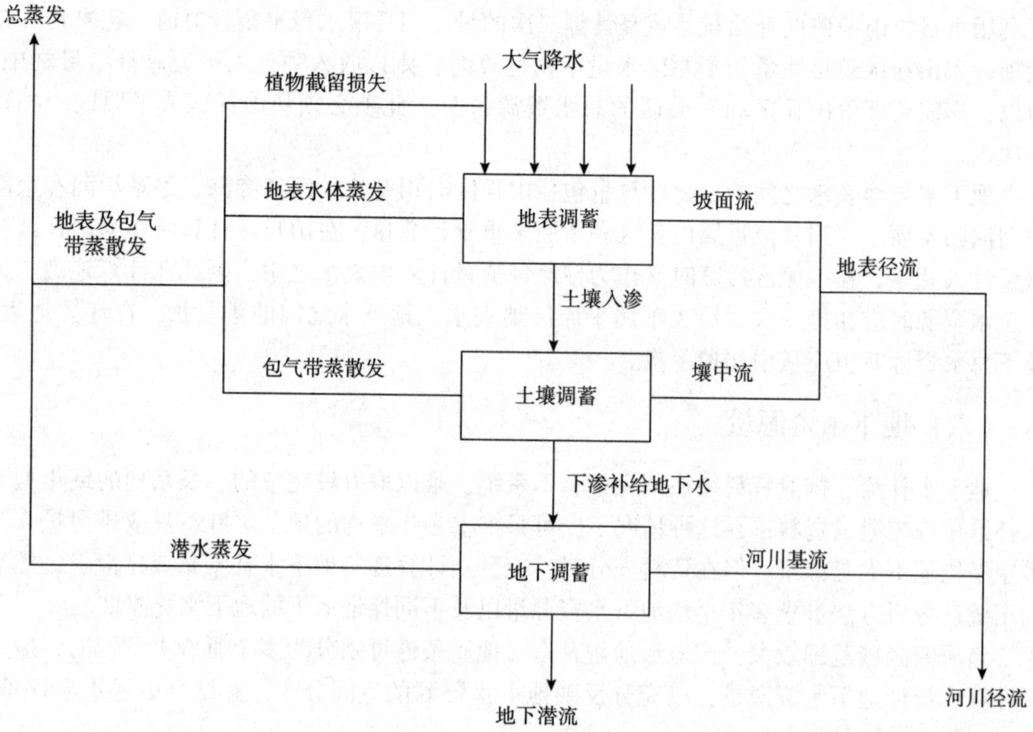

图 4－7　区域水循环概念模型

在天然状态下，一个闭合区域的总补给量与总排泄量之差等于区域地表、土壤、地下水的蓄水变化量。以年为时段，水量平衡方程式可表示为：

$$P = R + E + U_g + \Delta V$$

河川径流量 R 可划分为地表径流量 R_S（包括地面径流和壤中流）和河川基流量 R_g；总蒸发量 E 可划分为地表蒸散发量 E_s（包括植物截留损失、地表水体蒸发和包气带蒸散发）和潜水蒸发量 E_g；蓄水变量 ΔV 可划分为地表水蓄水变量 ΔS_R、包气带蓄水变量 ΔS_S 和地下水蓄水变量 ΔS_g（增加为＋，减少为－）；即分别为：

$$R = R_S + R_g$$

$$E = E_S + E_g$$

$$\Delta V = \Delta S_R + \Delta S_S + \Delta S_g$$

于是，以上水量平衡方程式可改为：

$$P = R_S + R_g + E_S + E_g + U_g + \Delta S_R + \Delta S_S + \Delta S_g$$

降水入渗补给地下水量，可根据下述水量平衡方程式计算：

$$P_r = R_g + E_g + U_g + \Delta S_g$$

上述各式中：P——年降水量；

R——年河川径流量；

R_S——年地表径流量；

R_g——年河川基流量；

E——年总蒸发量；

E_S——年地表蒸散发量；

E_g——年潜水蒸发量；

U_g——年地下潜流量（包括周边流出量）；

ΔV——地表、土壤、地下水的年蓄水量；

ΔS_R——地表年蓄水量；

ΔS_S——包气带年蓄水量；

ΔS_g——地下水年蓄水量；

P_r——年降水入渗补给量。

在多年平均情况下，地表、土壤、地下水蓄水变量可忽略不计，多年平均补给量与多年平均排泄量相等。上式可改为：

$$\bar{P} = \bar{R}_S + \bar{R}_g + \bar{E}_S + \bar{E}_g + \bar{U}_g$$

可得出：

$$\bar{P}_r = \bar{R}_g + \bar{E}_g + \bar{U}_g$$

继而可得出：

$$\bar{P} = \bar{R}_S + \bar{E}_S + \bar{P}_r$$

这个公式表明，多年平均情况下，闭合区域内大气降水等于地表径流量、地表蒸散发量、降水入渗补给量之和。式中符号上面的横线表示多年平均之意。

在水资源评价中，通常将区域水资源总量 W 定义为当地降水形成的地表和地下的产水量，则有：

$$\bar{W} = \bar{P} - \bar{E}_S = \bar{R}_S + \bar{P}_r$$

或者是：

$$\bar{W} = \bar{R} + \bar{E}_g + \bar{U}_g$$

以上 2 个公式是将地表水和地下水统一考虑的区域水资源总量，有两种表达方式，前者把河川基流量归并于地下水降水入渗补给量中，后者把基流量归并于河川径流量中。从公式看出，水资源总量中比河川径流量多了潜水蒸发量和地下潜流量两项，对闭合流域而言，地下潜流量为零，则只多了潜水蒸发量一项。由于潜水蒸发量可随着地下水开采水平的提高而逐渐被“夺取”，使之成为可开发利用的潜在水资源量，故把它作为水资源总量的组成部分。

（二）水资源总量的计算方法

水资源总量的计算方法可以按照水资源分区，也可以在地表水资源总量和地下水资源总量计算的基础上，用扣除重复水量的方法计算。在水资源评价中，地表水和地下水是分别进行估算的。由于地表水和地下水之间存在着相互补排、转化、循环的因素，河川径流中包含一部分地下水排泄量，地下水补给量中有一部分来源于地表水体入渗，两者之间存在相互重复的部分。因此，在计算水资源总量时，不能直接将地表水资源量和地下水资源量相加作为水资源总量，必须扣除相互转化的重复水量，计算公式为：

$$W = W_r + U - D$$

式中：W——多年平均水资源总量；

W_r——多年平均河川径流量，即地表水资源量；

U——多年平均地下水补给量，即地下水资源量；

D——多年平均河川径流量与多年平均地下水补给量之间的重复量。

在分析计算降水量、河川径流量和地下水资源量之后，实际工作中普遍采用扣除重复水量法计算水资源总量。此法的关键是正确估算地表水、地下水互相转化的重复量。不同类型区，其转化关系各有差异。因此，应划分水资源类型区，并在各类型区内按照评价具体要求，分别计算各项水资源总量。

在大多数情况下，水资源总量的评价内容包括各类型区和总评价区的下列计算项目：①多年平均水资源总量；②不同频率（或保证率）的水资源总量；③地下水开采条件下的水资源总量；④水资源总量的典型年内分配。

1. 单一山丘区多年平均水资源总量计算。在单一山丘区，地表水资源量为当地河川径流量，地下水资源量按总排泄量计算，相当于当地降水入渗补给量，这两种水量之间的重复计算水量是河川基流量。水资源总量计算公式为：

$$W_h = W_{hr} + U_h - D_h$$

式中：W_h——一般山丘区多年平均水资源总量；

W_{hr}——一般山丘区多年平均河川径流量；

U_h——一般山丘区多年平均地下水补给量；

D_h——一般山丘区多年平均重复水量。

如前所述，一般山丘区地下水补给量难以直接计算，目前只能以地下水的排泄量近似作为补给量，计算公式为：

$$U_h = W_{hrd} + U_U + U_f + U_S + E_{hu} + q_m$$

式中：W_{hrd}——多年平均河川基流量；

U_U——多年平均河床潜流量；

U_f——多年平均山前侧向流出量；

U_S——未计入河川径流的多年平均山前泉出露量；

E_{hu}——多年平均潜水蒸发量；

q_m——多年平均实际开采的净消耗量。

据分析，U_U、U_f、U_S、E_{hu}、q_m一般所占比重很小，如我国北方山丘区，以上 5 项之和仅占山丘区地下水总补给量 U_h 的8.5%左右，W_{hrd} 则占91.5%左右。

$$D_h = W_{hrd}$$

由以上3个公式可得一般山丘区多年平均水资源总量计算公式为：

$$W_h = W_{hr} + U_U + U_f + U_S + E_{hu} + q_m$$

2. 单一平原区多年平均水资源总量计算。平原区地表水资源量为当地河川径流量。地下水资源量为当地降水入渗补给量与地表水体渗漏（包括流域外引水和区域周边侧向渗漏补给）补给量之和，再减去井灌回归补给量与平原区河川基流的引、提水灌溉后对地下水的补给量。

平原区地下水补给量可按下式计算：

$$U_P = U_{PP} + U_{ris} + U_f + U_{cs} + U_{res} + U_{cir} + U_o + U_a$$

式中：U_P——平原区多年平均地下水总补给量；

U_{PP}——平原区多年平均降水入渗补给量；

U_{ris}——多年平均河道渗漏补给量；

U_f——多年平均山前侧向流入补给量；

U_{cs}——多年平均渠系渗漏补给量；

U_{res}——多年平均水库（湖泊、闸坝）蓄水渗漏补给量；

U_{cir}——多年平均渠灌田间入渗补给量（包括井灌）；

U_o——多年平均越流补给量；

U_a——多年平均人工回灌补给量。

平原区多年降水入渗补给量 U_{PP} 是平原区地下水的重要来源，主要取决于降水量、包气带岩性和地下水埋深等因素。U_{ris}、U_{cs}、U_{res}、U_{cir} 和 U_a 分别为山丘区河川径流流经或引入平原时（有时也包括平原区河川径流本身）的入渗补给量和人工回灌补给量。U_f 也为山丘区山前侧向流出量。U_o 为深层地下水的越流补给量。

据统计分析，我国北方平原区多年降水入渗补给量 U_{PP} 占平原区多年平均地下水总补给量 U_P 的53%左右，山丘区河川径流流经平原时的补给量（包括 U_{ris}、U_{cs}、U_{res}、U_{ric}、U_a）占43%左右，山前侧向流入补给量只占4%左右（U_o 忽略未计）。

上述各项中，井灌回归补给量系地下水重复利用量。平原区河川基流引、提水灌溉后对地下水的补给量系平原区地下水自身重复计算量。平原区的重复水量由两部分组成：①地表水体补给量（包括河道入渗，渠系及渠灌入渗，人工回灌）；②平原区河道排泄量中的降水入渗补给部分。即：

$$D = U_{ris} + U_{cs} + U_{cir} + U_{res} + U_a + W_{Pd}\left(\frac{U_{PP}}{U_P}\right)$$

因此，单一平原区多年平均水资源总量计算公式为：

$$W = W_{Pr} + U_P - D = W_{Pr} + U_{PP} + U_f + U_o - W_{Pd}(\frac{U_{PP}}{U_P})$$

式中：W——平原区多年平均水资源总量；

W_{Pr}——平原区多年平均地表水资源量（河川径流量）；

W_{Pd}——平原区多年平均河川基流量；

其他符号意义同前。

3. 多种地貌类型混合区的多年平均水资源总量计算。对既有山丘区又有平原区两种地貌单元的区域，如果分别计算山丘区和平原区的河川径流量与地下水补给量，计算全区域（山丘区加上平原区）的水资源总量时，须扣除山丘区水资源量与平原区水资源量之间、山丘区水资源量本身及平原区水资源量本身的重复计算量。

重复水量包括以下几项：① 山丘区河川径流量与地下水补给量之间的重复量，即山丘区河川基流量 W_{hd}；② 平原区河川径流量与地下水补给量之间的重复量，即平原区河川基流量 W_{Pd}，有时还包括来自平原区河川径流量的 U_{ris}、U_{cs}、U_{res}、U_{cir} 和 U_a；③ 山丘区河川径流量与平原区地下水补给量之间的重复量，即山丘区河川径流流经平原时对地下水的补给量，包括 U_{ris}、U_{cs}、U_{res}、U_{cir} 和 U_a；④ 山前侧向补给量 U_f，是山丘区流入平原区的地下径流量，属于山丘区、平原区地下水本身的重复量；⑤ 河床潜流量 U_U，亦属于山丘区、平原区地下水本身的重复量。

包括山丘区和平原区两大地貌类型的计算区域，前面的公式：

$$W = W_r + U - D$$

可改写为：

$$W = (W_{Pr} + W_{hr}) + (U_P + U_h) - W_{cf}$$

重复水量 W_{cf} 等于 W_{hd}、W_{Pd}、U_{ris}、U_{cs}、U_{res}、U_{cir}、U_a 与 U_f 各项之和，将其代入上式并整理得：

$$W = W_{Pr} + W_{hr} + U_U + U_f + U_S + E_{hu} + q_m + U_{PP} + U_o - W_{Pd}$$

在山丘区、平原区多年平均河川径流量及地下水补给量各项分量算得的基础上，即可推求全区域多年平均水资源总量。

由前面的公式：

$$U_h = W_{hrd} + U_U + U_f + U_S + E_{hu} + q_m$$

可改写为：

$$U_h - W_{hrd} = U_U + U_f + U_S + E_{hu} + q_m$$

继而可整理出：

$$W = W_{hs} + W_{Ps} + U_h + U_{PP} + U_o$$

式中：W_{hs}——山丘区多年平均地表径流量；

W_{Ps}——平原区多年平均地表径流量；

其他符号意义同前。

上式表明，多种地貌类型混合区域多年平均水资源总量也等于山丘区、平原区多年平均地表径流量与山丘区地下水补给量、平原区降水入渗补给量、平原区地下水越流补给量之和。

4. 不同保证率水资源总量的计算。在地表水资源量、地下水资源量的计算过程中，已推求出组成地表、地下水资源的各分项水量，在不同年份或多年平均水资源总量分析计算中，也确定了组成特定流域（或区域）水资源总量的分项水量。利用上述分项水量推求设计流域（或区域）不同保证率水资源总量时，不能采用相应同一保证率的各分项水量相加的方法（此法简称同频率相加法）。同频率相加法推求的水资源总量与相应频率的实际水资源总量相比往往不等，当频率 $P<50\%$ 时，一般偏大；当 $P>50\%$ 时，一般偏小。因为在整个区域内，水资源的各分量不可能同时出现同一频率的偏丰、偏枯状况。这里存在着整体概率与部分概率的组合问题。

设计流域（或区域）不同保证率水资源总量计算的正确途径，是按地貌类型区采用相应的水资源总量计算公式，依据区域内逐年的各分项水量，先求出逐年的水资源总量，然后对水资源总量系列进行频率分析，推求多年平均和不同保证率的水资源总量。

我国大多数地区，均具有较充分（长期）的河川径流资料和降水资料，即使只有短期的径流、降水资料，也便于插补延长。而地下水资料往往不充分，且难以插补延长。采用上述方法推求不同频率水资源总量时受到资料限制，组成区域水资源总量的部分分量不能逐年求出。在这种情况下，可利用逐年河川径流量和逐年降水量近似估算逐年水资源总量。

（三）入境、出境水量计算

入境、出境水量是针对特定区域边界而言的。入境水量是指天然河流经区域边界流入区内的河川径流量；出境水量则是指天然河流经区域边界流出区外的河川径流量。

在实测河川径流资料进行还原计算之后，可用于推求入境、出境水量。入境、出境水量的计算内容包括：①多年平均年入境、出境水量及年内分配；②不同保证率年入境、出境水量及年内分配；③入境、出境水量的空间分布。

1. 多年平均及不同保证率年入境、出境水量的计算。不同区域过境河流的分布往往是千差万别的，有时只有一条河流过境，有时则有几条河流同时过境，过境河流的水文测站又可能位于区域不同位置上。因此，计算区域多年平均及不同保证率年入境、出境水量时，应当根据过境河流的特点和水文测站分布情况采用不同的计算方法。

第一种，代表站法。当代表站在入境（或出境）处时：①当区域内只有一条河流过境时，若其入境（或出境）处恰有径流资料年限较长且具有足够精度的代表站，该站可保证多年平均及不同频率的年径流量，即为计算区域相应的入境（或出境）水量；②若入境（或出境）处的代表站径流资料年限较短，或代表性不好，应采用相关分析的方法插补展延其年径流系列，使其具有足够代表性，然后依据展延后的年径流系列计算该站多年平均及不同频率的年径流量，亦可采用其他方法展延。

当代表站不在入境（或出境）处时：在多数情况下，代表站并不恰好处于区域边界上，代表站位置有以下两种情况：①入境代表站位于区域内，其集水区域面积与本区面积有一部分重复。这种情况，应首先计算重复面积上的逐年产水量，然后从代表站相应年份的水量中予以扣除，组成入境逐年水量系列，利用该系列进行频率分析计算便可求得多年平均及不同频率的年入境水量；②入境代表站位于区域的上游，代表站的集水区域小于实际入境边界处的集水区域。此时，应先求出代表站至实际入境边界的区间面积上的逐年产水量，将该区间的年水量加在代表站相应年水量上，组成入境逐年水量系列，然后按同样方法推求多年平均及不同频率的年入境水量。

当出境代表站位于区域之内或区域边界下游时，可按同样方法求出相应重复面积或区间面积的逐年产水量，并从代表站对应年水量中加上或扣除相应水量，组成出境年水量系列，然后进行频率分析计算，求得多年平均及不同频率的出境水量。

重复面积和区间面积产水量计算，应根据不同产流条件、水文资料情况和面积大小采用不同的方法，如水量面积比法、降水径流关系法、水文比拟法、径流深等值线图法等。

当区域内有几条河流入境，一条以上河流出境时，对于较大区域，可能有几条河流过境，形成多处入境水量和出境水量；也可能是几条河流入境，在区域内汇成一条河流出境，形成多处入境水量、一处出境水量。这种情况，需在各入（出）境河流上选择代表站，按上述代表站在、不在入境（或出境）处介绍的方法分别计算各河流逐年入（出）境水量，然后将各河流逐年入（出）境水量相加，组成区域逐年总入（出）境水量系列，经频率分析计算后求得多年平均及不同频率的入（出）境水量。

第二种，水量平衡法。根据水量平衡原理，河流上、下断面的年径流水量平衡方程式可表示为：

$$W_{rd}=W_{ru}+W_{rq}-W_{re}-W_{rL}+W_{rg}-W_{ry}+W_{rh}\pm\Delta W_{rx}$$

式中：W_{ru}、W_{rd}——上、下断面的年水量；

W_{rq}——区间产水量；

W_{re}——上、下断面间河道水面年蒸发量；

W_{rL}——上、下断面间河道年渗漏量；

W_{rg}——区间河段地下水年补给量；

W_{ry}——区间河段年引、提水量；

W_{rh}——区间河段年回归水量；

ΔW_{rx}——区间河段河槽年蓄水变量。

2. 入境、出境水量的时空分布。入境水量是特定区域可利用地表水资源的组成部分，出境水量是下游区域可利用地表水资源的组成部分，是区域水资源开发利用和供需平衡分析中需要考虑的重要水量。因此，对这些水量的时空分布的研究需要满足水资源评估、开发利用和供需平衡的要求。当推求得到入境、出境设计年径流量后，还需分析其年内分配、年际变化及空间变化规律。分析方法基本类同地表水资源的时空分布研究方法。主要评价成果有以下几方面。

第一，年内变化。年内变化主要表征方法有：①多年平均及不同保证率年径流量的月分配过程；②连续最大 4 个月、枯水期水量占年总水量的百分率；③典型年份不同时段的最大入（出）境水量。

第二，年际变化。年际变化主要表征形式有：①丰、平、枯水年的设计径流总量；②连续丰水、连续枯水的年份及径流总量；③年径流量的多年平均值、变差系数 C_v 和偏差系数 C_s。

第三，空间分布。设计区域范围较大时，将整个区域划分为几个分区，分别统计各分区的径流特征值。

（四）入海水量计算

因为各流域片的入海水量并非集中在流域某一处入海，而是有众多的入海水道，如海河流域具有实测资料的入海河道就达 20 条，还有多条无实测资料的入海小河。为了提高成果精度和便于分析研究，通常需要分区计算。

1. 年入海水量计算方法。年入海水量计算方法有以下几种。

第一种，水量平衡法。水量平衡法适用于有水量观测站的入海河道。

(1) 若河道观测站离入海口较远：入海的实际水量一般还应考虑测站到入海口区间的产水、用水、河道输水损失以及有挡闸河流的槽蓄量等。计算公式为：

$$W_S = W_m + W_{rq} - W_{ry} - W_{rL} - \Delta W_{rx}$$

式中：W_S——入海水量；

W_m——入海河道观测站实测水量；

W_{rq}——测站至入海口区间面积产水量；

W_{ry}——测站至入海口区间提、引出水量；

W_{rL}——测站至入海口区间河道损失水量；

ΔW_{rx}——测站至入海口河槽蓄水变化量，增加为正，减少为负。

其中，区间提、引出水量及河槽蓄水变化量等，在无观测资料时可采用调查数值。河道输出损失可按测站实测径流量乘以损失系数推求。损失系数应依据河道特征及长短估计。

区间产流量可采用面积比计算，即：

$$W_{rq} = \frac{F_a}{F_m} W_m$$

式中：F_a、F_m——区间面积和测站汇水面积；

其他符号意义同前。

但计算时，应将测站集水区域（计算单元）外的来水量扣除，并注意把测站径流还原成天然径流。当区间面积较大，且区间降水量（P_a）与测站以上平均降水量（P_m）相差较大时，应乘以降水不均匀系数 ψ 加以修正，即：

$$\psi = \frac{P_a}{P_m}$$

(2) 若河道测站距海口较近：测站以下无蓄、引、提水工程时，可用下式计算，即：

$$W_S = \frac{F_S}{F_m} W_m$$

式中：F_S——入海口以上的集水面积；

其他符号意义同前。

第二种，入海水量模数法。入海水量模数法适用于无径流观测站的入海河道。

入海水量模数为：

$$M = \frac{W}{F}$$

在气候一致区内，选择下垫面条件相似的参证流域，利用参证流域的入海水量推求，即：

$$W_{dv} = \frac{F_{dv}}{F_{cv}} W_{cv} = \frac{W_{cv}}{F_{cv}} F_{dv} = M_{cv} F_{dv}$$

式中：W_{dv}、W_{cv}——设计流域和参证流域水量；

F_{dv}、F_{cv}——设计流域和参证流域的集水面积。

2. 年入海水量系列插补延长。当入海测站有缺测年份或系列较短时，可以插补延长，主要方法有：①相邻站，上、下游站入海水量相关法；②年降水与年入海水量相关法；③各支流来水量平衡计算。

3. 分区年入海水量统计计算。将区内各计算小区的年入海水量相加即得分区年入海水量系列。由上述计算所得入海水量系列可对分区或单站入海水量进行频率分析计算，从而研究其年内分配、多年变化及空间分布规律。

六、水资源质量评价

水的质量简称水质，是指水体中所含物理成分、化学成分、生物成分的总和。天然的水质是自然界水循环过程中各种自然因素综合作用的结果，人类活动对现代水质有着重要的影响。水的质量决定着水的用途和水的利用价值，可根据不同的供水目的，为人们提供满足生活饮用、工业和农业生产等水质要求的且具有一定质量保证的水源。

水资源质量评价（又称水质评价、水质量评价）是根据水体的用途，按照一定的评价指标、质量标准和评价方法，对水域的水质或水体质量进行定性或定量评定的过程。

水质评价的目的是查明特定区域的污染源、主要污染物及其污染过程，了解水体污染程度及其时空变化规律，预测水质污染变化的趋势，为水资源开发利用、水资源保护和水污染防治提供科学依据。

（一）水质评价的分类

按评价阶段分，有回顾评价、现状评价和预断评价三种类型。回顾评价系根据历年积累的资料进行评价，揭示区域水质污染的发展变化过程。现状评价系根据近期水质监测资料，对区域水体现状进行评价。预断评价则根据特定区域的发展规划或工程开发计划，预测该地区未来的水质状况。

按评价水体分，有江河水质评价、湖泊（水库）水质评价、潮汐河口水质评价和地下水水质评价等。

按评价水体用途分，有饮用水评价、渔业用水评价、游览用水评价、工业用水评价、农业（灌溉）用水评价等。

按评价指标分，有单项评价和综合评价（或多项评价）。

按评价指标性质分，有物理性评价、生物性评价和化学性评价。

（二）水质评价的一般程序

水质评价的一般程序包括：①收集、整理、分析水质监测的数据及有关调查资料，包括污染源调查的资料和数据；②根据评价目标，确定水质评价的要素，选择足以表征水体质量的评价指标和确定指标取值方法；③选择评价方法，建立水质评价模型；④确定评价准则，并根据有关方面所发布的水质标准，设计出适合本评价的水质判别标准；⑤作出水质评价，绘制水质图，列出水质评价成果表；⑥提出评价结论。

(三) 水质评价标准

水质评价中，首先要解决评价指标的选择和评价标准的确定，并在此基础上选定相应的评价方法。

水质评价指标通常可分为感官性因素，包括色、味、嗅、透明度、浑浊度、悬浮物、总固体等；氧平衡因子类，包括溶解氧、化学需氧量、生化需氧量等；营养盐因子类，如硝酸盐、铵盐和硫酸盐等；毒物因子类，包括挥发酸、氰化物、汞、铬、砷、镉、铅、有机氯等，以及微生物因子类，如大肠杆菌。在评价中应依据评价的目的，水体类型及具体水域的水质监测现状、环境特点及水质特征，选用不同指标来评价水资源质量。

根据目的要求选择评价标准是水质评价的基本工作之一。随着经济社会的发展，我国已先后颁布了许多与水质有关的标准，如《生活饮用水卫生标准》《农田灌溉水质标准》《渔业水质标准》《地表水环境质量标准》《景观娱乐用水水质标准》《地下水质量标准》等。在评价时，要以国家标准为评价依据。如果标准未定，可参考当地环境背景值制定评价标准。

(四) 水质评价方法

以上介绍了为不同水体及不同使用目的所制定的水质标准，这些标准规范了不同水质的适用范围。在多数情况下，需要对水体环境质量给予综合评价，以便了解其综合质量状况，这就需要研究和选定合适的水质评价方法。因此，只有选择或构建了正确的评价方法，才能对水体质量作出有效评判，确定其水质状况和应用价值，从而为防治水体污染及合理开发利用、保护与管理水资源提供科学依据。

虽然，从不同角度和目的出发提出的方法各异，但水质评价方法本身应具有科学性、正确性和可比性，满足实际使用要求，以利于查清影响水质的各种因素，以便于水环境的保护与水污染的治理。

下面介绍在水质评价中应用比较广泛的一种方法——单要素污染指数法。单要素污染指数计算公式如下：

$$I_i = \frac{c_i}{c_0}$$

式中：I_i——单要素污染指数；

c_i——水中某组分的实测浓度；

c_0——某组分的背景值或对照值（标准值）。

当背景值为一含量区间时：

$$I_i = \frac{|c_i - \bar{c}_0|}{|c_{0\max} - \bar{c}_0|}$$

或：

$$I_i = \frac{|c_i - \bar{c}_0|}{|\bar{c}_0 - c_{0\min}|}$$

利用这种方法可对各种污染组分分别进行评价，是多要素污染指数评价的基础。当$I_i \leqslant 1$时，为未污染；$I_i > 1$时，为污染。其优点是直观、简便，缺点是不能反映水体整体污染情况。

（五）地表水水质评价

1. 点污染源评价。这里主要说明点污染源排污口处污水的评价内容与方法。排污口包括污水口、雨污口、排污明渠、排污暗管、排污泵站等。

排污口污水评价的主要内容通常有下列各项：①调查统计特定区域各污染源全部入河（库）排污口总数，调查主要排污口的位置。调查成果经过汇总后，实测入水体排污口的污水量应占实际入水体污水量的85%以上；②查清主要排污口污水量，进行代表性分析，求出全年排放总量和日均排放量；③查清主要排污口污水中主要污染物含量，进行代表性分析，求出年排放总量和日均排放量，计算排放浓度和排放率；④结合水质常规监测，对水体水质进行评价，查明排污口对河流水质的影响；⑤确定城镇的主要排污企业及排污量，对工业产值和人口进行统计；⑥调查排污口污水造成的污染危害，主要调查构成事故的污染事件，以及历来重大污染事故（包括时间、损失、处理意见等），并估算由于水污染造成水体功能下降引起的损失。

（1）污水量的测定：污水量大且集中的点污染源，可采用流速仪法或浮标法测定污水排放的流速，然后按下式计算其污水量，即：

$$q = Av$$

式中：q——污水流量，m^3/s；

A——排污口过水断面面积，m^2；

v——排污口断面平均流速，m/s。

上式适用于比较稳定的排污情况，若排污不稳定，则采用时间加权平均求平均排污流量，即：

$$q = \frac{q_1 t_1 + q_2 t_2 + \cdots + q_n t_n}{\sum_{i=1}^{n} t_i}$$

式中：t_1、t_2、…、t_n——各测次的时间距，h；

q_1、q_2、…、q_n——各测次的污水流量，m^3/s。

由以上求得的排污平均流量即可推求日排放污水量和年排放污水总量，进而分析区域内各排污口废污水的排放强度。

（2）污水中污染物浓度的测定：对于较稳定的排污口，可按相同间距测定污染物的浓度，取其平均值作为该处排放污水的平均浓度。若排污不稳定，可按其变化周期规律分别测定，用加权平均求得其平均浓度，即：

$$C = \frac{q_1 C_1 + q_2 C_2 + \cdots + q_n C_n}{\sum_{i=1}^{n} q_i}$$

式中：C——排污口的平均浓度，mg/L；

C_1、C_2、…、C_n——各测次污水排放浓度，mg/L；

其他符号意义同前。

间歇排放的排污口，要详细查清排放规律，按排放规律取样测定。

(3) 污染物排放量计算：根据测定的污水量和污水浓度，便可计算排污口各污染物的排放量，计算公式如下：

$$M_i = 86.4q C_i$$

式中：M_i——i 污染物排放的数量，kg/d；

C_i——i 污染物的平均浓度，mg/L；

q——污水排放量，m^3/s。

(4) 污径比计算：污径比是指单位时间内排入河流水体中污水总量与河川径流量的比值，即：

$$\alpha = \frac{q}{Q}$$

式中：α——污径比：

q——日排污量，m^3/d 或万 t/d；

Q——河川日径流量，m^3/d 或万 t/d。

点污染源评价成果包括以下几方面。

第一，点污染源的空间分布。绘制点污染源或排污口分布图，图上应标明左、右岸入河排污口位置，注明暗管或明渠；制作入河排污口位置调查表；制作入河排污口污水量与水质调查表。

第二，点污染源的强度分布。制作入河排污口污废水量分级统计表。

第三，点污染源污径比。河流水质除与污废水排放量有关外，还与河流径流量及其年内分配有关。要正确评价污废水对水域的影响，还需考虑径流的稀释作用。污径比虽不能准确地反映河流的污染状况，但也能粗略地反映河流受污染的相对程度。

2. 面污染源评价。面污染源具有面广、分散、间歇排放等特点，随降雨（扣除下渗与截留之后能形成地表径流的雨水）而变化。因此，面污染源的监测和评价是比较困难的。国内外虽然从 20 世纪 70 年代开始就注意到面污染源的污染问题，但至今尚未找到比较合理、适用面广的评价方法。面污染源的主要污染物是农药、化肥等，其中有机氯、有机磷等化学性质稳定，不易在自然界中降解，可在生物体中积累，对环境影响较大，是目前突出的面源污染物。

在一般情况下，可调查统计计算农药 5 年平均使用量、当年使用量和单位耕地面积使用量。若调查实际使用量比较困难，亦可采用 5 年销售量的平均值代替使用量。然后，以小区为单位，在全区域耕地范围内标绘农药使用量图例，分析、评述其地区分布特点和危害程度。

3. 河流水质评价。地表水的主要存在形式是河流、湖泊（水库）、高山积雪及冰川。而在人类频繁活动并对水域有显著影响的区域，地表水的主要存在形式是河流（渠道）、湖泊（水库）。因此，地表水质评价的主要对象是河流和湖库。

在水质监测的基础上，根据不同评价目的和要求可采用不同的评价方法和评价指标。

目前，我国各大流域所进行的水质评价，是以水资源开发利用及水源保护为目的的多目标水质评价，评价方法一般采用分级评价法。

地表水质分级评价方法，系指根据国家所颁布的《地表水环境质量标准》以及特定行业水质标准，如饮用水、渔业用水、灌溉用水、工业废水排放标准等，将水质划分为5个等级，并分项定出各级指标和相应水域功能。依据地表水水域环境功能和保护目标，按功能高低依次划分的5类水如下。

Ⅰ级：清洁水符合生活饮用水标准。主要适用于源头水、国家自然保护区。

Ⅱ级：轻度污染符合渔业用水标准。主要适用于集中式生活饮用地表水源地一级保护区、珍稀水生生物栖息地、鱼虾类产卵场、仔稚幼鱼的索饵场等。

Ⅲ级：较重污染符合农业灌溉用水标准。主要适用于集中式生活饮用水地表水源地二级保护区、鱼虾类越冬场、洄游通道、水产养殖区等渔业水域及游泳区。

Ⅳ级：重污染不符合各部门用水水质要求，本级在pH值、“五毒”（酚、氰化物、汞、砷、六价铬为有毒化学物质，称为五项毒物）满足农灌水质标准时，可作灌溉用水。主要适用于一般工业用水区及人体非直接接触的娱乐用水区。

Ⅴ级：严重污染超过工业废水最高允许排放浓度，基本为“死水”，本级在pH、五毒满足农灌水质标准时，可作灌溉用水。主要适用于农业用水区及一般景观要求水域。

主要评价指标包括：pH值、溶解氧（DO）、化学需氧量（COD）、五日生化需氧量、高锰酸盐指数、氨氮、总磷、总氮、氯化物、总硬度、酚、氰化物、汞、砷、六价铬等。溶解氧、化学需氧量、氨氮是判断水体是否受到有机物污染的3个重要指标。“五毒”是判断水体是否受有毒化学物质污染的水质指标。

（1）河段水质单项评价：对河流进行水质评价时，先把河流划分为若干段，计算出河段各项指标的断面代表值，对选定的评价指标按照各级标准，逐项进行定级，确定各项指标断面代表值所代表的河段水质级别。

河流分段应根据河道自然地理特征、污染源分布和水质监测断面的分布情况，将水文情势比较一致的水域划分为若干段，作为水质评价的基本单元，对单断面的河段，可直接以断面代表值评价所代表的河段水质；对多断面的河段，则须通过断面代表值计算河段代表值。

断面代表值计算式：

$$\bar{C_j} = \frac{1}{n}\sum_{j=1}^{n} C_j$$

式中：C_j——断面内各测点实测浓度；

n——断面内实测点数。

河段代表值计算式：

$$C_{\mathrm{L}} = \frac{1}{m}\sum_{j=1}^{n} \bar{C_j}$$

式中：C_{L}——河段水质代表值；

m——断面个数。

（2）河段水质综合评价：在各河段水质单项评价基础上，对三项有机物污染指标

(溶解氧、耗氧量、氨氮) 和“五毒”分两组进行综合定级。由于 pH 值、氯化物和总硬度与自然地理因素关系密切，故不参加综合评价。综合定级的方法是以有机物污染、“五毒”两组中各自最高单项指标级别，分别定为各河段有机物、“五毒”综合级别（即地图重叠法)。分级标准、相应的污染程度和可利用情况与单项指标评价相同。

对于Ⅳ、Ⅴ级水，“五毒”不超过标准时，仍可作农业灌溉用水。把超过地表水水质标准的Ⅲ、Ⅳ、Ⅴ级河流称为受污染河流，其长度为污染河长。

(3) 河流水质总体评价：在监测断面布设合理和资料完整的河流进行河流水质总体评价，便于河流之间对比。

其方法是在河流各河段水质综合定级的基础上，采用河段长加权平均法，计算公式为：

$$K = \frac{\sum_{j=1}^{n} K_j L_j}{\sum_{j=1}^{n} L_j}$$

式中：K——河流水质总体评价有机物或“五毒”污染级别；

K_j——各河段有机物或“五毒”综合评价级别；

L_j——各评价河段的长度，km；

n——河段个数。

(4) 河流水质评价成果汇总：在进行了水质单项评价和综合评价之后，应对评价成果进行整理和汇总，用文字和图表等形式说明评价河流的污染源、主要污染物及其污染过程、水体污染程度及其时空变化规律。以下几种表征方式供水质评价时参考。

第一，水质评价报告。包括：①评价河流（水系）的自然环境特征、经济社会概况、水资源特性；②评价分区（段)、评价方法；③点、面污染源的地区分布和强度分布；④河流水质现状的地区分布及污染趋势；⑤河流水质及水资源可利用现状。

第二，附表。包括：①评价河流水质监测及评价统计表；②河流分区（段）污废水量统计表；③河流单项评价各级统计表；④河流综合评价各级统计表。

第三，附图。包括：①评价流域地表水资源分布图；②评价水系地表水水质监测断面分布图；③地表水水的类型分布图；④流域主要城镇污染源分布图；⑤河流水有机污染综合评价分布图；⑥河流水“五毒”污染综合评价分布图；⑦河流水各单项污染分布图，包括河流水的总硬度、氯化物、溶解氧、化学需氧量、氨氮、酚、氰化物、砷、汞和六价铬等各单项污染分布图，分别绘制。

(六) 地下水水质调查评价

地下水水质调查评价的范围是平原及山丘区浅层地下水和作为大中型城市生活饮用水源的深层地下水。

地下水水质调查评价的内容是结合水资源分区，在区域范围内普遍进行地下水水质现状调查评价，初步查明地下水水质状况及氰化物、硝酸盐、硫酸盐、总硬度等水质指标分布状况。工作内容包括调查收集资料、进行站点布设、水质监测、水质评价、图表整理、编制成果报告等。地表水污染突出的城市要求进行重点调查和评价，分析污染地下水水质的主要来源、污染变化规律和趋势。

1. 调查收集基本资料。基本资料包括以下几方面：①区域的自然地理、经济社会发展状况；②水文地质、地下水流向、地下水观测井分布。地下水埋深和开发利用情况，以图表形式进行整理附以文字分析；③调查区域内地面污染源分布情况，查清污废水量及主要污染物排放量；④调查了解城市污灌区的分布、面积、污水量及污染物等；⑤调查由于地下水开发利用引起的地面沉降、地面塌陷、海水入侵、泉水断流、土壤盐碱化、地方病等环境生态问题，要调查其发生时间、地点、区域范围及经济损失、已采取什么防治措施等。

2. 水质评价。水质评价包括以下几方面。

第一，水化学类型分类。按照阿列金分类法，对各测点地下水类型进行分类，编制区域地下水化学类型分布图、pH 值、总硬度、矿化度、氯化物、硫酸根、硝酸盐及氟化物分布图。

第二，水质功能评价及一般统计。根据地下水资源的用途，采用《生活饮用水卫生标准》作为评价标准，以单项指标地图叠加法对照进行单站井枯、平、丰三期水质指标评价，并统计超标率、检出率。主要评价指标包括 pH 值、总硬度、矿化度、硫酸盐、硝酸盐氮、氯化物、氟化物、酚、氰、砷、汞、六价铬、铅、镉、铁、锰共 16 项。

第三，地下水质量评价。《地下水质量标准》（GB/T　14848－2017）将地下水质量划分为如下 5 类。

Ⅰ类：地下水化学组分含量低，适用于各种用途。

Ⅱ类：地下水化学组分含量较低，适用于各种用途。

Ⅲ类：地下水化学组分含量中等，以 GB　5749－2006 为依据，主要适于集中式生活饮用水源及工农业用水。

Ⅳ类：地下水化学组分含量较高，以农业和工业用水质量要求以及一定水平的人体健康风险为依据，适用于农业和部分工业用水外，适当处理后，可作生活饮用水。

Ⅴ类：地下水化学组分含量高，不宜作为生活饮用水水源，其他用水可根据使用目的选用。

主要评价指标包括 pH 值、总硬度、矿化度（溶解性总固体）、硫酸盐、硝酸盐氮、亚硝酸盐氮、氨氮、氯化物、氟化物、高锰酸盐指数、酚、氰、砷、汞、六价铬、铅、镉、铁、锰共 19 项。城镇饮用水源评价增加细菌总数、大肠菌群。

地下水水质综合评价步骤如下。

首先进行单项组分评价。将地下水水质监测结果与地下水水质标准进行比较，确定其所属水质类别（注意：当不同类别标准值相同时，从优不从劣），再根据类别与 F_i 的换算关系（见表 4－6）确定各单项指标的 F_i 值。

表 4－6　地下水水质类别与 F_i 换算关系

类别	Ⅰ	Ⅱ	Ⅲ	Ⅳ	Ⅴ
F_i	0	1	3	6	10

例如，若有一井水的氯化物、氨氮的年平均值分别为160mg/L和0.02mg/L，则与地下水质量标准比较，其单项分类分别为Ⅲ类与Ⅰ类（当不同类别标准值相同时，从优不从劣，故属于Ⅰ类而不属于Ⅱ类），再确定它们单项指标的F_i值分别为3和0。

然后，计算各项组分评价值F_i的平均值，即：

$$\bar{F} = \frac{1}{n}\sum_{i=1}^{n} F_i$$

再按下式计算综合评价分值，即：

$$F = \sqrt{\frac{\bar{F}^2 + F_{max}^2}{2}}$$

式中：F_{max}——各单项组分评价分值F_i中的最大值；

n——进行评价的单项类目。

最后根据F值，按表4－7确定该站井地下水质量级别。

表4－7　地下水水质类别与F换算关系

F	<0.80	0.80～2.50	2.50～4.25	4.25～7.20	>7.20
级别	优良	良好	较好	较差	极差

当使用两组以上的水质分析资料进行评价时，可分别进行地下水质量评价。也可根据具体情况，使用全年平均值、多年平均值或分别使用多年的枯水期、丰水期平均值进行评价。

3. 水质评价成果汇总。地下水水质评价提交的成果一般包括下列各项内容。

第一，成果报告。包括：①单元评价区的地下水水质调查评价成果报告；②整个评价区的地下水水质调查评价总结报告。

第二，附表。包括：①地下水水质监测站井一览表；②地下水水质分析成果表；③地下水水质功能评价表；④地下水水质功能评价统计表；⑤地下水质量综合评价表；⑥地下水开发利用引起的环境问题调查表；⑦污染区调查表。

第三，附图。包括：①地下水质量监测、评价单元分区及站井分布图；②地下水资源模数分布图（浅层淡水）；③pH值、矿化物、总硬度、总碱度、硫酸根、氯化物、硝酸盐氮、氟化物分布图（枯、平、丰期及年平均图各一幅）；④地下水埋藏深度图（枯、平、丰期及年平均图各一幅）；⑤地下水水化学类型分布图；⑥地下水开发利用功能分区图；⑦重点城市深层水水质评价图。各地市级评价区工作图，比例尺应采用1∶20万；各省级评价区工作图比例尺应采用1∶50万。

七、水资源可利用量计算

水资源可利用量，是指在可预见的时期内，在统筹考虑生活、生产和生态用水的基础上，通过经济合理、技术可行的措施在当地水资源量中可一次性利用的最大水量。

（一）地表水资源可利用量的计算方法

地表水资源可利用量可用地表水资源量减去河道内最小生态需水量和汛期下泄洪水量计算得到，即：

$$W_{su} = W_q - W_e - W_f$$

式中：W_{su}——地表水资源可利用量；

W_q——地表水资源量；

W_e——河道内最小生态需水量；

W_f——汛期洪水弃水量。

（二）地下水资源可开采量的计算方法

地下水资源可开采量计算方法很多，但一般不宜采用单一方法，而应同时采用多种方法并将其计算成果进行综合比较，从而合理地确定地下水资源可开采量。分析确定地下水资源可开采量的方法有：实际开采量调查法、开采系数法、平均布井法等。

1. 实际开采量调查法。该法适用于浅层地下水开发利用程度较高、开采量调查统计较准、潜水蒸发量较小、水位动态处于相对稳定的地区。若平水年年初、年末浅层地下水位基本相等，则该年浅层地下水实际开采量便可近似地代表多年平均浅层地下水可开采量。

2. 开采系数法。在浅层地下水有一定开发利用水平的地区，通过对多年平均实际开采量、水位动态特征、现状条件下总补给量等因素的综合分析，确定出合理的开采系数值，则地下水多年平均可开采量等于开采系数与多年平均条件下地下水总补给量的乘积。在确定地下水开采系数时，应综合考虑浅层地下水含水层岩性及厚度、单井单位降深出水量、平水年地下水埋深、年变幅、实际开采模数和多年平均总补给模数等因素。

3. 平均布井法。根据当地地下水开采条件，确定单井出水量、影响半径、年开采时间，在计算区内进行平均布井，用这些井的年内开采量代表该区地下水的可开采量，计算公式为：

$$W_{gu} = q_s Nt$$

$$N = \frac{F}{F_s} = \frac{F}{\pi R^2}$$

式中：W_{gu}——地下水资源可开采量；

q_s——单井出水量；

N——计算区内平均布井数；

t——机井多年平均开采时间；

F——计算区布井面积；

F_s——单井控制面积；

R——单井影响半径。

单井出水量的计算，必须在广泛收集野外抽水实验资料的基础上进行。采用该法计算时，应注意与该地区现状条件下多年平均浅层地下水总补给量相验证（一般应小于现状条件下多年平均浅层地下水总补给量）。

（三）水资源可利用总量的计算方法

根据前面对地表水与地下水水量转化关系分析结果，采用下式来估算水资源可利用总量，即：

$$W_u = W_{su} + W_{gu} - Q_{gr} - Q_c$$

式中：W_u——水资源可利用总量；

W_{su}——地表水资源可利用量；

W_{gu}——地下水资源可开采量；

Q_{gr}——地下水可开采量本身的重复利用量；

Q_c——地表水资源可利用量与地下水资源可开采量之间的重复利用量。

（四）水资源可利用量分析内容

在区域水资源量调查成果的基础上，根据水利工程现状及今后若干年水利开发利用规划，分析计算各分区可利用水资源量。在分析计算中，对过境水量应按有关协议、惯例及已用情况统计计算，遇有矛盾之处，由上一级水资源管理部门协调解决；计划兴建工程按设计供水量资料确定，并加以说明。

可利用水资源量的分析计算内容主要包括下列 4 种情况：①多年平均水资源可利用量；②保证率 P＝50% 的水资源可利用量；③保证率 P＝75% 的水资源可利用量；④保证率 P＝95% 的水资源可利用量。保证率原则上以供水保证率为准，缺乏资料地区也可以用降水保证率替代。

八、水资源开发利用及其影响评价

（一）水资源开发利用问题

人类开发利用水资源已有数千年的历史，在长期实践中，人们通过不断探索，已越来越多地掌握了水资源开发利用的各种技术，并使之日臻完善。与之相比，合理开发利用水资源理念的形成在时间上则晚得多，即使在水资源短缺、环境恶化问题已成为现代社会人们所关注的焦点时，如何实现水资源的可持续利用，仍存在许多实际问题有待探索。

在过去相当长的历史时期内，社会生产力较低，人口少且居住分散，开发利用水资源的技术水平不高，水资源的社会需求量和开发利用规模都较小。尽管当时各种水事活动基本处于无组织状态，一般仍不会对一个大型流域或地下水系统的水资源天然分布格局造成过大冲击。人类可通过被动地顺应自然条件的生产、生活方式——迁徙，解决水资源短缺问题。然而在经济高速发展、人口不断增加和城市化进程不断加快的今天，特别是水资源与人口配置不适当的国家，已不能再采取古人的做法。当现代科学技术使人们拥有大规模开发利用水资源的能力而且经济实力允许的情况下，为满足社会用水的需求，通常做法就是不断加大开发利用力度，导致可再生的水资源难以得到充足的更新，使水资源状况进一步恶化。与此同时，过量开采造成的区域地下水位持续大幅度下降，又在一定程度上破坏了各种自然平衡（如水热平衡、水沙平衡、水盐平衡、生态平衡等），从而引发各种环境问题。实践使人们认识到，地球上的淡水资源量是有限的，而不是取之不尽，用之不竭的。水资源的开发只有在不超过其循环、更新速度的前提下才能持久。此外，水作为一种活跃的环境因子，在自然界中发挥着维持地球四大圈层物能平衡的重要作用。水资源开发利用得当，可以改善环境，而过量无序的开发则会引发各种环境问题，使人类反受其害。因此，在当今条件下，水资源的开发利用一定要谨慎，做到合理、科学。

（二）水资源合理开发利用的含义

合理开发利用水资源是人类可持续发展概念在水资源问题上的体现。它是指在兼顾经济社会用水需求和环境保护的同时，充分有效地开发利用水资源，并能使这种活动得以永续进行。具体地说，包括以下几个方面。

1. 水资源的开发力度必须加以限定。在当今技术条件下，人类还做不到完全按人的意志调控整个水资源系统使其不产生不良后果。因此，开发利用量不得超过当地水资源系统的可再生水量，方可使水资源利用得以持久。

2. 水资源的开发利用应尽可能满足经济社会发展的需要。各种开发利用方案的制定应紧密结合经济社会发展规划，不仅应与现时的需水结构、用水结构相协调，而且应为今后的发展和需水结构的调整保留一定的余地。

3. 尽可能避免水资源开发利用所造成的各种环境问题。大规模的水资源开发利用是天然水资源系统结构调整，水量、水位在空间上重新分配的过程。这一过程会使环境发生变化，特别是地下水位的变化往往可以引发地面沉降、海水入侵、土壤盐渍化和生态退化等问题。因此，应综合考虑，尽可能避免水资源开发利用所造成的各种环境问题。

4. 本着经济合理、技术可行的原则开发利用水资源。水资源的开发利用既要考虑供水的需要，又要考虑经济效益问题。尽可能做到以最小的投入换取最大的经济回报。水资源的利用应在经济条件允许的前提下，尽可能做到“物尽其用”，充分发挥水资源的潜力，提高水的重复利用率，节约用水。

（三）水资源合理开发利用的途径

对水资源的开发利用，不仅仅是水资源本身质与量的重新分配，而且涉及技术条件、经济效益和环境保护等诸多问题。所以，一个合理的或者说可以被采纳的水资源开发利用方案必定是在权衡各种利弊关系之后，得到的可使“经济－社会－水资源－环境”协调发展的一种模式。这种运筹过程通常反映在水资源规划制定和水资源管理方案之中。

水资源规划和水资源管理是实现水资源合理开发利用的重要途径。为了使规划合理、科学，管理工作有的放矢，《中华人民共和国水法》及一些水资源法规均明确指出，开发利用水资源必须事先进行综合考察和调查研究，根据水资源勘察、评价结果制定开发利用规划。水资源规划是对水资源实行综合开发、合理利用、科学调度的基础和依据。水资源管理是组织、协调、监督和调度水资源开发利用的重要工作。

（四）水资源开发利用影响评价

水资源开发利用影响评价是对如何合理进行水资源的综合开发利用和保护规划的基础性前期工作，其目的是增强在进行具体的流域或区域水资源规划时的全局观念和宏观指导思想，是水资源评价工作中的重要组成部分。主要包括以下几方面内容。

1. 水资源开发程度调查分析。水资源开发程度调查分析是指对评价区域内已有的各类水利工程及措施情况进行调查了解，包括各种类型及功能的水库、塘坝、引水渠首及渠系、水泵站、水厂、水井等，包括其数量和分布。对水库要调查其设立的防洪库容、兴利库容、泄洪能力、设计年供水能力及正常或不能正常运转情况，对各类供水工程措施要了解其设计供水能力和有效供水能力，对于有调节能力的蓄水工程，应调查其对天然河川径流经调节后的改变情况。供水能力是指现状条件下相应供水保证率的可供水量。有效供水能力是指当天然来水条件不能适应工程设计要求时实际供水量比设计条件有所降低的实际运行情况，也包括因地下水位下降而导致水井出水能力降低的情况。

各种工程的开发程度常指其现有的供水能力与其可能提供能力的比值。如供水开发程度是指当地通过各种取水引水措施可能提供的水量和当地天然水资源总量的比值，水力发电的开发程度是指区域内已建的各种类型水电站的总装机容量和年发电量，与这个区域内的可能开发的水电装机容量和可能的水电年发电量之比等。

通过水资源开发情况的现状调查，可以对评价区域范围内未来可能安排的工程布局中重要工程的位置大致心中有数，为进一步开发利用水资源奠定基础。

2. 用水量调查统计及用水效率分析。用水量是指分配给用水户包括输水损失在内的毛用水量。按照农业、工业、生活三大类进行统计，并把城（镇）乡分开。

在用水调查统计的基础上，计算农业用水指标、工业用水指标、生活用水指标以及综合用水指标，以评价用水效率。

农业用水指标包括净灌溉定额、综合毛灌溉定额、灌溉水利用系数等。工业用水指标包括水的重复利用率、万元产值用水量、单位产品用水量。生活用水指标包括城镇生活用水指标和农村生活用水指标，城镇生活用水指标用“人均日用水量”表示，农村生活用水指标分别按农村居民“人均日用水量”和牲畜“标准头日用水量”计算。

3. 水资源开发利用引起不良后果的调查与分析。天然状态的水资源系统是未经污染、未受人类破坏影响的天然系统。人类活动或多或少对水资源系统产生一定影响，这种影响可能是负面的，也可能是正面的，影响的程度也有大有小。如果人类对水资源的开发不当或过度开发，必然导致一定的不良后果。例如，污废水的排放导致水体污染，地下水过度开发导致水位下降、地面沉降、海水入侵，生产生活用水挤占生态用水导致生态破坏等。因此，在水资源开发利用现状分析过程中，要对水资源开发利用导致的不良后果进行全面的调查与分析。

4. 水资源开发利用程度综合评价。在上述分析评价的基础上，需要对区域水资源的开发利用程度作一个综合评价。具体计算指标包括：地表水资源开发率、平原区浅层地下水开采率、水资源利用消耗率。其中，地表水资源开发率是指地表水源供水量占地表水资源量的百分比；平原区浅层地下水开采率是指地下水开采量占地下水资源量的百分比；水资源利用消耗率是指用水消耗量占水资源总量的百分比。

在这些指标计算的基础上，综合水资源利用现状，分析评价水资源开发利用程度，说明水资源开发利用程度是较高、中等还是较低。

第五章　生活用水

生活用水是与人类生存最密切、对人类生活最重要的一类用水，其对水量、水质的要求也较高，具有一些独特特征。本章专门介绍生活用水的相关知识，主要内容包括生活用水的概念、生活用水的途径，以及我国生活用水状况介绍、生活节水途径。

第一节　生活用水的概念

一、生活用水的含义

生活用水是人类日常生活及其相关活动用水的总称。生活用水分为城市生活用水和农村生活用水。

（一）城市生活用水

城市生活用水是指城市用水中除工业（包括生产区生活用水）以外的所有用水，简称生活用水，有时也称为大生活用水、综合生活用水、总生活用水。它包括城市居民住宅用水、公共建筑用水、市政用水、环境景观和娱乐用水、供热用水及消防用水等。

1. 城市居民住宅用水。城市居民住宅用水是指城市居民（通常指城市常住人口）在家中的日常生活用水，有时也称为居民生活用水、居住生活用水等。它包括冲洗卫生洁具（冲厕）、洗浴、洗涤、饮用烹调、饮食、清扫、庭院绿化、洗车，以及漏失水等。

2. 公共建筑用水。公共建筑用水是指包括机关、办公楼、商业服务业、医疗卫生部门、文化娱乐场所、体育运动场馆、宾馆饭店、学校等项设施用水，还包括绿化和道路浇洒用水。

3. 市政、环境景观和娱乐用水。市政、环境景观和娱乐用水是指包括浇洒街道及其他公共活动场所用水，绿化用水，补充河道、人工河湖、池塘及用以保持景观和水体自净能力的用水，人工瀑布、喷泉用水、划船、滑水、涉水、游泳等娱乐用水，融雪、冲洗下水道等用水。

4. 消防用水。消防用水是指扑灭城市或建筑物火灾需要的水量。其用水量与灭火次数、火灾延续时间、火灾范围等因素有关；必须保证足够的水量；根据火灾发生的位置高低，还必须保证足够的水压。

（二）农村生活用水

农村生活用水可分为日常生活用水和家畜用水。前者与城镇居民日常生活的室内用水情况基本相同，只是由于城乡生活条件、用水习惯等有差异，仅表现在用水量方面差别较大。虽然随着社会经济的发展，农村生活水平的提高，商店、文体活动场所等集中用水设施也在逐渐增多，但用水量还相对较小。

二、生活用水的特征

生活用水有以下几个方面的特征。

1. 用水量增长较快。新中国成立初期城市居民较少、生活水平低，用水量较少。随着时间推移，年总用水量和人均用水量逐步增加，全国每年以平均3%~6%的速度增长。

2. 用水量时程变化较大。城市生活用水量受城市居民生活、工作条件及季节、温度变化的影响，其时程变化呈现早、中、晚3个时段用水量比其他时段高的时变化；一周中周末用水量比正常周一到周五多的日变化；夏季最多，春秋次之，冬天最少的年变化。

3. 供水保证率要求高。供水年（历时）保证率是供水得到保证的年份（历时）占总供水年份（或历时）的百分比。生活用水量能否得到保障，关系到人们的正常生活和社会的安定，根据城市规模及取水的重要性，一般取枯水流量保证率的90%~97%作为供水保证率。

4. 对水质要求高。一是饮用水水质标准不断提高。我国卫生部于1959年制定生活饮用水水质指标16项，1976年增加到23项，1985年改为35项，2006年颁布（2007年7月1日实施）的新标准增加到106项；二是供水水质的要求越来越高。随着科技的进步、检测技术的提高、对水中有害物质有了进一步的了解，同时随着物质生活水平的提高，人们要求饮水水质既无害又有益，如人们偏好饮用矿泉水。

5. 水量浪费严重。在城市生活用水中，由于管网陈旧、用水器具及设备质量差、结构不合理、用水管理松弛，造成了用水过程中的“跑、冒、滴、漏”。目前，大多数城市供水管网损失率在5%~10%，有的城市高于10%，仅管网漏失一项，全国城市自来水供水每年损失约15亿m^3。其次，空调、洗车等杂用水大量使用新水，重复利用率低也造成了用水浪费。比如，对219个公共建筑抽样调查表明，空调用水占总用水量的14.3%，循环利用率仅为53%。另外，用水单位和个人节水观念淡薄、不好的用水习惯也是用水浪费的原因之一，尤其是公共用水，如学校、宾馆、机关，存在水龙头滴漏、“长流水”现象。

6. 生活污水水质污染程度小于工业废水，但污水排放量却逐年增长。我国城市排水管道普及率只有50%~60%，致使城市河道和近郊区水体污染严重，甚至危及城市生活水源和居民健康。北方许多以开采地下水为主的城市，地下水源也受到不同程度的污染。

三、生活用水的水量、水质和水压

生活用水量的多少随着当地的气温、生活习惯、房屋卫生设备条件、供水压力等而有所不同。可参照我国《室外给水设计规范》所订的生活用水量定额。

生活饮用水的水质关系到人体健康，必须做到外观无色透明、无臭无味、不含致病微生物，以及其他有害健康的物质。我国《生活饮用水卫生标准》中，从感官性状、化学指标、毒理学指标、细菌性指标和放射线指标等方面，对生活饮用水水质标准做出了明确规定。

为了用户使用上的需要，生活用水管网必须保证一定的水压，通常称作最小服务水头（从地面算起）。

第二节　生活用水的途径

一、生活给水系统

生活给水系统是由保证城市生活用水和农村生活用水的各项构筑物（如水池、水塔等）的输配水管网组成的系统。其基本任务是经济合理、安全可靠地供给城市、小城镇、农村居民生活用水和用以保障人们生命财产的消防用水，以满足对水量、水质和水压的要求。

给水系统一般由取水工程、净水工程和输配水工程3部分组成。

1. 取水工程。用来从地表水源或地下水源取水，并输入到输配水工程的构筑物。它包括地表水取水头部、一级泵站和水井、深井泵站。

2. 净水工程。其主要任务是满足用户对水质的要求。因此，需建造水处理建筑物，对天然水进行沉淀、过滤、消毒等处理。

3. 输配水工程。其主要任务是将符合用户要求的水量输送、分配到各用户，并保证水压要求。因此，需建造二级泵站，铺设输水管道、配水管网，设置水塔、水池等调节建筑物。

如图5－1所示为以地面水为水源的给水系统。取水构筑物1从江河取水，经一级泵站2送往水处理构筑物3，处理后的清水贮存在清水池4中。二级泵站5从清水池取水，经输水管6送往管网7供应用户。一般情况下，从取水构筑物到二级泵站都属于自来水厂的范围。有时为了调节水量和保持管网的水压，可根据需要建造水库泵站、水塔或高地水池8。

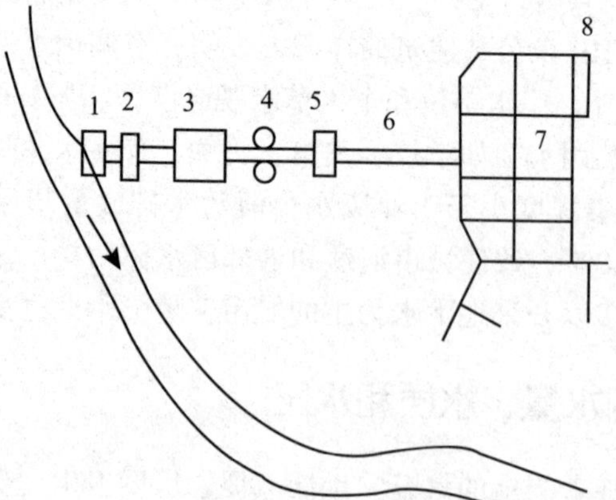

1. 取水构筑物　2. 一级泵站　3. 水处理构筑物　4. 清水池
5. 二级泵站　6. 输水管　7. 管网　8. 水塔

图5－1　地面水源给水系统

以地下水为水源的给水系统，常用管井等取水。若地下水水质符合生活饮用水卫生标准，可省去处理构筑物，从而使给水系统比较简化，如图5－2所示。

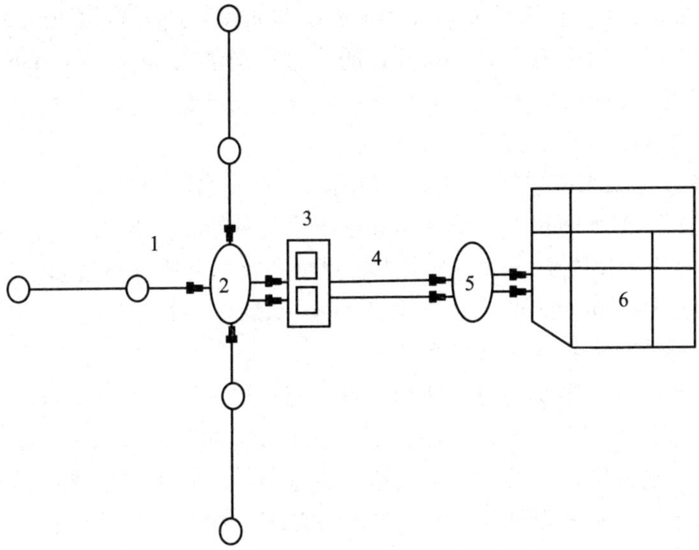

1. 管井群　2. 集水管　3. 泵站　4. 输水管　5. 水塔　6. 管网

图5－2　地下水源给水系统

二、给水水源的选择

（一）水源的种类与特点

1. 地下水源。地下水源包括上层滞水、潜水、承压水、裂隙水、熔岩水和泉水等。其分布的位置见表5－1。地下水水质清澄，且水源不易受外界污染和气温影响，一般宜作为生活饮用水的水源。

表5－1　地下水源的基本情况

水源	位置及特征
上层滞水	存在于包气带中局部隔水层之上，常见于西北黄土高原区，分布范围有限，旱季甚至干枯。只宜作少数居民或临时供水水源
潜水	埋藏在第一隔水层上，有自由表面的无压水。分布较广，储量丰富，常用作给水水源，但易被污染
承压水	充满于两隔水层间有压的地下水。一般埋藏较深，不易被污染，是我国城市和工业的重要水源
熔岩水	分布较广，特别是广西、云南、贵州等地。水量丰富，为低矿化度的重碳酸盐水，可作为给水源
泉水	潜水泉由潜水补给，受降水影响，季节性变化显著。深水泉涌水量变化较小，是良好的供水水源

但地下水也有缺点，一般含矿物盐类较高，硬度较大，有时含过量铁、锰、氟等。我国地下水的含盐量在200～500mg/L，总硬度通常在60～300mg/L（以CaO计），少数地区有时高达300～700mg/L。含铁量通常在10mg/L以下，个别可高达30mg/L。含锰量一般不超过2～3mg/L，个别也有高达10mg/L的。大部分含氟量为2～4mg/L，有的为5～10mg/L，最高可达30mg/L以上。地下水含铁、锰、氟量超过生活饮用水卫生标准时，需经过除铁、除锰和除氟处理后方可使用。

2. 地表水源。地表水源包括江河水、湖泊水、水库水以及海水等。

江河水流程长、汇水面积大，受降雨和地下水的补给，水量大。江河水含盐量一般在50～500mg/L，含盐量和硬度较低。但水中悬浮物和胶态杂质含量较多，浊度高于地下水。江河水最大的缺点是，易受工业废水、生活污水及其他各种人为污染，因而水的色、臭、味变化较大，有毒或有害物质易进入水体。

湖泊和水库水体大，主要由河水补给，水量充分，水质与河水类似。但由于湖泊（或水库）水流动性小，贮存时间长，经过长期自然沉淀，浊度较低。水的流动性小和透明度高又给水中浮游生物特别是藻类的繁殖创造了良好条件，湖水一般含藻类较多，使水产生色、臭、味。由于湖水不断得到补给又不断蒸发浓缩，故含盐量往往比河水高。咸水湖的水不宜生活饮用。

海水含盐量高，而且所含各种盐类或离子的重量比例基本上一定，这是海水与其他天然水源所不同的一个显著特点。其中，氯化物含量最高，约占总含盐量的89%；硫化物次之；碳酸盐再次之；其他盐类含量极少。海水一般须经淡化处理才可作为居民生活用水。

（二）水源的选择

一般对于用户量小、供水安全要求低的乡镇供水系统，应优先采用水质好的地下水、水库水作为水源。对用水量大、供水安全要求高的城市供水系统，应优先采用河流、湖泊等地表水源，这将有利于地下水资源的保护和合理开发，提高供水安全可靠性。除此之外，还要按照水源水量、水质和地形地貌及用水户的分布等，综合分析选择出水量稳定、水质达标、综合效益好的水源。

1. 给水水源应有足够水量。

第一类，地表水源。对于江河水源，为了保证供水系统在最不利的枯水季节能有足够的水量，需要对一定保证率的枯水量进行评价。其方法是，根据城市规模及取水的重要性，确定取水的枯水流量保证率，一般为90%～97%；收集水源10～15年连续的水文资料，计算相应保证率下的枯水流量。取水流量和枯水流量应满足下式：

$$Q_k \leqslant m\,Q_s$$

式中：Q_k——供水系统设计取水量，m^3/s；

Q_s——保证率为90%～97%的水源枯水流量，m^3/s；

m——系数，在一般河流中，取0.15；比较有利水源条件，如河流窄而深，流速小，下游有浅滩、潜堰，取0.3～0.5；修建斗槽或渠道等引水构筑物的水源，取0.25。

第二类，地下水源。城市地下水取水构筑物，每日抽取的水量不应大于地下水的开采储量。地下水开采储量，是开采期内在不使地下水位连续下降或水质变化的条件下，从含水层中所能取得的地下水量。开采储量可以包括动储量、调节储量和部分静储量。但静储量一般不动用，只能在很快补给的条件下，才可以动用一部分静储量。

（1）静储量 Q_g：即永久储量，是指最低潜水面以下含水层的体积，计算公式为：

$$Q_g = \mu_g HF$$

式中：Q_g——静储量，m^3；

H——潜水层最低水位时含水层的平均厚度，m；

F——含水层的分布面积，m^2；

μ_g——给水度，指在重力作用下从饱和水岩层中流出的水量，其值为流出水的体积与岩层总体积之比，以百分数表示，如表 5－2 所示。

表 5－2 给水度 μ_g

岩层名称	黏土	黏砂土	中细砂	砾石含少量粉砂
给水度（%）	0	12～14	20～25	20～35

（2）动储量 Q_d：地下水在天然状态下的流量，即在单位时间内，通过某一过水断面的地下水流量，其值等于在一定时间内，由补给区流入的水量，或向排泄区排出的水量，相当于地下水径流量，通常可根据达西公式进行计算，即：

$$Q_d = KiHB$$

式中：Q_d——地下水动储量，m^3/d；

K——含水层渗透系数，m/d，见表 5－3；

i——计算断面间地下水的水力坡降；

H——计算断面上含水层平均厚度，m；

B——计算断面的宽度，m。

表 5－3 渗透系数 K 值

岩石种类	岩层颗粒		渗透系数（m/d）
	粒径（mm）	占重量比（%）	
粉砂	0.05～0.10	70 以下	1～5
细砂	0.10～0.25	>70	5～10
中砂	0.25～0.50	>50	10～25
粗砂	0.50～1.00	>50	25～50
极粗砂	1.00～2.00	>50	50～100
砾石夹砂			75～150
带粗砂砾石			100～200
清洁砾石			>200

（3）调节储量 Q_t：地下水最高水位与最低水位间含水层中水的体积，计算公式为：

$$Q_t = \mu_g \Delta HF$$

式中：Q_t——调节储量，m^3；

ΔH——最高水位与最低水位之差，m；

F——含水层的分布面积，m^2。

2. 给水水源的水质应良好。水质是水源选择时需要考虑的重要因素之一，城市供水系统应按生活饮用水的要求选择水源。水源选择前需要收集或实测各水源一定时间段的水质资料，会同当地卫生防疫部门共同对水质作出评价，并选出最终合格的水源。采用地表水源时，水源水质应符合《地面水环境质量标准》Ⅰ、Ⅱ、Ⅲ类水质标准以及《生活饮用水水源水质标准》的要求；采用地下水源时，水源水质应符合《地下水质量标准》中的Ⅰ、Ⅳ类水质的要求；采用海水时，水源水质应符合《海水水质标准》中的Ⅰ类海水水质的要求。若条件所限，需要利用超标准的水源时，应采用相应的净化工艺进行处理，处理后的水质应符合现行的《生活饮用水水质标准》的要求，并取得当地卫生部门及主管部门的批准。

3. 统筹考虑，供水经济安全。首先，要了解当地各水域的功能，调查分析国民经济其他部门用水对水量、水质变化的影响；其次，是分析用户的分布、地形地貌等，采用多水源多点供水，降低泵站扬程及管网水压，减少爆管和管网漏水，保障整个供水系统供水均衡；最后，全面考虑取水、输水、净水构筑物的建设、运行管理，进行技术经济比较分析，选择技术上可行、经济上合理，运行管理方便，供水安全可靠的水源。

（三）水源卫生防护

为了保护水源水质不受污染，一般应设置防护地带。现行《生活饮用水卫生规程》对城市集中给水水源的卫生防护带的要求是：取水点周围半径不小于100m的水域内，不停靠船只、游泳、捕捞和从事一切可能污染水源的活动；河流取水点上游1000m至下游100m水域内，不排人工业废水和生活污水；其沿岸防护范围内，不堆放废物，不设置有害化学物品的仓库或堆栈，不设立装卸垃圾、粪便和有毒物品的码头；沿岸农田不使用工业废水或生活污水灌溉及施用持久性或剧毒的农药，并禁止放牧；在单井或井群的影响半径内，不使用工业废水或生活污水灌溉和施用持久性或剧毒性农药，不修建渗水厕所、渗水坑、堆放废渣或铺设污水管道，并不应从事破坏深层土层的活动；在水厂生产区或单独设立的泵站、沉淀池和清水池外围不小于10m范围内，不得设立生活居住区和修建禽畜饲养场、渗水厕所、渗水坑，不堆放垃圾、粪便、废渣或铺设污水管道；应保持良好的卫生状况，并充分绿化。

三、给水处理

给水处理的任务是通过必要的处理方法以改善原水水质，使之符合生活饮用或工业使用所要求的水质。水处理方法应根据水源水质和用户对水质的要求确定。在给水处理中，有的处理方法除了具有某一特定的处理效果外，往往也直接或间接地兼收其他处理效果。为了达到某一处理目的，往往几种方法结合使用。

以地表水作为水源时，生活饮用水处理工艺流程通常包括混合、絮凝、沉淀或澄清、过滤及消毒。其中混凝沉淀（或澄清）及过滤为水厂中主体构筑物，两者兼备，习惯上常称为二次净化，工艺流程如图 5－3 所示。以地下水作为水源时，由于水质较好，通常不需任何处理，仅经消毒即可，工艺简单。

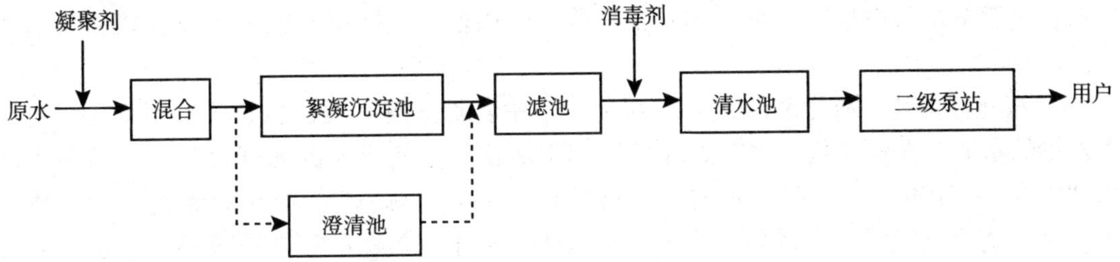

图 5－3　地表水二次净化工艺流程

1. 澄清和消毒。澄清和消毒工艺系统是以地表水为水源的生活饮用水的常规处理工艺系统。

澄清工艺系统通常包括混凝、沉淀和过滤。处理对象是水中悬浮物和胶体杂质。完整而有效地混凝、沉淀和过滤，不仅能有效地降低水的浊度，对水中某些有机物、细菌及病毒等的去除也是相当有效的。澄清工艺原理是，在原水中加药后，经混凝使水中悬浮物和胶体形成大颗粒絮凝体，而后通过沉淀池进行重力分离。澄清池是絮凝和沉淀综合于一体的构筑物。过滤池是利用粒状滤料截留水中杂质的构筑物，常置于混凝、沉淀构筑物之后，用以进一步降低水的浊度。根据原水水质不同，在上述澄清工艺系统中还可适当增加或减少某些处理构筑物。例如，处理高浊度原水时，往往需设置泥沙预沉池或沉沙池。

消毒是消灭水中致病微生物，通常在过滤以后进行。主要消毒方法是在水中投入消毒剂以杀灭致病微生物。当前普遍采用的消毒剂是氯，也有的采用漂白粉、二氧化氯及次氯酸钠。臭氧消毒也是一种重要的消毒方法。

2. 除臭、除味。除臭、除味是生活饮用水净化中所需的特殊处理方法。当原水中臭和味严重而采用澄清和消毒工艺系统不能达到水质要求时才采用。除臭、除味的方法取决于水中臭和味的来源。例如，对于水中有机物所产生的臭和味，可用活性炭吸附或氧化剂氧化法去除；对于溶解性气体或挥发性有机物所产生的臭和味，可采用曝气法去除；因藻类繁殖而产生的臭和味，可在水中投加硫酸铜除藻；因溶解盐类所产生的臭和味，可采用适当的除盐措施等。

3. 除铁、除锰。当溶解于地下水中的铁、锰含量超过生活饮用水卫生标准时，需采用除铁、除锰措施。最广泛的除铁、除锰方法是氧化法和接触氧化法。前者通常设置曝气装置、氧化反应池和沙滤池；后者通常设置曝气装置和接触氧化滤池。工艺系统的选择应根据是单纯除铁还是同时除铁、除锰，还要根据原水中铁和锰含量及其他有关水质特点来确定。还可采用药剂氧化法、生物氧化法及离子交换法等。通过上述处理方法（离子交换法除外），溶解性二价铁和二价锰分别转变成三价铁和四价锰并将产生的沉淀物去除。

4. 除氟。氟是有机体生命活动所必需的微量元素之一，但过量的氟则可产生毒性作用，如使人患有氟斑牙或氟骨。我国饮用水水质标准规定的氟含量为1.0mg/L，当地下水的氟含量超过此限制时，需采用除氟措施。适用的除氟方法是活性氧化铝吸附。

5. 软化。软化处理对象主要是水中的钙、镁离子。软化方法主要有离子交换法和药剂软化法。前者在于使水中的钙、镁离子与阳离子交换剂上的离子互相交换以达到去除的目的；后者系在水中投入药剂，如石灰、苏打，以使钙、镁离子转变为沉淀物而从水中分离。

6. 淡化和除盐。淡化和除盐处理对象是水中各种溶解盐类，包括阴、阳离子。将高含盐量的水如海水及“苦咸水”处理到符合生活饮用水要求时的处理过程，一般称为咸水“淡化”；制取纯水及高纯水的处理过程称为水的“除盐”。淡化和除盐主要方法有蒸馏法、离子交换法、电渗析法及反渗透法等。离子交换法的基本原理同上，但需经过阳离子交换剂和阴离子交换剂两种交换过程；电渗析法是利用阴、阳离子交换膜能够分别透过阴、阳离子的特性，在外加直流电场作用下使水中阴、阳离子被分离出去；反渗透法是利用高于渗透压的压力施于含盐水以使水通过半渗透膜而盐类离子被阻留下来。电渗析法和反渗透法属于膜分离法，通常用于高含盐量水的淡化或离子交换法除盐的前处理工艺。

7. 预处理和深度处理。随着工业的发展和人民生活水平的提高，一方面饮用水水质标准逐步提高，而另一方面水源水质在不同程度地受到污染和恶化。城市水源遭到的各种污染中，以有机物污染最为普遍。不少有机物对人体有急性或慢性、直接或间接的毒害作用，其中包括致癌、致畸、致突变作用。为了应对上述问题，预处理和深度处理正逐渐成为常规处理工艺的一个组成部分。预处理置于常规处理之前，深度处理置于常规处理之后，它们的处理对象均是水中有机污染物。预处理的主要方法有粉末活性炭吸附法、臭氧或高锰酸钾氧化法，生物滤池、生物接触氧化池及生物转盘等生物氧化法。这些方法除了去除水中有机物外，同时也具有除味、臭、色的作用。深度处理的主要方法有粒状活性炭吸附法、臭氧—粒状活性炭联用法、生物活性炭法、合成树脂吸附法、光化学氧化法、超滤法、反渗透法等。

第三节　我国生活用水状况

一、生活用水定额

1. 居民区生活用水定额。每一居民每日的生活用水量称为居民区生活用水定额，常按L/(人·d)计。居民区生活用水定额，一般按有关规定（如《建筑给水排水设计手册》）取值。当居住区实际生活用水定额与一般规定有较大出入时，经设计审批部门批准，可按当地生活用水量统计资料适当增减。

2. 工业企业的职工生活用水定额和淋浴用水定额。工业企业的职工生活用水定额和淋浴用水定额是指每一职工每班的生活用水量和淋浴用水量。职工生活用水应根据车间性质决定定额，一般车间采用25L/(人·班)，高温车间采用35L/(人·班)。职工的淋浴用水定额一般为40～60L/(人·班)，淋浴延续时间为下班后1h，具体取值可参考有关规范如《建筑给水排水设计规范》。

3. 公共建筑用水定额。全市性的公共建筑，如旅馆、医院、浴室、洗衣房、餐厅、剧院、游泳池、学校等的用水定额，可参考有关规范如《建筑给水排水设计规范》取值。

4. 消防用水定额。城市消防用水量，通常存储在水厂的清水池中，灭火时由二级泵站向城市管网提供足够水量。城市或居住区室外消防用水量、工厂、仓库和民用建筑的室外消防用水量，应按同时发生火灾次数和一次灭火的用水量确定，可参考有关规范如《建筑设计防火规范》取值。

5. 市政用水量定额。浇洒道路用水量一般为 1～1.5L/(m^2·次)，每日浇洒 2～3 次。浇洒绿地用水量采用 1.5～2.0L/(m^2·d)。

二、生活用水量计算方法

（一）分类法

分类法是将用户用水特性一致的类型归纳在一起，然后根据用水量标准及有关因素进行调查计算。总生活用水量 $W_{总}$ 可用下式表示：

$$W_{总} = \sum_{j=1}^{m} W_j$$

式中：W_j——一定时期或时段第 j 种用水类型的用水量，m^3；

m——用水类型的总数。

每种用水类型还可据其规格、性质、特点等进一步细分，并列表进行调查与计算。分类法的特点是调查范围大、计算简便。

（二）分区法

分区法是将计算区人为地划分为若干区域，也可按行政区域划分，然后根据各区用水特点、用水量标准进行调查与计算。其总用水量可用下式表示：

$$W_{总} = \sum_{i=1}^{n} W_i$$

式中：W_i——一定时期或时段第 i 个区域的用水量，m^3；

n——被划分的区域数。

区域划分还可将大区域分为若干小区域，然后列表进行调查与计算。这种方法与分类法相比，调查范围小、不易遗漏，但计算工作量较大。

实际调查与计算中，常根据上述两种方法的特点，综合成“分区分类法”，即先分区，后在区内再分类。这时总用水量可用下式表示：

$$W_{总} = \sum_{i=1}^{n} \left(\sum_{j=1}^{m} W_{i,j} \right)$$

式中：$W_{i,j}$——一定时期或时段第 i 个区域第 j 种用水类型的用水量，m^3；

其他符号意义同前。

（三）定额计算法

居住区日均生活用水量计算：

$$Q_1 = P q_1 / 1000$$

式中：Q_1——居住区日均生活用水量，m^3/d；

P——设计年供水区规划人口数，人；

q_1——平均日生活用水定额，L/(人·d)。

牲畜日均用水量计算：

$$Q_2 = N \times \frac{q_2}{1000}$$

式中：Q_2——牲畜日均用水量，m^3/d；

N——设计年供水区牲畜数，头；

q_2——平均日牲畜用水定额，L/(头·d)。

（四）最高日用水量

最高日用水量是一年中用水量最多一天的用水量。在给水工程设计时，一般以最高日用水量来确定给水系统中各构筑物的规模。

1. 居住区最高日生活用水量 Q_1。计算公式为：

$$Q_1 = \sum (q_i N_i)$$

式中：Q_1——居住区最高日生活用水量，m^3/d；

q_i——不同卫生设备的居住区最高日生活用水定额，$m^3/(人 \cdot d)$；

N_i——设计年限内计划用水人数，当用水普及率不是100%时，应乘以供水普及系数。

2. 工业企业职工生活及淋浴用水量 Q_2。计算公式为：

$$Q_2 = \sum (Q_{生} + Q_{浴})$$

$$Q_{生} = \sum \frac{n N_{生i} q_{生i}}{1000}$$

$$Q_{浴} = \sum \frac{n N_{浴i} q_{浴i}}{1000}$$

式中：Q_2——工业企业职工生活及淋浴用水量，m^3/d；

$Q_{生}$——各工业企业的职工生活用水量；

$q_{生i}$——工业企业的职工生活用水定额，一般采用25～35L/(人·班)；

$N_{生i}$——每班人数；

n——每日班制；

$Q_{浴}$——各工业企业的职工淋浴用水量；

$q_{浴i}$——工业企业的职工淋浴用水定额，一般采用40～60L/(人·班)；

$N_{浴i}$——工厂每班职工淋浴人数。

3. 公共建筑用水量 Q_3。计算公式为：

$$Q_3 = \sum(q_i N_i)$$

式中：Q_3——公共建筑用水量，m^3/d；

q_i——各公用建筑的最高日用水定额，$m^3/(人 \cdot d)$；

N_i——各公共建筑的用水单位数。

4. 市政用水量 Q_4。计算公式为：

$$Q_4 = \frac{n A_{路} q_{路}}{1000} + \frac{A_{地L} q_{地L}}{1000}$$

式中：Q_4——市政用水量，m^3/d；

$A_{路}$、$A_{地L}$——道路洒水面积和绿地浇水面积，m^2；

$q_{路}$、$q_{地L}$——道路洒水和绿地浇水的用水定额，$m^3/(人 \cdot d)$；

n——每日道路洒水次数。

5. 未预见水量和管网漏水量 Q_5。可按最高日用水量的15%～25%计算，也可以由下式计算：

$$Q_5 = (0.15 \sim 0.25)(Q_1 + Q_3 + Q_4) + \alpha Q$$

式中：Q_5——未预见水量和管网漏水量，m^3/d；

Q——工业企业生产用水和职工生活及淋浴用水量之和，生产用水量由生产工艺确定，m^3/d；

α——工业企业未预见水量系数，根据工业发展情况确定。

三、我国生活用水安全问题

1. 水资源供给不足。淡水资源是人们饮用水的唯一来源，我国是一个淡水资源急剧短缺的国家，我国的淡水资源占全球水资源的6%，人均淡水资源为2300m^3，是全世界严重缺乏水资源的国家之一。同时我国水资源分布极其不平衡，南方的水资源比较多，北方的水资源比较少，从整体上看，我国有18个省、直辖市、自治区，共400多个农村缺水。水资源的急剧短缺是农村生活用水安全面临的主要问题之一。

2. 饮水水质问题。很多地区饮水问题主要为水质超标，集中表现在地下水氟、砷、盐等含量超标和水质污染严重。如农村位于盆地结构时，水流由高处往低处流动过程中，将大量的离子带到盆地底部，这些离子经过日积夜累后变成高氟、砷盐水。若再加上缺雨季节，浅水中的各种离子大量集中在一起，导致水中含氟和砷的量超标。当水中的氟含量超标时变形成高氟水，农村群众长期饮用这种高氟水，轻则会出现氟斑牙，重则会引发氟骨症，严重影响农村群众的生活质量与身体健康，而当水中的盐过量时则会形成苦咸水，这种水质无法满足正常人的身体需求，长期饮用会导致出血、胃肠功能紊乱，降低人体免疫力，甚至会加重心脑血管疾病病情。

3. 水处理工艺落后。目前，在生活用水过程中，采用的净水处理工艺大多是常规的水处理技术，以地表水处理为例，其净水处理流程大致为混凝沉淀→过滤→消毒，这种净水处理工艺主要是将水中的微生物、色度、浊度去除，很难将农村水源中的藻类、有机物、重金属等污染物去除。试验表明，常规的净水处理工艺只能将水中30%的有机物去除，而藻类的稳定性比较好，很难混凝去除，并且藻类的自重比较小，沉淀效果也比较差。因此，常规的净水处理工艺也难以将藻类去除。目前，我国水厂大多采用液氯消毒的方式进行消毒，藻类中的部分物质会与水中的余氯发生反应，产生新的有害物质，造成二次污染。由于净水处理工艺落后，水中的污染物无法去除干净，导致生活用水安全受到严重的影响。

四、解决生活用水安全问题的对策

1. 建立健全城镇供水水质安全监测体系及预警信息系统。科学技术的飞速发展，使信息与控制技术在人们的日常生活中运用的越来越广泛，自来水厂家要及时详细掌握管网现状资料，建立完整的供水水源及管网技术档案。同时采用新技术，实现对水质和水源地点的动态模拟检测，实时关注水源以及管网的物质变化和分布情况。各水利部门通过技术合作。集成建立城市供水系统信息化平台，对于某区域发生的水污染安全事故，要及时进行处理，并防止在另一地区的出现，有效提高管理效率、管理水平和应对突发事件的能力。尤其是水质在线监测系统，要全面掌握配水管网的水质情况，全天候的对水管网实时水质工况、日常运行管理进行检测，有效杜绝水污染事件的发生。同时各水厂要对本单位的员工进行培训，建立应急处理队伍，及时处理和面对各种新情况。

2. 加强水源水质保障，确保用水安全。采取综合措施，加强水源地保护。进一步完善生活用水水质卫生监测体系，扩大生活用水安全工程监测覆盖率，建立完善水质卫生常规监测制度，提高监测水平和质量。加强水厂水质管理，建立健全规章制度，规范净水设备操作规程，强化消毒水质检测，建立严格的取样、检测制度和以水质检验为核心的质量管理体系。建立完善水质检测监控制度，规模以上的供水工程设水质化验室，配备水质检验人员及仪器设备，按照有关规范对水源水、出厂水和管网末梢水等定期进行检测，对单村供水工程和小型分散饮水工程采取县级农村饮水安全水质检测室（中心）巡回检测等方式，及时发现影响饮水不安全的因素。通过建立完善生活用水安全管理信息系统，实行中央、省、市、县和水厂信息通报机制，将水质检测结果逐级上报主管部门，确保供水安全。

3. 多措并举，建设并完善安全供水工程。加大生活用水工程投资、建设力度，探索长效管理机制。通过以国家投资为主、集体和村民投资（投劳）为辅，适当吸收社会资金，鼓励符合条件的承包人参与投资、管理的模式，多方筹措资金建设集中供水设施，逐步淘汰老化设施，对保留的老水厂完善环境影响评价，引导企业做到达标供水；有条件的村镇纳入城镇供水管网，实现城乡一体化供水，进一步解决生活用水安全问题。同时，建立良性循环的运行管理体系，接受社会监督，确保生活用水工程充分发挥效益。

4. 建立饮用水源储备体系，做好生活用水工程管理。水质检测和处理实质上是一种预防性措施，在预防工作的基础之上，还应做好事故应急工作。农村饮水安全工程以保障居民正常安全饮水为前提，即使做好管理工作，也不能排除出现突发性水污染事件的可能，因此，地方政府应做好领导指挥工作，制定科学的水安全保障应急预案，建立有效的预警和救援机制，以及饮用水源储备体系，当出现突发事件时及时向当地政府报告，快速处理污染源，必要时启用水源储备系统，保障居民生活用水的正常供应。

5. 合理确定水价，强化水费计收。推进生活用水安全工程水价改革，按照“补偿成本、公平负担”的原则合理确定水价，并根据供水成本、费用等变化适时合理调整。原则上工程水价应包括工程折旧和维修养护费在内的全成本水价；暂时无条件实行全成本水价的，可先执行工程运行水价；个别工程如果运行维护费用仍有缺口，可考虑由地方财政补助、乡村集体经济组织补贴等办法解决。有条件的地方可逐步推行两部制水价、基本水费、用水定额管理与超额累计加价等制度。

总而言之，生活用水安全工程作为一项重要的基础设施，对于居民生活条件和生存环境的改善、和谐社会建设，以及我国小康社会的全面建设，都起到了非常重要的作用。饮用水质量的提高，不仅仅是政府部门的努力，更是民众共同努力的结果，在环境愈发恶劣的当代，需要我们共同努力，建设一片碧海蓝天的家园。

第四节　生 活 节 水

据统计，全国570个大中型城市中，缺水城市达333座，其中严重缺水的城市有108座，城市每天缺水1600万m^3。全国尚有7500万人、2000万头牲畜饮水困难。在生活用水总量中，饮用等生理必需用水占的比例很小，而做饭、洗衣、冲洗厕所、洗澡等用水占家庭用水的80%左右。据北京市的调查资料，在居民生活用水中，冲厕、淋浴及厨房用水量约占居民生活用水总量的70%；在城市公共用水中，空调冷却水、冲厕水、淋浴水三项用水量约占公共用水总量的60%。如果采取有效措施，洗涤、冷却用水可以大大减少，大量节约生活用水，有效缓解水资源危机。

一、生活节水途径

(一) 加强节水宣传工作

通过宣传教育，增强人们的节水观念，改变其不良用水习惯。宣传方式可采用报刊、广播、电视等新闻媒体，及节水宣传资料、张贴节水宣传画、举办节水知识竞赛等，另外还可在全国范围内树立节水先进典型，评选节水先进城市和节水先进单位等。节水宣传是一项长期的工作，虽不能立竿见影，但一定要常抓不懈。

(二) 开发和推广应用节水技术

1. 加快城市供水管网技术改造，降低输配水管网损失率。城市供水管网因年久失修，常有漏水现象，要加强城市管网的输，净、配等供配水工程的维修改造，减少跑、冒、漏造成的损失，以降低损失率。自来水管道采用高技术新材料，可防爆裂。

2. 全面推行节水型用水器具，提高生活用水效率。节水器具和设备在城市生活用水的节水方面起着重要作用。采用过往有成功节水经验的节水器如陶瓷芯片水龙头，它以高强度、高平滑，使封水垫使用寿命达到30万次，水龙头跑、冒、滴、漏的问题从根本上得到解决；PP－R交联聚乙烯管是一种新型优质耐用管材，适用于建筑物室内上水管道。

普通厕所用水量是19L/次，低用水量厕所为13L/次，节水32%；冲洗式厕所用水量为4L/次，节水79%；空气压水掺气式厕所用水量为2L/次，节水89%。还有一种不用洗衣粉的离子洗衣机问世，省去了漂洗程序，省水37%。

3. 处理污水和中水回用。在缺水城市住宅小区设立雨水收集、处理后重复利用的中水系统，利用屋面、路面汇集雨水至蓄水池，经净化消毒后用泵提升用于绿化浇灌、水景水系补水、洗车等，剩余的水可再收集于池中进行再循环。在符合条件的小区实行中水回用可实现污水资源化，达到保护环境、防治水污染、缓解水资源不足的目的。目前，城市污水二级处理形成40亿m^3水源的投资大约在100亿元，形成同样规模的长距离引水需600亿元左右，海水淡化则需1000亿元左右。虽然中水回用在规模上不如城市污水处理经济，但其投资也不会超过长距离引水，具有明显的优势。如果中水回用率为10%，相当于节约了大约10%的生活用水，可见中水回用潜力之大。

（三）运用经济杠杆节水

科学合理的水价改革是节水的核心内容。要改变缺水又不惜水、用水浪费无节度的状况，必须用经济手段管水、治水、用水。可以利用价格杠杆促进节约用水，适时、适地、适度调整水价。合理提高水价，使用户在节水中获得较好的边际效益，水价偏低会挫伤人们节水的积极性。据研究分析，当水价从1元左右涨到3.5元左右，预期用水量会减少20%左右，可见水价对用水量的调节作用是比较强的。

二、节水器具

（一）节水方法

为了防治一般用水器具（非节水器具）在使用过程中的跑、冒、滴、漏等无用耗水现象，用水器具设备可以采用下面的节水方法：①限定水量。如限量水表；②限定（水箱、水池）水位。如设置水位自动控制装置、水位报警器；③防漏。如低水位水箱的各种防漏阀；④限制水量或减压。如各类限流、节流装置，减压阀；⑤限时。如各类延时自闭阀；⑥定时控制。如定时冲洗装置；⑦改进操作或提高操作控制的灵敏性。前者如冷热水混合器，后者如自动水龙头、电磁式淋浴节水装置；⑧提高用水效率；⑨适时调节供水水压或流量。如微机变频调速给水设备。上述方法几乎都是以避免水量浪费为特征，这些方法可通过在各种原理的基础上不断创新来实现。

（二）节水设备

1. 水龙头。水龙头是遍及住宅、公共建筑、工厂车间、大型交通工具（列车、轮船、民航飞机），应用范围最广、数量最多的一种盥洗、洗涤用水器具，同人们的关系最为密切。水龙头的节水主要是设计水龙头的开关，减少人为因素忘关、开水太大等造成的水量损失。

目前，常用的水龙头有延时自闭水龙头，手压、脚踏、肘动式水龙头和停水自动关闭（停水自闭）水龙头。

延时自闭水龙头按作用原理可分为水力式、光电感应式和电容感应式等类型，适用于公共建筑与公共场所，有时也可用于家庭。水力型延时自闭式水龙头应用最为广泛，使用时只需轻压一下阀帽，水流即可持续 3 ~ 5s，然后自动关闭断流。光电感应式水龙头与电容感应式水龙头的启闭是借助于手或物体靠近水龙头时产生的光电或电容感应效应及相应的控制电路、执行机构（如电磁开关）的连续作用。其优点是无固定的时间限制，使用方便，尤其适用于医院或其他特定场以免交叉感染或污染。在公共建筑与公共场所应用延时自闭式水龙头的最大优点是可以减少水的浪费，据估计其节水效果约为 30%。

手压、脚踏式水龙头适用于公共场所，如浴室、食堂和大型交通工具（列车、轮船、民航飞机）上，借助于手压、脚踏动作及相应传动等机械性作用，释手或松脚即自行关闭。使用时虽略感不便，但节水效果良好。肘动式水龙头靠肘部动作启闭，主要用于医院手术室以免医护手的污染，同时亦有节水作用。

停水自动关闭水龙头能帮助供水不足地区和无良好用水习惯或一时疏忽的用水户适时关闭水龙头。这里面有两个问题：其一是我们经常能想象的，有些疏忽的用水户心不在焉，用完水后忘了关水龙头，造成水量损失；其二是由于在给水系统供水压力不足或不稳定引起管路停水的情况下，当管路系统再次来水时水大量流失。

2. 淋浴节水器具。淋浴时因调节水温和不需水擦拭身体的时间较长，若不及时调节水量会浪费很多水。这种情况在公共浴室尤甚，不关闭阀门或因设备损坏造成“长流水”现象也屡见不鲜。这些器具的节水设计有两点：一是自动断水，当不需要冲洗的时候，要及时断水，不能“长流水”；二是冷、热水调节灵敏，调水时间短。针对这些节水目的，目前有冷、热水混合器具，淋浴用脚开关，电磁式淋浴节水装置等淋浴节水器具，其中电磁式淋浴节水装置节水效率在 48% 左右。

3. 卫生间节水器具。卫生间的水主要用于冲洗便器。除利用中水外，采用节水器具仍是当前节水的主要努力方向。节水器具的节水目标是保证冲洗质量，减少用水量。现研究产品有低位冲洗水箱、高位冲洗水箱、延时自闭冲洗阀、自动冲洗装置等。

常见的低位冲洗水箱多用直落上导向球型排水阀。这种排水阀仍有封闭不严、漏水、易损坏和开启不便等缺点，导致水的浪费。近些年来逐渐改用翻板式排水阀。这种翻板阀开启方便、复位准确、斜面密封性好。此外，以水压杠杆原理自动进水装置代替普通浮球阀，克服了浮球阀关闭不严导致的长期溢水之弊。

高位冲洗水箱提拉虹吸式冲洗水箱的出现，解决了旧式提拉活塞式水箱漏水问题。一般做法是改一次性定量冲洗为“两挡”冲洗或“无级”非定量冲洗，其节水率在 50% 以上。

为了避免普通闸阀使用不便、易损坏、水量浪费大以及逆行污染等问题，延时自闭冲洗阀应具备延时、自闭、冲洗水量在一定范围内可调、防污染（加空气隔断）等功能，并应便于安装使用、经久耐用和价格合理等。

自动冲洗装置多用于公共卫生间，以克服手拉冲洗阀、冲洗水箱、延时自闭冲洗水箱等只能依靠人工操作而引起的弊端。例如，频繁使用或乱加操作造成装置损坏与水的大量浪费，或者是疏于操作而造成的卫生问题、医院的交叉感染等。

（三）中水回用

建筑物内洗脸、洗澡、洗衣服等洗涤水、冲洗水等集中后，经过预处理（去污物、油等）、生物处理、过滤处理、消毒灭菌处理甚至活性炭处理，而后流入再生水的蓄水池，作为冲洗厕所、绿化等用水。这种生活污水经处理后，回用于建筑物内部冲洗厕所和其他杂用水的方式，称为中水回用。

我国制定了《生活杂用水水质标准》，按照这个水质标准，生活杂用水可用于厕所冲洗便器、绿化、扫除洒水和冲洗汽车等，若用于水景、空调冷却等其他用途，应当提高杂用水水质标准，但我国尚没有这方面的规定。

中水水源可取自生活用水后排放的污水和冷却水。根据中水回用的水量和水质来选取中水水源，一般可按下列次序来选取：冷却水、沐浴排水、盥洗排水、洗衣排水、厨房排水，最后为厕所排水。医院排放的污水一般不宜做中水水源，对于传染病院、结核病院和某些放射性污水严禁作为中水水源。

我国中水回收利用方式，如图 5－4 所示，目前常用的中水水源集流方式是部分集流和部分回流方式。即优先集流不含厕所污水或不含厕所和厨房污水的集流方式，经过物理、化学处理后（水处理工艺流程见表 5－4）回用于冲洗厕所、洗车、绿化等部分生活用水。这种方式需两套室内、室外排水管道（杂排水管道、粪便污水管道）和两套配水管道（给水管道、中水管道），因而基建投资大，但中水水源水质较好，水处理费低，管理简单，国内外工程实例较多。

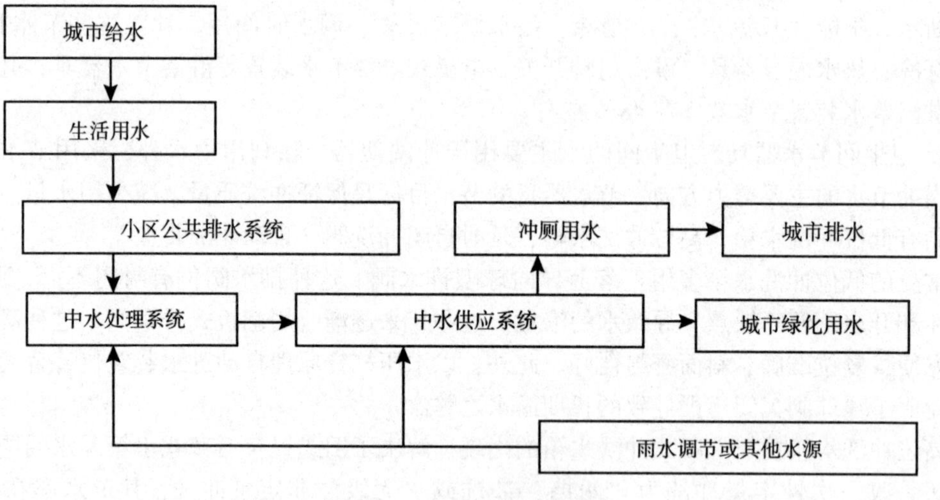

图 5－4　小区中水系统框图

表 5－4　中水典型处理工艺流程

序号	处理流程
1	中水原水→格栅→调节池→混凝气浮（沉淀）→化学氧化→消毒→中水出水
2	中水原水→格栅→调节池→一级生化处理→过滤→消毒→中水出水
3	中水原水→格栅→调节池→一级生化处理→沉淀→二级生化处理→沉淀→过滤→消毒→中水出水

续表

序号	处理流程
4	中水原水→格栅→调节池→絮凝沉淀（气浮）→过滤→活性炭→消毒→中水出水
5	中水原水→格栅→调节池→一级生化处理→混凝沉淀→过滤→活性炭→消毒→中水出水
6	中水原水→格栅→调节池→一级生化处理→二级生化处理→混凝沉淀→过滤→消毒→中水出水
7	中水原水→格栅→调节池→絮凝沉淀→膜处理→消毒→中水出水
8	中水原水→格栅→调节池→生化处理→膜处理→消毒→中水出水

第六章　农业用水

我国自古以来一直是个农业大国，农业是国民经济发展的基础和重要保障。在我国总用水中，农业是第一用水大户，而在农业用水中，农田灌溉占农业用水的70%～80%。可见，保证农田灌溉用水、合理安排农业用水、有效实施农业节水，对农业的发展乃至整个经济社会的发展，以及水资源合理利用都具有十分重大的战略意义。

本章专门介绍农业用水的相关知识，主要内容包括农业用水概念、农业用水途径、我国农业用水状况，以及农业节水途径和措施。

第一节　农业用水的概念

一、水与农作物

水与农作物的关系十分密切。它是农作物正常生长发育必不可少的条件之一，对作物的生理活动、作物生长环境都有着重要的影响。

（一）水与作物生理活动

1. 水是作物的重要组成部分。作物体内含有大量的水，通常随着作物的种类、器官以及生育阶段的不同而异，一般占其重量的70%～80%，而蔬菜和块茎作物水分的含水量多达90%以上。

2. 水是细胞原生质的重要成分。作物的许多生理过程是在细胞原生质中进行的。只有当细胞原生质有足够的水分，各项生理活动才能保证正常进行。如果水分含量减少，原生质胶体会由溶胶状态变成凝胶状态，代谢作用逐渐减弱，甚至引起代谢紊乱而死亡。

3. 水是光合作用的重要原料。光合作用是作物合成和积累有机物质的重要过程，这些有机物质包括碳水化合物（糖、淀粉等）、脂肪、蛋白质等。光合产物是绿色植物以水和二氧化碳为原料利用光能通过光合作用直接或间接合成的。可见在光合作用中，水是不可或缺的重要原料。

4. 水是作物进行生化反应和吸收输送养分的介质。作物体内各种有机物的合成和分解必须以水为介质才能进行，作物所需的各种矿物质也必须溶解在水中才能被作物吸收输送利用。

5. 水是保持作物固有形态的重要支撑。只有当作物体内水分充足时，细胞才得以膨胀充实，确保植株挺立、叶片舒展，便于接受阳光和交换气体，保持正常的生理活动。

6. 水是维持作物叶面蒸腾的必备条件。蒸腾是指作物体内的水分通过作物体表面

（主要是叶面）以气体状态散失到体外去的过程。蒸腾作用对作物有着重要的生理意义，它是作物吸收和输导水分的主要动力，通过蒸腾作用，促进作物体对矿质元素的吸收和输导，由于蒸腾作用能带走大量热量，从而降低植株体温，避免由于日光强烈照射使体温剧烈升高而受害。

（二）水与作物生长环境

1. 水对土壤的影响。作物生长发育需要适宜的土壤条件，水对土壤的影响主要表现在以下几个方面。

第一，土壤含水量。土壤含水量的多少直接影响着作物根系的发育。在潮湿的土壤中，旱作物根系多在表土下较薄的土层中平行横走，分布范围窄；在土壤较干的地方，根系往往比较发达，主根扎深深度大，根系扩展范围大，可吸收更多的土壤水分。在生产实践中，应维持作物土壤的水分平衡，即保持根系吸水和蒸腾作用的协调，当土壤水分亏缺程度严重，作物体内水分供给不足时，作物会发生萎缩、减产甚至死亡；反之，在涝滞地区，当土壤含水量过多时，根系吸水功能不足，也会影响作物生长发育。

第二，土壤空气。土壤水分和土壤空气共同占有土壤孔隙，这种水与气之间的协调平衡是调节土壤肥力、维持作物正常生长发育的关键。如果土壤空气减少，作物吸收氧气不足，土壤中有机质分解缓慢，而厌氧微生物活动旺盛，则会造成根系活力减弱，养分供给不足，影响土壤生长。土壤中的空气和水分是此消彼长的，土壤中含水量多，土壤中的空气就会减少，因此可通过调节土壤水分状况来调节土壤空气。

第三，土壤温度。作物生长发育需要一定的土壤温度条件。土壤水分状况对土壤温度有显著的影响，这是因为水的热容量和导热率要比空气大得多。因此，白天湿润的土壤比干燥土壤能吸收更多的太阳辐射热，表土吸收热量后，将其向土壤深层传导，这使得土壤表层温度不会太高。夜晚，温度降低时，湿润土壤又较干燥土壤放热速度慢，且深层土壤能向表层土壤迅速传热，使表层土壤温度不致急剧下降。生产实践中，为了调节农田土壤温度，常通过增加或减少农田水量的办法来解决，例如，北方的“冬前灌”，以及为“降温”或“防冻”所采取的喷灌，均表现了以水调温的目的。

第四，土壤养分。水分对作物从土壤中吸收养分的影响主要表现在两个方面：一是作物对土壤养分的吸收是通过水为媒介进行的，且这些养分必须转化为作物能够吸收利用的速效养分；二是土壤水分过多或过少，都会影响有机质的分解，造成速效养分供应不足，因此生产上通过合理灌排，“以水调肥”，可以控制土壤养分的分解和转化方向，既有利于作物吸收利用，又有利于培肥土壤。

2. 水对农田小气候的影响。农田小气候是指接近地顶 2m 内的空气温度、湿度、光照、风等气候状况，它是作物生长发育的重要环境条件。当农田水分多时，蒸发蒸腾强烈，空气湿度就高，气温就低，反之亦然。农业生产中，在高温季节可利用灌溉来防止高温和干热风的危害，在低温季节可防止低温和霜冻的危害。

（三）水与作物耕作措施

作物耕作质量和农田土壤水分有着十分密切的关系。旱田土壤含水率适宜，土壤的物理机械性介于黏结性和可塑性之间时，耕作质量和效率最佳。同时，农业生产中的许多农技措施也需要和灌溉排水措施有机结合起来进行，如“适时晒田”可调节水稻群体，“适时落干”可控制水稻贪青晚熟等。

二、作物需水量

作物需水量是指作物在适宜的土壤水分和肥力水平下，经过正常生长发育，获得高产时的植株蒸腾、株间蒸发以及构成植株体的水量之和。农田水分消耗的途径主要有 3 个方面：植株蒸腾、株间蒸发和深层渗漏。

植株蒸腾是指作物根系从土壤中吸收水分，然后通过植物体表面以气态的形式扩散到大气中去的过程。它是作物生理活动的基础之一，是作物所必需的水分。实验表明，植株蒸腾需要消耗大量的水分，作物根系吸入体内的水分有99%以上是消耗于蒸腾，只有不足1%的水量是留在植物体内，成为植物体的一部分。

株间蒸发是指作物植株间的土壤或田间水面蒸发。株间蒸发和植株蒸腾受气象因素影响很大，二者有互为消长的关系。一般在作物生长初期，植株较小，作物叶面覆盖面积小，地面裸露面积大，以株间蒸发为主。随着作物的生长发育，植株逐渐长大，作物叶面覆盖程度增加，地面裸露面积减小，植株蒸腾逐渐大于蒸发。到了作物生育后期，作物生理活动减弱，蒸腾耗水减少，而株间蒸发有所增加。一般认为，株间蒸发属于无效蒸发的水分消耗，但是其对调节作物田间小气候具有一定的作用。

深层渗漏是指旱田中由于降水或灌溉水量太大，使土壤水分超过了田间持水量，水分渗透到根系以下深层的土壤中。深层渗漏一般是无益的，且会造成水分和养分的流失浪费。因此，对于旱田来说，应尽量减少过量灌溉，防止深层渗漏的产生。但是水稻却需要一定的渗漏量，可以促进土壤通气、改善还原条件，但若渗漏量过大，也会造成水量和肥料的损失。

在上述三项的农田水分消耗中，常把植株蒸腾和株间蒸发合并在一起，称为腾发，消耗的水量称为腾发量，一般把腾发量视为作物需水量。但对水稻田来说，也有将稻田渗漏量计算在需水量中的。

三、灌溉用水量

灌溉是为了补充和调节一定深度土层内土壤水分的消耗，以满足作物的需水要求。作物消耗水量主要来源于灌溉、降水和地下水，在一定的区域、一定的灌溉条件、一定的种植结构组成情况下，地下水对作物的补给量是较为稳定的，而降雨量的年际变化较大。因此，在计算农田灌溉用水量时，需要考虑不同降水频率的影响，即选择典型年计算地区作物灌溉用水量。

灌溉水量是指从灌溉供水水源所取得的总供水量。由于灌溉水经过各级输水渠道送入田间时存在一定的水量损失，因此灌溉水量又分为毛灌溉水量、净灌溉水量和损失水量，毛灌溉水量等于净灌溉水量与损失水量之和。灌水定额，是指单位面积上灌溉一次所需要的水量，以 m^3/亩表示；灌溉定额，是指在作物整个生育期内单位面积灌溉的水量，即各次灌水定额的总和，也叫总灌水量，以 m^3/亩表示。同理，灌溉定额也分为净灌溉定额和毛灌溉定额。

第二节　农业用水的途径

灌溉渠道系统是农业用水的主要途径，灌溉渠道系统是指从水源取水、通过渠道及其附属建筑物向农田供水、经由田间工程进行农田灌水的工程系统，包括渠首工程、输配水工程和田间工程三大部分。在现代灌区建设中，灌溉渠道系统和排水沟道系统是并存的，二者互相配合，协调运行，构成完整的灌区水利工程系统，如图 6－1 所示。

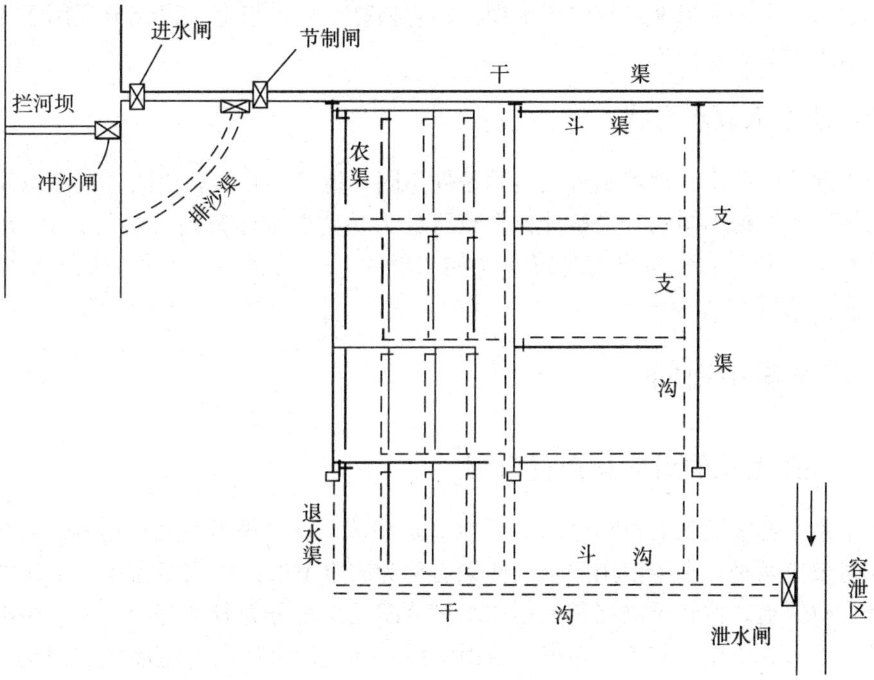

图 6－1　灌溉排水系统示意图

一、灌溉取水方式

（一）灌溉水源

灌溉水源指可以用于灌溉的水资源，主要有地表水和地下水两类。按其产生和存在的形式及特点，又可细分为河川径流、当地地表径流、地下水。另外，城市污水也可作为灌溉水源。城市污水用于农田灌溉，是对水资源的重复利用，但必须经过处理，符合灌溉水质标准后才能使用。

（二）地表水取水方式

1. 无坝引水。灌区附近河流水位、流量均能满足灌溉要求时，即可选择适宜的位置作为取水口修建进水闸引水自流灌溉，形成无坝引水方式。

2. 有坝引水。河流水源虽较丰富，但水位较低时，可在河道上修建壅水建筑物（坝或闸），抬高水位，自流引水灌溉，形成有坝引水方式。

3. 提水取水。河流水量比较丰富，但灌区位置较高，修建其他自流引水工程困难或不经济时，可就近采取提水取水方式。

4. 水库取水。河流的流量、水位均不能满足灌溉要求时，必须在河流的适当地点修建水库进行径流调节，以解决来水和用水之间的矛盾，并综合利用河流水源。

上述几种取水方式，除单独使用外，有时还能综合使用多种取水方式，引取多种水源，形成蓄、引、提结合的灌溉系统；即便只是水库取水方式，也可以对水库泄入原河道的发电尾水，在下游适当地点修建壅水坝，将它抬高，引入渠道，以充分利用水库水量及水库与壅水坝间的区间径流。

（三）地下水取水方式

由于不同地区地质、地貌和水文地质条件不同，地下水开采利用的方式和取水建筑物的形式也不同。根据不同的开采条件，大致可分为垂直取水建筑物（如管井）、水平取水建筑物（如坎儿井）和多向取水建筑物（如辐射井）三大类。关于各种地下水取水方式的详细内容介绍可参见本书第六章。

二、灌溉渠系规划

（一）灌溉渠系的组成和布置原则

灌溉渠系由各级灌溉渠道和退（泄）水渠道组成。灌溉渠道按其使用寿命可分为固定渠道和临时渠道两种：多年使用的永久性渠道称为固定渠道；使用寿命小于 1 年的季节性渠道称为临时渠道。按其控制面积大小和水量分配层次可分为若干等级：大、中型灌区的固定渠道一般分为干渠、支渠、斗渠、农渠 4 级；在地形复杂的大型灌区，固定渠道的级数往往多于 4 级，干渠可分成总干渠和分干渠，支渠可下设分支渠，甚至斗渠也可下设分斗渠；在灌溉面积较小的灌区，固定渠道的级数较少。灌溉渠道的规划布置有以下几方面原则。

1. 总布置原则。总布置原则包括：①干渠应布置在灌区的较高地带，尽可能自流控制较大的灌溉面积；②渠系布置要求总的工程量和工程费用最小，并且工程安全可靠；③灌溉渠道的位置应参照行政区划确定，以便管理；④布置时应考虑发挥灌区内原有小型水利工程的作用，并应为上、下级渠道的布置创造良好条件；⑤灌溉渠系布置应和排水系统规划结合进行。

2. 干支渠布置原则。干支渠布置原则包括：①山区、丘陵区灌区的干渠一般沿灌区上部边缘布置，大体上和等高线平行，支渠沿两溪间的分水岭布置；②平原区灌区干渠多沿等高线布置，支渠垂直等高线布置；③圩垸区灌区由于圩内地形一般是周围高、中间低，灌区干渠多沿圩堤布置，灌溉渠系通常只有干、支渠两级。

3. 斗渠布置原则。山区、丘陵区的斗渠长度较短，控制面积较小。平原地区斗渠较长，控制面积较大。我国北方地区一些大型自流灌区的斗渠长度一般为3～5km，控制面积为3000～5000亩。

4. 农渠布置原则。农渠控制范围为一个耕作单元，长度根据机耕要求确定。平原区通常为500～1000m，间距为200～400m，控制面积为200～600亩。丘陵区农渠的长度和控制面积较小。在有控制地下水位要求的地区，农渠间距应根据农沟间距而定。

5. 灌溉渠道和排水沟道的布置。在地形平坦或有微地形变化的地区，灌溉渠道和排水沟道交错布置，也称相间布置；当地面有一侧倾斜，渠道只能向一侧灌水，排水沟也只能接纳一边的径流时，灌排采取相邻布置。

（二）渠系建筑物规划布置

渠系建筑物是指为安全、合理地输配水量，为满足各部门的需要而在渠道系统上修建的建筑物，包括水闸、涵洞、桥梁、渡槽、倒虹吸、跌水、陡坡等建筑物，担负着输配水、控制渠道水位、量测渠道过水流量、宣泄灌区多余水量以及便利交通等任务。

渠系建筑物布置原则如下：①应满足灌溉系统各项使用要求，包括水位、流量、泥沙、运行以及管理等的要求，以最大限度地满足作物灌水需求；②尽量采用联合枢纽布置的形式，以节省投资和管理方便。如闸与桥常联合修建，分水闸与节制闸常联合修建；③尽量采用定型设计和装配式建筑物，可简化设计，加快施工进度；④根据当地实际情况，尽量采用当地材料修建。如在山丘区建渡槽、农桥可用砌石建筑，在平原地区则宜用钢筋混凝土排架渡槽；⑤应方便交通、航运和群众生产、生活需要。

渠系建筑物按用途可分为控制建筑物、交叉建筑物、泄水建筑物、衔接建筑物和量水建筑物等。

1. 控制建筑物。控制建筑物的作用是调节渠道水位和分配渠道水量，包括进水闸、分水闸和节制闸等。

（1）进水闸：进水闸布置在干渠首端，主要从灌溉水源引水，控制进入灌区的总水量。

（2）分水闸：分水闸布置在其他各级渠道的引水口处，主要是控制和调节向下级渠道的配水流量，其结构形式有开敞式和涵洞式两种。当上级渠道向下级渠道分水时，上级渠道的分水闸就是下级渠道的进水闸。斗、农渠的进水闸惯称为斗门、农门。

（3）节制闸：节制闸垂直渠道中心线布置，其作用是根据需要抬高上游渠道的水位或阻止渠水继续流向下游。在下列情况下需要设置节制闸：①上游渠道水位低于下游渠道引水要求水位，影响正常引水时；②下级渠道实行轮灌时，需在轮灌组的分界处设置节制闸；③在重要建筑物或险工渠段前需联合修建节制闸和泄水闸，以防止漫溢，保证建筑物和渠道的安全。

2. 交叉建筑物。渠道穿越山岗、河沟、道路时，需要修建交叉建筑物。常见的交叉建筑物有隧洞、渡槽、倒虹吸管、涵洞、桥梁等。

（1）隧洞：隧洞是穿过山丘和在地下开挖的具有封闭断面的输水或泄水建筑物。当渠道遇到山岗时，或因石质坚硬，或因开挖工程量过大，往往不能采用深挖方渠道，若沿等高线绕行，渠道线路又过长，工程量仍然较大，而且增加了水头损失。在这种情况下，可选择山岗单薄的地方凿洞而过。

（2）渡槽：渡槽是输送渠道水流跨越河流、渠道、道路、山谷等障碍的架空输水建筑物，渡槽除用于输送渠道水流外，还可以供排洪和导流之用。当渠道穿过河沟、道路时，如果渠底高于河沟最高洪水位或渠底高于路面的净空大于行驶车辆要求的安全高度时，可架设渡槽，让渠道从河沟、道路的上空通过。渠道穿越洼地时，如采取高填方渠道工程量太大，也可采用渡槽。

（3）倒虹吸管：倒虹吸管是用敷设在地面或地下的压力管道输送穿越障碍的一种交叉建筑物。它与渡槽相比，具有造价低且施工方便的优点，不过它的水头损失较大，而且运行管理不如渡槽方便。在如下情况下可采用倒虹吸管：①渠道水位高出路面或河沟洪水位，但渠底高程却低于路面或河沟洪水位；②渠底高程虽高于路面，但净空不能满足交通要求；③修建渡槽困难，或需要高填方修建渠道的场合；④在渠道水位与所跨的河流或路面高程接近时，也常用倒虹吸管。

（4）涵洞：渠道与道路相交，渠道水位低于路面，而且流量较小时，常在路面下面埋设平直的管道，称为涵洞。当渠道与河沟相交，河沟洪水位低于渠底高程，而且河沟洪水流量小于渠道流量时，可用填方渠道跨越河沟，在填方渠道下面建造排洪涵洞。

（5）桥梁：渠道与道路相交，渠道水位低于路面，而且流量较大、水面较宽时，要在渠道上修建桥梁，满足交通要求。

3. 泄水建筑物。泄水建筑物的作用是为了宣泄渠道内余水、坡面径流或入渠洪水等威胁渠道安全运行的水量，特别是在重要建筑物和大填方段的上游以及山洪入渠处的下游，必须修建泄水建筑物，泄放多余的水量。

泄水建筑物有泄水闸、退水闸和溢洪堰等。溢洪堰或泄水闸通常是在渠岸上修建的，当渠道水位超过加大水位时，多余水量即自动溢出或通过泄水闸宣泄出去，确保渠道的安全运行。从多泥沙河流引水的干渠，常在进水闸后选择有利泄水的地形，开挖泄水渠，设置泄水闸，根据需要开闸泄水，冲刷淤积在渠首段的泥沙。为了退泄灌溉余水，干、支、斗渠的末端应设退水闸和退水渠。

4. 衔接建筑物。当渠道通过坡度较大的地段时，为了防止渠道冲刷，保持渠道的设计比降，就把渠道分成上、下两段，中间用衔接建筑物联结，这种建筑物常见的有跌水和陡坡。一般当渠道通过跌差较小的陡坎时，可采用跌水；跌差较大、地形变化均匀时，多采用陡坡。

5. 量水建筑物。灌溉工程的正常运行需要控制和量测水量，以便实施科学的用水管理。在各级渠道的进水口需要量测入渠水量，在末级渠道上需要量测向田间灌溉的水量，在退水渠上需要量测渠道退泄的水量。可以利用水闸等建筑物的水位－流量关系进行量水，但建筑物的变形以及流态不够稳定等因素会影响量水的精度。在现代化灌区建设中，要求在各级渠道进水闸下游，安装专用的量水建筑物或量水设备。量水堰是常用的量水建筑物，三角形薄壁堰、矩形薄壁堰和梯形薄壁堰在灌区量水中广为使用。

三、田间工程规划

田间工程通常指最末一级固定渠道（农渠）和固定沟道（农沟）之间的条田范围内

的临时渠道、排水小沟、田间道路、稻田的格田和田埂、旱地的灌水畦和灌水沟、小型建筑物，以及土地平整等农田建设工程。做好田间工程是进行合理灌溉，提高灌水工作效率，及时排除地面径流和控制地下水位，充分发挥灌排工程效益，实现旱涝保收，建设高产、优质、高效农业的基本建设工作。

（一）田间工程的规划要求和规划原则

1. 田间工程的规划要求。田间工程要有利于调节农田水分状况、培育土壤肥力和实现农业现代化。为此，田间工程规划应满足以下基本要求：①有完善的田间灌排系统，旱地有沟、畦，种稻有格田，配置必要的建筑物，灌水能控制，排水有出路，消灭旱地漫灌和稻田串灌串排现象，并能控制地下水位，防止土壤过湿和产生土壤次生盐渍化现象；②田面平整，灌水时土壤湿润均匀，排水时田面不留积水；③田块的形状和大小要适应农业现代化需要，有利于农业机械作业和提高土地利用率。

2. 田间工程的规划原则。田间工程的规划原则包括：①田间工程规划是农田基本建设规划的重要内容，必须在农业发展规划和水利建设规划的基础上进行；②田间工程规划必须着眼长远、立足当前，既要充分考虑农业现代化发展的要求，又要满足当前农业生产发展的实际需要，全面规划，分期实施，当年增产；③田间工程规划必须因地制宜，讲求实效，要有严格的科学态度，注重调查研究，走群众路线；④田间工程规划要以治水改土为中心，实行山、水、田、林、路综合治理，创造良好的生态环境，促进农、林、牧、副、渔全面发展。

（二）条田规划

末级固定灌溉渠道（农渠）和末级固定沟道（农沟）之间的田块称为条田，有的地方称为耕作区。它是进行机械耕作和田间工程建设的基本单元，也是组织田间灌水的基本单元。条田的基本尺寸要满足以下几点要求。

1. 排水要求。为了排除地面积水和控制地下水位，需要设置排水沟，排水沟应有一定的深度和密度，农沟作为末级固定沟道，间距不能太大，一般为 100 ~ 200m。条田的宽度应首先满足排水农沟的间距要求，对于地形平缓、土质黏重、地下水位较高和盐碱化威胁较大的地区，要求排水沟密度较大时，可在条田内部增设临时排水毛沟、小沟等，将条田分为小田块，保持条田的尺寸和形状基本不变，以满足其他方面的要求。

2. 机耕要求。机耕不仅要求条田形状方整，还要求条田具有一定的长度。若条田太短，拖拉机开行长度太小，转弯次数就多，生产效率低，机械磨损较大，消耗燃料也多。若条田太长，控制面积过大，不仅增加了平整土地的工作量，而且由于灌水时间长，灌水和中耕不能密切配合，会增加土壤蒸发损失，在有盐碱化威胁的地区还会加剧土壤返盐。根据实际测定，拖拉机开行长度小于 300 ~ 400m 时，生产效率显著降低，但当开行长度大于 800 ~ 1200m 时，用于转弯的时间损失所占比重很小，提高生产效率的作用已不明显。因此，从有利于机械耕作这一因素考虑，条田长度以 400 ~ 800m 为宜。

3. 田间用水管理要求。在旱作地区，特别是机械化程度较高的大型农场，为了在灌水后能及时中耕松土，减少土壤水分蒸发，防止深层土壤中的盐分向表层聚积，一般要求一块条田能在1~2d内灌水完毕。从便于组织灌水考虑，条田长度以不超过500~600m为宜。

综上所述，条田大小既要考虑除涝防渍和机械化耕作的要求，又要考虑田间用水管理要求，宽度一般为100~200m，长度以400~800m为宜。

（三）田间渠系布置

田间渠系指条田内部的灌溉网，包括毛渠、输水垄沟和灌水沟、畦等。田间渠系布置有以下两种基本形式。

1. 纵向布置。灌水方向垂直农渠，毛渠与灌水沟、畦平行布置，灌溉水流从毛渠流入与其垂直的输水垄沟，然后再进入灌水沟、畦。毛渠一般沿地面最大坡度方向布置，使灌水方向和地面最大坡向一致，为灌水创造有利条件。在有微地形起伏的地区，毛渠可以双向控制，向两侧输水，以减少土地平整工程量。地面坡度大于1%时，为了避免田面土壤冲刷，毛渠可与等高线斜交，以减小毛渠和灌水沟、畦的坡度。

2. 横向布置。灌水方向和农渠平行，毛渠和灌水沟、畦垂直，灌溉水流从毛渠直接流入灌水沟、畦。这种布置方式省去了输水垄沟，减少了田间渠系长度，可节省土地和减少田间水量损失。毛渠一般沿等高线方向布置或与等高线有一个较小的夹角，使灌水沟、畦和地面坡度方向大体一致，有利于灌水。

在以上两种布置形式中，纵向布置适用于地形变化较复杂、土地平整较差的条田；横向布置适用于地面坡向一致、坡度较小的条田。但是，在具体应用时，田间渠系布置方式的选择要综合考虑地形、灌水方向，以及农渠和灌水方向的相对位置等因素。

（四）稻田区的格田规划

水稻田一般都采用淹灌方法，需要在田间保持一定深度的水层。因此，在种稻地区，田间工程的一项主要内容就是修筑田埂，用田埂把平原地区的条田或山丘地区的梯田分隔成许多矩形或方形田块，称为格田。格田是平整土地、田间耕作和用水管理的独立单元。

田埂的高度要满足田间蓄水要求，一般为20~30cm，埂顶兼作田间管理道路，宽为30~40cm。

格田的长边通常沿等高线方向布置，其长度一般为农渠到农沟之间的距离。沟、渠相间布置时，格田长度一般为100~150m；沟、渠相邻布置时，格田长度为200~300m。格田宽度根据田间管理要求而定，一般为15~20m。在山丘地区的坡地上，农渠垂直等高线布置，可灌排两用，格田长度根据机耕要求确定。格田宽度视地形坡度而定，坡度大的地方应选较小的格田宽度，以减少修筑梯田和平整土地的工程量。

稻田区不需要修建田间临时渠网。在平原地区，农渠直接向格田供水，农沟接纳格田排出的水量，每块格田都应有独立的进、出水口。

（五）土地平整

在实施地面灌溉的地区，为了保证灌溉质量，必须进行土地平整。通过平整土地，削高填低，连片成方，除改善灌排条件之外，还可改良土壤，扩大耕地面积，适应机械耕作需要。所以，平整土地是治水、改土、建设高产稳产农田的一项重要措施。对土地平整工作有以下要求。

1. 田面平整，符合灌水技术要求。在实施沟、畦灌溉的旱作区，为了均匀地湿润土壤，必须具有平整的田面，而且沿灌水方向要有适宜的坡度，以利灌溉水流均匀推进。在种稻地区，要使格田范围内的田面基本水平。

2. 精心设计，合理分配土方。就近挖、填平衡，运输线路没有交叉和对流，使平整工程量最小，劳动生产率最高。

3. 注意保持土壤肥力。在挖、填土方时，要先移走表层熟土，完成设计的挖、填深度以后，再把熟土层归还地面，并适当增施有机肥料，做到当年施工、当年增产。

4. 改良土壤，扩大耕地。对质地黏重、容易板结的土壤，可进行掺砂改良。通过填平废沟、废塘，拉直沟、渠、田埂等措施，扩大耕地面积，改善耕作和水利条件。

根据以上要求进行土地平整工程的设计和施工，通常以条田或格田作为平整单元测绘地形图，计算田面设计高程和各点的挖、填深度，确定土方分配方案和运输路线，有组织地进行施工，达到省劳力、速度快、效果好的目的。

（六）田、林、路的规划布置

田间工程规划除合理布置田间灌排渠系外，还需同时考虑农村道路及林带的规划布置。

农村道路是农田基本建设的重要组成部分，交通运输是生产过程的重要环节。在乡镇范围内的农村道路一般可分为干道、支道、田间道和生产路 4 级，即三道（通行拖拉机）一路（人行路或通行非机动车）。田间道路与灌排沟渠的结合形式，应根据有利于灌排、机耕、运输和田间管理，少占耕地，交叉建筑物少，沟渠边坡稳定等原则确定，一般有沟－渠－路（道路位于条田的上端，靠斗渠的一侧）、沟－路－渠（道路位于条田的下端，在斗沟与沟渠之间）、路－沟－渠（道路位于条田的下端，在斗沟的一侧）3 种配置形式。

农田防护林网是指为防止风沙、干旱等自然灾害，改善农田小气候，建立有利于农作物生长的环境条件，提供一定农副产品而营造的人工林带。在灌区规划时必须紧密结合灌排渠系和道路的布置，进行防护林网的规划布置，并在居民点附近以及宅旁空地植树造林，建立完善的防护林体系。林带的主林带应尽量与主害风垂直，一般要求偏离角不超过 300°，副林带与主林带垂直（副林带是主林带间的林带与主林带垂直的林带，主林带阻风，副林带减风）；林带的间距一般为树高的 20～25 倍，一般主林带间距 200～250m，副林带间距为 500～1000m；林带的宽度应是主林带宽些，副林带窄些。

四、灌溉渠道流量与流速

（一）渠道流量损失及计算

1. 渠道水量损失内容。渠道水量损失包括渠道水面蒸发损失、漏水损失和渗水损失。由于渠道水面蒸发的水量损失很小，一般不足输水损失的 5%，故可以忽略不计。漏水损失是指由于工程质量和管理方面的原因造成渠堤决口、建筑物漏水等现象，一般占输水损失的15%，目前在渠道输水损失计算中不予考虑。渗水损失是经渠床土壤孔隙渗漏掉的水量，是渠道输水损失的重要组成部分，约占输水损失的80%，故常把这部分水量看作是渠道输水损失水量。

2. 渠道水量损失计算。在灌溉工程规划设计工作中，常用经验公式或系数估算渠道输水损失水量。

（1）经验公式估算损失水量。

经验公式如下：

$$\sigma = \frac{A}{100\,Q_n^m}$$

$$Q_l = \sigma l\,Q_n$$

式中：σ——每千米渠道输水损失系数；

A——渠床土壤透水系数；

m——渠床土壤透水指数；

Q_n——渠道净流量，m^3/s；

l——渠道长度，km；

Q_l——渠道输水损失流量，m^3/s。

土壤透水性参数A和m可根据实测资料分析确定，在缺乏实测资料的情况下，可参考相关资料进行确定。

若灌区地下水位较高，渠道渗漏受地下水阻塞影响，实际渗漏水量比计算结果要小。在这种情况下，就要对以上计算结果乘以修正系数加以修正，即：

$$Q_{t1} = \gamma\,Q_t$$

式中：Q_{t1}——有地下水顶托影响的渠道损失流量，m^3/s；

γ——地下水顶托修正系数；

Q_t——自由渗流条件下的渠道损失流量，m^3/s。

当采取渠道衬砌护面防渗措施时，应观测研究不同防渗措施的防渗效果，以采取防渗措施后的渗漏损失水量作为确定设计流量的根据。如无实验资料，可在上述计算结果的基础上乘以经验折减系数，即：

$$Q_{t2} = \beta\,Q_t$$

式中：Q_{t2}——采取防渗措施后的渗漏损失流量，m^3/s；

β——采取防渗措施后渠床渗漏水量的折减系数。

（2）经验系数估算损失水量：渠系水利用系数、田间水利用系数和灌溉水利用系数可反映水量损失情况，这些经验系数通过大量的水量量测资料得到，与灌区大小、渠床土质和防渗措施、渠道长度、田间工程状况、灌水技术水平以及管理工作水平等因素有关。在引用别的灌区的经验数据时，应注意这些条件要相近。选定适当的经验系数之后，就可根据净流量计算相应的毛流量和损失水量。

（二）渠道流量推算

灌溉渠道流量有设计流量、最小流量和加大流量3种。这3种流量可覆盖流量变化的范围，代表在不同运行条件下的工作流量。

1. 渠道设计流量。渠道设计流量即根据灌区的灌溉面积和单位面积上所需灌溉的净流量，按照渠道工作制度进行合理确定。

2. 渠道最小流量。渠道最小流量是指在设计标准条件下，渠道在正常工作中输送的最小流量。目前，有些灌区规定渠道最小流量以不低于渠道设计流量的40%为宜；也有的灌区规定渠道最低水位等于或大于70%的设计水位，在实际灌水中，如某次灌水定额过小，可适当缩短供水时间，集中供水，使流量大于最小流量。

3. 渠道加大流量。渠道加大流量是指在短时增加输水的情况下，渠道需要通过的最大灌溉流量。它是设计渠道堤顶高程的依据，并以此校核渠道输水能力和不冲流速。渠道加大流量的计算是以设计流量为基础，给设计流量乘以“加大系数”，如下式：

$$Q_J = J Q_d$$

式中：Q_J——渠道加大流量，m^3/s；

J——渠道流量加大系数；

Q_d——渠道设计流量，m^3/s。

(三) 渠道流速

渠道中水的流速要适当，过大会引起冲刷，过小容易淤积，并可使渠道生长杂草。不致引起渠道产生冲刷的最大允许流速称为不冲流速；不致引起渠道淤积的最小流速称为不淤流速。在设计时，应使渠道流速介于上述两者之间。

五、渠道断面形状

在渠道断面设计中，为减少工程量应尽量采用水力最优断面，这样，通过同等过水断面面积的流量最大。半圆形断面即是水力最优断面，但是这种断面不一定是最经济的断面。实际中常采用的渠道断面形状为梯形断面，它最接近水力最优断面，且便于施工，在经过不同稳定性的土壤时，可根据深度不同采用不同边坡的复式断面；矩形断面主要用于坚固的岩石中，可减少挖方量；当渠道经过狭窄地带，如两侧土壤稳定性较差，且要求渠道宽度较小时，可在两侧修建挡土墙。沿山开渠，可在外侧修建隔墙；平原地区的大断面渠道采用半挖半填断面，如图6-2所示，既减少了土方，又可利用弃土，一举两得。当挖方量等于填方量（考虑沉陷影响，外加10%~30%的土方量）时，工程费用最少。挖填土方相等时的挖方深度可按下式计算：

$$(b + mx)x = (1.1 \sim 1.3)2a\left(d + \frac{m_1 + m_2}{2}a\right)$$

上式中符号的含义如图6-2所示。系数1.1~1.3是考虑土体沉陷而增加的填方量，砂质土取1.1，壤土取1.15，黏土取1.2，黄土取1.3。

为了保证渠道的安全稳定，半挖半填渠道堤底的宽度B应满足以下条件：

$$B \geq (5 \sim 10)(h - x)$$

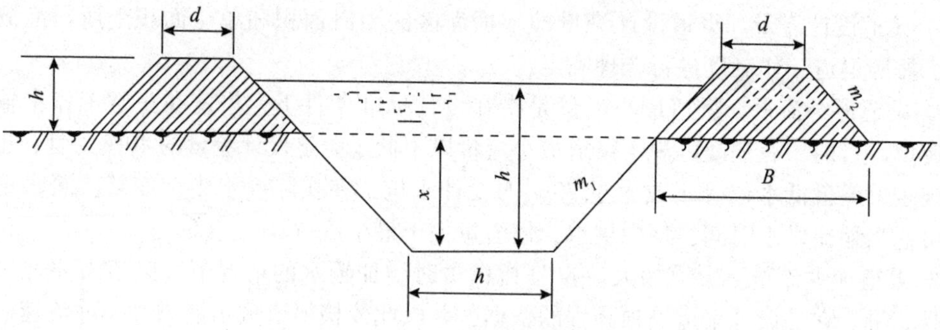

图 6-2 半挖半填断面

六、渠道防渗

渠道渗漏水量占渠系损失水量的绝大部分，一般占渠首引水量的 30%~50%，有的灌区高达 60%~70%，不仅降低了渠系水利用系数，减少了灌溉面积，而且还引起地下水位上升，土壤易产生渍害。渠道防渗可以有效减少渠道渗漏损失，节约灌溉水量，控制地下水位，防止渍害发生；提高渠床的抗冲刷能力，防止渠坡坍塌；加大渠道流速，提高输水能力；降低灌溉成本，提高灌溉效益。

常用的渠道防渗措施有多种，包括土料防渗、砌石防渗、砖砌防渗、混凝土防渗、沥青材料防渗和塑料薄膜防渗等形式。实际应用中，可根据具体情况而定。

第三节　我国农业用水状况

一、农业用水量计算

农业用水量包括农田灌溉用水量、渔业及林果地用水量。在农业用水量计算时，应分区分类统计计算，在计算方法上基本一致。林果地用水可以认为与农田作物用水一样，通过渠系供水灌溉。渔业用水量可按单位面积净耗用水量乘以鱼塘面积计算得到。下面仅介绍灌溉用水量计算方法。

（一）灌溉水利用率

为了反映灌溉水的利用效率，衡量灌区工程质量、管理水平和灌水技术水平等，通常用以下 4 个系数来表示。

1. 渠道水利用系数。渠道水利用系数指某一渠道在中间无分水的情况下，渠道末端的净流量与进入渠道毛流量的比值，用符号 η_c 表示，它反映了某条渠道的输水损失情况，或者是某一级渠道水量损失的平均情况，计算公式为：

$$\eta_c = \frac{Q_n}{Q_g}$$

式中：Q_n——某渠道净流量；

Q_g——某渠道毛流量。

2. 渠系水利用系数。灌区灌溉渠道往往根据灌区面积、地形条件或灌溉要求，设置不同的渠道级别，一般分为干、支、斗、农、毛5级。农渠为末级固定渠道，毛渠属于田间工程内容。因此，渠系水利用系数 η_s。等于灌溉渠道系统中从末级渠道放出的净流量与渠首引进的毛流量的比值，它等于各级渠道水利用系数的乘积，反映了整个渠系的水量损失情况，同时它还反映了灌区的自然条件、工程技术状况以及灌区的管理工作水平，计算公式为：

$$\eta_s = \eta_{干}\eta_{支}\eta_{斗}\eta_{农}$$

3. 田间水利用系数。田间水利用系数指实际灌入田间的有效水量（旱作农田是指存在计划湿润层中的灌溉水量；对于水稻田是指贮存在格田内的灌溉水量）和末级固定渠道（农渠）放出水量的比值，用符号 η_f，表示，它反映了田间工程状况和灌水技术水平，计算公式为：

$$\eta_f = \frac{A_{农} I_N}{W_{农净}}$$

式中：$A_{农}$——农渠的灌溉面积，亩；

I_N——净灌水定额，m^3/亩；

$W_{农净}$——农渠供给田间的水量，m^3。

4. 灌溉水利用系数。灌溉水利用系数指实际灌入农田的有效水量和渠首引入水量的比值，用符号 η_g。表示，也等于渠系水利用系数与田间水利用系数的乘积，它是评价渠系工作状况、灌水技术水平和灌区管理水平的综合指标，计算公式为：

$$\eta_g = \frac{A I_N}{W_g} = \eta_s \eta_f$$

式中：A——某次灌水全灌区的灌溉面积，亩；

I_N——净灌水定额，m^3/亩；

W_g——某次灌水从渠首引入的总水量，m^3。

（二）灌溉用水量

计算灌溉用水量有直接法和间接法两种。

1. 直接法。任何一种作物某次灌水所需要的净灌水量，都可用下式来表示：

$$W_{净} = mA$$

式中：m——某作物某次灌水的灌水定额，m^3/亩；

A——某作物的灌溉面积，亩。

若灌区有 k 种作物，则全灌区任一时段内的净灌溉用水量 $W_{i净}$是该时段内各种作物净灌溉用水量之和，即：

$$W_{i净} = \sum_{j=1}^{k} m_{ij} A_j$$

式中：m_{ij}——第 i 时段第 j 种作物的灌水定额，m^3/亩；

A_j——第 j 种作物的灌溉面积，亩。

净灌溉用水量求出以后，可根据下式求出毛灌溉用水量 $W_{i毛}$：

$$W_{i毛} = \frac{W_{i净}}{\eta_g}$$

式中：η_g——灌区灌溉水利用系数。

全生育期或全年的用水量为：

$$W_{毛} = \sum_{i=1}^{n} W_{i毛}$$

2. 间接法。间接法是通过综合灌水定额计算灌溉用水量。任何时段内全灌区的综合灌水定额等于该时段内各种作物灌水定额的面积加权平均值，即：

$$m_{综i} = \alpha_1 m_{i,1} + \alpha_2 m_{i,2} + \cdots \alpha_n m_{i,n} = \sum_{j=1}^{k} \alpha_j m_{i,j}$$

式中：$m_{综i}$——第 i 时段内的综合净灌水定额，m^3/亩；

$m_{i,1}$、$m_{i,2}$…、$m_{i,n}$——各种作物在第 i 时段内的灌水定额，m^3/亩；

α_1、α_2、…、α_n——各种作物灌溉面积占全灌区灌溉面积的比例。

某时段全灌区的灌溉用水量为：

$$W_{i毛} = \frac{m_{综i} A}{\eta_g}$$

全生育期或全年的灌溉用水量为：

$$W_{毛} = \sum_{i=1}^{n} W_{i毛}$$

二、我国农业用水状况

在我国各个用水部门中，农业用水始终占有相当大的比例。在农业用水中，农田灌溉是农业的主要用水和耗水对象，在各类用户耗水率中，农田灌溉耗水率为62%。据预测，到2030 年我国人口将达到16 亿，为满足粮食需求，农业用水将有巨大缺口，水资源紧缺将成为21 世纪我国粮食安全的瓶颈。

经济社会的发展必然促使工业生活和生态环境用水迅速增加，农业用水不可避免地要向其他行业用水让步，因此未来农业用水不可能大幅度增长。尽管目前我国总用水量增加，但农业用水量基本保持稳定，农业用水比重在我国总用水量中已呈下降态势。

目前，我国农业用水存在水资源短缺和用水浪费严重的双重危机。我国水资源时空分布不均，与农业发展的格局不相匹配。全年降水的60%~80%集中在6~9 月。全国总耕地面积主要分布在东北、华北、西北以及长江中下游一带。华北、西北、东北地区，平原居多、土地肥沃、光热资源丰富，是我国重要的粮食产地。三北地区耕地面积约占全国耕地面积的1/2，而水资源总量仅占全国水资源总量的17%。黄淮海流域水资源量仅占全国水资源总量的8.6%，水土资源严重失衡，亩均用水指标远低于我国平均水平。西北内陆地区不仅是我国重要的能源和粮食生产基地，而且也是今后我国经济发展的重点。由于西北内陆地区处于干旱半干旱气候区，尽管沃野千里，但存在着先天的水资源不足的问题，水资源总量仅占全国水资源总量的5.2%左右，许多地区因干旱缺水，导致农业生产力急剧下降，严重威胁粮食安全和地区稳定。干旱缺水的现象在我国其他地区也普遍存在，据统计，20世纪90年代以后，我国年均受旱面积近2666亿m^2，特别是近几年农作物受旱面积达4000亿m^2，因干旱影响粮食产量500亿kg。我国南方地区水资源总量相对丰富，但土地资源相对较少。我国东南沿海地区水资源总量为2261.7亿m^2，约占全国水资源总量的8%，相当于黄淮海流域水资源总量。西南地区水资源也比较丰富，但由于山区较多，水低田高，开发难度大，水资源利用率低，区域和季节性农业缺水问题比较普遍。

由于多年来采取传统的大水漫灌方式，我国2/3的灌溉面积灌水方法十分粗放，灌溉水利用率低。目前，我国农业用水的有效利用率仅为45%左右，远低于欧洲等发达国家水平。国际水资源管理所的研究表明，发展中国家地表水利用率平均为30%左右，发达国家地表水利用率高达70%~80%。我国地表水利用率约为40%，黄河流域中游地区可达60%。一般发展中国家地下水利用率比地表水利用率大约高20%，而我国则高30%~40%。就作物水分生产率而言，我国作物水分生产率同发展中国家相近，只相当于发达国家的40%。作物水分生产率全国平均约0.87kg/m^3，接近发展中国家的平均水平；而发达国家可以达到2kg/m^3以上，以色列已达到2.32kg/m^3。

我国现代灌溉技术的应用程度是世界上最低的国家之一。现代灌溉技术是指喷灌、滴灌和微灌等。实践表明，采用现代灌溉技术可以使田间输水损失率降低到10%以下。据有关科研机构对16个国家（占全世界总灌溉面积的73.7%）灌溉状况的分析，以色列、德国、奥地利和塞浦路斯的现代灌溉技术应用面积占总灌溉面积的比例平均达61%以上，南非、法国和西班牙在31%~60%；美国、澳大利亚、埃及和意大利在11%~30%；中国、土耳其、印度、韩国和巴基斯坦在0~10%。我国目前喷灌、滴灌面积仅为8000km^2，占有效灌溉面积的1.5%。

我国水资源短缺严重，而工业化和城镇化速度的加快必然要求大幅度增加用水，农业由于用水比重和用水浪费共存的尴尬现象，一方面要给工业、生活和生态用水让路，另一方面还要保证自身灌溉用水的发展要求，严峻的用水现实对我国未来农业发展提出了新的挑战，决定了我国农业未来发展战略方向必须走节水高效的道路，采取有效的节水措施，加大节水力度，切实提高农业用水效率，实现有限水资源条件下的农业可持续发展。

第四节 农业节水

水资源短缺已成为严重制约我国国民经济可持续发展的瓶颈。农业作为我国第一用水大户，占全国总用水量的70%左右，但如此巨大的水量耗用背后却存在着严重的水资源浪费问题，不仅造成农业水资源供需矛盾突出，而且威胁到了我国国民经济的整体快速稳定发展。实施农业节水、发展节水农业不仅是建设现代农业自身的需求，更是我国建设节水型社会、促进水资源的可持续利用、保障经济社会可持续发展的战略要求。农业节水对提高用水效率、保证粮食安全和生态安全、实现农民增产增收、维护社会稳定、发展现代农业具有十分重要的现实意义。因此，必须加大对农业节水技术体系的研究，以科技创新促进产业发展，促进我国农业可持续发展。

目前，关于农业节水的概念众说纷纭，尚无一个统一明确的概念，但一般认为，农业节水就是在充分利用降水资源的基础上，通过各种技术、工程和管理等措施，在提高农业有效经济量产出的同时，最大限度地减少供水在农业用水过程中的损失，实现农业高效用水。归根结底，农业节水的目的就是以提高农业用水效率、增加农业产出为核心，确保水资源的良性循环，维持区域用水平衡，逐步减少农业用水总量，保证农业生产健康稳定发展。

农业节水的提出必然需要相应的技术工程体系作为支撑，目前在全世界范围内，各国都在依靠科技进步和体制创新加大对农业节水技术的研究，逐步将其应用于农业生产实践，取得了显著的成果，这对节水型农业的发展起到了巨大的推动作用。

农业用水是国家用水的主要去向，我国是一个传统的农业大国，但当下科技化农业灌溉设施在我国仍未得到大范围普及，我国的农业用水量仍然很大。据统计，我国每年淡水资源的65%以上被用于农业灌溉，因此注重农业节水发展是社会各界关注的核心。现如今，国际上已经出现了喷灌技术、微灌技术、渠道防渗工程技术、管道输水灌溉技术和地下灌溉技术等多种灌溉技术，其具有高技术、高投入和管理现代化等诸多优势，这些优势为发展高效益的节水灌溉农业提供了有力支撑。

由于灌溉方式落后，当下我国农业用水的有效利用率不到30%。从灌溉方式来看，当下我国农村地区仍以沟渠和田埂的漫灌方式为主，这种传统的灌溉方式的水资源利用率不到15%。针对当下我国农业的发展现状，我国政府提出了节水农业的发展理念，其包括4个方面的内容：①农艺节水。其内容是调整农业结构，改进作物种植布局，改善耕作制度，改进耕作技术；②生理节水。即培养耐旱植物以达到节水的效果；③管理节水。其内容是从水价和水费政策等方面入手加强配水控制和调节；④工程节水。其内容是引进国外先进科技，发展节水农业。

一、我国农业节水灌溉发展趋势

根据当下我国农业集约化、科技化的发展特点，结合政府出台的相关政策，今后我国农业节水发展有以下趋势。

1. 节水灌溉理念将会更加深入人心，节水农业覆盖范围和节水力度将会更大。合理使用淡水资源、保护水资源是如今全球的发展共识，我国政府在该领域提出了持续性发展农业的指导方针，在"十三五"的农业发展规划中，我国明确提出了节水的农业政策和措施，提出了构建新型农业经营体系的战略目标。其内容是以解决地少水缺的现状为导向，推进农业发展方式的转变。针对此，国务院办公厅进一步提出了发展的细节，其中涵盖了管理制度、改造方式、农业配套设施、新型农业品种和农业水污染控制等方面的指导方案。从2015年5月20日农业部等八部委制定印发的《全国农业可持续发展规划》来看，节水农业的发展目标已经细分到了2030年。所以，在全球趋势和国家的指导下，未来节水灌溉农业势必成为我国农业的发展趋势。

2. 农业生产模式和灌溉模式将趋于多元化。农业是一个国家的根本，在节水农业的发展趋势下，各国家、各民族根据自身的科技发展水平和环境需求，研究出以节水为宗旨的不同生产模式，如生态农业、有机农业、设施农业、立体农业等高效节水农业模式。而在灌溉技术上，营养液喷微滴、地下灌溉、膜下灌等具有发展潜力的灌溉模式百花齐放。这意味着未来农业发展模式将会表现出很强的地域性，因此灌溉模式趋于多元化将会成为必然。

3. 喷灌技术将会成为综合应用的主流灌溉技术。喷灌技术是节水农业提出早期就已经开始发展的一项技术，其原理是通过增加设备将水源喷到空中再滴落到植物上的灌溉模式。该模式避开了农业漫灌方式的水源渗透环节，节水量在30%~50%及以上。该模式具有节水效果明显、不破坏土壤结构、调节地面气候且不受地形限制等优势，而且人工成本大大降低，可以大大提高农业生产效率。从喷灌系统的成熟度来看，喷灌模式是当下应用最广的灌溉技术，其从设备到系统体制上都出现了多种成熟的架构方式，如全自动喷灌机、软管卷盘式自动喷灌机及人工移管式喷灌机等都是热门的灌溉机。就喷灌系统而言，固定式喷灌系统、半固定式喷灌系统和移动式喷灌系统等多种模式已经出现。从细节来看，如喷头种类、喷头布置方式又可分为多种。这些灌溉设备大大提高了喷灌技术在不同地形和环境中的应用率。因此在今后的较长时间内喷灌技术将占据实际应用的主流位置。

4. 更多的节水作物品种将会陆续出现。注重农作物本身的生理节水特性，研发节水品种，减小对水源的依赖，提升其抗逆适应性，是一种从根本上入手的节水方式。我国作为传统农业生产大国和需求大国，对于农作物的品种培自和研发有自己独到的见解，这也是我国农业发展的优势之一。

以2018年5月农业部在河北省石家庄市召开的交流会为例，在本次交流中，单是小麦的耐旱新品种就出现了7种，根据各地环境的不同，7种小麦分别覆盖了新疆、河北、山东，江淮、渭南和黄淮等不同区域。从其节水实效来看，其667m^2地的单次节水量可达50m^3，在全国范围内20 000km^2地的节水总量达30亿m^3。按照该比例推算，在未来实现了全面推广后，其节水总量将在20%以上。并且随着新品种的不断研发，作物品种的节水能力将会更强。

5. 地下灌溉将会凭借高效节能异军突起。从节水效果来看，喷灌技术可以节约30%~50%的节水效果已经非常明显。但是，对于节水要求越来越高的农业发展来说，喷灌存在大量的蒸发浪费情况，因此其距离节水的极限指标还有很大的距离。而节水效果显著的地下灌溉模式将会异军突起。

当下的地下灌溉模式以渗灌模式为主，该模式的实现方法是将管道埋在地下，直接作用于作物的根部绒毛实现灌溉。该模式大大降低了喷潮的蒸发浪费量，其水资源有效利用率高达95%，并且渗灌最小限度地影响了地表土壤和地面植物。地下灌溉技术被大家公认为是最有发展前途的高效节水灌溉技术，尽管目前还存在一些问题，如其推广速度较慢、容易造成孔隙堵塞等。但是，相关专家相信，随着科技的进步，这些问题被解决后，地下灌溉技术的应用便会开始走向成熟。

6. 计算机智能管理模式将会更加普及。如今，计算机网络技术和自动化技术在农业领域的应用越来越普及。随着智能化机械系统的推广和机械制造成本的下降，机械将会逐渐取代人工对农业生产实现精细化、自动化和智能化管理，其可以根据植物生长特点进行精确的灌水管理，在保证节约用水的情况下有效地实现农业增产。同时，科学进行上地平整，实现长沟、长畦、大流量的智能灌水模式，这可以有效保证机械在时、空、量、质上全面达到领先于人工的巨大优势。因此，在科技飞速发展的以后，必然会进步普及智能化的生产管理模式。

7. 农业耕作方式将会得到优化，使用增墒保水机械进行旱地生产将会得到大面积推广。在当下的农业生产中，从耕作模式入手进行节水是非常简便行的措施。保护性带状耕作技术以少耕、免耕和地表保护措施的融合，让农业生产的残留根茎在地块中腐烂，增加土壤肥力，让生产回归到更加自然的方式上，从而减少水土流失和土壤水源的直接蒸发，进而达到节水效果。采用不同植物的搭配轮作种植方式，让土地最大限度地发挥其地表优势和地面空间优势，减少植物的蒸腾作用，从而达到节水目的。深松深翻技术是专门针对蓄水进行开发的农业耕作模式，通过对土壤的翻耕和深耕，提升土壤对水源的渗透效果，从而达到深层储水减小蒸发的效果。覆盖化学剂保水技术直接对土壤的蒸发进行控制，达到保水效果。

二、传统农业节水措施

传统农业节水措施主要是指以输配水量节约为主的工程节水措施。具体包括渠道衬砌、管道输水、传统地面灌水技术的改进，以及各种喷灌、微灌新灌水技术的实施。

渠道衬砌是我国应用较为普遍的一项工程节水措施，主要是减少农田灌溉过程中的输水损失。我国每年因渠道渗漏而损失的水量多达上千亿立方米，几乎占了我国农业总用水量的1/2。通过渠道衬砌可以有效减少农田输水系统的水量损失，提高田间入水效率。有资料表明，通过混凝土衬砌的渠道可减少渗漏量90%~95%以上，水量节约十分显著。渠道衬砌不仅能减少输水过程中的水量损失，而且提高了渠道的抗冲刷能力，便利了输水条件，提高了灌溉保证率；减少了对地下水的补给，防止土地次生盐碱化现象的发生；减少渠道淤积、防止杂草生长，节省维护费用。

管道输水是将灌溉水通过管道直接把水送到田间进行灌溉的工程。低压管道输水灌溉系统一般由水源、水泵及动力设备、进水装置、输水管道、出水装置及管件组成。管道输水具有如下特点：①节水节能。管道输水工程可有效减少渗漏损失和蒸发损失，输送水的有效利用率可达95%以上，且与土渠输水相比，井灌区管道输水可节能20%~30%；②省地省工。以管道代替渠道输水，一般能节地2%~4%，同时管道输水速度快，灌溉效率提高1倍，但用工减少1/2以上；③管理方便。有利于适时适量灌溉，能及时满足作物生长需水要求，促进增产增收；④成本低，易于推广。管道输水每亩成本在20~100元，且当年施工，当年见效，因此易于推广。

传统地面灌水技术的改进主要包括小畦“三改”灌水技术、长畦分段畦灌、波涌灌溉等。小畦“三改”灌水技术中的“三改”是指长畦改短畦、宽畦改窄畦、大畦改小畦。关键是使灌溉水在田间分布均匀，节约灌水时间，减少灌溉水的流失。长期分段畦灌是把一条长畦分为若干个设有横行畦埂的小畦，用塑料软管或者地面纵向输水沟将灌溉水送入畦内，自上而下或自下而上进行灌水的方法，它可比一般长畦灌溉节水40%~60%，田间畦埂少，省地省力，便于耕作，适合地广人稀、劳力不足、水资源缺乏的地区。波涌灌溉又称间歇灌溉和涌流灌溉，它是按一定周期间歇地向沟（畦）供水，使水流呈波涌状推进到沟（畦）末端，以湿润土壤的一种节水型地面灌水新技术，具有省时、省水、节能、灌水质量高等优点，并能基本解决长畦（沟）灌水难的问题，且可对传统地面灌水系统的供水方式作适当调整，因此所需设备少，投资显著低于喷灌、微灌及低压管道输水灌溉。涌流灌溉具有明显的节水效果，已有成果表明，涌流灌溉的节水率在30%~50%，随沟畦的增长而增加。

喷灌是利用专门的系统将水加压后送到喷灌地段，通过喷头将水喷洒到空中，并使水分散成小水滴后均匀地洒落在田间进行灌溉的一种灌溉方式。微灌是指根据作物生长需水要求，通过低压管道系统与安装在末级管道上的滴水器，将有压水变成细小的水流或水滴，把作物生长所需要的水分和养分输送到作物根区附近的灌水方法。喷灌和微灌都是新型的节水灌溉技术，与传统地面灌溉相比，具有节水节能、省地省工、操作性强、使用方便的特点。喷灌系统一般由水源工程、首部装置、输配水管道和喷头等组成，其中喷头是影响喷灌技术和灌水质量的关键设备。滴灌系统由水源、首部枢纽、灌水器，以及流量、压力控制部件和量测仪表等组成，灌水器是微灌设备中最关键的部件，多数由塑料材料注塑成型。

三、农业节水新技术

（一）农艺节水

农艺节水技术是通过采取各种耕作栽培措施和化学制剂调控农田水分状况，目的是减少无效蒸发，防止水土流失、改善土壤结构，提高作物产量和水分利用率。农艺节水措施主要包括地面覆盖、耕作改良、水肥耦合、抗旱品种选育等。

1. 地面覆盖。常见的地面覆盖主要是薄膜覆盖和秸秆覆盖，是将不透水薄膜或秸秆覆盖在田面上，可有效抑制土壤水分蒸发，不仅具有明显的蓄水保墒、提高地温、改善土壤、节水增产的作用，且实施技术简单，成本低廉，易于推广。实验表明，冬小麦和春玉米生育期秸秆覆盖使降水保蓄率比不覆盖时分别提高24%和20%，农田冬闲期秸秆覆盖减少土壤蒸发48%。

2. 耕作改良。耕作改良通过各种耕作作业改善土壤耕层结构，蓄水保墒，增加养分供给，减少水分蒸发消耗，为作物生长发育提供一个良好的生态环境。耕作改良措施包括深松耕法和免耕少耕法等。深松耕法是只疏松土层而不反转土层的一种土壤耕作方式，该法实施后的土壤透气性好，蓄水保墒能力强。免耕少耕法是减少耕作次数或在一定年限内免除一切耕作，具有保持水土和抗旱增产的效果。免耕少耕法可使玉米增产10%~20%。

3. 水肥耦合。合理施肥是提高水分利用效率的重要途径。作物营养的基本问题是解决在有限的水资源条件下，合理施肥，培肥地力，充分发挥水肥协同效应和激励机制，提高水分利用效率和在不增加施肥量的条件下，获得最大经济效益。通过改变灌水方式、灌溉制度和作物根区的湿润方式达到有效调节根区水分养分的有效性和根系微生态系统的目的，从而最大限度地提高水分养分耦合的利用效率。

4. 抗旱品种选育。大量研究和实践证明，作物品种的水分利用效率由本身遗传特性、形态特征和生理过程所决定，并在环境条件和栽培措施的综合应用中得以体现，依次通过选用作物品种实现高效利用水资源，具有很大的潜力。目前，在抗旱节水作物品种选育方面，发达国家已选育出了一系列的抗旱、节水、优质的作物品种，如美国的棉花、加拿大的牧草等，这些品种不仅节水抗旱，而且稳定高产、品质优良。

5. 化学制剂。化学制剂节水技术的基本原理是利用化学制剂对水分的调控机能，抑制叶面蒸腾，增加蓄水，提高水分利用效率。目前，常用的化学制剂包括保水剂、抗蒸腾剂等。

（二）生理节水

生理节水是将作物水分生理调控机制与作物高效用水技术紧密结合形成的新型节水技术，主要是指调亏灌溉、局部灌溉和控制性分根交替灌溉。

1. 调亏灌溉。调亏灌溉是澳大利亚持续农业研究所 Tatura 中心 20 世纪 70 年代中期提出并研发的节水技术。它根据作物的生理生化作用受到遗传特性或生长激素的影响，在其生长发育的某些时期施加一定的水分胁迫（有目的地使其有一定程度的缺水），即可影响作物的光合产物向不同的组织器官分配，提高所需收获的产量而舍弃营养器官的生长量和有机合成物质的总量。它是从作物生理角度出发，在一定时期主动施加一定程度的有益的亏水度，使作物经历有益的亏水锻炼后，达到既节水增产、改善农产品的品质，又可控制上部的旺长，实现矮化密植，减少剪枝等工作量的目的。国际上有关调亏灌溉的研究主要是针对果树和西红柿等蔬菜作物，对大田作物的研究较少。

2. 局部灌溉。局部灌溉是指根据作物需水要求，通过低压管道系统与安装在末端管道上的特殊灌水器将水和作物生长所需的养分用比较小的流量均匀准确地直接输向植物根末部，以湿润植物根部土壤为主要目标。与传统的地面灌溉和全面积喷灌相比，局部灌溉更为省水，其比地面灌溉省水 50%~70%，比喷灌省水 15%~20%。

3. 控制性分根交替灌溉。控制性分根交替灌溉是我国西北农林科技大学的科技人员提出的新概念，它与传统的概念不同。传统的灌水方法追求田间作物根系层的充分和均匀湿润，而控制性分根交替灌溉则强调利用作物水分胁迫时产生的根信号功能，即人为保持和控制根系活动层的土壤在垂直剖面或水平面的某个区域干燥，使作物根系始终有一部分生长在干燥或较干燥的土壤区域中，限制该部分的根系吸收水分，让其产生水分胁迫信号传递至叶气孔，形成最优气孔开度，减少作物奢侈的蒸腾耗水；另一部分根系区则保持湿润，维持作物正常吸水，保证作物产量。通过对不同区域根系进行交替干旱锻炼和其存在的补偿生产功能而刺激根系的生长，提高根系对水分和养分的利用率，最终达到不牺牲作物产量而大量节水的目的。

（三）管理节水

管理节水是指根据作物需水规律和生长发育特点，运用现代先进的管理技术和自动化管理系统对作物用水进行科学调控，最大限度地满足作物对水分的需求，实现区域效益最佳。

建立农田土壤墒情检测预报模型，实时动态分析灌区内土壤墒情，在气象预报的基础上，进行实时灌溉预报，实现灌区动态配水计划，达到优化配置灌溉用水的目的。

开展灌区多种水源联合利用的研究，建立多水源优化配置的专家系统，提出不同水源组合条件下的优化灌溉与管理模式，合理利用和配置灌区地表水、地下水和土壤水，在最大限度满足作物生长需水的同时，达到改善农田生态环境的目的。

实现灌区用水的科学政策管理，其核心是制定合理的水价，建立适合灌区实际水情和民情的用水交互原则和相关条例，探索科学水市场的形成条件和机制，推动节水灌溉的规范化和法治化。

四、现代农业节水研究重点

节水型现代农业是一个涉及到多学科、多领域的复杂系统，前述各项节水技术措施确实对农业节水具有突出的贡献作用，但是它并不是农业节水内容的全部，随着新的农业节水问题不断产生和对节水研究的不断深入，农业节水重点已趋向于新的理论体系和研究方法。

（一）农业节水机理

长期以来，国内外始终把提高灌溉水及雨水利用率、作物水分生产效率和单方水产出效益作为农业节水高效利用研究的重点，在农田水分转化规律、水分养分传输动态模拟、作物需水规律与计算模型，及抗旱节水机理等农田节水的基础研究方面取得了较大进展，对农业用水的高效利用起到了十分重要的作用。

农业用水从水源到作物吸收水分形成有机干物质主要经过 3 个过程：①通过灌溉输配水系统，将水自水源引入田间；②田间地表水入渗到土壤中，在土壤中再分配转化为土壤水，而后被作物吸收；③作物吸收水分后通过光合作用将辐射能转化为化学能，最后形成有机物质碳水化合物。农业节水的目的就是有效地节约上述三个过程中的耗用水量，并提高水的转化和产出效率。在传统的农业节水认识中，往往是灌溉需水量的减少，主要集中在对输配水过程以及田间过程的研究，通过各种节水工程措施，减少水量损失，提高渠系水利用率和田间水利用率，达到节水高产的目的。随着节水农业研究的发展，人们从传统的输配水过程工程节水机理研究发展到生物节水机理研究、植物精量控制用水，以及节水系统的科学管理等方面，提出限水灌溉、非充分灌溉与调亏灌溉等概念，这些概念的提出在一定程度上打破了对传统农业节水机理认识的局限，但并未明确真正的农业节水机制，直至 2000 年“真实节水”概念提出以后，农业节水机理才变得更为清晰。真实节水认为节水应节约产品中所消耗的不可回收量，消耗水量越少，单位产出越大，水资源利用越高效，因此应针对农业用水中的水资源消耗量，而不是单纯的用水量，减少三个用水过程中的无效消耗水量，提高作物水分利用效率，达到节水增产的目的。今后应加强农业水资源消耗机理研究，注重农业用水的资源型水量消耗节约，对其进行相关理论研究和定量精细模拟分析。

（二）农业节水效应

农业节水是一个系统工程，是人类对区域水土资源的大规模改造活动。人类活动干扰下的水循环演变，改变了水资源的时空分布和循环转化过程。水资源的循环流动特性，决定了农业节水的开展不可避免地会对区域用水产生深刻影响，其中反应最为明显的就是生态系统。农业节水不是无止境的，大规模、高强度的农业节水措施的实施不仅需要耗费大量的人力、物力和财力，而且不合理的农业节水行为会引起区域生态环境恶化，或者影响其他产业部门和下游生产发展用水。尤其在干旱半干旱地区，这种影响更为明显，意义也更为深远。因此，应从现代变化环境下的区域水循环过程研究农业节水实施的深度和广度，并从经济学范畴约束农业节水力度，将农业节水从微观范围提高到宏观区域研究层次上来，从单纯的农田水分循环与水平衡研究转向大区域，重视人类活动的影响，强调重视生态环境与水资源利用之间的协调关系；由过去对水循环过程中的单项研究向综合研究转变，并重视人类活动和水资源生态环境之间的可持续发展理念；强调应用空间尺度和时间尺度的观点来客观地分析发生在不同时空尺度上的变化及其之间的联系。这就迫切需要建立基于人类活动和自然界共同作用的区域/流域分布式水循环模型、农业节水经济、生态响应和社会响应与反馈的动态耦合机制等。

（三）农业节水潜力

农业节水潜力是指采取各种工程、行政、技术和管理措施以后，与未采取节水措施前相比，农业所具有的实际最大节水量，这是农业所能真正转移出去的水量。由于农业节水具有双重效应，一方面节约了水的资源消耗量，且农业用水效率得到提高；但另一方面，由于农业节水引起的工程投资、生态效应和社会效应也不断扩大，二者相互矛盾，因此如何在农业节水实施过程中掌握一个度，保持二者之间的平衡关系，即所谓的农业最大节水潜力或节水阈值问题，这是摆在农业节水研究者面前一项重大的研究课题。复杂的农业节水问题要求从系统的观点出发对其进行研究，研究人类节水农业活动带来的农业水资源循环转换关系，及由此引起的区域水资源变化，针对节水产生的各种后效性响应，通过对各类节水组合方案进行定量对比分析、专家决策，寻求科学合理的农业节水潜力。因此，应建立节水与农业、区域的水资源演变与转换机制，开展对农业节水经济－生态－社会复合响应机理及模型构建的研究。

（四）农业节水调控

农业节水调控的目的在于实现农业节水高效的同时，促进区域水资源的高效利用。通过研究人类活动对农业区域水循环的影响和作用机理，进行区域水资源利用方式的配置调控，寻求节水高效的水资源利用方式。在调控过程中，考虑水资源的多种功能属性，以变化环境下的水循环为调控平台，全面涵盖降水、地表水、土壤水和地下水的通量交换和转换方向，面向生态（包括人工生态和天然生态）、经济、社会和水资源进行全方位调控，达到在保证农业水资源最佳配置的同时，实现整个区域用水的优化配置和可持续利用。

第七章 工业用水

水是工业的血液。水资源短缺直接影响工业产值和财政收入，影响国民经济发展的速度。在工业生产中，有的用水作为工作动力（如蒸汽机、水力发电），有的用水用来冷却机器和设备（如汽轮机、炼钢炉），有的用水作为原料和成品的洗涤剂（如焦化厂、煤制品，织印染厂），还有的用水调节生产车间的温度和湿度，以及用水做溶剂等。

本章专门介绍工业用水的相关知识，主要内容包括工业用水的概念、工业用水的途径、我国工业用水状况介绍以及工业节水的途径等。

第一节 工业用水的概念

工业用水是全球水资源利用的一个重要组成部分。工业用水取水量约为全球总取水量的1/4。工业用水的组成十分复杂，用水量的多少取决于各类工业的生产方式、用水管理水平、设备水平和自然条件等，同时取决于各国的工业化水平。

20世纪50年代至80年代初，发达国家工业生产迅猛发展，使得工业用水量经历了一段快速增长的过程。工业用水占总用水量的比例由8%迅速提高到28%左右。随着工业结构调整、技术进步、工业节水水平的提高，发达国家的工业用水量增长逐渐放缓，达到零增长，甚至出现负增长。日本工业用水量从20世纪60年代中期至70年代初以44%的速率猛增；70年代中期趋于稳定；70年代至80年代末，工业产值大幅度增长，淡水使用量却稳定变化，新鲜淡水补给量在逐年下降后，80年代初呈现零增长状态，而工业用水回收利用率持续提高。

发展中国家由于工业基础相对薄弱，工业经济发展水平较低，用于工业的水量占总用水量的比例偏低，大多不到10%，工业用水的增长仍具有一定的空间。用水浪费仍是发展中国家不可忽视的重要问题。

一、工业用水的含义

根据中华人民共和国城镇建设行业标准《工业用水分类及定义》，工业用水指工、矿企业的各部门，在工业生产过程（或期间）中，制造、加工、冷却、空调、洗涤、锅炉等处使用的水及厂内职工生活用水的总称。

工业用水是城市用水的一个重要组成部分。在城市用水中，工业用水所占比重较大，而且增长速度快，用水集中，现代工业生产尤其需要大量的水。工业生产大量用水，同样排放大量的工业废水，又是水体污染的主要污染源。世界性的用水危机首先在城市出现，而城市水源紧张主要是工业用水问题所造成的。因此，工业用水问题已引起各国的普遍重视，也是许多国家十分重视的研究课题。

水在工业生产中有多种用途，可作为传递热量的介质，也可以是工艺过程的溶剂、洗涤剂、吸收剂、萃取剂，还可用做生产原料或反应物质的反应介质。工业部门利用水的热容量、热传导等水的物理、化学性质，从事正常生产。各项工艺需水特点不同，有的使用了水的部分有益性质，有的使用了全部有益性质。目前，没有哪个工业部门在没有水的情况下能得到发展，因此人们称“水是工业的血液”。一个城市工业用水的多少，不仅与工业发展的速度和水平有关，而且还与工业的结构、工业生产的水平、节约用水的程度、用水管理水平、供水条件和水资源的多寡及气候条件等因素有关。

二、工业用水的分类

现代工业用水系统庞大，用水环节多，工矿企业不但要大量用水，而且对供水水源、水压、水质、水温等有一定的要求。

（一）按用水的作用分类

1. 生产用水。直接用于工业生产的水，称为生产用水。生产用水包括冷却水、工艺用水、锅炉用水。

2. 间接冷却水。在工业生产过程中，为保证生产设备能在正常温度下工作，用来吸收或转移生产设备的多余热量，所使用的冷却水（此冷却用水与被冷却介质之间由热交换器壁或设备隔开），称为间接冷却水。

3. 工艺用水。在工业生产中，用来制造、加工产品以及与制造、加工工艺过程有关的这部分用水，称为工艺用水。工艺用水中包括产品用水、洗涤用水、直接冷却水和其他工艺用水。

（1）产品用水：在生产过程中，作为产品的生产原料的那部分水称为产品用水（此水或为产品的组成部分，或参加化学反应）。产品用水在生产过程中与原料或产品掺在一起，有的成为产品的组成部分，有的则为介质存在于生产过程之中，如食品、造纸、印染、化工、电镀等工业，都有产品用水。经过使用后，水中含有大量的杂质，成为工业生产中的废水，如不加以处理，任意排放，会造成水体的严重污染。对部分污废水应处理后回收利用，尽量不排放或少排放，或处理达到排放标准再排放，以免污染水体。

（2）洗涤用水：在生产过程中，对原材料、物料、半成品进行洗涤处理的用水，称为洗涤用水。

（3）直接冷却水：在生产过程中，为满足工艺过程需要，使产品或半成品冷却所用与之直接接触的冷却水（包括调温、调湿使用的直流喷雾水），称为直接冷却水。

（4）其他工艺用水：产品用水、洗涤用水、直接冷却水之外的工艺用水，称为其他工艺用水。

4. 锅炉用水。为工艺或采暖、发电需要产汽的锅炉用水及锅炉水处理用水，统称为锅炉用水。锅炉用水包括锅炉给水、锅炉水处理用水。

（1）锅炉给水：直接用于产生工业蒸汽进入锅炉的水，称为锅炉给水。锅炉给水由两部分水组成：一部分是回收由蒸汽冷却得到的冷凝水；另一部分是补充的软化水。

（2）锅炉水处理用水：为锅炉制备软化水时所需要的再生、冲洗等项目用水，称为锅炉水处理用水。

5. 生活用水。厂区和车间内职工生活用水及其他用途的杂用水，统称为生活用水。

以上各类水之间的关系如图 7－1 所示。

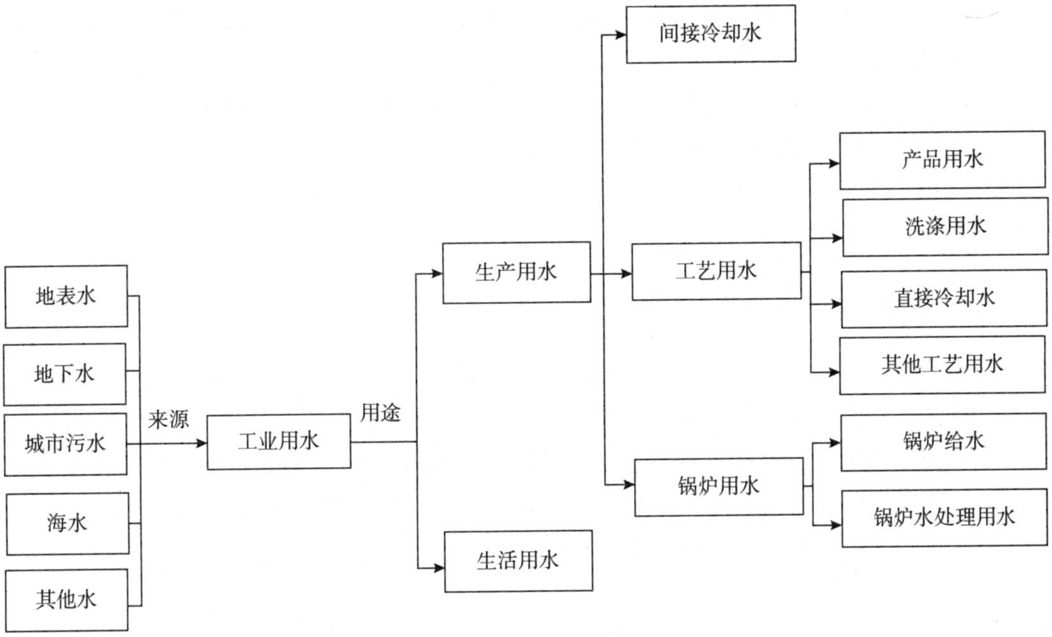

图 7－1　各类用水之间的关系

（二）按用水的过程分类

1. 总用水。总用水是指工矿企业在生产过程中所需用的全部水量，包括空调、冷却、工艺用水和其他用水。在一定设备条件和生产工艺水平下，其总用水量基本是一个定值，可以通过测试计算确定。

2. 取用水。取用水（或称补充水）是指工矿企业取自不同水源（江河水、湖泊水或水库水、地下水、自来水或海水等）的总取水量。

3. 排放水。排放水是指经过工矿企业使用后，向外排放的水量。

4. 耗用水。耗用水是指工矿企业生产过程中耗掉的水量，包括蒸发、渗漏、工艺消耗和生活消耗的水量。

5. 重复用水。重复用水是指在工业生产过程中，二次以上的用水量。重复用水量包括循环用水水量和二次以上的用水量。

（三）按水源类型分类

工业生产过程所用全部淡水（或包括部分海水）的引取来源，称为工业用水水源。

1. 地表水。地表水包括陆地表面形成的径流及地表贮存的水（如江、河、湖、水库水等）。

2. 地下水。地下水包括地下径流或埋藏于地下的，经过提取可被利用的淡水（如潜水、承压水、岩溶水、裂隙水等）。

3. 自来水。自来水是指由城市给水管网系统供给的水。

4. 海水。沿海城市的一些工业用做冷却水水源或为其他目的所取的那部分海水（注：城市污水回用水与海水是水源的一部分，但目前对这两种水暂不考核，不计在取水量之内，只注明使用水量以作参考）。

5. 城市污水回用水。经过处理达到工业用水水质标准，又回用到工业生产上来的那部分城市污水，称为城市污水回用水。

6. 其他水。有些企业根据本身的特定条件使用上述各种水以外的水作为取水水源，称为其他水。

三、我国工业用水的特点

1. 用水量大。目前，我国工业取水量约占全国总取水量的 20%，随着城市化和工业化进程的加快，水资源供需矛盾将更加突出。

2. 大量工业废水直接排放是造成水污染的主要原因。根据 2006 年全国环境统计公报，全国废水排放总量为 536. 8 亿 t，其中，工业废水排放量 240. 2 亿 t，占废水排放总量的 44. 7%。因此，加强工业节水不仅可以缓解水资源供需矛盾，还可以减少废水排放，改善水环境。

3. 工业用水效率总体水平较低。2001 年，我国万元工业产值取水量为 90t 左右，为发达国家的 3 ~7 倍，工业用水重复利用率约 52%，远低于发达国家 80% 的水平，与世界先进水平相比差距悬殊。国内地区间、行业间、企业间的差距也较大。如火电取水量占工业取水量的 25%，水的重复利用率最高为 97%，而最低的只有 2. 4%。再如石油化工行业，每加工 1t 原油用水，世界先进水平为 0. 5t，我国平均为 2. 4t；生产 1t 乙烯最先进的用水为 1. 58t，达到了国际先进水平，但平均用水则为 18. 6t，总体上与国外先进水平差距较大，工业节水潜力巨大。

4. 工业用水相对集中。我国工业用水主要集中在火电、纺织、石油化工、造纸、冶金等行业，约占工业取水量的 45%。

第二节　工业用水的途径

一、供水水源

作为工业用水的水源，可供利用的有河水、湖水、海水、泉水、潜流水、深井水等，种类很多。选择水源时，必须充分考虑工厂生产性质、规模与需要用水的工艺等情况，根据建设投资和维护管理费用等情况，对水量、水质等问题进行研究，从中选择合适的供水水源。

水源的利用，首先必须考虑流量与水位、水温、水质等受地形、气象条件、人类活动等影响而发生的变化，以及取水对周围地区用户的影响等。

（一）河流取水

从水量方面来看，一般说河水水量比较丰富，而且比较可靠。但是，必须事先进行详细调查，确定其具有可靠的水量和水质。

从水质方面来看，河水在上游地区流速较快，自净作用较大，溶解盐类也少，水质较好。但是，到下游地区，由于有来自地面的污染，自净作用也降低了，所以浑浊度和有机物含量都随之增加。特别是在人口密度大的城市和工业地区周围，生活污水、工业废水、垃圾等的流入量越来越大，污染有增无减，河流本身早已丧失了自净作用，使河水作为用水的价值降低。

（二）水库（湖泊）取水

水库是以调节水量与水质为目的的，对河水、泉水等进行拦蓄，由于水库的蓄水作用，水库具备沉淀、稀释和其他自净作用。但另一方面，浮游生物、藻类等生物的繁殖机会增加．有时使水产生难闻的臭味，给以后的水处理带来不良影响。因此，水库（湖泊）蓄水作用既可能改善水质，也可能恶化水质。有益影响包括：①浑浊度、色度、二氧化硅等降低；②硬度、碱度不会发生急剧的变化；③降低水温；④截留沉淀物；⑤在枯水期蓄入排放的水，有可能稀释污水等。反之，不好的影响包括：①增加藻类繁殖；②在水库的深层溶解氧减少，二氧化碳增加；③在水库的底部，铁、锰和碱度增加；④由于蒸发或岩石矿物的分解，溶解固形物与硬度增加等。

水库的水越深，不同季节的水温、水质、生物的繁殖情况，在不同深度的变化就越大。详细调查这种变化，有利于从水库取到优质水。

（三）海水取水

在沿海地区，如果单纯依靠地下水作为水源，则在凿井和确保水量的供应方面会受到限制，因此可以取海水作为工业供水水源。

利用海水时要考虑的问题，原则上和一般工业用水基本一致，但在具体内容方面，利用海水作为水源有一些特殊性。

海水作为工业用水时，必须具备的条件可概括为以下几点：①具有较高保证率的必需水量；②水质良好（污染程度低，透明度良好），而且稳定；③水温要经常满足使用要求；④取水设备中造成危害的生物（贝类、浮游生物、藻类及其他细菌）的发生率要小；⑤海水对金属的腐蚀性要比淡水大，所以必须采取防止腐蚀的措施；⑥海底和海岸的地形要便于进行取水、配管等的施工；⑦取水地点要选择在异常潮流、河水流入、台风等灾害少的地方；⑧离河水入海位置较远，而且没有飘浮的垃圾和有害的工业废水；⑨有关渔业和航道等水利问题少的地方。

以上所述的各项中，最主要的问题是以下 3 个方面。

1. 取水条件因取水地点周围的海水环境（地形、地质、水深等情况）而异。特别是在浅海地带，地基松软，海水中泥沙含量较高。因此，必须根据这种情况充分考虑取水设备的形式，或者考虑取水管的位置与结构。如果在附近进行取水，应设置沉沙池或其他排沙设备。

关于取水管的位置。首先，必须考虑的是管的上端必须低于离最大落潮水位至少0.5~1.0m的深处，以免吸入漂浮在海面上的垃圾。其次，为了不会大量搅动海底的泥沙，管的下端必须距海底至少0.5m。海岸浅而远时，必须把取水管的末端部分用混凝土进行加固，而且要进行大范围的疏浚工作。

2. 关于海水的温度问题。在有10m左右水深的内湾处，一般在5m深左右的地方有一个温水层与冷水层的分界线，这个分界线的深度由船舶的移动、风、潮汐等条件决定。因此，如果把取水口的上端设在这两个水温层的分界线以下1~2m处，设计成以平均流速为10cm/s取水的结构，则可防止上层温水的混入。

3. 海水中存在鱼类及贝类的卵、小鱼、浮游生物、藻类等生物。其中贝类、藻类等附着性生物的孢子或卵进入机械设备的冷却水系统后，附着在机器上生长，则可能引起机械设备故障。

（四）地下水

利用地下水作为工业用水的水源时，因为其使用目的决定了全年都处于连续工作状态，所以设计、施工都必须在充分计划、研究的基础上进行，而且还必须进行严格的管理。

地下水是在含水层中处于饱和状态的水，因重力作用而流动，不仅水质明显受岩层性质和地下环境等的影响，其水量也由地形、地质及其构造所决定。因此，在确定凿井地点以前应进行水文地质方面的调查。

使用井水则存在水质异变的问题，特别是在沿海平原地区，常会发生地下水盐化问题，因此对于它的管理必须充分注意。

二、工业供水系统

工业供水系统包括取水工程、输水工程、水处理工程和配水工程4个部分。取用地下水多用管井、大口井、辐射井和渗渠。取用地表水可修建固定式取水建筑物，也可采用活动的浮船式取水建筑物和缆车式取水建筑物。水由取水建筑物经输水管道送入实施水处理的水厂。水处理过程包括澄清、消毒、除臭和除味、软化等环节。对于工业循环用水常进行冷却，对于海水和咸水还需淡化和除盐。经过处理后，合乎水质标准要求的水经配水管网送往工业用户。

工业供水系统可以是单一的仅供工业使用的供水系统，也可以是由混合供水系统分配给工业，形成工业供水分支系统。另外，为了节水，工业供水常采用循环供水方式。循环供水是将使用过的水经适当处理后，重新使用。

三、工业循环水系统

随着经济的发展，工业用水量日益增大。在大量的工业用水中，一部分使用过的水经冷却、处理后，又回到供水系统中，再次被利用，这就是工业循环水系统。在用水日益紧张的形势下，使用循环水系统是必要的，也是节水型社会建设的需要。

许多工业生产中都直接或间接使用水作为冷却介质，因为水具有使用方便、日容量大、便于管道输送和化学稳定性好等特点。据估计，工业生产中 70%～80% 的用水是冷却水。工业冷却用水中 70%～80% 是间接冷却水。间接冷却水在生产过程中作为热量的载体，不与被冷却的物料直接接触，使用后一般除水温升高外，较少受到污染，不需要较复杂的净化处理或者无须净化处理，经冷却降温后即可重新使用。因此，实现冷却水的循环利用是工业循环水系统的重要工作。

在循环冷却水系统中，冷却水被反复多次使用。水经换热设备后温度升高，由冷却塔或其他冷却设备将水温降下来，再由泵将水送至冷却系统中重复使用，这样就大大提高了水的重复利用率，节约了大量工业用水。根据生产工艺要求、水冷却方式和循环水的散热方式，循环冷却水系统可分为密闭式和敞开式两种。

在密闭式循环冷却水系统中，冷却水通过换热器冷却工艺热介质，在换热过程中冷却水温度升高成为热水，热水在另一台设备——二次冷却器中通过和空气或水间接接触而冷却，冷却后的水温度降低，再循环使用。在循环过程中，冷却水不暴露于空气中，没有蒸发、风吹飞溅和浓缩的问题，所以水量基本不消耗，补充水量很少，水中各种矿物质和离子含量一般不会发生变化。这种系统的水质处理比较简单，维护容易，而且补充水量极少，有利于水资源的节约。但是系统中的冷却水不存在蒸发冷却过程，只靠传导散热，冷却效率很低，循环系统的基建造价和能耗高，一般用于发电机、内燃机或有特殊要求的单台换热设备。

在敞开式循环冷却水系统中，一方面，循环水带走物料、工艺介质、装置或热交换设备所散发的热量；另一方面，升温后的循环水通过冷却构筑物时与空气直接接触得以冷却，然后再循环使用。敞开式循环冷却水系统与直流式冷却水系统相比，补充的新鲜水一般只是直流用水量的 10% 左右，可节约大量冷却水，排污水量也相应减少，是目前应用最广泛的一种循环冷却水系统。根据循环水同被冷却物料、工艺介质或装置是否有接触，敞开式循环冷却水系统可分为清循环、污循环和集尘循环 3 种类型。

冷却构筑物是指用来降低水温的设施。对于敞开式循环冷却水系统，冷却构筑物包括冷却池和冷却塔。其中，冷却池又可分为天然冷却池和喷水冷却池 2 种。

四、工业废水处理系统

（一）工业废水类型

在工业生产过程中，一般要排出一定量的废水，包括工艺过程用水、机器设备冷却水、烟气洗涤水、设备和场地清洗水等。这些废水都有一定危害，在一定的条件下会造成环境污染。

工业废水按所含的主要污染物质，通常分为有机废水、无机废水、兼含有机物和无机物的混合废水、重金属废水、含放射性物质的废水和仅受热污染的冷却废水。按产生废水的工业部门，可分为造纸废水、制革废水、农药废水、电镀废水、电厂废水、矿山废水等。

工业废水的水质因工业部门、生产工艺和生产方式的不同而有很大差别。如电厂、矿山等部门的废水主要含有无机物；而造纸和食品等工业部门的废水，有机物含量很高；造纸、电镀、冶金废水常含有大量的重金属。此外，除间接冷却水外，工业废水中都含有多种与原材料有关的物质。因此，工业废水处理比较复杂，需要针对具体情况，设计有针对性的废水处理工艺。

（二）工业废水处理方法

工业废水处理的过程是将废水中所含的各种污染物与水分离或加以分解并使其净化的过程。废水处理法大致可分为物理处理法、化学处理法、物理化学处理法和生物处理法。

1. 物理处理法。可分为调节、离心分离、沉淀、除油、过滤等方法。
2. 化学处理法。可分为中和、化学沉淀、氧化还原等方法。
3. 物理化学处理法。可分为混凝、气浮、吸附、离子交换、膜分离等方法。
4. 生物处理法。可分为好氧生物处理法和厌氧生物处理法。

而究竟选用何种方法需根据废水中污染物的类型和状态具体分析和确定。

第三节　我国工业用水状况

一、工业用水量

（一）工业用水量分类

按用水方式划分，工业用水量可分为用水量（总用水量）、循环水量、回用水量、重复利用水量、耗水量、排水量、取水量（或新水量）、漏失水量、补充水量等9种（见表7－1）。单位通常为体积单位（m^3），考察的时段较短时，也可用流量单位表示，如m^3/s、m^3/h或m^3/d。

表7－1　用水量分类基本情况

序号	用水量分类名称	符号	定义	备注
1	用水量（总用水量）	Q_t	一定期间内某用水系统所需的用（总）水量	包括补充水量与重复利用水量
2	循环水量	Q_{cy}	一定期间内某用水系统中循环用于同一用水过程的水量	亦称循环利用水量
3	回用水量	Q_s	一定期间内被用过的水量适当处理后再用于系统内部或外部其他用水过程的水量	包括第一次使用后被循环利用的水量（串用水量）
4	重复利用水量	Q_r	同一用水系统中的循环水量与回用水量	亦称重复水量
5	耗水量	Q_c	一定期间内某工业用水系统在生产过程中，由蒸发、吹散、直接进入产品、污泥等带走所消耗的水量	

续表

序号	用水量分类名称	符号	定义	备注
6	排水量	Q_d	一定期间内某用水系统排放出系统之外的水量	包括生产与生活排水量
7	取水量	Q_f	一定期间内某用水系统利用的新鲜水量	
8	漏水量	Q_l	包括漏失在内的全部未计量水量	
9	补充水量	Q_w	一定期间内用水系统取得的新水量与来自系统外的回用水量	

（二）各种水量间的关系

工业用水量是工业用水系统在一定时段内用水过程中发生的水量。从上述各种用水量定义可见，它们之间存在着必然的联系，同一用水系统各水量之间关系如图 7－2 所示。

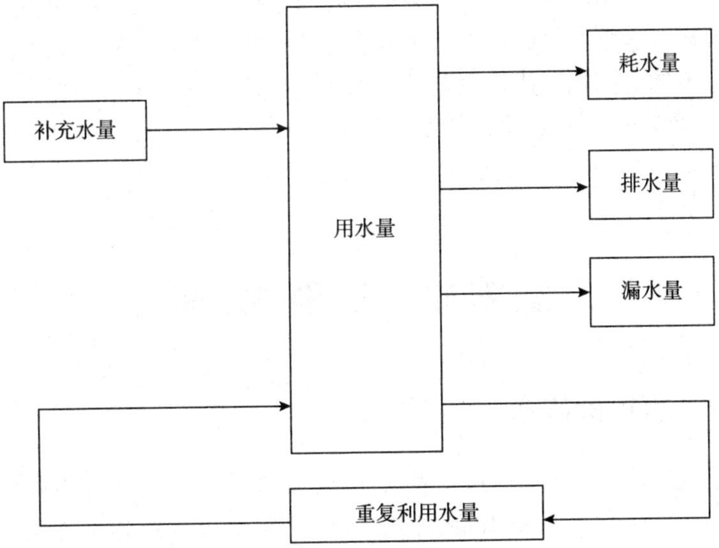

图 7－2　用水系统各用水量之间的关系

1. 水量 Q_t 等于补充水量 Q_w 与重复利用水量 Q_r 之和，而补充水量包括取水量 Q_f 和系统外的回用水量 Q_{sl}。即：

$$Q_t = Q_w + Q_r$$

或：

$$Q_t = Q_f + Q_{sl} + Q_r$$

从水量平衡角度考虑，总用水量也等于耗水量 Q_c、排水量 Q_d、漏水量 Q_t 与重复利用水量 Q_r 之和。即：

$$Q_t = Q_c + Q_d + Q_t + Q_r$$

2. 利用水量 Q_r 等于同一用水系统中的循环水量 Q_{cy} 与回用水量 Q_s 之和。即：

$$Q_r = Q_{cy} + Q_s$$

3. 取水量等于耗水量、排水量、漏水量之和减去系统外的回用水量。即：

$$Q_f = Q_c + Q_d + Q_l - Q_{sl}$$

当无系统外回用水时，取水量等于耗水量、排水量、漏水量之和。即：

$$Q_f = Q_c + Q_d + Q_l$$

二、工业用水量的分析计算

关于工业用水量的计算，一般有两种途径：一是直接计算法，即根据工业用水量统计计算得到，因为工业用水一般都有比较完善的供水系统，可以控制和核算用水量大小；二是根据定额估算，即根据当地统计分析，获得万元工业增加值用水量经验数据，再由当年工业增加值计算工业用水量。设万元工业增加值用水量为 Q_{Ih} m³/万元，当年工业增加值为 Y_I 万元，则工业用水量 IW 为：

$$IW = Q_{Ih} Y_I$$

定额估算方法是一种间接估算，其关键是要通过统计得到比较准确的万元工业增加值用水量的经验数据，这是计算的基础。在目前统计资料不太完善的情况下，万元工业增加值用水量数据在不同地区也有比较大差异。比如，2005 年我国平均万元工业增加值用水量为 169m³/万元，而某些发达国家平均已经达到 100m³/万元。当然我国国内也有高、有低，有些城市万元工业增加值用水量已经很小，比如天津万元工业增加值用水量为 24m³/万元，北京为 38m³/万元。

第四节 工业节水

一、工业节水指标体系

工业用水量是全社会用水量的重要组成部分，因此工业节水指标体系是节水指标体系的重要组成部分，是从工业节水的侧面考核城市节约用水水平的指标体系。其指标体系的建立、考核指标的形成以及节水水平评判等基本原理具有城市节水指标的共性，但工业节水指标以具体的工业用水系统为对象，从微观上考察用水与节水过程，节水指标又具有特殊性。

工业节水指标体系由工业用水率度指标和工业节水水量组成。其中用水率度指标包括新水利用系数、工业用水循环利用率、水的损耗率、循环比、回用率、重复利用率、比差率等；节水水量指标一般由万元工业产值取水量、工业用水定额组成。

（一）工业用水率度指标

1. 新水利用系数。新水利用系数 K_f 是指用水系统新水量 Q_f 与排水量 Q_d 之差与新水量的比值。计算公式为：

$$K_f = \frac{Q_f - Q_d}{Q_f}$$

2. 工业用水循环利用率。工业用水循环利用率 R_{cy} 是指一定期间循环水系统中循环水量 Q_{cy} 所占的比例。计算公式为：

$$R_{cy} = \frac{Q_{cy}}{Q_{cy} + Q_f} \times 100\%$$

上式中 Q_f 表示循环系统中的新水量。工业用水循环利用率反映循环水系统水被循环利用的效率，但它的大小受总用水量的影响很大，加之不同工业行业因用水性质不同导致可循环利用的程度不同，因此该指标并不能完全反映同类工业企业，尤其是不同类型工业企业的用水和节水水平。但是，提高工业用水的重复利用率是工业节水的重要途径之一，通过提高重复利用率，可以减少工业企业取水量，并减少工业企业的外排水量。

3. 水的损耗率。水的损耗率 R_t 是指循环水系统中耗水量 Q_c 与漏失水量 Q_t 所占的比例。计算公式为：

$$R_t = \frac{Q_c + Q_t}{Q_{cy} + Q_f} \times 100\%$$

4. 循环比。循环比 P_{cy} 是指用水系统总用水量 Q_t 与新水量 Q_f 的比值，反映了新水的循环利用次数。计算公式为：

$$P_{cy} = \frac{Q_t}{Q_f}$$

5. 回用率。回用率 R_s 是指用水系统循环水量 Q_{cy} 为零时系统内部回用水量 Q_{sl} 所占的比例，计算公式为：

$$R_s = \frac{Q_{sl}}{Q_{sl} + Q_f} \times 100\%$$

6. 重复利用率。重复利用率 R_r，是指重复利用水量 Q_r 占用水系统中总用水量的比例，反映同时具有循环用水与回用水系统中水的有效程度。计算公式为：

$$R_r = \frac{Q_r}{Q_t} \times 100\%$$

由于 $Q_t = Q_r + Q_w$，$Q_r = Q_{cy} + Q_{st}$，因此上式可改写为：

$$R_r = \frac{Q_r}{Q_r + Q_w} \times 100\%$$

$$R_r = \frac{Q_{cy} + Q_{sl}}{Q_{cy} + Q_{sl} + Q_w} \times 100\%$$

当无系统外部回用水时，$Q_f = Q_w$，于是有：

$$R_r = \frac{Q_r}{Q_r + Q_f} = \frac{Q_{cy} + Q_{sl}}{Q_{cy} + Q_{sl} + Q_f} \times 100\%$$

7. 比差率。比差率 R_v 是指工业的实际取水量 V_{f1} 与该城市工业的对比取水量 V_{f2} 之比。计算公式为：

$$R_v = \frac{V_{f1}}{V_{f2}}$$

其中城市工业的对比取水量是在进行比较的范围内按各工业行业平均万元产值取水量计算的工业平均取水量。即：

$$V_{f2} = \sum_{i=1}^{n} C_i V_{fi}$$

式中：V_{fi}——比较范围内第 i 个工业行业的平均万元产值取水量，m^3/万元；

C_i——城市第 i 个工业行业的产值，万元；

n——比较范围内的工业行业数。

R_v 值大于 1 时，说明该城市的实际工业万元产值取水量高于比较范围内的工业万元产值取水量的平均水平，其节水水平低于相应范围内的平均节水水平。该指标消除了城市间不同工业结构对万元工业产值取水量的影响，克服了万元工业产值取水量指标这方面的缺点，是进行城市间横向比较的工业节水指标。

（二）工业节水水量指标

1. 万元工业产值取水量。万元工业产值取水量是指报告期内工业取水量与工业产值之比。计算公式为：

$$V_v = \frac{V_f}{C}$$

式中：V_v——万元工业取水量，m^3/万元；

V_f——报告期内同一范围的工业取水量，m^3；

C——相应的工业产值，万元。

该指标反映水资源投入与产出的关系，是一项绝对的综合经济效果的水量指标，它反映了工业用水的宏观水平。可针对工业行业的节水水平评价，同时可从宏观上评价城市、国家等大范围的节水水平，可作为城市尤其是同行业工业企业之间用水（节水）水平的粗略比较。但万元工业产值取水量受产品结构、产业结构、产品价格、工业产值计算、产品加工深度等因素的影响很大，作为横向比较的指标时应注意限制条件。

2. 工业用水定额。工业用水定额，特别是企业用水基础定额和行业用水定额是一种绝对的经济效果指标，因此它是衡量企业内部、地区、工业行业与企业用水（节水）水平的主要考核指标，是进行工业用水（节水）水平横向、纵向比较的统一尺度，其可比性、指导性强。

目前，我国企业用水定额主要限于工业企业内部。制定具有对比性和指导性的行业用水定额，需要有良好的节水工作基础、足够大的样本容量，而且影响因素多、工作情况复杂、工作量大、工作周期较长，因此是今后工业节水管理的努力方向。

二、工业节水措施

工业用水占城市用水总量的大多数，工业供水量的不足往往影响着产品的结构，影响到企业的发展。解决这些问题的有效途径是“开源节流”。在目前我国城市水资源严重短缺的形势下，解决好“节流”，即有效地开展工业节水工作，不仅能够保证企业正常的生产用水，而且可减少城市水资源的开发，并能有效地减少工业废水的排放量，减轻废水对环境的污染，因此它是维持城市可持续发展的重要途径。①

自20世纪80年代以来，我国已大力推行城市节约用水工作，各城市以工业企业节水为重点，制定了与生产过程用水紧密联系的一系列节水措施，并在实践中逐步形成了一定的经验。但在工业产品品种繁多、用水过程较为复杂、生产技术落后、设备陈旧的情况下，节水效果会受到一定影响。因此，有效的工业节水措施应以改进生产工艺为基础，以强化节水技术为手段，以落实行政法制管理为保证。具体节水措施有以下几方面的内容。

1. 调整产品结构，改进生产工艺，建立节水型工业。生产过程所需的用水量是由产品和生产工艺决定的。对于本身耗水量较大的产品的新建项目应充分论证与当地水资源及可供水量的协调关系。对已建的项目要根据可供水量调整结构。但是，单靠调整产品结构达到节约用水的目的往往是被动的，从经济效益考虑，这种措施有时是难以实现的。改进生产工艺，利用先进的生产工艺降低生产用水是较容易被企业接受的节水措施。但生产工艺的改进往往会导致原材料、操作、设备等方面的较大变动，牵涉面较大，因此必须结合原、辅材料的供应，以及产品的数量和质量的支持。目前，较常见的工艺改进包括生产主要过程中少用水或无水生产、顺流洗涤改为逆流洗涤、直接冷却改为间接冷却、水冷却改为非水冷却等。

2. 强化节水技术、开发节水设备，努力降低节水设施投资。先进的节水技术往往是进行产品结构调整、生产工艺改进的前提，而先进的节水技术须通过生产工艺，并借助一些辅助系统得以体现。

循环系统是提高水的重复利用率必备的系统，借助循环系统可将使用过的水经过适当处理后重新用于同一生产用水过程。如循环冷却水系统，大部分间接冷却水使用后除水温升高外，较少受到污染，一般不需要较复杂的净化处理，经冷却后即可重新使用。由于水的循环重复使用，可有效地减少新水量或补充水量，达到高效的节水目的。

回用水系统是将使用后的排水量经处理达到生产过程的水质要求后，再用于生产过程的系统。根据回用水的来源可将其分为系统内回用水和系统外回用水。排出水的回用，不仅增加了用水系统的部分供水量，而且减少了工业废水的排放量，减轻了废水对周围环境的污染。

循环用水系统是一水多用的系统。它是基于生产工艺各环节具有不同的用水水质标准，因而可利用某些环节的排水作为另一些环节的供水原理形成的节水技术。该系统可极大地提高水的利用率。

此外，海水淡化技术可将海水的水盐分离、淡化海水，作为工业新水量直接供给用水系统。海水代用技术可用海水代替淡水用于冷却系统、除尘、火力发电厂除灰系统、海产品洗涤，以及纺织、印染工厂的煮染、漂白、染色、漂洗等生产工艺用水等。海水的利用，减轻了对城市淡水资源的依赖，从“开源”的途径实现了“节流”。

上述工业用水系统和辅助用水系统若要实现节水，都需要选用适当的专用先进设备和器具；因此，要不断地研制和开发新的配套节水设备，同时要实现节水设备的经济化，使配套的节水系统产生良好的经济效益，只有这样才能调动企业的节水积极性，推动工业节

① 杨尚宝．建立节水型工业的对策［J］．辽宁科技参考，2004.

水的管理工作。

3. 加强企业用水行政管理，逐步实现节水的法治化。有效的节水管理是实现工业节水目标的根本保证。要设立专门的、代表政府行政的节水管理机构，并建立必要的用水管理制度，以便用水（节水）考核和进行必要的奖惩。要制定切合实际的用水定额和其他行之有效的节水考核指标体系，努力实现用水（节水）的科学化管理。节水工作与企业的切身利益密切相关。为提高节水效率，企业往往需投入大量的资金配套节水设施和改进工艺。在目前我国水价严重失真的情况下，企业对节水工作不可避免地普遍存在着消极态度。因此，需要依法促进企业节水，加强企业用水行政管理，真正做到依法行政。只有这样才能推动工业节水事业的健康发展，实现城市的可持续发展战略。

4. 提高工业生产规模，发挥规模经济效应。目前，我国几乎所有工业行业都为企业小而多、工艺技术与管理落后、生产低效高耗等问题所困扰。在用水（节水）方面，不同行业中单位产品取水量或万元产值取水量先进与落后的指标值相差数倍。主要原因是小企业的经济实力限制了其产品结构调整、工艺节水改革的实现，从而无法进入节水指标先进的行列。通过企业自身改革、联合或重组等形式形成规模生产，不仅可有效地实现企业资源的合理配置，而且可为生产过程的优化创造良好的条件，从而实现低耗（包括耗水、耗能及原料等）高效的生产，提高企业的市场竞争力，同时也会促进企业节水目标的实现。

三、工业节水的目标和任务

我国政府十分重视工业节水工作，在国家发展和改革委员会、水利部、建设部颁发的《关于加强工业节水工作的意见》中要求，为强化工业节水，必须做好以下工作。

第一，各地区和有关部门要高度重视工业节水工作。各地经济贸易委员会要在当地政府的统一领导下，会同有关部门，切实做好这项工作。部分缺水地区要加大工作力度，结合实际，制定高于全国工业节水总体目标的指标。

第二，各地区和有关部门要根据本地区、本行业的特点，组织开展工业节水专项研究，编制地区、行业的工业节水中长期规划及节水技术导则，组织修订工业用水定额。

第三，各地区和有关部门要根据国家、地方和行业的节水规划及工业用水定额的要求，对高耗水、高污染行业的重点企业进行监督和考核，促进企业落实节水措施，全面提高工业用水效率。

第四，要以创建节水型工业企业为目标，积极开展企业节约用水活动。各工业企业特别是高耗水企业要根据国家、地方及行业节水规划制定企业节水计划、节水目标，并采取行之有效的节水措施。通过加强管理，挖掘节水潜力，适时开展水平衡测试，减少“跑、冒、滴、漏”。

第五，各地区和有关部门及各工业企业，要广泛深入地宣传工业节水的方针政策和对可持续发展的重要意义。及时总结和推广节水企业的先进经验，按照行业和企业特点因地制宜地开展节水管理和节水技术交流活动，提高企业节水的技术水平和管理水平。

第八章 生态用水

对于生态系统来说，水是最敏感的因素之一。当前出现的各类环境问题都直接或间接与水有关，可以说水是决定一个地区生态系统健康状况好坏和环境质量优劣的关键性因素。因此保护生态系统，首先要考虑生态用水问题，即维持生态系统健康发展需要用多少水。本章将介绍有关生态用水的概念、分类、用水途径、用水状况和保障措施等相关知识。

第一节 生态用水的概念

一、生态系统

（一）生态系统的定义

生态系统一词由英国生态学家坦斯莱（A. G. Tansley）于 1935 年首次提出，他认为“在生物群落的基础上加上非生物成分（如阳光、土壤、各种有机或无机物质等），就构成了生态系统”。根据坦斯莱的观点，生态系统是在一定时间和空间内，由生物成分和非生物成分组成的生态学功能单位；各组成要素之间通过物质循环和能量流动相互作用、相互依存，并形成具有自身调节功能的复合体。

人类所居住的地球也是由无数个大大小小的生态系统所组成的复合系统，大至整个生物圈、整个海洋、整个陆地，小到一个池塘、一片草地都可以看作是一个开放的生态系统。一个大尺度的复杂生态系统由若干个中等尺度的生态系统所构成，而中等尺度的生态系统又由若干个小尺度的生态系统所构成，各类系统层层嵌套、相互作用并组成一个整体，从而形成了人类现在生活的自然景观。生态系统概念的提出，为研究生物与其生存环境之间的关系提供了新视点，生态系统逐渐成为研究生物和环境相互关系的基础。

生态系统通常指的是自然生态系统，然而由于当今人类活动几乎遍及世界的每个角落，纯粹的自然生态系统已经很少了。生态学研究的大部分生态系统是半人工、半自然的生态系统（如农业生态系统），甚至完全是人工建造的生态系统（如城市生态系统）。但是，生态系统要维持稳定，一般都需遵守自然生态系统的基本规律，如能量流和物质流的维持、调控、平衡等。

（二）生态系统的结构特征

生态系统由生物成分和非生物成分两部分组成，如图 8－1 所示。其中，生物成分由各种各样活着的有机体组成；非生物成分由水、大气、热、能量、营养物质和其他生命必需的物质组成。非生物成分构成生物生存必需的场所和空间，并为生物提供物质和能量。离开了非生物环境，生物将难以生存。

- 生态系统
  - 生物成分
    - 生产者
      - 绿色植物
      - 光合细菌及自养生物
    - 消费者
      - 初级消费者：草食动物
      - 次级消费者：肉食动物
      - 三级消费者：大型肉食动物
    - 分解者：微生物、小型动物
  - 非生物成分
    - 温度、阳光
    - 土壤
    - 水、二氧化碳、氧
    - 有机物等

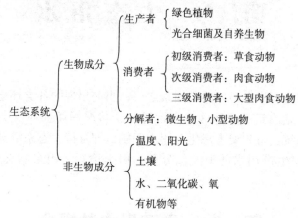

图8－1　生态系统的结果

1. 生物成分。生物成分是生态系统中的重要组成部分。根据其在生态系统中的作用和位置，生物成分可以分为生产者、消费者和分解者三部分。

生产者也称作初级生产者，主要是指绿色植物，此外还有光合细菌和蓝藻等自养生物。绿色植物能在光合作用下吸收空气中的二氧化碳和水分，通过光合作用将二者转变为碳水化合物，并释放出氧气；光合细菌和蓝藻等自养生物也可利用某些物质在化学变化过程中产生的能量合成有机物。生产者是整个生物成分的基础部分，在能量转换和物质循环中起着最重要的作用。

消费者是那些以其他生命体或者它们的产物为食物以获得能量的生命体。消费者是不能用无机物质制造有机物质的一类生物，它们只能直接或间接地从植物所制造的有机物质中获得营养物质和能量。根据食性的不同，消费者可以分为：初级消费者，如草食动物；次级消费者，如以草食动物为食的捕食性动物；三级消费者是以上述次级消费者为食的生物。消费者都是依靠生产者来获取能量的，它们也是生态系统中重要的一环。

分解者指那些以腐烂的有机物质为食物的生物体，是异养生物。最主要的分解者是真菌和细菌。分解者把动物、植物的有机分子分解还原为较简单的化合物和单质，并把这些简单的化合物和单质释放到环境中去，供生产者再利用。如果没有分解者的分解作用，生态系统中的物质循环就会停止，所以分解者是生态系统中不可缺少的组成部分。

2. 非生物成分。由非生物成分组成的、生物生存所必需的空间和场所称为非生物环境，又叫无机环境，它包括整个生态系统运转所需要的能源、热量等气候因子，生物生长的基质和介质，生物生长代谢的原料 3 个部分。太阳能为整个生态系统提供了绝大部分的能源，它提供生物生长发育所必需的热量。气候因子包括风、温度和湿度等；生长的基质和介质主要是土壤、空气、水、岩石和沙砾，这些物质构成了生物生长活动的场所和空间；水、二氧化碳、氧气和无机盐类，以及生物生长需要的其他营养物质构成了生物生长代谢的原料。

（三）生态系统的功能

1. 净化空气。森林生态系统对大气的净化作用表现在3个方面：①维持二氧化碳与氧气的平衡。在人类密集区空气中的二氧化碳含量可高达0.20%，直接危害到人体健康，森林作为氧气的直接供应源，通过光合作用维持空气中二氧化碳和氧气的平衡；②减轻大气污染。森林能够大量地吸收空气中的有毒气体和细菌，对某座城市的调查研究显示，城市中心的空气含菌量可为该市居民区的30.94%，而林区的空气含菌量仅为3.35%；③减缓风速、吸收粉尘。强风穿过10～20km^2的林区后风速可降低50%。此外，树木庞大的叶面、柔毛和粗糙的干皮还可吸附大量的飘尘，净化城市空气。据调查，一株成熟的树木每年可吸附约25kg颗粒物；美国吐克逊市所种植的50万株树木每年可减少大气悬浮颗粒物6500t，全市森林减少颗粒物的潜在经济价值达150万美元。

2. 调节气候。湖泊、湿地等水生态系统可影响局部小气候，如沼泽湿地的植物蒸腾作用大于水面蒸发1～2倍多，强烈的蒸腾和蒸发作用可保持当地空气中的湿度；在有森林的地区，大量的降水通过树木被蒸腾和转移，返回到大气中，然后又以降水的形式降落到周围的地区，沼泽及附近地区产生的晨雾可减少土壤水分的丧失。新疆博斯腾湖及其周围沼泽总面积为1410km^2，湖沼系统通过水平方向热量和水分交换，使其周围地区气候比其他干旱区略温和湿润，如邻近博斯腾湖的和硕县在6～8月要比距离较远的库车县平均气温降低1.3～4.3℃，7－9月相对湿度增加5%～23%，沙暴日数减少25%。

3. 保持水土。森林具有强大的水土保持能力，表现在以下3个方面：①森林的树冠及地表植被可以截留一部分雨水，降低降水强度，减弱雨滴对地表土壤的直接冲击和侵蚀；②森林土壤由于含有大量的腐殖质，具有较高的透水和蓄水性能，可以减少地表径流量和径流速度，从而减少土壤冲刷；③在森林土壤中，树木根系发达，土壤孔隙增加，有助于土壤中的微生物和昆虫生存，促进土壤形成团粒结构，增加透气性和透水性，从而有效涵养水源，保持水土。资料显示，当森林郁闭度（郁闭度是反映森林中乔木树冠遮蔽地面程度的指标）小于0.6时，会发生土壤侵蚀；郁闭度大于0.6时，基本上不会发生土壤侵蚀。

4. 调蓄洪水。洪水的形成是气候和地理等多种因素共同作用的结果，森林、湿地等生态系统则具有减缓洪水的作用，这种作用可以通过森林面积、湿地面积与洪水量大小的关系体现出来。如1981年四川特大洪水同时危及嘉陵江流域、涪江流域和沱江流域，暴雨期间各流域降雨量基本相同，但由于嘉陵江流域和涪江流域的森林覆盖率均大于12%，其径流系数小于47%；而沱江流域的森林覆盖率只有5.4%，其径流系数则达到60%。由此可见，森林的滞洪能力是十分明显的。而湿地则更像是一个巨大的生物蓄水库，雨季到来时能存储过量的降水，再均匀地将其放出，使河川径流量年内变化减小，减弱对下游地区的洪水危害。相关研究显示，三江平原潜育沼泽草根层的渗透系数可达8×10^{-3}～138×10^{-3}cm/s，接近于粗砂的渗透系数，腐殖质层、潜育层和母质层渗透系数较小，使其具有较大的饱和含水量和持水量，透水性很强，既能蓄水又能透水。

5. 涵养水源。森林与水源之间有着非常密切的关系。它具有截留降水、植被蒸腾、增强土壤下渗、抑制林地地面蒸发、缓和地表径流状况以及增加降水等功能，表现出较强的水文效应。森林通过这些功能的综合作用，发挥其涵养水源和调节径流的功能。森林对河川径流产生或增或减的影响，在“时空”尺度上可直接影响河流的水文变化。例如，在时间上，它可以延长地表水汇流时间，在枯水期补充河流的水量，在洪水期削弱洪峰的量级，起到调节河流水文过程的作用；在空间上，它能够调节水分的分配形式，如将降雨产生的地表径流转化为壤中流和地下径流，或者通过蒸发蒸腾的方式将水分返回大气中，进行大范围的水分循环，对大气降水进行再分配。森林涵养水源的生态功能十分强大，这种环境功能对人类的生产和生活都非常有益。

以石羊河流域的水源涵养区祁连山脉为例，由于20世纪80年代以来在祁连山滥砍滥伐森林、过度放牧、开矿挖药和毁林毁草开荒种植，造成近1500km^2的林草地被垦殖，水源林仅存不足550km^2，山区的植被覆盖率下降到40%左右，致使石羊河流域水源涵养能力减弱，水土流失面积增大，大量泥沙及漂砾随洪水而下，淤积河床、水库及渠道，全流域上游山区的十多座水库均有不同程度的淤积，有效库容减少1/8~1/5。

6. 生产有机物质。植物（或生产者）可利用太阳能，将无机化合物（如CO_2、H_2O等）合成为有机物质。以上过程是生态系统的一个非常重要的功能，是所有消费者（包括动物和人）及还原者（或微生物）的食物基础。初级生产力及生物量是反映有机物质生产能力的两个重要指标。生态系统有机物质生产的一小部分，通常不足10%被人类直接利用，成为人类赖以生存的食物或生活必需品，表现为直接使用价值；其余大部分未被人类直接利用，这部分支撑着整个生态系统，为动物、异养微生物提供食物和生活场所，在维持生态系统的稳定性和整合性方面发挥着巨大的作用。以洪泛区湿地为例，其生态系统的净初级生产力干重可达2000$g/(m^2 \cdot a)$，湿地内丰富的生物资源、水土资源等可提供人类食物和能源及各种原材料与初级产品。

7. 污染降解。生态系统的污染降解功能，主要通过一系列的物理、化学过程和生物过程组合来完成，如营养物质的吸收和释放、污染物的迁移和转化、有毒物质的分解和净化等。以湿地为例，湿地具有减缓水流、促进沉积沉降的自然特性，湿地中有许多水生植物，包括挺水、浮水和沉水植物，它们在其组织中富集重金属的浓度比周围水体的浓度高10倍以上，许多植物还含有能与重金属结合的物质成分，从而参与重金属的解毒过程。如芦苇、水湖莲和香蒲等对Al、Fe、Be、Cd、Co、Pb、Zn等重金属均有显著的富集作用，其中芦苇对Al的净化能力高达96.0%，对Fe的净化能力则达到92.78%，对Zn的净化能力亦达到94.54%，对Pb的净化能力为80.18%，而对Be和Cd的净化能力更是高达100%。

二、生态系统与水资源的关系

水是生态系统不可替代的要素。可以说，哪里有水，哪里就有生命。同时，地球上诸多的自然景观，如奔流不息的江河、碧波荡漾的湖泊、气势磅礴的大海，它们的存在也都离不开水这一最为重要、最为活跃的因子。一个地方具备什么样的水资源条件，就会出现什么样的生态系统，生态系统的盛衰优劣都是水资源分配结果的直接反映。下面将从不同的角度来介绍水资源对生态系统的影响和作用。

（一）水资源是生态系统存在的基础

水是一切细胞和生命组织的主要成分，是构成自然界一切生命的重要物质基础。人体内所发生的一切生物化学反应都是在水体介质中进行的。人身体的70%由水组成，其余哺乳动物含水60%~68%，植物含水75%~90%。没有水，动物就要死亡，植物就要枯萎，人类就不能生存。

无论自然界环境条件多么恶劣，只要有水资源保证，就有生态系统的存在和繁衍。以耐旱植物胡杨为例，在西北干旱地区水资源极度匮乏的情况下，只要能保证地表以下5m范围内有地下水存在，胡杨就能顽强地活下去。因此，水资源的重要意义不只是针对人类社会，对生态系统也是同样起决定作用的。

（二）人类过度掠夺水资源，使生态系统遭受严重破坏

自18世纪中叶的工业革命以来，随着科技和经济的飞速发展，人类征服自然、改造自然的意识在逐步增强，对自然界的索取越来越多，由此对自然界造成的破坏规模和程度也越来越深。包括水资源在内的自然资源都遭到了人类的过度开发和掠夺，人类对自然的破坏已超越了自然界自身的恢复能力。因此，地下水超采严重、土地荒漠化、水环境恶化这些专业词汇已成为人们耳闻目睹的常用词，生态退化问题也由局部地区扩展到全球范围，由短期效应转变为影响子孙后代的长久危机。

（三）生态系统的恶化会影响人类的生存和发展

人类在向自然界索取的同时，也受到了自然界对人类的反作用。随着人类对生态系统的破坏越来越严重，一系列的负面效应已经回报到人类身上。目前，我国的河流、湖泊和水库都遭到了不同程度的污染。近年来，全国河流水质符合Ⅰ类的河长仅占5.1%，符合Ⅱ类的河长占28.7%，符合Ⅲ类的河长占27.1%，符合Ⅳ类的河长占11.8%，符合Ⅴ类的河长占6.0%，符合劣Ⅴ类的河长占21.3%；中小河流50%不符合渔业水质标准；全国1/5以上的人饮用污染超标水；巢湖、滇池、太湖、洪泽湖已发生了严重的富营养化，水体变色发臭，引起湖泊生态系统的改变；20世纪中后期，我国西北地区部分城市由于只重视经济发展，缺乏对生态系统承受能力和水资源条件的考虑，水资源过度开发导致地下水位迅速下降、耕地荒漠化严重，曾经好转的沙尘暴问题又再次加剧。由此可见，人类在自身发展的同时，必须要考虑自然资源和生态系统的承受能力。否则，过度的开发将会让人类尝到自己种下的恶果。

（四）对经济社会发展的宏观调控，是实现人与自然和谐共存的途径

人与自然和谐共存是当今社会发展的主流指导思想，也是可持续发展理论的重要体现，对经济社会的宏观调控则是实现这一目标的重要手段。就水资源而言，用“以供定需”替代“以需定供”，通过对水资源的合理分配，使得在保证生态用水的基础上，考虑生活和生产用水，尽最大可能协调人类社会与生态系统之间的用水需求和平衡关系，实现两者共同发展的双赢局面。

三、生态用水的界定

（一）生态用水的由来

有关生态用水（或需水）方面的研究最早是在20世纪40年代，随着当时水库建设和水资源开发利用程度的提高，美国的资源管理部门开始注意和关心渔场的减少问题，由鱼类和野生动物保护协会对河道内流量进行了大量研究，建立了鱼类产量与河流流量的关系，并提出了河流最小环境（或生物）流量的概念。此后，随着人们对景观旅游业和生物多样性保护的重视，又提出了景观河流流量和湿地环境用水，以及海湾——三角洲出流的概念。

进入20世纪70年代，欧洲、澳大利亚、南非等国家先后开展了多项关于鱼类生长繁殖、产量与河流流量关系的研究，提出了许多计算方法和评价方法。在此期间，河流生态学家将注意力集中在能量流、碳通量和大型无脊椎动物生活史等方面。到70年代后期，河道内流量增加法的出现使得河道内流量分配方法趋于客观，该方法已经成为在北美洲广泛应用的方法，用来评估流量变化对鲑鱼栖息地等的影响。

然而当时的研究尚处在原始阶段，无论是生态用水的概念还是理论方法都是十分模糊的、不确定的。直到20世纪90年代，随着水资源学和环境科学在相关领域研究的深入，生态系统用（或需）水量化研究才正式成为全球关注的焦点。Gleick提出了基本生态需水量的概念，即提供一定质量和数量的水给天然生境，以求最大程度地改变天然生态系统的过程，并保护物种多样性和生态整合性，在其后来的研究中将此概念进一步升华并同水资源短缺、危机与配置相联系。Falkenmark将“绿水”的概念从其他水资源中分离出来，提醒人们注意生态系统对水资源的需求，水资源的供给不仅要满足人类的需求，而且生态系统对水资源的需求也必须得到保证。Rashin等也提出了水资源可持续利用必须要保证有足够的水量来保护河流、湖泊、湿地生态系统，人类所使用的作为景观、娱乐、航运的河流和湖泊要保持最小流量。Whipple等提出了相类似的观点，认为现在的水资源规划和管理中不仅要考虑城市、工业、农业供水和用水，还要考虑河道内的环境用水。

在国内，生态用水（或需水）研究起步较晚，最早的研究在20世纪80年代末期，但近年来发展较快。1988年，在方子云主编的《水资源保护工作手册》中，已涉及了流域生态用水方面的内容，但未明确使用生态用水这一术语。1989年，汤奇成等在分析塔里木盆地水资源与绿洲建设问题时，首次提出了生态用水的概念，指出应该在水资源总量中划分出一部分作为生态用水，其目的是使绿洲内部及其周围的生态环境不再恶化。进入20世纪90年代，随着我国可持续发展战略的确立，人们又开始探讨面向21世纪如何实现经济社会和人口、资源、环境协调发展（PRED）的新问题。水利部提出水资源配置中应考虑生态用水量。但直到20世纪90年代前半期，生态用水研究一直停留于仅有名称而无内涵的状态，对其概念的定义、内涵的界定、类型划分等理论问题均未进行过深入的研究和探讨。

20世纪90年代后期，尤其是“九五”国家科技攻关项目“西北地区水资源合理利用与生态环境保护”的实施，才真正揭开了干旱区生态用水研究的序幕。通过5年的研究，项目组成员对我国的西北五省区的水资源利用情况和生态环境现状及存在问题进行了分析，探讨了干旱区生态环境用水量的概念和计算方法，建立了基于二元模式的生态环境用水计算方法，取得了一些初步成果。1999 年，中国工程院开展了“中国可持续发展水资源战略研究”项目，其中专题之一“中国生态环境建设与水资源保护利用”就我国生态环境需水进行了较为深入的研究，界定了生态环境需水的概念、范畴及分类，估算了我国生态环境需水总量为 800 亿～1000 亿 m^3（包括地下水的超采量 50 亿～80 亿 m^3），这一研究成果对我国宏观水资源规划和合理配置具有十分重要的指导意义，推动了生态用水研究的进程。

由于生态用水本身属于生态学与水文学之间的交叉问题，过去虽然做了大量的研究工作，但在基本概念上仍未统一，许多基本理论仍不成熟，有待进一步研究。

（二）生态用水的定义

从广义上讲，生态用水是指“特定区域、特定时段、特定条件下生态系统总利用的水分”，它包括一部分水资源量和一部分常常不被水资源量计算包括在内的水分，如无效蒸发量、植物截留量。狭义上讲，生态用水是指“特定区域、特定时段、特定条件下生态系统总利用的水资源总量”。根据狭义的定义，生态用水应该是水资源总量中的一部分，从便于水资源科学管理、合理配置与利用的角度，采用此定义比较有利。

生态用水量的大小直接与人类的水资源配置或生态建设目标条件有关。它不一定是合理的水量，尤其在水资源相对匮乏的地区更是如此。

与生态用水相对应的还有生态需水和生态耗水两个概念，为了便于区分也给出了它们的定义。

生态需水：从广义上讲，维持全球生物地球化学平衡（诸如水热平衡、水沙平衡、水盐平衡等）所消耗的水分都是生态需水。从狭义上讲，生态需水量是指以水循环为纽带、从维系生态系统自身的生存和环境功能角度，相对一定环境质量水平下客观需求的水资源量。例如，为了维系河流某类鱼的生存环境，需要有基本水文特征值做保证（如一定的河川基流、一定的水流速度、水深要求等）。生态需水与相应的生态保护、恢复目标以及生态系统自身需求直接相关，生态保护、恢复目标不同，生态需水就会不同。生态需水是相对合理的水量。

生态耗水：生态耗水是指多个水资源用户（生产、生活和生态）或者未来水资源配置（生产、生活和生态）后，生态系统实际消耗的水量。它需要通过该区域经济社会与生态耗水的平衡计算来确定。生产、生活耗水过大，必然挤占生态耗水。

生态用水与生态需水、生态耗水三个概念之间既有联系又有区别。通过生态需水的估算，能够提供维系一定的生态系统与环境功能所不应该被人挤占的水资源量，它是区域水资源可持续利用与生态建设的基础，也是估计在一定的目的、生态建设目标或配置条件下，生态用水大小的基础。通过对生态用水和生态耗水的估算，能够分析人对生态需水挤占的程度，决策生态建设对生态用水的合理配置。

（三）生态用水的分类

生态用水可以按照使用的范围、对象和功能进行分级和分类。

首先，按照水资源的空间位置和补给来源，生态用水被划分为河道内生态用水和河道外生态用水两部分。河道外生态用水为水循环过程中扣除本地有效降水后，需要占用一定水资源以满足河道外植被生存和消耗的用水；河道内生态用水是维系河道内各种生态系统生态平衡的用水。

其次，依据生态系统分类，又对生态用水进行二级划分，如将河道内生态用水进一步划分为河流生态用水、河口生态用水、湖泊生态用水、湿地生态用水、地下水回灌生态用水、城市河湖生态用水；将河道外生态用水进一步划分为自然植被用水、水土保持生态用水、防护林草生态用水、城市绿化用水。

最后，根据生态用水的功能不同，再将其进一步进行三级划分，其划分后的结果如表8－1所示。

表8－1　生态用水系统分类

一类分类	二类分类	三类分类
河道内生态系统	河流生态用水	河道基流用水
		冲沙用水
		稀释净化用水
	河口生态用水	冲淤保港用水
		防潮压咸用水
		河口生物用水
	湖泊生态用水	最小水位用水
		水生植物用水
		稀释净化用水
	湿地生态用水	生物栖息地用水
		沿岸带及沼泽湿地用水
		稀释净化用水
	地下水回灌生态用水	地下水回灌用水
	城市河湖生态用水	城市各种河湖景观用水
河道外生态系统	自然植被用水	自然林地（乔灌）用水
		自然草地用水
	水土保持生态用水	人工造林用水
		人工种草用水
	防护林草生态用水	农田防护林用水
		防护固沙林用水
	城市绿化用水	城市各种植被或绿地用水

第二节　生态用水的意义及途径

一、生态用水的意义

良好的生态系统是保障人类生存发展的必要条件，但生态系统自身的维系与发展离不开水。在生态系统中，所有物质的循环都是在水分的参与和推动下实现的。水循环深刻地影响着生态系统中一系列的物理、化学和生物过程。只有保证了生态系统对水的需求，生态系统才能维持动态平衡和健康发展，进一步为人类提供最大限度的社会、经济、环境效益。

然而，由于自然界中的水资源是有限的，某一方面用水多了，就会挤占其他方面的用水，特别是常常忽视生态用水的要求。在现实生活中，由于主观上对生态用水不够重视，在水资源分配上几乎将100%的可利用水资源用于工业、农业和生活，于是就出现了河流缩短断流、湖泊干涸、湿地萎缩、土壤盐碱化、草场退化、森林破坏、土地荒漠化等生态退化问题，严重制约着经济社会的发展，威胁着人类的生存环境。因此，要想从根本上保护或恢复、重建生态系统，确保生态用水是至关重要的技术手段。因为缺水是很多情况下生态系统遭受威胁的主要因素，合理配置水资源、确保生态用水对保护生态系统、促进经济社会可持续发展具有重要的意义。

二、生态用水的途径

（一）供水水源

生态用水的水源比其他用水方式都要广泛。从广义生态用水角度来看，降水、地表水、土壤水、地下水等所有水循环过程的水都可作为生态用水的水源。对于森林、草地等陆面植被生态系统而言，降水是主要的生态用水水源；在干旱半干旱地区土壤水、地下水对生态用水的贡献也很大；对于河湖沼泽中的水生生态系统而言，地表水是主要生态用水水源。而按照狭义生态用水概念来看，则主要是指通过水利工程措施施用给生态系统的那部分水资源。由于生态用水对水源的水质要求不高（保护区内的河湖用水除外），因此生态用水的水源形式也多种多样，除了地表水、地下水等常规水源外，各种非常规水源（如微咸水、中水等）都可作为生态用水的水源。在实际利用时，应尽可能地利用非常规水源，减少对常规水源的依赖，以避免出现生态用水与生活用水、生产用水争水的局面。例如，美国、日本早在20世纪60年代就开始大规模建设污水处理厂，并将处理后的中水用于城市园林绿化、河湖景观补水等方面；而我国尽管中水回用起步较晚，但近年来发展迅速，青岛、大连、太原、北京、天津、西安等许多大中型城市均将中水回用作为未来城市发展和水资源综合利用的有效支撑手段。

值得关注的是，与生活用水、工业用水不同，目前生态用水的供水保证率比较低，特别是在我国西北干旱地区，由于水资源紧缺，经常会出现工业用水挤占农业用水，农业用水挤占生态用水的现象。这与我国长期以来过度追求经济利益的增长而忽视对生态环境的保护，致使生态用水在水资源优先供给的排序较低和环境保护意识淡薄有关。近年来，各级政府已逐步认识到这种错误观念的危害，并开始重视生态用水的保证到位。水利部在今后的水资源管理工作目标中曾明确指出“要重视对河流健康的维护，开展生态用水及河流健康指标研究，建立生态用水保障和补偿机制”。

（二）供水方式

生态用水的供水方式多种多样，并视不同的生态系统类型而选取相应的供水方式。对于河道外生态用水来说，由于天然植被系统多依赖于降水补给，因此生态用水的对象主要是针对城市绿地、人工绿洲、防护林草等各种人工植被系统，它们通常采用第六章第二节中介绍的各种农业输水方式和灌溉方式来进行供水，特别是城市绿地多以喷灌、滴灌等节水灌溉措施为主。

对于河道内生态用水，则主要通过各种水利工程对河流、湖泊内的水量进行调度和分配，以满足河道内各种生态用水需求。例如，黄河自 2002 年 7 月以来，在每年汛期开始实施“调水调沙”工程，通过小浪底水库下泄水量的人工调度，制造出一种能够冲刷下游河床泥沙的“人造洪峰”，从而把淤积在黄河河道和水库中的泥沙尽可能地送入大海，减缓泥沙的淤积程度；再如，淮河自 1990 年开始，在支流沙颍河上开展污染联防工作，通过对流域内的水闸实施防污调度，从而调控沙颍河重污染水体下泄时空分布，并充分利用淮河干流水环境容量，稀释消化沙颍河高浓度污染水体，进而达到防污、减灾的目的。

总体来看，由于生态用水涉及自然水循环全过程以及水资源开发利用的各个方面，因此各种蓄、引、提、调水利工程，在一定情况下都可作为生态用水的供水工程。

第三节　我国生态用水状况

一、生态用水量计算

目前，计算生态用水量的方法主要有两大类：一是针对河流、湖泊（水库）、湿地、城市等小尺度提出的计算方法；二是针对完整生态系统区域尺度提出的计算方法。通常按水资源的补给功能将流域划分为河道外和河道内两部分，并以此分别计算各部分的生态用水量。河道外生态用水为水循环过程中扣除本地有效降雨后，需要占用一定水资源量以满足植被生存耗水的水量。它主要针对不同的植被类型，分析其生态用水定额，再求出总生态用水量。河道内生态用水是维系河流或湖泊、水库等水域生态系统平衡的水量。它主要从实现河流的功能以及考虑不同水体这两个角度出发，包括非汛期河道的基本用水量，汛期河流的输沙用水量，以及防止河道断流、湖泊萎缩等的用水量。

（一）河道外生态用水量计算方法

河道外生态用水主要是针对各种植被系统（包括自然植被、防护林草、城市绿化等）的用水。天然情况下，河道外生态系统的用水主要依靠降水，对河川径流的依赖性较小，而在人工调控措施下，可将一定数量的地表或地下水资源取出用以维持河道外生态系统的生存，这部分人工取水灌溉措施通常称为生态补水。河道外生态用水量的计算方法有直接计算方法和间接计算方法。

1. 直接计算方法。以某一区域某一类型植被的面积乘以其生态用水定额，计算得到的水量即为生态用水。该方法适用于基础工作较好的地区与植被类型，如防护林草、人工绿洲等生态用水量的计算。其计算公式为：

$$W_{out} = \sum_{i=1}^{n} A_i q_i$$

式中：W_{out}——河道外生态用水量，m^3；

A_i——第 i 类植被对应的面积，hm^2；

q_i——第 i 类植被年平均灌溉定额，m^3/hm^2；

n——乔木、灌木、草本等植被类型数量。

2. 间接计算方法。对于某些地区天然植被生态用水计算，如果前期工作积累较少，用水定额获取困难，可以考虑采用间接计算方法。该方法是根据潜水蒸发量的计算来间接计算生态用水。即，用某一植被类型在某一潜水位的面积乘以该潜水位下的潜水蒸发量与植被系数，得到的乘积即为生态用水。计算公式如下：

$$W_{out} = \sum_{i=1}^{n} A_i q_{gi} K$$

式中：q_{gi}——第 i 类植被在地下水位某一埋深时的潜水蒸发量，由经验值或实验确定；

K——植被系数，即在其他条件相同的情况下有植被地段的潜水蒸发量除以无植被地段的潜水蒸发量所得的系数，由实验确定。

（二）河道内生态用水量计算方法

河道内生态用水量的计算，视河道内不同生态系统和环境功能用水而异。一般河道内用水主要考虑以下几个方面：①河流水生生物的保护和利用；②多沙河流的水沙平衡；③河流水力发电用水；④河流航运等。而在生态用水范畴内所指的河道内用水主要是指具有重大的社会、环境效益，包括防淤冲沙、水质净化、维持野生动植物生存和繁殖，维护沼泽、湿地一定面积等的生态用水，不包括诸如水力发电、航运等生产活动所使用的水量。在具体计算时，由于各类用途的河道内生态用水量不容易划分，因此通常将其放在一起计算出一个总的河道内生态用水量。该值可看作是扣除供给河道外经济用水、调出或流出本河段非生态用水之后的所有河道内天然径流量，即：

$$W_{in} = R_S - W_E - R_O$$

式中：W_{in}——河道内生态用水量；

R_S——河道天然径流量；

W_E——供给河道外的经济用水量（包括生产、生活用水）；

R_O——调出或流出本河段非生态用水量。

上式通常是针对受水利工程调控影响较小的河流。如果在一条河流上建有许多闸坝、水库、调水工程等水利设施，则其生态用水量的计算还要考虑水量调度的影响，如下式：

$$W_{in} = R_h - W_E + Q_D - R_O$$

式中：R_h——受水利工程调控后的河道径流量；

Q_D——通过水利工程调度后的生态补水量；

其他符号意义同前。

如果从人工调控角度来计算河道内生态用水量，则可以通过下式来进行计算：

$$W_{in1} = Q_D + Q_T + Q_F + Q_P$$

式中：W_{in1}——仅考虑人工调控的河道内生态用水量；

Q_D——通过水利工程调度后的生态补水量；

Q_T——从外流域的生态调水量；

Q_F——汛期洪水的人工回灌量；

Q_P——处理后的中水回用于河道景观的用水量。

第四节　生态用水保障措施

在自然条件下，生态用水不需要采取任何人工措施，而完全依靠自然界对水资源的时空分配来满足生态系统健康发展需求，但在水资源开发利用程度相当高的今天，人类用水大量挤占生态用水，生态用水常常不能满足生态系统基本需要，造成生态系统日益退化。为了人类的水资源开发利用活动不影响到生态系统的正常发展，必须采取相应的工程措施以确保生态用水能满足最低生态需水要求。下面对几种经常采用的生态用水保障措施进行介绍。

一、蓄水调节工程措施

抬高水位的工程调节措施是指通过对河湖水位的抬高，增大河湖水面和水深来满足生态用水的需要。对于各种水生生物来说，为维持其生长繁殖的正常环境，必须要保留一定的水深或水面空间，而当地表水资源被大量开发利用时，水面面积则得不到保证，并会出现河道断流、湖泊萎缩等现象，此时就需通过各种水利工程措施来调蓄地表水体，进而保证在有限的水资源条件下能维持较高的水位或较大的水面面积。通常，蓄水调节工程措施主要包括在河道或湖泊出口处建设橡胶坝、翻板坝、溢流堰、节制闸等，以蓄水来抬高水位。

1. 橡胶坝。橡胶坝是一种在河道内生态用水调节的常见工程，该坝枯水期能抬高河湖水位，保持坝前水量的动态平衡，以满足生态用水的要求。洪水期橡胶坝放空（排气或水），不影响河道正常行洪，洪水过后再充气（或水），坝继续挡水。其优点是既不影响行洪又能方便地抬高水位，工程投资较低；缺点是难适应污染较严重的城市河道，特别是漂浮物和推移质对坝体影响较大。

2. 翻板坝。翻板坝是一种间断蓄水、排水的水利工程，该坝在水位抬高超过设计水位后，翻板在水压力的作用下倒伏，开始排水，当水位降低到一定高度后，翻板在水压力的作用下，重新竖立挡水，以保持一定的水位变化范围，满足城市景观和生态用水的要求。翻板坝的优缺点与橡胶坝基本相同。

3. 溢流堰。溢流堰是一种固定式挡水坝，当水位高于堰顶时，开始溢流，当来水较少，堰顶停止溢流。溢流堰的优点是枯水期能有效地保持河湖水位，漏水少，管理简单，运行要求低。其缺点是对河湖行洪有一定的影响，对水位调节困难。

4. 节制闸。节制闸是建在河道或湖泊排水出口的一种常见的水利工程，能有效地抬高或降低水位，对行洪影响也较小。但水闸开、关频率较高，水位变幅较大，管理较为复杂。

对城市某条河流或湖泊，采用哪种水工建筑物抬高河湖水位，必须具体问题具体分析，选择适合的构筑物，如对漂浮物和推移质很多的河道不应采用橡胶坝，对行洪要求很高的河道不应采用溢流堰，对管理困难的河湖不应采用节制闸。

二、水利调度措施

生态用水不能满足的主要原因是水资源开发利用程度太高或来水不均匀，因此采取的措施也应是增加来水量，解决枯水期水量不足问题。水利调度工程是一项十分复杂的流域或区域系统工程，通过水资源的合理配置，确保缺水地区生态用水要求。水资源的调入必须建立在大量的水利工程的基础上才能实现，如水库工程、泵站工程、河道工程等，这些工程建设能实现生态调水的目标。目前，我国已开展了大量保障生态用水的水利调度实践工作，并取得了显著成效，如塔里木河流域生态输水工程、黄河全流域调度工程等，著名的南水北调西线工程也兼有向黄河上中游地区以及西北地区生态调水的目标。

塔里木河是我国最长的内陆河，全长1321km，流域总面积102万km^2。自20世纪50年代以来，由于塔里木河中上游地区无序开荒和无节制用水，干流水量日趋减少，下游河道断流320km，尾闾台特玛湖萎缩甚至干涸，稀疏的荒漠植物大量枯死，气候变得越发干燥。自2001年起，我国开始对塔里木河流域进行综合治理，其中，向下游生态输水是主要治理措施之一。随着输水措施的实施，塔里木河下游沿河两侧地下水位明显回升，天然植被恢复面积达27万亩，台特玛湖重现碧波荡漾的景色，大片胡杨林焕发了生机，越来越多的野生动物重返故园，下游生态环境质量得到明显改善。

黄河是我国的第二大河，是中华民族的母亲河，全长5400km，流域总面积75.2万km^2。由于黄河流域本身的生态系统十分脆弱，加之长期以来不合理的开发利用，造成黄河存在洪涝灾害严重、下游断流频繁发生、中游水土流失严重、水污染致使生态系统蜕变等一系列突出问题。在1972—1997年26年中，黄河下游先后有20年发生断流，利津水文站累计断流70次，共908d。黄河断流给下游沿黄地区工农业生产造成了较大损失，同时也严重影响了下游及河口生态系统。为了解决黄河断流问题，1999年黄河水利委员会开始对黄河水资源实行统一管理和调度，在基本保证治黄、城乡工农业用水的情况下，确保生态用水，当年黄河仅断流8d；2000年，在北方大部分地区持续干旱和成功向天津紧急调水10亿m^3的情况下，黄河实现了全年未断流。

三、地下水回灌调节措施

通常，在枯水季节为满足工农业生产以及生态系统用水需求，需要大量开采地下水，而这又势必会引起地下水位下降、水资源储量减少，并引起地面沉降、土地荒芜、海水入侵等地质灾害和环境问题。因此，在开发利用地下水资源时，必须人为地调节好地下水的开采与补给关系，在丰水季节借助各种工程措施，将地表水引入地下，从而达到在时间和空间上对地下水进行合理调配、补偿枯水季节损失水量的目的，这种增补地下水的方法称为人工补源回灌工程。

地下水人工回灌工程，具有安全、经济、不占地、工程技术简单的特点，在20世纪50年代国外已开始采用人工补给的方法增加地下水补给量，如日本早已将人工回灌地下水列入地下水保护法。我国在人工回灌地下水方面也做了大量研究工作，如上海市每年抽取地下水0.14亿m^3，人工回灌0.17亿m^3，使地下水位得到控制；河北省南宫水库采用人工回灌，仅花费2000万元，就取得了回补1.12亿m^3调节水量至地下水库的效果。目前，人工回灌工程在控制地面沉降、扩大地下水开采量、利用含水层储能等方面取得了巨大效益。

人工回灌地下水的方法很多，可分为直接法和间接法两种。直接法分为浅层地面渗水补给和深层地下水灌注补给两种；间接法主要指诱导法。

（一）浅层地面渗水补给

浅层地面渗水补给是将水引入坑塘、渠道、洼地、干涸河床、矿坑、平整耕地及草场中，借助地表水与地下水的水头差，使水自然渗漏补给含水层，增加含水层的储存量的补给方法，如图8－2所示。该法适用于地表有粉土、砂土、砾石、卵石等较好的透水层，包气带的厚度在10～20m的情况。根据补给方式的不同，浅层地面渗水补给包括河流渗水补给、渠道入渗补给、灌溉渗水补给、水库渗漏补给和坑塘洼地渗漏补给等。浅层地面渗水补给具有设备简单、投资少、补给量大、管理方便、因地制宜等优点。

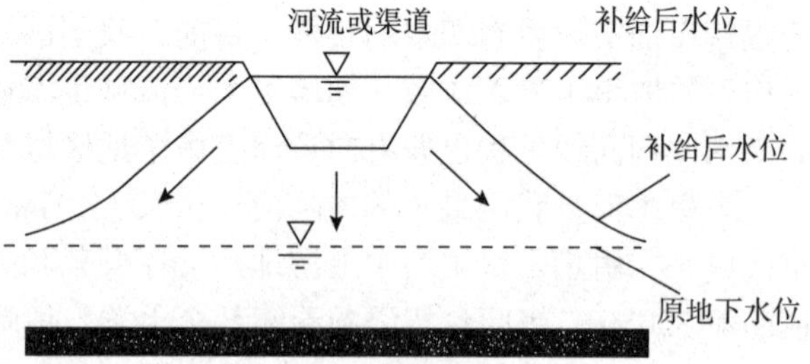

图8－2　地面渗水补给

（二）深层地下水灌注补给

如果含水层上部覆盖有弱透水层时，地表水渗入补给强度受到限制，为了使补给水源直接进入潜水或承压水含水层，常采用深井回灌，通过管井、大口井、竖井等设施，将水灌入地下，如图8－3所示。深井回灌法具有以下特点：①不受地形条件的限制，也不受地面弱透水层分布和地下水位埋深的影响；②占地少，可以集中补给，水源浪费少；③设备复杂，需附加专用水处理系统、输水系统、加压系统，工程投资和运行费用较高；

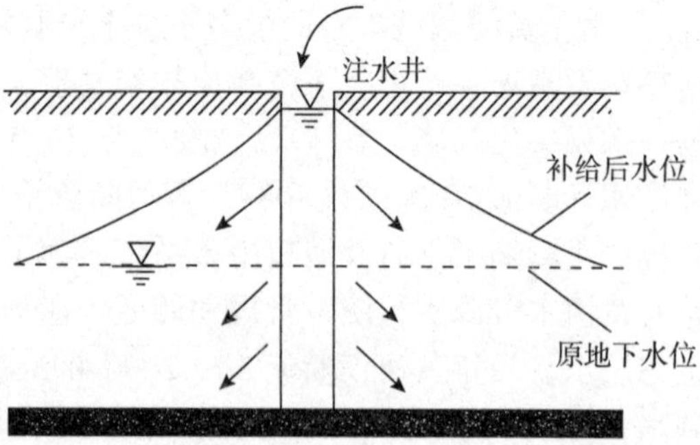

图8－3　深井回灌补给

④由于水量集中，井及其附近含水层的流速较大，容易使井管和含水层堵塞；⑤由于回灌是直接进行，对回灌水源的水质要求较高，如果回灌水水质差则容易污染地下水。因此，深井回灌法主要适用于地面弱透水层较厚（大于 10m），或受地面场地限制不能修建地面入渗工程的地区，特别适用于补给埋深较大的潜水或承压含水层。

尽管深井回灌法有一定的缺陷，但在含水层储能、防止海咸水入侵、控制地面沉降等方面，应用广泛。深井回灌方法分为真空（负压）、加压（正压）、自流（无压）三种，可根据含水层性质、地下水位埋深、井的构造和设备条件来选择。

（三）诱导补给法

诱导补给法是一种间接人工补给地下水的方法。在河流、湖泊、水库等地表水体附近凿井抽水，随着地下水位的下降，增大了地表水与地下水之间的水头差，诱导地表水下渗补给地下水。

诱导补给量的大小与含水层渗透性、水源井与地表水体间的距离有关。距离越近，补给量越大，砂层的过滤、吸附作用小，水质差；距离越远，过滤吸附作用强，水质好，但补给量会减少。为了保证天然净化作用，两者需要保持一定距离，并且水源井一般要位于地下水流向的下游比较有利。

实践证明，采用地下水回灌工程措施，不仅可达到调蓄地表径流、有效利用洪水、平衡水资源在时程上分配不均匀的效果，而且具有不占耕地、投资少、避免生态系统退化等一系列优点，尤其对于我国西北干旱地区，可避免水资源的无效损耗和浪费，最大限度地发挥水资源的社会、经济、环境综合效益。

四、退耕还林措施

1998 年长江流域发生大洪水以后提出的“退耕还林，退田还湖”的治水措施，是我国实行的第一个大规模生态系统建设措施。与之相类似，在过度放牧的地区“退牧还草”、把利用效率很低的平原水库“退蓄还流”也都是生态系统建设措施之一。同时，这些措施也是调整农村产业结构、合理保障生态用水、促进人水和谐的重要举措。这是因为在天然情况下，各种生态系统发挥了自我调节、净化环境等多种功能，而农业的大力发展占用了大量的水土资源，严重挤占了天然生态系统的生存空间，于是河道断流、湖泊萎缩、植被消亡等生态危机接踵而至。为了重建生态系统，恢复其原有的环境自净功能，必须压缩人类自身的发展用水，其中退耕还林政策是压缩农业用水、保障生态用水的有效手段。

实施退耕还林，第一，要坚持“生态效益优先，兼顾农民吃饭、增收以及地方经济发展”的原则，科学划定退耕还林面积，凡是水土流失严重、粮食产量低而不稳的坡耕地和沙化耕地，应按国家批准的规划实施退耕还林，而对于生产条件较好、又不会造成水土流失的耕地，农民不愿退耕的不强迫退耕；第二，要根据不同气候水文条件和土地类型进行科学规划，做到因地制宜，乔灌草合理配置，农林牧相互结合。在干旱、半干旱地区，重点发展耐旱灌木，恢复原生植被。在雨量充沛、生物生长量高的缓坡地区，可大力发展竹林、速生丰产林；第三，在确保地表植被完整、减少水土流失的前提下，可采取林果间作、林竹间作、林药间作、林草间作、灌草间作等多种合理模式还林，立体经营，实现生态效益与经济效益的有效结合；第四，对居住在生态地位重要、生态环境脆弱、已丧失基本生存条件地区的人口实行生态移民。对迁出区内的耕地全部退耕、草地全部封育，实行封山育林育草、封山禁牧，恢复林草植被。

第九章　水资源配置与规划

水资源规划是水利部门的重点工作内容之一，对水资源的开发利用起着重要的指导作用。水资源合理配置则是水资源规划的重要基础工作。通过对区域水资源进行合理配置和科学规划，可以有效地促进区域水资源的合理利用，保障经济社会的可持续发展。

第一节　水资源配置与规划的基本概念

一、水资源价值

（一）水资源价值及其内涵

现实的残酷以及对可持续发展的追求迫使人类对传统的水资源观点进行批判和反思，并开始认识到水资源本身也具有价值，在使用水资源进行生产活动的过程中必须考虑水资源自身的成本——水资源价值。

水资源自身所具备的两个基本属性是其价值来源的核心，即水资源的有用性和稀缺性。水资源的有用性属于水资源的自然属性，是指对于人类生产和生活的环境来讲，水资源所具有的生产功能、生活功能、环境功能以及景观功能等，这些功能是由水资源的本身特征及其在自然界所处的地位和作用所决定的，不会因为社会外部条件的改变而发生变化或消失。水资源的稀缺性也可以理解为水资源的经济属性，它是在水资源成为稀缺性资源以后才出现的，即当水资源不再是取之不尽的资源后，由于水资源的稀缺性而迫使人类必须从更经济的角度来考虑水资源的开发利用，在经济活动中考虑到水资源的成本问题。水资源价值正是其自然属性和经济属性共同作用的结果。对于一种资源而言，如果其自然属性决定其各种功能效果极小，甚至有可能会对自然或社会造成负面影响，则无论该种资源稀缺程度多严重，其价值也必然很小。同样，对于某一具有正面功能的资源，如水资源等，其稀缺程度越大，则价值越大。

1. 水具有生命维持价值。水是人类赖以生存的源泉。表 9－1 是世界卫生组织提出的供水服务标准，表中以取水距离或时间以及获取水量作为量化标准来评价供水的水平。

表 9－1　世界卫生组织的供水服务标准

服务水平	取水距离或时间	获取水量/[L/(人·d)]	满足的需求	问题解决的紧迫性
无供水服务	距离 > 1km 所需时间 > 30min	< 5	不能保障最低生活需求；不能保障基本卫生条件	非常紧迫；急需提供基本供水服务

续表

服务水平	取水距离或时间	获取水量/［L/(人·d)］	满足的需求	问题解决的紧迫性
最低水平	距离＜1km 所需时间＜30min	平均 20	基本保障最低生活需求；难以保障基本卫生条件；到较远处如厕	紧迫；进行卫生教育，提供较好的供水服务
中等水平	室外公用自来水	平均 50	能保障生活需求；能保障基本卫生条件；院内就近如厕	低；进一步改善卫生条件，提高健康水平
高水平	室内自来水	平均 100～200	能保障生活需求；能保障卫生条件；室内卫生间	非常低

然而，在全球 60 多亿人口中，目前尚有 10 亿以上人口根本得不到基本的供水服务，有近 16 亿人口只能得到最低水平的供水服务，这些人口有 60% 以上分布在亚洲，近 30% 分布在非洲。由于得不到基本的供水服务，水系传染病目前仍是世界上感染率最高的疾病。全球每年痢疾的发病率高达近 40 亿人次，导致 220 多万人死亡，其中 90% 为 5 岁以下的儿童。

由于上述原因，联合国提出将解决供水的问题作为重要的人权问题来考虑。水所具有的维持人类生命的价值已远远超过了它的商品经济价值。

2. 水的社会价值。水资源与社会发展具有密不可分的关系。人们生活的地球因为有丰富的水资源才孕育了人类，人类文明的发祥地都离不开江河等重要的水资源。肥沃的农田离不开充足的灌溉用水条件，工业的发展在很大程度上取决于水的供应条件。在当今的世界上，工业化国家要么是依靠得天独厚的丰富水资源条件得到迅猛发展，要么是利用高科技很好地解决了水资源问题而得到发展，而发展中国家大都存在亟待解决的水资源不足问题。这些都是水资源的重要社会价值的例证。

3. 水的环境与生态价值。20 世纪 90 年代以来，水资源和生态环境的相关性研究开始受到全世界的关注。世界资源保护联盟针对 21 世纪全球性的水资源与生态环境问题进行了多方面的研究，提出了环境水流的概念。所谓环境水流，是指河流、湿地、海湾这样的水域中，赖以维持其生态系统以及抵御各种用水竞争的流量。环境水流是保障河流功能健全，进而提供发展经济、消除贫穷的基本条件。从长远的观点来看，环境水流的破坏将对一个流域产生灾难性的后果，其原因就在于流域基本环境生态条件的丧失。然而，强调保障环境水流往往意味着减少其他方面的用水量，这对不少国家或流域是一个困难的决策，但世界资源保护联盟一再呼吁各国从可持续发展的角度出发，充分重视保障流域环境水流。

环境水流既包括天然生态系统维系自身发展而需要的环境生态用水，也包括人类为了最大程度地改变天然生态系统，保护物种多样性和生态整合性而提供的环境生态用水。专家们提出了生态需水量和绿水的概念，提醒人们注意生态系统对水资源的需求，水资源的供给不仅要满足人类的需求，而且生态系统对水资源的需求也必须得到保证。

4. 水的经济价值。从水本身来说，很难衡量它的固有价值，正是由于这个原因，人们有可能认为水资源是取之不尽、用之不竭的天然物质，而忽视它的经济价值。然而，由于水资源在人类文明社会的发展和环境保护中占据中心位置，整个社会为水资源的开发、利用以及保护所付出的经济代价是巨大的。

（二）水资源价值的经济特性

水资源具有比较显著的经济特性，这可从水资源的自然属性、物理属性、化学属性、社会属性、环境属性、资源属性等各个方面反映出来，也是从经济角度考评和研讨水资源的理论支点。水资源的经济特性主要表现在以下几个方面。

1. 稀缺性。作为自然资源之一的水资源，其第一大经济特性就是稀缺性。经济学认为稀缺性是指相对于消费需求来说可供数量有限的意思，理论上可以分成两类：经济稀缺性和物质稀缺性。假如水资源的绝对数量很多，可以在相当长的时间内满足人类的需要，但由于获取水资源需要投入生产成本，而且在投入一定数量的生产成本的条件下可以获取的水资源是有限的，供不应求，这种情况下的稀缺性就称为经济稀缺性。假如水资源的绝对数量短缺，不足以满足人类相当长时期的需要，这种情况下的稀缺性就称为物质稀缺性。当今世界，水资源既有物质稀缺性，又有经济稀缺性；既有可供水量不足，又存在缺乏大量的开发资金的现实。正是因为水资源供求矛盾日益突出，人们才逐渐重视到水资源的稀缺性问题。

经济稀缺性和物质稀缺性是可以相互转化的。缺水区自身的水资源绝对数量不足以满足人们的需要，因而当地的水资源具有严格意义上的物质稀缺性。但是，如果通过调水、海水淡化、节水、循环使用等方式增加缺水区水资源使用量，水资源似乎又只具有经济稀缺性，只是所需要的生产成本相当高而已。丰水区由于水资源污染浪费严重，加之治理不当，使可供水量满足不了用水需求，也会成为水资源经济稀缺性的区域。

2. 不可替代性。稀缺性物品或资源如果是可替代的，其替代品可代之满足人们对稀缺物品的需求；反之，稀缺性物品或资源如果是不可替代的，它们的稀缺程度会大大提高。水资源是不可替代的，其不可替代性不仅说明其在自然、经济与社会发展中的重要程度，也提高了水资源的稀缺程度。水资源的不可替代性具有绝对和相对两个方面。

从功能来分析，水资源一般可分为生态功能和资源功能两大类。生态功能是一切生命赖以生存的基本条件。水是植物光合作用的基本材料，水使人类及一切生物所需的养分溶解、输移，这些都是任何其他物质绝对不可替代的。水资源功能的大部分内容也是不可替代的重要生产要素。如水的汽化热和热容量是所有物质中最高的，水的表面张力在所有液体中是最大的，水具有不可压缩性，水是最好的溶剂等。

水资源功能的一部分，在某些方面或工业生产的某些环节是可以替代的。如工业冷却用水，可用风冷替代；水电可用火电、核电替代。但这种替代较昂贵，缺乏经济上的可行性；在成本上是非对称性的，即用水是低成本的，而替代物是相对高成本的。如从环境经济学分析，这种替代往往要付出更大的生态环境成本。所以，在这种情况下，水资源的功能在经济上也是相对不可替代的。

3. 再生性。如果对一种资源存量的不断循环开采能够无限期地进行下去，这种资源就被定义为可再生资源。水资源是不可耗竭的可再生性资源，有三层含义。

第一，水资源消耗以后，通过大自然逐年可以得到恢复和更新。从全球水圈来讲，总水量是不变的，水资源存在着明显的水文循环现象。但是水资源的再生性又不是绝对的，而是相对的，有条件的。再生时间是水资源循环周期中最重要的条件。在水资源再生的过程中，不同的淡水和海洋正常更新循环的时间是不相等的。超量抽取地下水，会使一些地下水在人为因素作用下由不可耗竭的再生性资源转为可耗竭性资源。对不可耗竭的再生性水资源的开发利用必须考虑其自然承载能力。如超过其限度就会转为可耗竭性资源或延长再生周期。不能把水资源的可再生性误认为水资源是取之不尽、用之不竭的。

第二，随着人类社会的飞速发展，在水需求量大大超过自然年资源量时，人们可通过工业手段使其人为再生。在利用天然水体本身的自净能力的基础上，同时采取生物和工程等多种措施，实现水的再生化和资源化，这是今后满足日益增长的水需求，尤其是满足超过水资源自然再生性所能提供水量之上需求的主要途径。由于人工再生成本远远高于自然再生成本，其价格的提升将使社会成本普遍提高。

第三，采用经济合理的管理程序，使同一水资源在消费过程中多次反复使用，也是一种使用过程中的再生形式。对多个非消耗性用水领域，根据不同用水标准，按科学合理的使用顺序安排消费流程，如先发电，后航运，再用于工业或农业。在水资源量一定的条件下，复用次数越多，水资源利用程度就越高，资源再生量就越大。虽然这样的消费流程所需管理难度较大，但也是水资源供求矛盾迫使人们必须走的一条路。

4. 波动性。水资源虽是可再生的，但其再生过程又呈现出显著的波动性特点，即一种起伏不定的动荡状态，是不稳定、不均匀、不可完全预见、不规则的变化。

水资源的波动性分为自然和人为两种。自然的波动性表现在水资源再生过程的空间分布和时程变化上。水资源波动性在空间上称为区域差异性，其特点是显著的地带性规律，即水资源在区域上分布极不均匀；水资源时程变化的波动性，表现在季节间、年际和多年间的不规则变化。水资源的人为波动是指人作用于水资源的行为后果，负面影响了水资源正常的再生规律。如过度开采水资源、水污染、水工程老化失修、臭氧层的破坏、环境的日益恶化等。

将水资源的自然波动和人为波动联系起来分析：水资源的自然波动，是外生不确定性，没有一个经济系统可以完全避免外生不确定性；水资源的人为波动，是内生不确定性，来源于经济行为者的决策，与经济系统本身的运行有关，是可以控制和避免的。在水资源波动过程中，外生不确定性和内生不确定性可以相互作用，应以内生确定性来平衡外生不确定性，用科学的决策、合理的规划、优质的水资源工程使水资源波动性降至最低程度。

综上所述，水资源既有稀缺性，又有不可替代性；既有再生性，又有很大的波动性，因此，水资源是非常宝贵的资源，人们在开发利用过程中，应该运用经济方法，在完善水资源市场的过程中，通过价格机制的作用，使之达到资源最优或次优的经济配置。水资源再生过程的波动性对供水保证率是非常不利的。为了调节需求，价格浮动也是必然的，固定的水价是不符合自然规律和市场规律的。

（三）水资源价值的作用

1. 水资源价值是水资源可持续利用的关键之一。水资源价值在持续利用水资源的过程中具有重要的地位，它是水资源持续利用的关键内容之一，进而构成持续发展战略的重要组成部分。水资源危机的加剧，促进了水资源高效持续利用的研究，经过深入的理论探讨和实践总结，有识之士渐渐意识到水资源价值是持续利用水资源的关键之一。尽管国内外对此没有明确论述，但在一系列文件中都不同程度地予以了确认。如 1992 年联合国环境和发展大会通过的《21 世纪议程》，在第 18 章“保护淡水资源的质量和供应——水资源开发、管理和利用的综合办法”中明确指出，淡水是一种有限资源，不仅为维持地球上一切生命所必需，且对一切社会经济部门都具有生死攸关的重要意义。

我国的水资源价值理论长期受“水资源取之不尽、用之不竭”的传统价值观念影响，水资源价格严重背离水资源价值，造成了水资源长期被无偿地开发利用，不仅形成了巨大的水资源浪费和对水资源的非持续开发利用，同时对人类的生存及国民经济的健康发展产生了严重的威胁。人们尽管这几年来对此有所认识，采取了相应的行政或法律手段干预，但是由于对水资源价值作用缺乏足够的认识，致使所采取的措施缺乏广泛的经济社会基础，最终结果是政府干预行为过于集中和强硬，市场行为和经济杠杆的作用又过于薄弱，导致期望与现实相差甚远。

2. 水资源价值是水资源宏观管理的关键。水资源管理手段是多样的，其中水资源核算是水资源管理的重要手段，也是将其纳入国民经济核算体系之中的前提。国民经济核算是指对一定范围和一定时间内的人力、物力、财力所进行的计量，对生产、分配、交换、消费所进行的计量，对经济运行中所形成的总量、速度、比例、效益所进行的计量，其主要功能体现在它是衡量社会发展的“四大系统”，即社会经济发展的测量系统、科学管理和决策的信息系统、社会经济运行的报警系统和国际经济技术交流的语言系统。由于无论是西方的国民经济核算体系，还是我国现行的国民经济核算体系，皆未包括水资源等资源环境部分，缺乏对水资源等自然资源的核算，因此导致了严重的后果。其主要表现为：水资源等资源环境的变化，在国民账户中没有得到反映，一方面经济不断增长，另一方面资源环境资产不断减少，形成经济增长过程中的“资源空心化”现象，其实质就是以消耗资源推动国民经济发展的“泡沫式”的虚假繁荣假象。可见，开展水资源核算是非常重要的。

3. 水资源价值是社会主义市场经济的需要。我国法律规定，水资源等自然资源归国家或集体所有，这是法律所赋予的权利。仅从法律条文上来看，水资源具有明确的所有权。但在现实的经济生活中如何实现这个权利，是无偿转让、征收资源税还是定价转让，这是一个值得研究的问题，究竟采取何种方式，取决于经济发展对水资源的需求程度、市场发育程度、政府管理水资源的水平及认识水平。国家作为人民大众的利益代表者，具有管理水资源的权利和义务，并且使水资源所有权在经济上得以实现。其中的重要手段是有偿转让水资源，水资源使用者通过交换的方式获得使用权，国家将所得到的资金返投于水资源有关建设中，服务于大众。从时间上来看，由于客观上存在着水资源所有权与经营权、使用权的分离，导致了水资源产权的模糊，因而产生了一系列问题。因此，应明确水资源产权对资源配置具有根本影响，是影响资源配置的决定性因素。

4. 水资源价值是水资源经济管理的核心内容之一。水资源价格是水资源价值的外在表现，在水资源管理中占有重要地位，它不仅是水利经济的循环连接者，也是水利经济与其他部门经济连接的纽带；通过水资源价值可以掌握水利经济运动规律，反映国家水利产业政策及调整水利产业与其他产业的经济关系，合理分配水利产业既得利益。适宜的水资源价值不仅能够促进节约用水，提高用水效率，实现水资源在各部门间的有效配置，而且对地区间水资源合理调配都具有重要意义。

然而长期以来，我国的水资源被无偿或低价使用，事实上水所有权被废除或削弱，不仅刺激了水资源开发利用，同时由于缺乏有效的水资源保护措施，造成了水资源的浪费与水环境的恶化。我国的水价演变历史可以说是无价或低价的历史，从新中国成立初期到1965年，水资源被无偿使用；1965年水利部制定了《水利工程水费征收使用和管理试行办法》，该办法未考虑供水成本；1985年国务院颁布了《水利工程水费核定、计收和管理办法》，规定供水成本包括运行费、大修费、折旧费以及其他按规定应计入成本的费用，这里也未包括水资源本身的价值。1988年《中华人民共和国水法》颁布实施后，各地先后依法征收了水资源费，水资源有偿使用实现了，但是价格太低，而且计算方法也不规范，节水成效没有充分发挥，同时也造成了水利部门财务严重困难。

（四）水价和水资源费

由于水资源本身具有价值，可以利用的水就具有商品属性，也就具有价格。在市场经济条件下，一般商品的价格是依据成本和市场供需情况而定的。但由于水市场的垄断性，水资源商品的定价依据主要是成本。这个成本应当包括在水资源开发及运行全过程中的总成本，包括前期工作、规划设计、施工、管理运行等费用，也包括污水处理的费用，并由此确定需要由用户支付的总成本。由于水的用户要求各不相同，例如对水质的要求和对水量的保证程度等要求因用户的性质差别很大，通常对用户分为不同等级，结合考虑用户从水的利用获得的利润、用户的支付能力和公众利益等方面制定不同等级用水的用水成本，从长远观点考虑，还应考虑为保证社会的可持续发展和促进水资源保护以及使用后水的再利用可能性，以确定综合水价。但影响水价制定的因素很多，有经济因素，也有各种非经济因素，但这些因素的影响，对不同地区各不相同，必须针对具体情况进行分析。

1. 水价的几个基本概念。

（1）成本水价：成本水价应是商品价格的下限。若商品价格低于它，生产者或经营者就要亏损。成本水价是制定其他价格的基础和依据。当前我们制定的在正常条件下的灌溉用水的价格就是成本价格，即成本水价。

（2）理论价格：又叫理想价格或合理价格。理论价格可能不是马上可以实施的，但它能为调整不合理的价格指明方向。在理论价格的基础上，参照供求状况和国家政策制定实际价格。

（3）生产水价：根据会计学核算，生产水价应等于产品的社会成本加按社会平均资金盈利率计算的盈利额。所以，实质上，生产水价是一种比较现实的理论价格。

（4）目标水价：也叫决策水价，它是以理论价格为基础，考虑其他经济、政治等因素而制定的价格。目标水价可促进生产和流通，鼓励合理利用各种资源，调节生产比例和效益分析，指导消费，使国民经济取得最大经济效益。在水利工程供水中，许多水价都是目标水价。例如，为了促进经济落后地区的工农业发展，降低该地区的供水价格，甚至免费供水；为了鼓励某一事业的发展，给以优惠水价；为了节约和高效利用水资源，在缺水地区或一般地区的干旱年或干旱季节，实行高价供水；为了使多余水资源发挥效用，在多水地区或丰水年及丰水季节，即供大于需的情况下，实行低价供水；为了合理地再分配经济效益，对于经济效益较低的用水户，如一般作物的灌溉用水，采用低水价；对经济效益较好的用水户，如经济作物、养殖用水等采用高水价。由于水质不同，也可制定不同的价格。实质上，灌溉水采用的是成本价格，工业用水采用的成本加盈利的水价是目标水价。

（5）影子水价：影子水价指的是在一定的区域内和一定的供水水平下，由于多年平均有效供水增加（或减少）一个单位而造成的区域国民收入相应增加（或减少）的量。从供水单位的角度看，影子水价反映了区域内水的一种平均临界价格，即当区域内某个供水工程的实际供水成本低于该临界价格时，供水是有利的；反之，则应采用节水，由其他供水工程供水或采用外调供水方案。但供水的影子价格并不能代表供水的国民经济效益；在水资源短缺的情况下，水资源成为国民经济发展的制约因素，每减少一单位的供水量便造成相应量的经济损失；但每增加一单位的供水量所形成的国民收入的相应增加量不仅取决于水的新增投入，还取决于相应的新增固定资产、新增中间投入以及新增劳务量，故新增供水的贡献仅占新增国民收入的一部分。由于影子水价是市场条件下供需动态均衡时的重要价格信号，为实际水价的制定提供了理论依据。

（6）均衡水价：理论上，均衡水价是指在市场经济条件下，水资源供需达到动态均衡状态下的水市场供水价格。按照经济学定义，在均衡价格下，水资源供需市场是出清的。若市场水价大于均衡价格，将使水市场存在一定的稀缺，供应过少，将刺激供应增加，导致价格下降，市场重新处于出清；反之，若低于均衡价格，则水市场存在一定的剩余，供应过多，将减少供应，致使价格上升，市场也将处于均衡。因此，若市场发展完善，则市场具有趋于均衡的内在机制，高价抑制消费，低价鼓励消费。由于价格直接反映生产者的收入，对生产也起着调节作用，高价鼓励增加生产，而低价抑制生产。一般来讲，若政府由于某种理由试图把水商品价格维持在均衡水平之上或之下，都要付出代价。若维持在均衡价格之上，用户将采取节约用水或减少用水，或用其他污水处理、海水利用或雨水利用等方法代替，从而减少地表和地下水资源的需求量，将使供水工程不能发挥其正常的能力，供水能力过剩，影响经济效益；若把价格维持在均衡价格之下，政府将对水企业提供补助，以维持水利工程或供水企业的正常运行，否则水企业将承担亏损，长此下去，将给政府和企业造成沉重的负担。因此，在市场经济条件下，均衡水价应是明确体现水资源供求关系的合理价格。但由于水商品具有不同于其他商品的市场运行规律，如垄断性、区域性和公益性等，目前均衡价格仅仅是重要的区域水价制定的参考。

2. 水价制定原则。水资源属于可分的非专有物。可分是指可供水量在供给任何一个用户使用后，都将减少；而非专有是指水资源不为某个人或团体所拥有。但非专有性将削弱财产权，导致低效率。水资源非专有性的结果也必然导致水资源供应量、服务和舒适供应不足，有害物和不舒适供应的数量过多；相应于低效率的开发，资源开发过度，以及在资源的管理、保护和生产能力方面投入不足。对于水资源的定价，为了防止水资源非专有性的分配结果的发生，促进水资源的可持续开发利用和提供可靠的供水，水价的制定应遵循以下四项原则。

第一，公平性和平等性原则。水是人类生产和生活必需的要素，是人类生存和发展的基础，人人都享有拥有一份干净水以满足其基本的生活需求的权利。因此，水价的制定必须使所有人，无论是低收入者，还是高收入者，都有能力承担支付生活必需用水的费用。在强调减轻绝对贫困、满足基本需要的同时，水价制定的公平性和平等性原则还必须注意水资源商品定价的社会方面的问题，即水定价将影响社会收入分配等。

除了保证人人都能使用外，价格的公平性和平等性也必须体现在不同的用户之间，即保证用户的投入与其所享用的水服务相当。一般来讲，随着供水量的变化，其成本是变化的，不同用水量的用户间的价格也应存在差异，必须在价格中体现。在社会主义市场经济的条件下，这种公平性和平等性原则还必须区别发达地区和贫困地区、工业和农业用水、城市和农村之间的差别。

公平性和平等性原则要求在水价的制定中考虑用户的支付能力和支付意愿，在某些情况下，要考虑实施两部制水价或基本生活水价结构。

第二，水资源高效配置原则。水资源是稀缺资源，其定价必须把水资源的高效配置放在十分重要的位置。只有水资源高效配置，才能更好地促进国民经济的发展。即只有当水价真正反映生产水的经济成本时，水才能在不同用户之间有效分配。换一句话说，如果水被真正定价，水将流向价值最高的地区或用户。

水资源的高效配置要求采用边际成本定价法则，即边际成本等于价格。但在某些条件下，边际成本定价并不能实施。当规模经济效益未能充分发挥时，平均成本趋于递减，边际成本低于平均总成本，供水企业将亏损。公平性和平等性原则也限制按边际成本定价。

从效率方面考虑，在市场经济条件下，若存在完全竞争，水资源商品（以供水为例）的价格，将由市场的供需关系确定，供需平衡时的价格，即均衡价格为水价。但如前所述，水资源商品的供给完全为供方市场。由于垄断，在不加管制的条件下，水资源商品生产企业将追求超额利润。在完全竞争下，商品价格应等于边际收益，等于边际成本。但在不完全竞争条件下，价格将不会等于边际成本，生产者追求利润最大化，使边际成本等于边际收益，限制生产，使市场处于稀缺状态，价格高于边际成本，导致资源的低效配置。政府机构等单位为了限制垄断者追求超额利润，有必要对像供水等自然垄断的行业进行管制，以防止垄断的定价制度。按传统的做法，管制就是对受管制的厂商企业实施平均成本定价。但这样将偏离边际成本定价，影响资源的配置效率，因此在某些情况下寻求一个次优的策略，对价格需求弹性小的商品，价格可以偏离边际成本大一些；对价格需求弹性大的商品，价格偏离边际成本要小，以尽量促进资源的高效配置。

第三，成本回收原则。成本回收是保证水企业不仅具有清偿债务的能力，而且也有能力创造利润，以债务和股权投资的形式筹措扩大企业所需的资金。只有水价收益能保证水资源项目的投资回收，维持水经营单位的正常运行，才能促进水投资单位的投资积极性；同时也鼓励其他资金对水资源开发利用的投入，否则将无法保证水资源的可持续开发利用。但目前我国的水价制定中，这条原则往往不能满足，水价明显偏低，水生产企业不能回收成本，难以正常运行，价格也不能向用户传递正确的成本信号。

第四，可持续发展原则。相对于代际而言，水价必须保证水资源的可持续开发利用。尽管水资源是可再生的，可以循环往复，不断利用，但水资源所赋存的环境和以水为基础的环境是不一定可再生的，必须加以保护。因此，可持续发展的水价中应包含水资源开发利用的外部成本。在部分城市征收的水费中包含的排污费或污水处理费，就是其中一个方面的体现。

总之，水资源作为一种特殊商品，其定价是十分复杂的。水价的制定不仅应考虑公平性和平等性原则，促进资源的高效配置和可持续开发利用，还应顾及成本回收，而且四个原则还互相矛盾。在具体的实施中，应考虑不同情况区别对待。由于水资源开发利用活动的多目标综合性，水价制定应区别对待各种不同用途之间定价的原则的轻重缓急。对于诸如生活用水等公益性较强的用途，首先需要考虑的是公平性和平等性原则，在此基础上，再考虑成本回收及资源的高效配置；对于农业用水，由于国家产业政策的倾斜等原因，农业用水定价首先要考虑的是资源的高效配置，然后才是成本回收，而对于公平性原则一般可不予考虑；对于工业用水，由于水是一种生产资料，将计入生产成本，转嫁于商品的购买者，因此工业用水首先应是资源的高效配置和成本回收，同时还必须考虑利用。以上的定价原则也说明了水资源管理体制的两个方面：政府干预和市场机制的功能，为建立可持续发展的水资源管理清晰界定了管理范围。在以上的四项原则中，资源高效配置是市场的职能，不在政府的职能之内，但水资源作为特殊的商品，政府应通过立法，建立合适的体制和提供有效的经济手段，保证市场发挥资源配置的能力。保证公平性和平等性及可持续性则是政府的职责所在，市场经济不能解决这两个问题，政府需要干预市场，保证这两个原则的实现。成本回收是政府在水价制定中应替企业着想的问题。

3. 征收水资源费的理论依据。水资源费是水资源管理中普遍采用的经济手段。水资源费与日常生活中所讲的水费不同，水费是对水服务支付的费用，而水资源费则是由于取水而征收的费用，大多数是资源稀缺租金的表现。征收水资源费的理论依据，主要是出于受益原则、公平原则、补偿原则和效率原则。

第一，受益原则。受益原则是指纳税人以从政府公共支出的受益程度的大小来分担税收。《中华人民共和国宪法》中规定："矿藏、水流、森林、山岭、草原、荒地、滩涂等自然资源，都属于国家所有，即全民所有。"新的《中华人民共和国水法》中也指出："水资源属于国家所有。"在我国法律规定水资源属于国家所有的情况下，资源的开发利用者将因利用而受益，因此从受益的方面考虑，有责任向国家支付一定的补偿，即缴纳相应的水资源费。实质上，水资源费是国家所有的水资源在使用和受益转让过程中的一种经济体现。

第二，公平原则。由于水资源存在着多来源性和水质的不同，因此，开发利用量相同的水资源其成本有较大差别。为了平衡市场的价格和产品，保护不同水源和水质的水资源开发利用者的利益，国家有必要对水资源开发利用中存在的差别进行调节，这样水资源费就成为国家调节水资源开发利用的必要手段。

由于我国水资源还存在着时空分布不均的问题，不同的地区和季节，水资源的稀缺程度、水量大小是不同的。如果不对水资源的这种天然差异进行调节，将严重影响水资源开发利用者之间的公平性。从公平性的角度出发，水资源费不仅是调节水资源数量和质量差异的一个重要手段，而且是促进市场公平竞争的手段。

第三，补偿原则。水资源在开发利用过程中，需要进行大量的基础性和前期工作，如水资源开发效益论证、水文和水质的监测、水资源开发利用规划，及水资源管理等。

为了有利于水资源的开发利用，水资源所有者需要对其所拥有的资源进行各种必要的前期工作和管理，而这些前期工作和管理必然花费一定的费用。对于水资源的所有者，这些费用应当由水资源开发利用者给以适当的补偿。而水资源费正是这样一种形式，可以补偿水资源在前期工作和管理活动中的开支。

第四，效率原则。从经济学资源配置效率角度分析，稀缺资源应由效率高的利用者开采，对资源开采中出现的掠夺和浪费行为，国家除采用法律和行政手段外，用经济手段加以限制也是有效的。对于人类稀缺的水资源来说，除了保证人的基本生活需求外，更应当配置在利用效率高的方面，这样才能促进水资源的高效配置。

目前，我国仍然存在着水资源浪费、低效配置和严重污染等现象，为了彻底改变水资源的这种状态，促进水资源的高效利用、高效配置和保护，水资源管理者有必要对水资源的开发利用运用经济手段加以管制。① 如对于水资源条件较差的区域，为了促进水资源高效配置，应征收高水资源费；限制高需水和耗水工业企业或行业的发展，使之迁移至水资源丰富地区；在水资源缺乏地区，对农业灌溉用水适当收费，以限制大量耗水作物的种植面积等。

（五）我国水价管理中的问题

1. 价格水平仍然没有达到供水成本。特别是绝大多数农业水价远没有达到供水成本水平，多数农业灌区的现行水价只有供水成本的50%～60%。有些地区实际供水价格仅为供水成本的20%～30%，个别地区甚至无偿供水。

2. 水价秩序混乱，中间加价和搭车收费现象严重。我国国有灌区工程供水价格由政府制定，普遍偏低，亏本运行，而相当一部分地区农民实际负担水费却居高不下，政府的政策调控目标没有得到实现。

3. 农业供水普遍没有实行计量收费。缺乏简易、经济和有效的计量设施，使得我国绝大部分地区农业水费实行按亩收费的办法。按亩收费既不利于农民“水利工程供水是商品”意识的形成，而且水费与用水多少没有直接关系，导致农民和水管理单位均没有节水积极性，助长了水资源的浪费。

4. 水价对水资源配置的调节作用尚未充分发挥。由于对农业用水不征收水资源费特别是地下水水资源费，北方许多地方不用水利工程供应的地表水，而改用地下水，导致地下水超采现象严重。不合理的价格体系对水资源配置在一定程度上起到了反向调节作用。

5. 水价管理事权划分不清。水利工程供水价格由县级以上人民政府价格主管部门会同水行政主管部门确定。而实际工作中情况非常复杂，存在很多问题。如许多省尚未进行水价管理事权划分，仍实行全省统一的供水价格。这种做法一方面不符合市场经济原则，不能保证新水源工程收回投资；另一方面大范围统一供水价格，供水价格就难以及时进行调整。

6. 水价调整机制缺乏灵活性。国务院早在1985年颁布的《水费办法》中就确定了按

① 邵凯，邵春苹．浅析水资源的高效利用与持续发展［J］．中国科技博览，2013（7）：313－313.

供水成本和合理利润核定供水价格的原则。然而因为认识观念和农民承受能力等因素的限制，水价特别是农业水价定价、调价难，一般多年不变，直接导致当前大部分地区的供水价格仍然没有达到供水成本，社会资本投资水源工程无利可图，完全依靠国家投资建设水源工程的局面难以得到根本转变。

7. 水价计价方式单一。大部分水管单位的水价计价方式仍是单一的水价标准，两部制水价、超定额用水累进加价和丰枯季节水价等科学的计价方式没有得到实施。单一的计价方式，不仅没有反映出当地水资源的稀缺程度，而且不能保证水利工程的基本运行和维护。

二、水资源配置

（一）水资源配置的概念

水资源配置的概念主要是基于以下背景提出的。

第一，随着人口的不断增加和经济社会的快速发展，水资源供需矛盾日益突出，水资源短缺已成为制约许多国家和地区经济社会发展的瓶颈。因此，寻求合理的水资源配置方案，从而实现有限水资源的利用效益和效率的最优化，已成为摆在我们面前的重要任务，这是开展水资源配置工作的前提条件和动力。

第二，水资源短缺引发水资源在不同地区和不同用水部门之间存在客观的竞争现象，针对该现象实施的每种配水方案必将产生不同的社会、经济、环境效益，这是开展水资源配置工作的基础条件。

第三，系统科学方法、决策理论与计算机模拟技术的不断发展和完善，为开展水资源配置提供了技术支撑条件。

基于上述背景，可总结出水资源配置的一般概念。水资源配置是指在流域或特定的区域内，遵循高效、公平与可持续利用的原则，通过各种工程与非工程措施，改变水资源的天然时空分布；遵循市场经济规律与资源配置准则，利用系统科学方法、决策理论与计算机模拟技术，通过合理抑制需求、有效增加供水与积极保护环境等手段和措施，对可利用水资源在区域间与各用水部门间进行时空调控和合理配置，不断提高区域水资源的利用效益和效率。

（二）水资源配置的意义

水资源配置是水资源规划的重要基础和不可缺少的重要内容，其重要意义主要体现在以下 3 个方面：①有效地促进水资源的合理利用；②促进水资源开发、经济社会与环境保护之间的协调与可持续发展；③可实现社会、经济、环境效益的综合最优。

三、水资源规划

（一）水资源规划的概念

水资源规划起源于人类有目的、有计划地防洪抗旱以及流域治理等水资源开发利用活动，它是人类与水斗争的产物，是在漫长的水利生产实践中形成的，且随着经济社会与科学技术的不断发展，其内容也不断得到充实和提高。

早在1951年，我国出版的《中国工程师手册》中就已写道“以水之控制及利用为主要对象之活动，统称水资源事业，它包括水害防治、增加水源和用水”，对这些内容的总体安排即为水资源规划。

美国的古德曼（A. S. Goodman）认为：水资源规划就是在开发利用水资源的活动中，对水资源的开发目标及其功能在相互协调的前提下做出的总体安排。

我国的陈家琦认为：水资源规划是指在统一的方针、任务和目标的约束下，对有关水资源的评价、分配、供需平衡分析与对策，以及方案实施后可能对经济、社会和环境的影响等方面而制定的总体安排。

左其亭则认为：水资源规划是以水资源利用、调配为对象，在一定区域内为开发水资源、防治水患、保护生态环境、提高水资源综合利用效益而制定的总体措施计划与安排。可见，水资源规划的概念和内涵随着研究者的认识、侧重点和实际情况的不同而有所不同。

我国有水利规划与水资源规划之分，水资源规划是水利规划的重要组成部分。水利规划是指为防治水旱灾害、合理开发利用水土资源而制定的总体安排，具体内容包括确定研究范围，制定规划方针、任务和目标，研究防治水害的对策，综合评价流域水资源的分配与供需平衡对策，拟定全局部署与重要枢纽工程的布局，综合评价规划方案实施后对经济、社会和环境的可能影响，提出为实施这些目标需采用的重要措施及程序等。

结合上述有关水资源规划的论述，可以总结出水资源规划的一般概念。水资源规划就是指在统一的方针、任务和目标指导下，通过调整水资源的天然时空分布，协调防洪抗旱、开源节流、供需平衡以及发电、通航、水土保持、景观与环境保护等方面的关系，以提高区域水资源的综合利用效益和效率为目标而制定的总体计划与安排，并就规划方案实施后可能对经济、社会和环境产生的潜在影响进行评价。

（二）水资源规划的意义

水资源规划的意义主要体现在以下几方面：①有效地促进水资源评价及其合理配置；②通过有计划地开发利用水资源，可保障经济社会的稳步发展，进一步改善或保护区域环境，促进区域人口、资源、环境和经济社会的协调发展，以水资源的可持续利用支持经济社会的可持续发展；③有效地保护水资源，缓解水资源短缺、洪涝灾害和水环境恶化带来的多种社会矛盾。

（三）水资源规划的类型

根据规划的区域和对象，水资源规划可分为以下几种类型。

1. 区域水资源规划。区域水资源规划是指以行政区或经济区、工程影响区为对象的水资源规划。区域水资源规划所研究的内容包括国民经济发展、自然资源与环境保护、地区开发、社会福利与人民生活水平的提高，以及与水资源有关的其他问题。研究对策一般包括防洪、灌溉、排涝、航运、供水、发电、养殖、旅游、水环境保护与水土保持等内容。规划的重点视具体的区域和水资源服务功能的不同而有所侧重。例如，干旱缺水地区的水资源规划应以水资源合理配置、水资源节约及水资源科学管理为重点；而洪灾多发地区的水资源规划则应以防洪排涝为重点来开展实施。

进行区域水资源规划时，既要把重点放到研究区域上，又要兼顾研究区域所在流域的水资源总体规划，统筹局部利益和整体利益，实现大流域与小区域之间的相互协调与全局最优。

2. 流域水资源规划。流域水资源规划是以整个江河流域为对象的水资源规划，也称流域规划。流域规划的研究区域一般是按照地表水系的空间地理位置来划分的，即以流域分水岭为区域边界。研究内容和对策基本与区域水资源规划相近。同样，对于不同的流域规划，其规划的侧重点也有所不同。例如，塔里木河流域规划的重点是生态保护；黄河流域规划的重点是水土保持；淮河流域规划的重点是水资源保护。

3. 跨流域水资源规划。跨流域水资源规划是将两个或两个以上的流域作为对象，以跨流域调水为目的的水资源规划。例如，为实施“引黄济青”“引青济秦”“引黄入呼”等工程而进行的水资源规划；为实施南水北调工程而进行的水资源规划等。跨流域调水工程涉及的流域较多，每个流域的经济社会发展、水资源利用和环境保护等问题都应包含在内。因此，与单个流域水资源规划相比，跨流域水资源规划所要考虑的问题更多、更广泛、更深入，既要探讨由于水资源的时空再分配可能给每个流域带来的经济社会和环境影响，也要探讨整个对象领域水资源利用的可持续性和对后代人的影响及相应对策等。

4. 专门水资源规划。专门水资源规划是以流域或地区某一专门任务为研究对象或为某一特定行业所做的水资源规划。有灌溉规划、水资源保护规划、防洪规划、水力发电规划、城市供水规划、航运规划，以及某一重大水利工程规划（如小浪底工程规划、三峡工程规划）等。该类规划针对性较强，除重点考虑某一专门问题外，还要考虑规划方案实施后可能对区域或流域产生的影响以及区域或流域水资源状况和开发利用的总体战略等。

第二节　水资源规划的原则与指导思想

一、水资源规划的原则

水资源规划是全面落实国家或地区实施可持续发展战略的要求，适应经济社会发展和水资源的时空动态变化，着力缓解水资源短缺、水环境恶化等水问题的一项重要工作。它是根据国家或地区的社会、经济、资源和环境总体发展规划，以区域水文特征及水资源状况为基础来进行的。

水资源规划的制定是国家或地区国民经济发展中的一件大事，它关系到国计民生、经济社会发展与环境保护等诸多方面。因此，应高度重视并尽可能利用有限的水资源，满足各方面的需水要求，以较小的投入获取较高的社会、经济、环境效益，促进人口、资源、环境和经济的协调发展，以水资源的可持续利用支持经济社会的可持续发展。

水资源规划一般应遵守以下几方面原则。

1. 遵守有关法律和规范。水资源规划是区域水资源开发利用的一个指导性文件，因此在制定水资源规划时，应首先贯彻执行国家有关法律和规范，如《中华人民共和国水法》《中华人民共和国水土保持法》《中华人民共和国环境保护法》《中华人民共和国水污染防治法》《江河流域规划编制规范》等。

2. 全面规划，统筹兼顾。水资源规划是对天然水资源时空分布的再分配，因此应将不同类型的水资源载体及其转化环节看作是一个复合系统，在时空尺度上进行统一调配，根据经济社会发展需要、环境保护规划及水资源开发利用现状，对水资源的开发、利用、调配、节约、保护与管理等做出总体安排。要坚持开源节流与污染防治并重，兴利与除害相结合，并妥善处理好上下游、左右岸、干支流、城市与农村、流域与区域、开发与保护、建设与管理、近期与远期等方面的关系。

3. 系统分析与综合开发利用。水资源规划涉及因素复杂、内容广泛、行业与部门众多，供需较难一致。因此，在进行水资源规划时，应首先进行系统分析，在此基础上给出综合措施，做到一水多用、一物多能、综合开发利用，最大限度地满足各方面的需求，使水资源利用效益和效率协调最优。

4. 协调发展。水资源开发利用要与经济社会发展的目标、规模、水平和速度相适应。经济社会发展要与水资源承载能力相适应，城市发展、生产力布局、产业结构调整以及环境保护与建设要充分考虑区域水文特征与水资源条件。

5. 可持续利用。统筹协调生活、生产和生态用水，合理配置地表水与地下水、当地水与跨流域调水、工程供水与其他水源供水。开源与节流、保护与开发并重，不断强化水资源的节约与保护。

6. 因时、因地制宜。水资源系统是一个动态系统，它无时无刻不在发生着变化；加之经济社会也是不断地向前发展的，因此，应根据不同时期区域水资源状况与经济社会发展条件，确定适合本地区不同时期的水资源开发利用与保护的模式和对策，提出各类用水的优先次序，明确水资源开发、利用、调配、节约、保护与管理等方面的重点内容和环节，以便满足不同地区不同时间对水资源规划的需要。

7. 依法治水。规划要适应社会主义市场经济体制的要求，发挥政府宏观调控和市场机制的作用，认真研究水资源管理的体制、机制与法制问题，制定有关水资源管理的法规、政策与制度，规范和调节水事活动。

8. 科学治水。要运用先进的技术、方法、手段和规划思想，科学配置水资源，缓解当前和未来一段时期内可能发生的主要水资源问题，应用先进的信息技术、方法与手段，科学管理水资源，制定出具有高科技水平的水资源规划。

9. 实施的可行性。实施的可行性包括时间上的可行性、技术上的可行性和经济上的可行性，在选择水资源规划方案时，既要考虑方案的经济效益，也要考虑方案实施的可行性，只有考虑这一原则，制定出的规划方案才可实施。

二、水资源规划的指导思想

水资源规划的指导思想可概括为以下几点：①水资源规划要综合考虑社会、经济、环境效益，确保经济社会发展与水资源开发利用、环境保护相协调；②考虑水资源的承载能力或可再生性，严格控制水资源开发利用量在可利用量以内，确保水资源的永续利用；

③水资源规划的实施要与经济社会发展水平相适应，确保水资源规划方案是可行的；④从区域或流域整体的角度出发，考虑不同规划水平年，流域上、下游，以及不同区域、不同部门用水间的平衡，确保区域或流域经济社会的协调可持续发展；⑤与经济社会发展密切结合，注重全社会公众的广泛参与，注重从社会发展的根源上来寻求解决水问题的途径，同时也配合采取一些经济手段，确保人与自然的和谐；⑥实现经济社会、资源和环境的协调可持续发展。

第三节　水资源规划的工作流程

一、工作流程

任何一种规划都有自己特定的目标，都应在支撑上级系统总体目标实现的前提下定义自己的功能和实现的目标。水资源规划是国民经济发展总体规划的重要组成部分和基础支撑规划，它是在经济社会发展总体目标的要求下，根据自然条件和经济社会的发展趋势，制定出不同规划水平年水资源开发利用与管理的措施，以保障人类社会的生存发展及其对水的需求，促进社会、经济、资源和环境的协调可持续发展。

水资源规划的目标是为国家或地区水资源可持续利用和管理提供规划基础，要在进一步查清区域水资源及其开发利用现状、分析和评价水资源承载能力的基础上，根据经济社会可持续发展和环境保护对水资源的要求，提出水资源合理开发、优化配置、高效利用、有效保护和综合治理的总体布局及实施方案，促进我国人口、资源、环境和经济的协调发展，以水资源的可持续利用支持经济社会的可持续发展。

由上述目标可总结出，水资源规划的目标实际上包括整治和兴利两部分。整治的目标就是通过对河道、水库、湖泊、渠道、滩涂、湿地等天然和人工水体的淤积、萎缩和退化等问题的治理，进行生态保护和修复，制定出污水排放控制标准；兴利的目标就是通过修建各种水利工程，调节水资源的时空分布，使得水资源得到充分利用，最大限度地满足用水需求。

水资源规划的主要内容：①水资源调查评价；②水资源开发利用情况调查评价；③节约用水；④水资源保护；⑤需水预测；⑥供水预测；⑦水资源合理配置；⑧总体布局与实施方案；⑨规划实施效果评价。

根据水资源规划的主要内容和目标，水资源规划编制的总体思路是规划编制应根据地区国民经济和社会发展总体部署，按照自然规律和经济规律，确定水资源可持续利用的目标和方向、任务和重点、模式和步骤、对策和措施，统筹水资源的开发、利用、调配、节约和保护，规范水事行为，促进水资源可持续利用和环境保护。

根据水资源规划的主要内容、各组成部分的编辑次序及其逻辑关系，整理出水资源规划的工作流程，如图 9－1 所示。

1. 现场查勘，收集、整理资料，分析问题，确定规划目标。

现场查勘：了解研究地区实际情况，进行有关水资源评价及其开发利用现状调查评价等方面的基础工作，观测河道流量、地下水水位，进行抽水实验、水文地质实验、水质取样与化验，调查各行业用水情况、供水工程情况等。

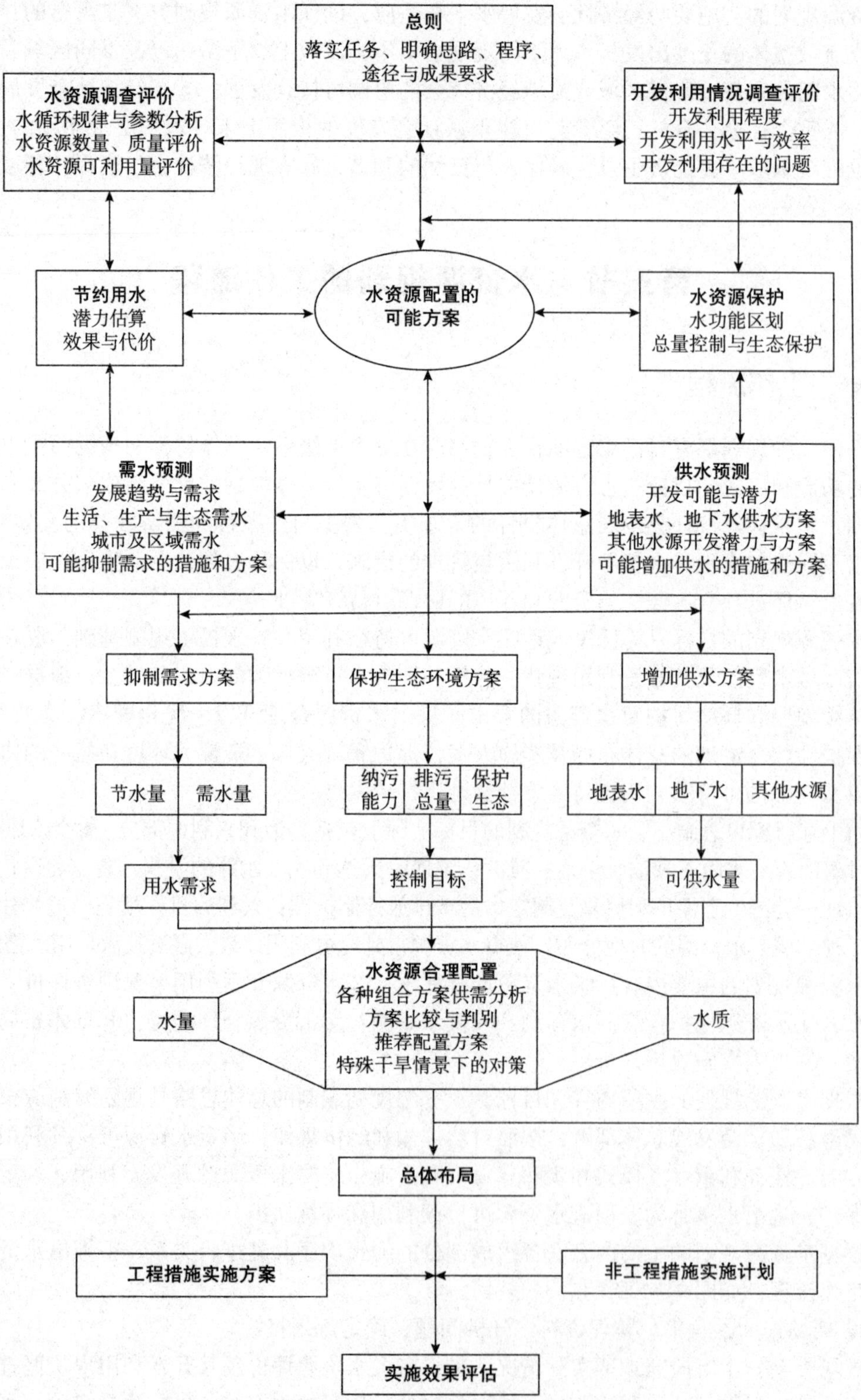

图9-1　水资源规划工作流程示意图

收集、整理资料：主要收集经济社会、水文气象、地质与水文地质、水资源开发利用与水利工程等方面的基础资料。整理资料就是从时间和空间上使资料更符合工作需要。

分析问题：初步分析对象领域现状供用水存在的问题，初步确定进一步开发利用水资源的基本要求。

确定规划目标：根据现状供用水存在的问题和开发利用水资源的基本要求，拟定规划目标，作为制定规划方案或措施的依据。

2. 水资源及其开发利用情况调查评价。评价对象领域地下、地表及其他水源的水资源量，同时对对象领域水资源开发利用情况进行调查评价，包括对对象领域供用水情况及其存在的问题进行系统的分析。

3. 节约用水与水资源保护。节约用水包括现状用水水平分析，各行业分类节水标准及其指标的确定，节水潜力分析与计算，确定不同水平年的节水方向、重点和目标，拟定节水方案，落实节水措施。水资源保护包括地表水与地下水资源的保护以及水生态的修复与保护对策，即水资源的量与质的保护。

4. 供需水预测。

供水预测：预测各规划水平年不同保证率下各类水源工程的供水量，水源工程包括原有水源工程和新增供水水源工程。预测不同水资源开发利用模式下可能的供水量，并进行技术经济比较，拟定水资源开发利用方案。分析规划区域各水平年境内水资源可供水量及其耗水量。规划区域境内水资源的耗水量不应超过区域水资源可利用量。供水预测要充分吸收和利用有关专业规划以及流域、区域规划（如国家或地区的地下水开发利用规划、污水处理再利用规划、雨水集蓄利用规划、海水利用规划，以及各流域规划与区域水资源综合规划等）成果，并根据规划要求和新的情况变化，对原规划成果进行适当调整与补充完善。

需水预测：预测各规划水平年不同保证率下各行业的需水要求和用水水平。根据区域水资源条件及其承载能力，确定各规划水平年不同发展情景下的经济社会发展指标。在对各种发展情景指标进行综合分析后，提出经济社会发展指标的推荐方案。

5. 抑制需求和增加供水的方案分析。在供需水预测的基础上，进行抑制需求和增加供水的方案分析，同时考虑水资源保护、节约用水及保护环境，提出供需水及目标控制方案集。

6. 水资源合理配置。对方案集内各方案的供需水状况进行分析后，运用水资源合理配置模型对前述形成的方案集进行优选，找出满足合理配置约束条件的方案，这就是非劣解集，进一步通过对非劣解集方案的对比分析，推荐出合理可行的较优方案，并拟定应对特殊干旱情景的对策和措施。

7. 总体布局。依据水资源合理配置提出的推荐方案，统筹考虑水资源的开发、利用、调控、节约与保护，提出水资源开发利用总体布局、实施方案与管理方式。总体布局要使工程措施与非工程措施紧密结合，最终形成水资源规划的总体方案。

8. 实施效果评估。综合评估推荐规划方案实施后可能达到的经济、社会、环境的预期效果与效益。

二、水资源需求分析及预测

水资源是经济社会发展的基础资源，经济社会的发展需要水资源做保障，然而水资源的供给并不能完全满足经济社会发展的需要。一方面，经济社会发展过快会造成对水资源的需求急剧增加，有限的水资源不能满足其需求；另一方面，经济条件过差，对水资源的开发利用条件不足，也会使水资源得不到充分利用，不能满足经济社会的进一步发展。因此，经济社会发展与水资源紧密联系、互相制约。

（一）经济社会发展与水资源的关系

1. 水资源是生命系统不可缺少的一种资源，是经济社会发展的基本条件。水是构成生命原生物质的组成部分，参与生物体内的新陈代谢和一系列反应，是生命物质所需营养成分的载体，是植物光合作用制造有机体的原料。水是所有作物生长赖以生存的基础，作物需水量得不到满足，就可能导致作物的减产、绝收甚至死亡；反之，水量过多也会发生洪涝灾害，从而影响作物产量。水也是工业生产的基础，几乎所有工业，在其生产过程中都有水的参与，随着工业的快速发展，对水的需求量也越来越多，而水资源对工业发展速度和规模的影响也就越来越大。同时，水是保障城市发展的基础，城市既要保证居民日常生活用水，也要保证城市其他公共事业用水等。城市用水要求水质好、保证率高。城市发展的规模越大，对水的需求就越大，水成为城市发展的一个决定性因素。

2. 经济社会发展的速度过快，水资源的压力也就不断增加。经济社会的快速发展，导致对水资源的需求量也在不断增加，然而，当水资源的需求量接近或超过其承载能力时，就会对水资源造成极大的压力。此外，人口增多，社会活动也会相应增多，水环境恶化，导致可利用水资源量的减少，从而增大了水资源的压力。从工农业利用水资源的角度来看，农业发展对水资源产生的压力主要表现在农药和化肥等有机物对地下水和地表水的点源、面源污染上；而工业发展对水资源产生的压力则主要表现在工业排污量的持续增加，虽然科学技术在不断进步，单位产品的排污量也在不断下降，但总体来看，污染物总量还是随着工业的快速发展而不断上升的，这就不可避免地污染水体，对水资源造成的压力会越来越大。经济社会的发展对水资源的压力主要来源于两个方面，一方面是经济社会的发展导致对水资源的需求量越来越大；另一方面是排污量的不断增多，被污染的水资源量也相应增多，即水环境日趋恶化。

3. 水资源问题反作用于经济社会发展，并制约其发展。经济社会的快速发展产生一系列新的水资源问题，水资源压力的增加，使水资源危机频现。然而，经济社会发展又离不开水，这就使得水资源问题反作用于经济社会发展，并制约其发展。

4. 经济社会发展为水资源的合理开发利用提供条件与保障。对水资源的合理开发利用需要建设相应的开发利用工程，这就需要一定的投入，这种投入包括经济上的投入和科技上的投入，二者投入多少则取决于经济社会的发展状况，经济社会发展程度越高，为水资源的开发利用提供的资金和技术就越多。

总之，经济社会发展与水资源的关系十分密切，二者相互联系、相互制约，又相互促进。因此，在进行水资源需求分析时，要随时考虑二者的关系，不能只考虑经济发展，也不能一味地考虑无限制地开发利用水资源，要实现二者协调、可持续发展。

（二）水资源需求变化的影响因素分析

随着经济社会的发展，其对水资源的需求也产生相应的变化，这种变化主要来源于经济增长的需要和水资源的开发利用程度两个方面，具体驱动和制约水资源需求增长的因素可总结为以下几点。

1. 驱动水资源需求增长的因素。驱动水资源需求增长的因素主要有人口的增加和城镇化进程、经济发展以及环境保护与建设三个方面。

第一，人口的增加和城镇化进程。随着人口的不断增加，人类也在不断地改变着环境，发展着经济。从本质上说，人类及其生存环境用水都可归结为人的用水。只要人口在不断增加，人类对水资源的需求量也就不断增长。城镇化进程也会驱动需水的增长。随着经济社会的发展和人类生活水平的不断提高，城镇化进程逐步加快，城镇化率不断提高，这种提高使得对水资源的需求量进一步加大。例如，我国是一个传统性的农业大国，1978年我国城镇化率仅为18%，2000年上升到36%，2007年已上升到43.9%，30年增加了近1.5倍，即使这样，与世界发达国家相比，我国的城镇化水平仍然较低。随着改革开放的进一步深入，特别是经济社会的飞速发展，我国的城镇化程度将越来越高，对水资源的需求也会越来越大。从水资源供需分析来看，与广大农村牧区相比人口大量集中于较狭小的城镇，用水也比较集中，宜于建设集中供水设施，提高供水效率。但与此同时，由于城镇居民的生活用水水平明显高于农村居民，城镇居民的人均用水量一般是农村居民的2倍以上，如2000年、2007年我国农村居民生活日用水量分别为66L、71L，而城镇居民生活日用水量分别为152L、211L。因此，从水资源消耗上来看，城镇人口越多，其所消耗的水资源量也就越多。不同时期、不同区域的人均用水量是不一样的。但是在相当长的发展时期，需水的增长仍将取决于人口的增加，人口的增加和城镇化进程作为需水的驱动因素将长期存在。

第二，经济发展。经济发展是人类社会永恒的主题。随着人类经济活动的日益增大，经济发展所消耗的水资源量也越来越多。人类经济活动所消耗的水资源主要包括农业灌溉、工业用水和其他生产用水等。为了满足不断增加的人口对粮食的需求，需大量开发土地和发展灌溉农业，致使灌溉用水量持续增长，统计资料显示，仅20世纪全球农业用水量就增加了5倍。而我国，由于国民经济的持续稳步发展，经济用水量也迅速增加，2000年全国农业用水量约是1949年的3.8倍，工业用水量约是1949年的50倍；到了2007年，全国农业用水量相比2000年略有下降，但仍然达到1949年的3.6倍，工业用水量约是1949年的60倍。从发展的角度看，在今后相当长的一段时期内，全球经济发展总需水量仍会呈增长的趋势，经济发展是需水继续增长的主要驱动因素之一。但这种增长具有阶段性，当经济发展进入工业化后期或后工业化阶段（如西欧许多国家和日本等），经济活动用水量则有可能进入稳定甚至出现所谓的“零增长”阶段，而且随着节水水平的不断提高和先进工艺的广泛采用，经济发展需水有可能呈下降趋势。但我国尚未进入工业化后期或后工业化阶段，在未来相当长的一段时期内，经济发展需水仍会呈增长态势。

第三，环境保护与建设。随着可持续发展战略的进一步实施，环境保护与建设的不断深入，生态用水也将驱动未来区域需水的增长。作为发展中国家，我国正日益面临着经济社会发展用水与生态用水的激烈竞争。这主要是由于我国水资源时空分布极不均匀，导致许多地区在发展经济和维持人类生命用水的需求过程中，牺牲了部分生态对水资源的需求，造成了严重的环境问题，如北方地区许多河流断流、地下水位持续下降、沿海地区海水入侵、众多河流湖泊受到污染、部分河流泥沙含量增大等。面对日益严重的环境问题，国家正在实施可持续发展战略，加强环境保护力度，增加环境保护治理投资。从水资源利用的角度来看，未来环境保护的水资源需求必将有较大的增长。水是生态系统的重要因子，没有良好的水源做保证，环境保护就无从谈起。也就是说，环境保护在今后一段时期内，也将是驱动需水增长的重要因素之一。

2. 制约水资源需求增长的因素。水资源的需求具有有限性和客观性，驱动需水增长的各类因素具有阶段性，需水不是无限制地增长的，而是受到水资源状况、水价与水市场、水利工程条件，以及节水与水资源管理水平等因素的影响和制约。

第一，水资源状况。一个区域内的水资源量是有限的，在没有外区域水量调入的情况下，其所能利用的最大水量一般不能超过可利用水资源量。一个区域在一个时期内的水资源可利用量是有限的，需水不可能脱离水资源的可利用量而无限度地增长，这就产生了需水增长的资源制约性。当需水量超过可利用量时，将会破坏水循环规律，引起环境和资源负效应，威胁水循环的稳定和生态的安全，如我国北方地区部分城市由于地下水过度超采，已经形成大面积的地下水降落漏斗，引起地面不同程度的沉降，沿海许多地区也由于超采地下水引发海水倒灌等。这种负面影响一旦形成，在短期内是很难消除的。再如，黄河的断流很大程度上是由于对黄河水资源的过度开发利用而造成的，黄河断流导致下游河道的进一步淤积抬高，这样，一旦遭遇大洪水，就有可能发生毁灭性的破坏，后果不堪设想。因此，在进行需水预测时一定要考虑水资源条件的制约，开发利用过程中也应结合当地水资源状况来进行。

第二，水价与水市场。在经济不断发展的条件下，对水的需求增长将受到水价的抑制，较高的水价一般有利于减少无谓的浪费，并可促进节水工作的有序开展，这就体现出市场机制对供需关系的调整作用。然而，水价的调整对通货膨胀、居民家庭支出结构和产品成本构成都有一定的影响，尤其是农业灌溉水价的调整，其影响面更为广泛。所以，水价调整还有一个承受力的问题。而且根据我国宪法，水资源与其他自然资源一样，都属于国家所有，供水具有较强的区域垄断性，也不能完全由市场来决定水价。目前，尽管一些地区已经出现了水市场的雏形，但尚未形成完全意义上的“市场机制”。因此，水市场对需水的抑制作用尚待实践和探索，但水价与水市场对需水的影响是毫无疑问的。

第三，水利工程条件。受经济社会发展水平和科学技术发展水平的影响，在社会发展的某一个阶段，水资源的开发利用量是有限度的。从供需平衡分析来看，区域内的用水量不能超过其可能的供水量。从预测的角度来看，由于水资源规划的超前性和安全性，通常情况下需水量的预测值会超过当地供水工程的供水能力，但其又不能与可能的供水量相差太大。也就是说，需水的增长受制于当地的水利工程条件。从科学技术发展的角度来看，许多地区的缺水问题是可以通过兴建水利工程来解决的，但这些工程应具有经济和技术上的可行性。在大型的跨流域、跨区域调水工程没有实施以前，规划区的需水量显然会受到水利工程条件的制约。即便是实施了跨流域或跨区域的调水工程，受水区的需水量预测也会受到投资和技术条件的制约。

第四，节水与水资源管理水平。节水是有效地抑制需水增长的重要措施。通过采取调整产业和产品结构、建设节水型社会、加大节水投入、实施工程措施节水、加强用水管理、提高水价、实行定额管理制度、发展节水技术和培育节水产业、加强节水教育、培养公众节水意识等各类工程措施和非工程措施后，可以取得明显的节水效果。如农业灌溉用水较大的地区，可通过大面积发展节水灌溉，提高节水效果。水资源管理政策对水需求的影响也非常大，面向可持续发展的水资源管理政策，如取水许可制度、水资源管理年报制度、水资源费征收制度、累进制水价体系和节水激励机制等，这些政策的实施，能够有效地影响社会对水的需求。

三、需水预测

需水预测是在充分考虑资源约束和节约用水等因素的条件下，研究各规划水平年，并按生活、农业、工业、建筑业、第三产业和生态用水口径进行分类，同时区分城镇与农村、河道内与河道外、高用水行业与一般用水行业，分别进行各行业净需水量与毛需水量的预测。需水预测时需要考虑市场经济条件下对水需求的抑制，当地的水资源状况、水利工程条件、用水管理与节水水平、水价及水市场因素对需水的调节作用。充分研究节水技术的不断发展及其对需水的抑制效果。需水预测是一个动态预测过程，与节约用水及水资源配置不断循环反馈。需水量的变化与经济发展速度、国民经济结构、城乡建设规模、产业布局等诸多因素有关。需水预测是水资源规划和供水工程建设的重要依据。

（一）需水预测原则

需水预测既要考虑科技进步对未来用水的影响，又要考虑水资源紧缺对经济社会发展的制约作用，使预测符合当地实际发展情况。

需水预测应以区域不同水平年的经济社会发展指标为依据，有条件时应以投入产出表为基础建立宏观经济模型。从人口与经济驱动需水增长的两大内因入手，结合具体的水资源状况、水利工程条件，以及过去多年来各部门需水增长的实际过程，分析其发展趋势，采用多种方法进行计算，并论证所采用的指标和数据的合理性。需水预测应着重分析评价各项用水定额的变化特点、用水结构和用水量的变化趋势，并分析计算各项耗水量指标。

需水预测应遵循以下几条原则：①以各规划水平年经济社会发展指标为依据，贯彻可持续发展的原则，统筹兼顾社会、经济、生态和环境等各部门发展对水的需求；②考虑市场经济对需水增长的作用和科技进步对未来需水的影响，分析研究工业结构变化、生产工艺改革和农业种植结构变化等因素对需水的影响；③考虑水资源紧缺对需水增长的制约作用，全面贯彻节水方针，分析研究节水技术、措施的采用与推广等对需水的影响；④重视现状基础资料调查，结合历史情况进行规律分析和合理的趋势外延，使需水预测符合区域特点和用水习惯。

（二）需水预测方法

需水预测按生活、农业、工业、建筑业、第三产业和生态用水口径进行划分，也可按生活、生产和生态用水口径进行划分，如表 9－2 所示。生活需水包括城镇居民生活需水和农村居民生活需水。生产需水是指有经济产出的各类生产活动所需要的水量，包括第一产业的种植业和林牧渔业，第二产业的高用水工业、一般工业、火（核）电工业和建筑业，以及第三产业等。生态需水分河道外和河道内两种情况，表 9－2 列出了河道外生产用水分类，对于河道内生产用水如水电、航运等，因其用水主要是利用水的势能和生态功能，一般不消耗水资源的数量或污染水质，属于非耗损性清洁用水。此外，河道内的生产活动用水具有多功能特点，在满足主要用水要求的同时，可兼顾满足其他用水的要求。因此，通常情况下，河道内生产用水与河道内生态需水一并取外包线统一作为河道内需水考虑；生态需水分维护生态功能和生态建设两类，并按河道内与河道外用水来划分。

表 9－2　用水户分类口径及其层次结构

一级	二级	三级	四级	备注
生活	生活	城镇生活	城镇居民生活	城镇居民生活用水（不包括公共用水）
		农村生活	农村居民生活	农村居民生活用水（不包括牲畜用水）
生产	第一产业（农业）	种植业（农田）	水田	水稻等
			水浇地	小麦、玉米、棉花、蔬菜、油料等
			灌溉林果地	果树、苗圃、经济林等
		林牧渔业	灌溉草地	人工草地、灌溉的天然草地、饲草料基地等
			牲畜	大、小牲畜用水
			鱼塘	鱼塘补水
	第二产业	工业	高用水工业	纺织、造纸、石化、冶金
			一般工业	采掘、食品、木材、建材、机械、电子、其他（包括电力工业中非火、核电部分）
			火（核）电工业	循环式、直流式
		建筑业	建筑业	建筑业
	第三产业	商饮业	商饮业	商业、饮食业
		服务业	服务业	货运邮电业、其他服务业、城市消防、公共服务及城市特殊用水

续表

一级	二级	三级	四级	备注
生态	河道内	生态功能	河道基本功能	基流、冲沙、防凌、稀释净化、水生生物的保护与利用等
			河口生态	冲淤保港、防潮压碱、河口生物等
			通河湖泊与湿地	通河湖泊与湿地等
			其他河道内	根据具体情况设定
	河道外	生态功能	湖泊湿地	湖泊、湿地、沼泽、滩涂等
		生态建筑	美化城市景观	绿化用水、城镇河湖补水、环境卫生用水等
			生态建设	地下水回补、防沙固沙、防护林草、水土保持等

需水预测时应按近、中、远期设定不同的规划水平年，各水平年设定时，应结合经济社会发展规划、流域规划、城市规划、农业规划、工业规划、水利规划与生态建设规划等相关发展建设规划，经综合分析后加以确定。实际上，需水量 = 指标量值 × 用水定额。因此，各行业需水预测的关键就是确定各规划水平年的指标量值和用水定额。

1. 指标量值的预测方法。

按是否采用统计方法分为统计方法和非统计方法。

按预测时期长短分为即期预测、短期预测、中期预测和长期预测。

按是否采用数学模型方法分为定量预测法和定性预测法。

常用的定量预测方法有趋势外推法、多元回归法和经济计量模型。

趋势外推法：根据预测指标时间序列数据的趋势变化规律建立模型，并用以推断未来值。这种方法从时间序列的总体进行考察，体现出各种影响因素的综合作用。当预测指标的影响因素错综复杂或有关数据无法得到时，可直接选用时间 t 作为自变量，综合替代各种影响因素，建立时间序列模型，对其未来的发展变化做出大致的判断和估计。该方法只需要预测指标历年的数据资料，因而工作量大大减少，应用也比较方便。该方法根据建模原理的不同又可分为多种方法，如平均增减趋势预测、周期叠加外延预测（随机理论）与灰色预测等。

多元回归法：该方法通过建立预测指标（因变量）与多个主相关变量的因果关系来推断指标的未来值，所采用的回归关系方程多为单一方程。它的优点是能简单定量地表示因变量与多个自变量间的关系，只要知道各自变量的数值就可简单地计算出因变量的大小，方法简单，应用也比较多。

经济计量模型：该模型不是一个简单的回归方程，而是两个或多个回归方程组成的回归方程组。这种方法揭示了多种因素相互之间的复杂关系，因而对实际情况的描述会更准确些。

2. 用水定额的预测方法。通常情况下，需要预测的用水定额有各行业的净用水定额和毛用水定额，可采用定量预测方法，包括趋势外推法、多元回归法与参考对比取值法等。其中，参考对比取值法可以结合节水分析成果，考虑产业结构及其布局调整的影响，并可参考有关省（自治区、直辖市）相关部门和行业制定的用水定额标准，再经综合分析后确定用水定额，因此该法较为常用。

（三）用水定额、需水预测结果的影响因素

1. 用水定额的影响因素。在确定各行业的用水定额之前，应首先了解其影响因素。限于篇幅，下面重点介绍工业用水定额和农业灌溉定额的影响因素。

工业用水定额可采用万元增加值用水量、万元产值用水量或单位产品用水量等指标。影响工业用水定额的主要因素有以下几点。

第一，生产性质与产品结构。不同行业的用水构成不同，用水特性也不同，造成用水定额的明显差异。通常火电、纺织、造纸、冶金、石化等行业的用水定额相对较大，属于高用水行业；而采掘、机械、电子等行业的用水定额相对较小，属于一般用水行业。高用水行业和一般用水行业的用水定额往往相差几十倍甚至几百倍。对于同类行业，由于其产品结构的不同，用水定额也有一定的差异。

第二，生产工艺、生产设备与技术水平。生产工艺、生产设备等技术条件，不仅影响工业产品的产量和质量，而且对其用水定额也有较大的影响。技术装备好、生产工艺先进的企业，不仅产量高、质量好，而且用水定额也相对较小。技术装备差、生产工艺落后的企业，不仅产量低、效益差，而且用水定额也相对较大。

第三，生产规模。生产规模对企业单位产品用水量影响较大。通常，生产规模越大，其用水量也越大，水费成本也就越高，大企业比小企业更重视节水。

第四，用水水平与节水程度。工业用水重复利用率是反映工业用水和节水水平高低的一个重要指标。重复利用率越高，企业用水水平和节水程度就越高，相应的用水定额就越低。

第五，用水管理水平与水价。在企业生产规模相同、生产工艺相近的情况下，用水管理水平会直接影响单位产出取水量的大小。管理水平较高（如计量设施装置较齐全、设有专门管水的部门和人员、有日抄表记录、将耗水列入成本核算、超罚节奖）的企业，其用水水平也较高。水价对用水定额的影响也很明显，水价较高地区的企业用水定额比水价较低地区的同类企业明显偏低。

第六，自然因素与供水条件。通常情况下，夏季炎热、气温较高，用水定额相对较高；而冬季寒冷、气温较低，用水定额则相对较低。供水条件对企业用水定额的影响也很大，如同样是火电企业，直流式（贯流式）供水方式比起循环式供水方式，其用水定额要高几十倍甚至几百倍。

农业灌溉包括农田灌溉、牧草地灌溉与林果地灌溉等，其用水定额通常选用亩均灌溉用水量，即灌溉定额，有时也采用单位农产品取水量、万元增加值或万元产值取水量等指标。影响灌溉定额的主要因素有作物需水量、有效降雨量、作物生育期内的地下水补给量等。

2. 需水预测结果的影响因素。需水预测结果的主要影响因素有：①不同经济社会发展情景；②不同产业结构和用水结构；③不同用水定额和节水水平。

四、水资源供需平衡分析

水资源供需平衡分析的基础是各规划水平年供水量和需水量的预测成果。

(一) 供水预测

可供水量是指在考虑需水要求的情况下，各水平年，不同保证率下已建或拟建供水工程可能提供的水量。

可供水量具有如下特点与要求：①考虑需水要求就是把供水和需水联合起来加以考虑，不能被用户利用的水量和各类供水工程的弃水量都不能算做可供水量；②各规划水平年反映出水资源的开发利用程度，表现在供水工程上则为供水工程的组成、工程管理水平及其状况等；③不同保证率是指丰、平、枯等不同来水情况，同时也间接地表示了供水工程对用户供水的保证程度。同一供水工程在不同保证率下所提供的水量是不同的；④可供水量必须是通过供水工程为用户提供的。供水工程包括地表水源供水工程、地下水源供水工程和其他水源供水工程，有时也包括临时供水工程。未通过供水工程直接为用户利用的水量，诸如农作物根系吸收的包气带土壤水分和地下水等不能作为可供水量；⑤可供水量不同于供水工程的实际供水量和供水工程的最大供水能力。最大供水能力是指供水工程充分发挥作用时可以提供的最大水量，它没有考虑需水要求，可供水量只是最大供水能力中可以被用户利用的那部分水量。而实际供水量是指供水工程实际提供的水量，实际供水量既没有考虑需水要求，也未必全部被用户所利用；⑥可供水量可用于近、中、远期不同规划水平年水资源的供需分析中，可以反映不同水平年水资源的余缺程度。

影响可供水量的因素主要有以下几种。

1. 来水特点。受季风影响，我国大部分地区水资源的年际、年内变化较大。南方地区，最大年径流量与最小年径流量的比值多变化在 2 ~ 4，汛期径流量占年总径流量的 60% ~ 70%。北方地区，最大年径流量与最小年径流量的比值多变化在 3 ~ 8，干旱地区甚至超过 100 倍，汛期径流量占年总径流量的 80% 以上。可供水量的计算与年来水量及其年内变化有着密切的关系，年际间以及年内不同时间和空间上的来水变化，都会使可供水量的计算结果不一致。

2. 供水工程。我国大部分地区，天然水资源的年际、年内变化很大，同时与用水需求的变化不一致，很难直接满足各类用户的需要。因此，需要修建各类供水工程来调节天然水资源的时空分布，蓄丰补枯，以便满足用户的需水要求。供水量总是与供水工程相联系，各类供水工程的改变如现有工程参数的变化，不同的调节运用方式以及不同发展时期新增水源工程等情况，都会使计算所得的可供水量有所不同。

3. 用水条件。不同规划水平年的用水结构、用水要求、用水分布与用水规模等特性，以及节约用水、合理用水情况的不同，都会导致所计算出的可供水量不同。此外，不同用水条件之间也相互影响、互为制约。例如，河道冲淤、河口生态等用水要求，有时会影响到河道外直接供水户的可供水量；而河道上游的用水要求可能影响到下游的可供水量等。

4. 水质状况。不同规划水平年供水水源的水质状况、水源的污染程度等都会影响可供水量的大小。例如，未经处理的高矿化度地下水，不能供生产使用，更不能用于生活。

供水预测就是预测不同规划水平年新增供水水源工程达到供水能力后，和原有工程一起可提供的供水量，其中新增供水水源工程包括现有工程的挖潜配套、污水处理回用、开源节流、海水利用、微咸水利用及雨水利用等工程。

供水能力是指区域或供水系统能够提供给用户的供水量大小。它反映了区域内由所有供水工程组成的供水系统，依据系统的来水条件、工程状况、需水要求及相应的运行调度方式和规则，提供给用户不同保证率下的供水量大小。

根据供水工程的类型，供水预测可分为地表水源供水预测、地下水源供水预测、其他水源供水预测。其他水源主要包括可集蓄雨水、微咸水、中水（污水处理再利用）、海水和深层承压水等。

对应于供水工程的类型，供水量包括地表水可供水量、浅层地下水可供水量、其他水源可供水量。

地表水可供水量包括蓄水工程供水量、引水工程供水量、提水工程供水量以及外流域调入的水量。一般而言，供需分析时需计算各地表水源工程长系列的可供水量，然而，当需要进行不同保证率下的供需分析时，还需计算各规划水平年不同保证率下的可供水量。

浅层地下水可供水量一般根据地下水源地的富水性、补排特点、地下水可开采资源量，以及不同水平年的技术经济条件加以确定，由于地下水系统具有蓄积、调节、延时、传输和平滑等作用，因此地下水源的供水保证率较高，一般可取97%~98%，有时甚至直接取做100%，调蓄能力较大的地下水源地可供水量的数值一般取用多年平均值。

其他水源可供水量包括深层承压水可供水量、微咸水可供水量、雨水集蓄利用工程可供水量、污水处理再利用水量、海水利用量，这里的海水利用量包括折算成淡水的海水直接利用量和海水淡化量。其中，深层承压水可供水量、微咸水可供水量、海水利用量的供水保证率较高，一般可取97%~98%，有时直接取为100%；雨水集蓄利用工程与地表水源工程类似，不同保证率下的可供水量是不相同的，通常情况下可根据不同频率下的降水量计算结果加以分析确定；污水处理再利用水量（中水）多来源于城镇居民生活污水量、第三产业污水排放量和达标排放的工业废水量，城镇污水处理回用水量通常较稳定，其供水保证率可取95%。

在对现有供水工程的布局、供水能力、运行状况以及水资源开发利用程度与存在问题等方面进行调查分析的基础上，可分析水资源的开发利用前景和开发利用潜力。水资源开发利用潜力是指通过对现有工程的加固配套和更新改造、新建工程的投入运行和非工程措施实施后，分别以地表水可供水量、地下水可供水量和其他水源可供水量，与现状条件相比最大可能提高的供水能力。

可供水量估算要充分考虑技术经济因素、水质状况、对环境的影响，以及开发不同水源的有利和不利条件，预测不同水资源开发利用模式下可能的供水量，并进行技术经济比较，拟定水资源开发利用方案。要分析各规划水平年利用当地水资源的可供水量及其耗水量。通过对当地水资源耗用量的分析计算，以水资源可利用量为控制上限，检验当地水资源开发利用潜力及可供水量预测成果的合理性，一个地区水资源的耗水量不应超过该地区水资源可利用总量。

在供水预测中，不同规划水平年要合理安排新水源工程，安排的原则主要有以下5

点：①在流域或地区水利规划以及供水规划中明确推荐的工程优先安排；②利用当地水资源的工程优先安排；③配套挖潜的工程优先安排；④具有综合利用功能的工程优先安排；⑤开发利用地表水、收集疏干水、污水处理回用、雨水集蓄利用的工程优先安排。

第四节　水资源合理配置

一、水资源合理配置的目标与原则

水资源合理配置的最终目标是保障水资源可持续利用和区域可持续发展。水资源合理配置的原则概括为以下几点。

1. 可承载原则。社会、经济、资源和环境协调发展的前提是不破坏地球上生命支撑系统（如空气、水、土壤等），即发展应处于资源可承载的最大限度之内，以便保证人类福利水平至少处在可生存的状态之中。

2. 可持续性原则。水资源合理配置应体现可持续原则，不仅应考虑到当代人，而且要顾及后代人，即维持自然生态系统的更新能力，实现水资源的可持续利用。

3. 开源与节流并重原则。开源和节流是解决水资源需求的两条基本途径，在建立水资源合理配置模型时，要统筹兼顾开源和节流并重的原则。过去，人们对开源比较重视，常常靠兴修水利工程和设施、开发新水源来增加水源的供给能力。但在水资源相对贫乏、水资源开发利用率很高的地区，水资源开发利用潜力已不大，尤其是对供水能力已超过水资源可承载能力的地区，此时开源已不可能，只能靠节流。

4. 开发和保护相结合原则。在制定水资源配置方案时应尽可能将废污水的排放减小到最低程度，将其保持在水资源可承载能力之内，实现水资源开发和保护相结合。

5. 兴利和除弊相结合原则。在进行水资源合理配置的同时，一定要关注历史和现在的水灾情况，并与未来可能出现的水灾情况相结合。

6. 综合效益协调最优原则。水资源合理配置应以保护自然环境为基础，以改善和提高生活质量为目标，同时与资源、环境的承载能力相协调，追求经济、社会效益与环境效益的协调最优。

二、水资源合理配置的内容及流程

水资源合理配置的内容较多，其主要内容有：①水资源供需初步分析；②水资源配置方案的生成；③水资源合理配置模型及其求解；④特殊干旱期应急对策。

水资源合理配置的程序复杂，其一般的工作流程如图 9－2 所示。根据该流程，以下将分述水资源合理配置的主要内容。

（一）水资源供需初步分析

通过对基准年和未来各规划水平年水资源供需的初步分析，可以弄清水资源开发利用过程中存在的主要问题，合理地调整水资源的供需结构和工程布局，确定需水满足程度、

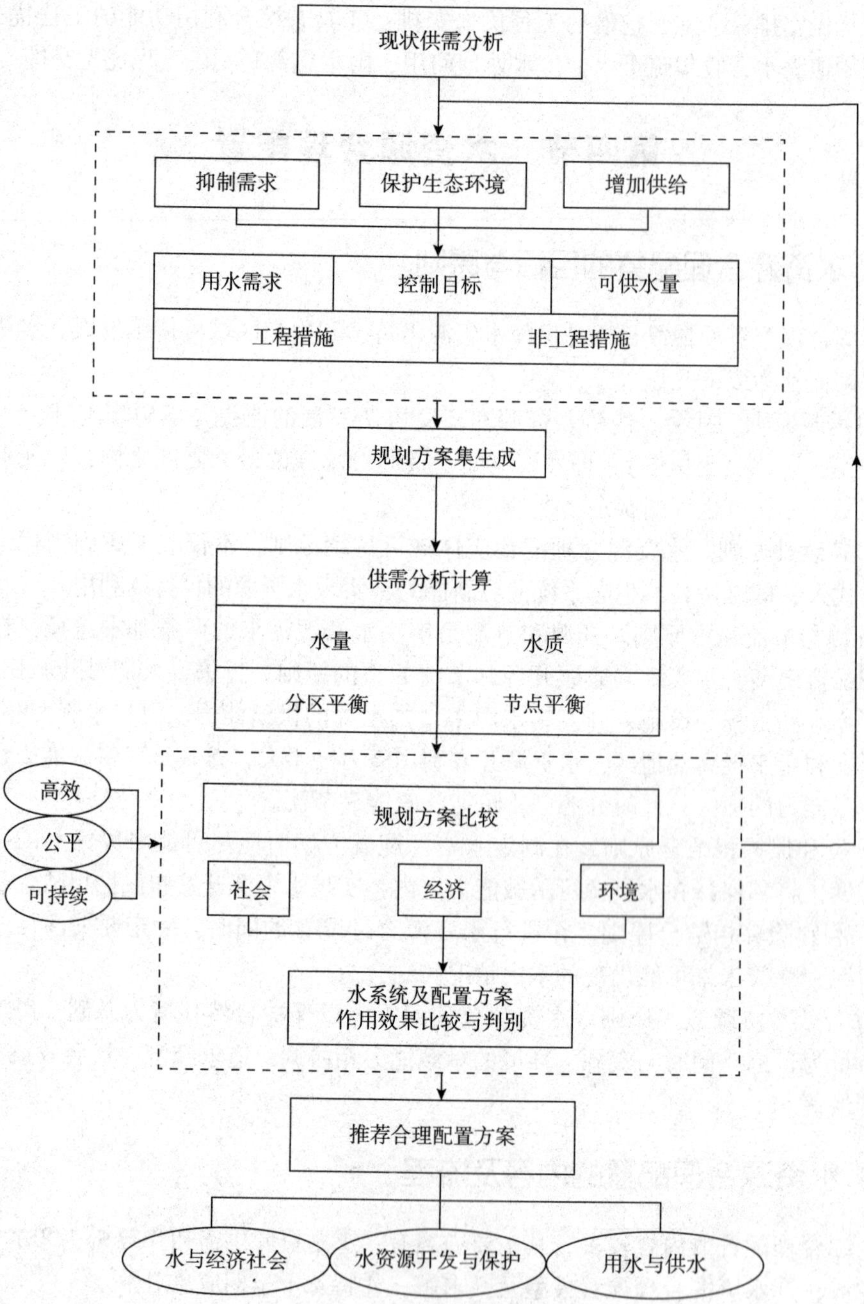

图 9－2　水资源合理配置思路示意图

余缺水量、缺水程度与水环境状况等指标。缺水程度可用缺水率（指缺水量与需水量的比值，用百分比表示，以反映供水不足时缺水的严重程度）来表示。通过计算分析，辨识各分区内挖潜增供、治污、节水与外调水边际成本的关系，明确缺水性质（资源性、工程性和环境性缺水）和缺水原因，确定解决缺水的措施及其实施的优先次序，为水资源配置方案的生成提供基础信息。

（二）水资源配置方案的生成

1. 方案可行域。根据各规划水平年的需水预测、供水预测、节约用水与水资源保护等成果，以供水预测的零方案和需水预测的基本方案相结合作为方案集的下限；以供水预测的高方案和需水预测的强化节水方案相结合作为方案集的上限。方案集上、下限之间为方案集的可行域。

方案设置在方案集可行域内，针对不同流域或不同区域存在的供需矛盾等问题，如工程性缺水、资源性缺水和环境性缺水等，结合现实可能的投资状况，以方案集的下限为基础，逐渐加大投入，逐次增加边际成本最小的供水与节水措施，提出具有代表性、方向性的方案，并进行初步筛选，形成水资源供需分析计算方案集。方案的设置应依据流域或区域的社会、经济、生态和环境方面的具体情况有针对性地选取增大供水、加强节水等各种措施组合。如对于资源性缺水地区可以偏重于采用加大节水以及扩大其他水源利用量的措施，提高用水效率和效益；对于水资源丰沛的工程性缺水地区，可侧重加大供水投入；对于因水质较差而引起的环境性缺水，可侧重加大水处理或污水处理回用的措施和节水措施。可以考虑各种可能获得的不同投资水平，在每种投资水平下根据不同侧重点的措施组合得到不同方案，但对加大各种供水、节水和水处理、治污力度时所得方案的投资需求应与可能的投入大致相等。

2. 方案调整。在水资源供需分析及其计算方案比选过程中，应根据实际情况对原设置的方案进行合理的调整，并在此基础上继续进行相应的供需分析计算，通过反馈最终得到较为合理的推荐方案。方案调整时，应依据计算结果，将明显存在较多缺陷的方案予以淘汰；对存在某些不合理因素的方案可给予一定有针对性的修改。修改后的新方案再进行供需分析计算，若结果仍有明显不合理之处，则通过反馈再进行调整计算。

（三）水资源合理配置模型及其求解

水资源系统是一个复杂而又庞大的系统。在人类活动未触及之前，它是一个天然系统，其降水补给、产流、汇流、径流过程以及地表水与地下水转化等作用都是按照自然规律来进行的。此时的水资源系统是一个自然的水循环过程。而在人类活动的逐步影响作用下，水资源系统（包括水资源系统结构、径流过程以及作用机理等）被人为地改变了，这就使原来的水资源系统更加复杂。

按照水资源系统过程，可将其分为水资源配置系统和水资源循环系统。

水资源配置系统以人类的水事活动为主体，它是自然、社会诸多过程交织在一起的统一体，其沟通了自然的水资源系统与经济社会系统之间的联系。水资源配置系统一般由4部分组成：①供水系统。包括地表水供水系统，地下水供水系统和其他水源供水系统；②输水系统。包括输水河道、输水渠道、输水管道等；③用水系统。包括生活用水、农业用水、工业用水与生态用水等；④排水系统。包括生活污水排放、工业废水排放、农业灌溉排水及其他排水等。

水资源循环系统以生态系统为主体，它包括水资源的形成、转化等过程，是水资源系统能够为人类提供持续不断的水资源的客观原因。

水资源合理配置就是运用系统工程理论，将区域或流域水资源在不同规划水平年各子区、各用水部门间进行合理分配，也就是要建立一个有目标函数、有约束的优化模型。

首先，需要划分子区、确定水源途径、用水部门；其次，要确定模型的目标。通常情况下，水资源合理配置模型追求社会、经济和环境综合效益协调最优。根据目标函数建立方法的不同，可以分为多目标模型和单目标模型；最后，列出模型的所有约束条件。

三、水资源规划方案的比选与制定

规划方案的比选与制定是水资源规划工作的最终要求，规划方案多种多样，每个方案都产生自己的效益，方案之间效益不同，优缺点也各异，到底采用哪种方案，一般需要结合实际情况经综合分析来确定。因此，水资源规划方案比选与制定是一项十分重要而又复杂的工作，在比选与制定过程中，应考虑满足以下基本要求。

第一，必须满足技术可行的要求。水资源规划方案中，规划了许多工程措施，这些工程只有在技术上得以保障实施，才可以达到规划方案的效益。如有部分工程在技术上不可行，导致实施困难或不可实施，就会影响规划方案的整体效益，使规划方案得不到完全实施。

第二，必须满足经济可行的要求。水资源规划方案中，工程的实施需要经济条件的保障，工程投资过大，超过区域经济可承受能力，就会导致工程得不到实施。因此，必须将工程投资限定在区域经济可承受范围之内。

第三，规划方案应能满足不同发展阶段经济发展的需要。在制定水资源规划方案时，应针对地区实际情况和具体问题采取相应的措施。如对于工程性缺水，则主要解决工程问题，最大限度地把水资源转化为生产部门可以利用的可供水源；对于资源性缺水，则主要解决资源问题，可实施跨流域调水工程等，以增加本区域的水资源量。

第四，要协调好水资源系统空间分布与水资源合理配置空间不协调之间的矛盾。水资源系统在空间上的分布随区域地形、地貌、水文地质及水文气象等条件的变化而变化，并有较大的差异，而区域经济的发展状况多与水资源系统的空间分布不相一致。因此，在进行水资源合理配置时，必然会出现两者不协调的矛盾，这就要求在制定水资源规划方案时予以考虑。

只有在满足上述基本要求后，制定出的水资源规划方案才合理可行。但规划方案不止一个，而是有很多个方案，这些方案都满足上述条件，都是合理可行的。因此，需要在这些方案之中选择一个较优方案，到底选择哪一个，需要认真分析和研究。选择较优方案的途径主要是通过建立和求解水资源合理配置模型，最后从合理可行的众多方案中选择综合效益最大的方案。

水资源规划的研究内容广泛，最终的规划方案涉及众多方面的内容，总结起来，制定的规划方案应该涉及社会发展规模、经济结构调整与发展速度、水资源配置方案、水资源保护规划等方面。

（一）社会发展规模

水资源规划不仅仅针对水资源系统本身，实际上它还涉及社会、经济、环境等多方面。关于这一点，已在上文有详细论述。在以往的流域规划中，常常要求对规划流域和有关地区的经济社会发展与生产力布局进行分析预测，明确各方面发展对流域治理开发的要求，以此作为确定规划任务的基本依据。不同规划水平年的经济社会发展预测应在国家和地区国土资源规划、国民经济发展规划和有关行业中长期发展规划的基础上进行。要求符合地区实际情况，并与国家对规划地区的治理开发要求和政策相适应。简单地讲，也就是在制定水资源规划方案时，考虑规划区域经济社会发展规划，以适应经济社会发展的需求。

而实际上却并非如此简单，经济社会发展与水资源利用、生态系统保护之间相互交叉、相互促进、互为因果。需要通过水资源优化配置模型来制定一个涉及社会、经济、水资源、生态的系统方案。

1. 人口规划。人口是构成一个地区或一个社会的根本因素，也可以说，人口是研究任何一个地区或社会所有问题的一个非常重要的驱动因子。因此，人口规划是社会发展规划中的一个基础性工作。我国是一个人口大国，人口密度较大，人口问题一直是影响经济社会可持续发展的主要因素。控制人口增长、实行计划生育是我国国民经济发展的一项基本国策。

在水资源规划中，适度控制人口增长，不仅可以减小社会发展对水资源产生的压力，而且会促进区域经济社会的可持续发展和改善环境质量。

人口规划，是以水资源规划前期工作——经济社会发展预测成果为基础，根据水资源配置方案的要求，对经济社会发展预测成果进行合理调整，从而制定合理的人口规划。另外，也可以通过水资源优化配置模型直接得到。这种方法是依据一定的人口预测模型，并在一定约束条件下，满足经济社会可持续发展的目标要求和条件约束。也就是说，在水资源优化配置模型中，包括人口预测子模型，通过模型求解得到人口发展规划方案。

2. 农村发展规划。农村是经济社会区域内农业占主要地位的活动场所，在经济活动中，它是构成国民经济第一产业的主要部分。农村发展规划的主要内容有农业生产布局、农村土地利用和农业区划、农村乡镇企业规划。

3. 城镇发展规划。城市作为人口和经济高度集中的地区，在整个经济社会发展中起到了重要的作用。研究城市的发展趋势并做好城市发展规划工作，将带动整个区域经济的发展。因此，城镇发展规划是一项十分重要的工作，其主要内容包括城市化进程、城市土地利用和城市体系建设。

（二）经济结构调整与发展速度

我国已经根据社会生产活动的历史发展顺序，划分出三类产业，即第一产业（农业）、第二产业（工业和建筑业）和第三产业。

第一产业：农业。农业作为基础生产力，不仅是农村生活的保障，而且是广大城镇人民所需粮食、蔬菜等基本生活资料的来源．是社会生活安定的基本保障。农业又是工业原料的重要来源，也是国民经济积累的重要来源。

第二产业：工业和建筑业。工业是国民经济的支柱，是国家财政的主要来源，是国民经济综合实力的标志。建筑业创造不可移动的物质产品，可以带动建材工业及其他许多相关产业的增长，是今后相当长时间内我国经济发展的重要增长点。

第三产业：第一、第二产业以外的其他部门。第三产业为物质生产部门提供支持，为提高人民生活质量提供服务，为经济发展提供良好的社会环境，是国民经济中越来越重要的组成部分。

在进行水资源规划时，需要按照国家编制的统计资料，并结合地区和行业的不同特点，可以重新对行业进行归并和划分，分别统计分析，以满足用水行业配水的要求。

对于水资源规划工作，最终报告要提出的关于经济规划部分的相关成果，至少要包括以下内容。

1. 对三类产业的总体规划。主要确定三类产业在国民经济建设中的比重，指出重点发展哪些产业，重点扶持哪些产业。明确三类产业的总体布局和结构，实现经济结构合理的发展模式。

2. 对各行业发展速度进行宏观调控。对部分行业或部门（如对低耗水、低污染行业）进行重点支持，合理提高发展速度；对部分行业或部门（如对高耗水、高污染行业）实行限制发展或取消，以逐步适应发展需要。例如，在有些生态系统破坏严重的地区，要限制农业耕作面积的扩大，甚至要求退耕还林还草；而有些行业又要鼓励加强，如旅游业，特别是生态旅游在许多地区很受欢迎。

调整经济结构和发展速度的基础，应是在水资源规划总体框架下，通过水资源优化配置，在一定约束条件下，满足社会、经济、环境综合效益最大的目标。因此，调整经济结构和发展速度规划的一般步骤是：①合理划分经济结构体系，也就是产业类型及行业划分，并分别统计和分析，作为选择水资源规划模型决策变量的依据，这也是调整经济结构和发展速度的参考因素；②建立经济发展模型，并与社会发展模型相耦合，建立经济社会发展预测模型。作为系统结构关系约束条件，嵌入到水资源优化配置模型中；③依据水资源优化配置模型的求解结果，按照经济系统的决策变量，并参考本地区国民经济和社会发展计划，合理调整经济结构和各行业发展规模和速度。

（三）水资源配置方案

水资源配置方案的确定，是水资源规划的中心内容。一方面，其内容是为水资源配置方案的选择及制定服务；另一方面，又通过水资源配置方案的制定来间接调控经济社会发展和生态系统保护。这是可持续发展目标下的水资源规划研究思路，与以往的水资源规划有所不同。

制定水资源配置方案的基础模型，其基本的研究思路和过程介绍如下：①根据研究区的实际情况，制定水资源规划的依据、具体任务、目标和指导思想。重点要体现可持续发展的思想；②了解经济社会发展现状和发展趋势，建立由经济社会主要指标构成的经济社会发展预测模型，对未来不同规划水平年的发展状况进行科学预测；③分析研究区水资源数量、水资源质量和可供水资源量，并建立水量水质模型，以作为研究的基础模型；④建立水资源合理配置模型。经济社会发展预测模型、水量水质模型均应包括在水资源优化配置模型中；⑤通过合理配置模型的求解和优化方案的比选，来制定水资源规划的具体内容。

制定水资源配置方案是水资源规划的重要工作。它应该是在水资源优化配置模型的基础上，结合研究区实际，制定分区、分行业、分部门、分时段（根据解决问题的深度不同来选择详细程度）的配置方案。

（四）水资源保护规划

由于人类不合理的开发利用水资源，在水资源保护问题上重视不够，导致目前水资源问题十分突出。就是在这种情况下，迫使人们重视水资源的保护工作。也使水资源保护规划工作从开始重视到逐步实施，以至于目前成为水资源规划必不可少的一部分。

总体来看，水资源保护规划是在调查、分析河流、湖泊、水库等水体中污染源分布、排放现状的基础上，与水文状况和水资源开发利用情况相联系，利用水量水质模型，探索水质变化规律，评价水质现状和趋势，预测各规划水平年的水质状况，划定水功能区范围及水质标准，按照功能要求制定环境目标，计算水环境容量和与之相对应的污染物消减量，并分配到有关河段、地区、城镇，对污染物排放实行总量控制。同时，根据流域（或区域）各规划水平年预测的供水量和需水量，计算实施水资源保护所需要的生态需水量，最终提出符合流域（或区域）经济社会发展的综合防治措施。这一工作已成为维系水资源可持续利用的关键。有关水资源保护的详细内容可参见本书第十一章。

水资源保护规划的目的在于保护水质，合理地利用水资源，通过规划提出各种措施与途径，使水体不受污染，以免影响水资源的正常用途，从而保证满足水体主要功能对水质的要求，并合理、充分地发挥水体的多功能用途。

进行规划时，必须先了解被规划水体的种类、范围、使用要求和规划的任务等，并把水资源保护目标纳入到水资源优化配置模型中，再通过配置模型的求解和优化方案的选择，可以得到水资源保护规划的具体方案，从而制定水资源保护规划。

第十章　水资源管理

水是人类赖以生存、经济社会赖以发展的基础自然资源之一，而当今世界普遍存在的水资源短缺、水环境污染、洪水灾害等问题，都影响到了水资源长久有效的利用，影响到人类社会可持续发展的实现。有效地解决各种水资源危机的一个重要方法就是进行科学的水资源管理。通过水资源的合理分配、优化调度、科学管理，科学、合理地开发利用水资源和保护水资源，才能保障经济社会的资源基础，实现人类社会的可持续发展。

本章将主要阐述水资源管理的主要内容和工作流程，系统介绍水资源管理的组织体系、法规体系，水资源管理的经济、技术等措施，以及水资源管理信息系统等内容。

第一节　水资源管理的基本内容及工作流程

水资源管理是在水资源开发利用和保护的实践当中产生，并在实践中发展起来的。随着各种用水问题的出现，水资源管理也在不断发展深化，它是解决水危机的希望所在。

一、水资源管理的基本内容

水资源管理，是指对水资源开发、利用和保护的组织、协调、监督和调度等方面的实施，包括运用行政、法律、经济、技术和教育等手段，组织开发利用水资源和防治水害；协调水资源的开发利用与经济社会发展之间的关系，处理各地区、各部门间的用水矛盾；监督并限制各种不合理开发利用水资源和危害水源的行为；制定水资源的合理分配方案，处理好防洪和兴利的调度原则，提出并执行对供水系统及水源工程的优化调度方案；对来水量变化及水质情况进行监测与相应措施的管理等。①

水资源管理是水行政主管部门的重要工作内容，它涉及水资源的有效利用、合理分配、保护治理、优化调度以及所有水利工程的布局协调、运行实施及统筹安排等一系列工作。其目的是通过水资源管理的实施，以做到科学、合理地开发利用水资源，支持经济社会发展，保护生态系统，并达到水资源开发、经济社会发展及生态系统保护相互协调的目标。

水资源管理是一项复杂的水事行为，其内容涉及范围很广。归纳起来，水资源管理工作主要包括以下几部分内容。

1. 加强宣传教育，提高公众觉悟和参与意识。加强对有关水资源信息和业务准则的传播和交流，广泛开展对用水户的教育。提高公众对水资源的认识，应该让公众意识到水

① 孔令熙．水资源管理主要问题及应对措施［J］．绿色环保建材，2020（1）：234－234.

资源是有限的，只有在其承受能力范围内利用，才能保证水资源利用的可持续性；如果任意引用和污染，必然导致水资源短缺的后果。公众的广泛参与是实施水资源可持续利用战略的群众基础。因此，水资源管理工作具有宣传的义务和职责。

2. 制定水资源合理利用措施。制定目标明确的国家和地区水资源合理开发利用实施计划和投资方案；在自然、社会和经济的制约条件下，实施最适度的水资源分配方案；采取征收水费、调节水价以及其他经济措施，以限制不合理的用水行为，这是确保水资源可持续利用的重要手段。因此，水资源管理工作具有制定决策和实施决策的功能和义务。

3. 制定水资源管理政策。为了管好水资源，必须制定一套合理的管理政策。比如，水费和水资源费征收政策、水污染保护与防治政策等。通过需求管理、价格机制和调控措施，有效推动水资源合理分配政策的实施。因此，水资源管理工作具有制定管理政策的义务和执行管理政策的职责。

4. 水资源统一管理。坚持利用与保护统一，开源与节流统一，水量与水质统一。保护和涵养潜在水资源，开发新的和可替代的供水水源，推动节约用水，对水的数量和质量进行综合管理。这些是水资源统一管理的要求，也是实施水资源可持续利用的基本支撑条件。

5. 实时进行水量分配与调度。水行政主管部门具有对水资源实时管理的义务和职责，在洪水季节，需要及时预报水情、制定防洪对策、实施防洪措施；在旱季，需要及时评估旱情、预报水情、制定并组织实施抗旱具体措施。因此，水资源管理部门具有防止水旱灾害的义务。

二、水资源管理的原则

水资源管理是由国家水行政主管部门组织实施的、带有一定行政职能的管理行为，它对一个国家和地区的生存和发展有着极为重要的作用。加强水资源管理，必须遵循以下原则。

1. 坚持依法治水的原则。我国现行的法律、规范是指导各行业工作正常开展的依据和保障，也是水利行业合理开发利用和有效保护水资源、防治水害、充分发挥水资源综合效益的重要手段。因此，水资源管理工作必须严格遵守我国相关法律法规和规章制度，如《中华人民共和国水法》《中华人民共和国水污染防治法》《中华人民共和国水土保持法》《中华人民共和国环境法》等，这是水资源管理的法律依据。

2. 坚持水是国家资源的原则。水是国家所有的一种自然资源，是社会全体共同拥有的宝贵财富。虽然水资源可以再生，但它毕竟是有限的。过去，人们习惯性地认为水是取之不尽、用之不竭的。实际上，这是不科学的、浅显的认识，它可能会引导人们无计划、无节制地用水，从而造成水资源的浪费。因此，加强水资源管理首先应该从观念上认识到水是一种有限的宝贵资源，必须精心管理和保护。

3. 坚持整体考虑和系统管理的原则。人类所能利用的水资源是非常有限的。因此，某一地区、某一部门滥用水资源，都可能会影响相邻地区或其他部门的用水保障；某一地区、某一部门随便排放废水、污水，也可能会影响相邻地区或其他部门的用水安全。因此，必须从整体上来考虑对水资源的利用和保护，系统管理水资源，避免各自为政、损人利己、强占滥用的水资源管理现象发生。

4. 坚持用水价来进行经济管理的原则。长期以来，人们认为水是一种自然资源，是无价值、可以无偿占有和使用的，这导致了水资源的滥用，浪费极大。用经济的手段来加强水资源管理是可行的。水本身是有价值的，应把加强水权管理摆在战略位置，明确水是商品，通过改革水价体制、制定合理的水价来实现对水资源管理的宏观调控，调节各行各业的用水比例，达到水资源合理分配、合理利用的目标。同时，适时、适度地调整水资源费和水费的征收幅度，还可调动全社会节水的积极性。

三、水资源管理的工作流程

水资源管理的工作目标、流程、手段差异较大，受人为作用影响的因素较多，而从水资源配置的角度来说，其工作流程基本类似。

1. 确立管理目标。与水资源规划工作相似，在开展水资源管理工作之前，也要首先确立管理的目标和方向，这是管理手段得以实施的依据和保障。如在对水库进行调度管理时，丰水期要以防洪和发电为主要目标，而枯水期则要以保障供水为主要目标。

2. 信息获取与传输。信息获取与传输是水资源管理工作得以顺利开展的基础条件，只有把握瞬息万变的水资源情势，才能更有效地调度和管理水资源。通常需要获取的信息有水资源信息、经济社会信息等。水资源信息包括来水情势、用水信息以及水资源质量和数量等。经济社会信息包括与水有关的工农业生产变化、技术革新、人口变动、水污染治理以及水利工程建设等。总之，需要及时了解与水有关的信息，对未来水利用决策提供基础资料。

为了对获得的信息迅速做出反馈，需要把信息及时传输到处理中心。同时，还需要对获得的信息及时进行处理，建立水情预报系统、需水量预测系统，并及时把预测结果传输到决策中心。资料的采集可以运用自动测报技术，信息的传输可以通过无线通信设备或网络系统来实现。

3. 建立管理优化模型，寻找最优管理方案。根据研究区的经济社会条件、水资源条件、生态系统状况、管理目标，建立该区水资源管理优化模型。通过对该模型的求解，得到最优管理方案。

4. 实施的可行性、可靠性分析。对选择的管理方案实施的可行性、可靠性进行分析。可行性分析，包括分析技术可行性、经济可行性，以及人力、物力等外部条件的可行性；可靠性分析，是对管理方案在外部和内部不确定因素的影响下实施的可靠度、保证率分析。

5. 水资源运行调度。水资源运行调度是对传输的信息，在通过决策方案优选，实施可行性、可靠性分析之后做出的及时调度决策。可以说，这是在实时水情预报、需水预报的基础上所做的实时调度决策。

第二节　水资源管理的组织体系

组织职能是管理活动的根本职能，是其他一切管理活动的保证和依托。组织体系是按照一定的目的和程序组成的一种权责结构体系。水资源管理的组织体系是关于水资源管理活动中的组织结构、职权和职责划分等的总称。在水资源开发利用与保护的实践当中，各个国家的水资源管理组织体系是各不相同的。下面将选取几个有代表性的国家，对其水资源管理的组织体系进行对比和分析。

一、美国水资源管理的组织体系

美国在长期的水资源开发利用实践中，其水资源管理的形式经历了分散－集中－分散的过程。20 世纪 50 年代以前，美国的水资源管理形式是十分分散的，对水资源的管理主要通过流域委员会来执行。1965 年，鉴于水资源的分散管理形式不利于全盘考虑水资源的综合开发利用，由国会通过了水资源规划法案，成立了全美水资源理事会，负责水资源及其有关的土地资源的综合开发利用。在这期间，美国的水资源管理走向集中。但这样又导致联邦政府与州政府之间在水资源管理上的矛盾和冲突。到 20 世纪 80 年代初，美国联邦政府撤销了水资源理事会，成立了国家水政策局，只负责制定有关水资源的各项政策，而不涉及具体业务，把具体业务交给各州政府全面负责，其水资源管理形式又趋于分散。

美国现在的水资源管理机构分为联邦政府机构、州政府机构和地方（县、市）政府机构三级。在联邦政府的水利机构中，最重要的是陆军工程兵团、内务部垦务局、地质调查局、农业部土壤保持局。其中，美国陆军工程兵团归属于国防部，主要负责联邦政府投资项目的设计、施工，编制流域水资源开发利用规划，审查地方政府做的规划及设计；垦务局归属于内务部，是美国西部 17 个州水管理的一个职能部门，主要承担由联邦政府投资的跨州工程或其他重大工程，职能是呼吁美国公众关注水及相关的水环境和水资源管理、发展、保护。此外，直属于联邦机构的还有环境保护局、田纳西流域管理局、国家水政策局以及一些流域委员会等，它们的职能主要是起协调作用。而各州具体的水业务，由各州下属的水资源局完成，负责本州的水资源开发与管理，承担本州内工程的规划、设计、监理、评估、分析、管理等业务。

美国是联邦国家，各州在立法上与联邦政府平权，因此在美国水资源管理的组织体系中，各州都根据自己的实际情况对水资源保护、开发利用等制定有不同标准的法律法规，由各州相应的水资源管理部门负责组织实施。州政府与联邦政府之间的关系相对比较松散，因此目前在水资源管理上是以州为基本单位的管理体制。由于美国在水资源管理方面还没有全国统一的水法，以各州自行立法与州际协议为基本管理规则，州际水资源开发利用矛盾则由联邦政府有关机构（如垦务局、陆军工程兵团等）负责协调。

二、英国水资源管理的组织体系

20 世纪，英国水资源经历了从地方分散管理到流域统一管理的历史演变。英国早在 20 世纪 40 年代设立了河流局，负责排水、发电、防洪、渔业、防止污染和水文测验等。自 20 世纪 60 年代起，英国开始改革水资源管理体制，改河流局为河流管理局，在英格兰和威尔士共设 29 个河流管理局和 157 个地方管理局。到 20 世纪 70 年代进一步对水资源实行统一管理，把河流管理局又合并为 10 个水务局，每个水务局对本流域与水有关的事务全面负责、统一管理。水务局不再是政府机构，而是由法律授权、具有很大自主权、自负盈亏的公用事业单位。到80年代中期，英国政府大力推行私有化政策，顺应这一形势的需要，1989年英格兰和威尔士的水务局实现私有化，改为水公司。而在苏格兰和北爱尔兰，供水部门至今仍为国营公共事业单位。英国郡、区、乡镇等地方政府不设水管理机构，只有地方议会负责管理排水及污水管道设施。

1989年英国议会通过了新水法。依据新水法，国家对水资源管理体制进行了改革，在环境部下设国家流域管理局，其中英格兰和威尔士按流域适当归并成立了8个流域管理局，其管理范围与10个水务局职责范围完全一致。一个流域中的两个机构职责分工明确：流域管理局担负水资源管理和保护的行政职能，负责水质监测和洪水防御；水务局实行民营化运作，统一负责水资源开发、调配、节约、治理、保护等方面的具体工作。

三、法国水资源管理的组织体系

法国对水资源的管理基本上采取以流域为主的方式，属于分散管理模式。由流域委员会及其执行机构——流域水务局负责保护水资源、监测水质、防止污染、征收排污费和水费等。

法国共有6大流域，流域委员会是流域水资源管理的最高决策机构，它由3部分组成：①代表国家利益的政府官员和专家代表；②代表地方群众利益的地方行政当局代表；③代表企业和农民利益的用户代表。三方代表各占1/3。流域委员会的主要任务是审议和批准水务局提交的五年规划方案和各年度的具体工作计划。流域水务局是一个独立于地区和其他行政辖区的流域性公共管理机构，它受环境部的监管，负责流域水资源统一管理的具体事务，同时在流域内又必须执行流域委员会的指令。流域水务局的主要任务是对流域各地区的水污染防治活动进行金融和技术激励，确保各用水户之间的水资源供需平衡，加强对水资源的保护以满足法律规定的水质标准等。

四、日本水资源管理的组织体系

日本的水资源管理是多部门分管负责的形式，属于分散管理模式。在中央政府中与水资源管理工作有关的机构较多，在2001年1月政府机构大规模改革之前涉及6个部级（日本称为“省”）机构，分别是环境厅（水质保全局负责水质的保护）、国土厅（水资源部负责水资源规划）、厚生省（生活卫生局水道环境部负责饮用水的卫生）、农林水产省（林野厅指导部负责河流上游的流域治理）、通商产业省（环境立地局负责工业用水，资源能源厅负责水力发电的规划管理）、建设省（河川局负责河流的治水和用水，都市局下水道部负责下水道的规划和综合协调）。2001年1月政府机构改革之后，因国土厅和建设省都被合并在国土交通省之内，相关的部级机构减少为5个，分别是环境省、国土交通省、厚生劳动省、经济产业省和农林水产省，但从具体负责的局级机构来看并无实质性变化。

根据日本水资源开发促进法，有关水资源的开发由内阁总理大臣组织制定基本计划，有关管理事宜由经济企划厅处理。综合利用水利工程由国家和县进行建设，由国家负担费用或给予补助。工程项目的勘测、设计、施工和管理等工作，由各省、厅交给水资源开发公团或地方承担。

日本河流受地形、地质和气候条件的影响，大部分河流流程短，流域面积小。对河流的管理则按照日本河川法的规定，一级河流由建设大臣任命的建设省河流审议会管理，二级河流由河流所在的都、道、府、县知事管理，其余河流由市、町、村负责。总体来说，日本的水资源管理属于分部门、分级管理的类型。

五、中国水资源管理的组织体系

我国是世界上开发水利、防治水患最早的国家之一，历史上设有水行政管理机构。中华人民共和国成立后，中央人民政府设立水利部，而农田水利、水力发电、内河航运和城市供水分别由农业部、燃料工业部、交通部和建设部负责管理，水行政管理并不统一，在相当长的一段时间内，在国家一级部门之间水资源管理也是各行其责的分管形式。直到20世纪80年代初，由于“多龙治水”的局面影响到水资源的开发利用和保护治理，国务院规定由当时的水利电力部归口管理，并专门成立了全国水资源协调小组，负责解决部门之间在水资源立法、规划、利用和调配等方面的问题。1988年，国家重新组建水利部，并明确规定水利部为国务院的水行政主管部门，负责全国水资源的统一管理工作。1994年，国务院再次明确水利部是国务院水行政主管部门，统一管理全国水资源，负责全国水利行业的管理等职责。此后，在全国范围内兴起的水务体制改革反映了我国水资源管理方式由分散管理模式向集中管理模式的转变。

在我国的水资源管理组织体系中，水利部是负责国家水资源管理的主要部门，其他各部门也管理部分水资源，如地矿部管理和监测深层地下水，国家环保部负责水环境保护与管理，建设部管理城市地下水的开发与保护，农业部负责建设和管理农业水利工程。省级组织中有水利部所属流域委员会和省属水利厅，更下级是各委所属流域管理局或水保局及市、县水利局。两个组织系统并行共存，内部机构设置基本相似，功能也类似，不同之处是流域委员会管理范围以河流流域来界定，而地方政府水利部门只以行政区划来界定其管辖范围。我国水利部系统水资源管理组织体系如图10－1所示。

我国水资源管理体制中存在着两个根本问题，一个是“多龙治水”，影响水资源的开发利用和保护治理。这一问题在我国一些城市已经得到了很好的解决。1993年，我国广东深圳市和陕西洛川县为解决当地严重的水灾和水荒，率先实施水务一体化管理体制，成立水务局，在经过改革尝试后取得显著的成效，于是水务管理体制改革逐步在全国各地悄然兴起。到2002年底，全国除北京、西藏以外的29个省、自治区、直辖市成立的水务局及由水利系统实施水务统一管理的单位共计1097个，占全国县级以上行政区总数的46%。水务管理体制克服了部门职能交叉、办事效率低下的弊端，体现了精简、高效的机构设置原则，同时有利于制定统一的水管理法规和技术标准，有利于维护水资源系统的完整性和协调性。另一个问题是水资源行政管理中的行政区域管理人为地将一个完整的流域划分开来，责权交叉多，难以统一规划和协调，极不利于我国水资源和水环境的综合利用和治理。同时，我国虽然成立了七大流域委员会，但它们都不是权力机构，而省级水利厅按照自身利益考虑流域管理，就使得流域机构与各地环保局、各省市有关部门在处理水问题时

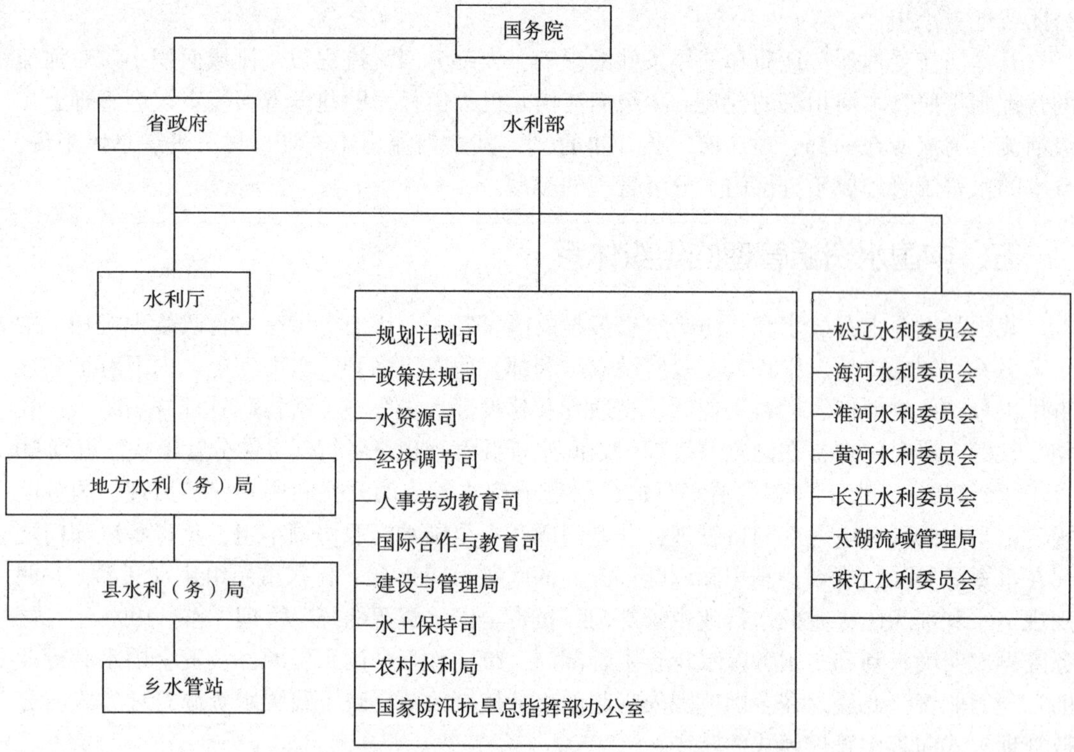

图 10－1　中国水资源管理组织体系（水利部系统）

无法统一指挥，无法做到全流域的统筹规划和管理。因此，虽然我国水资源管理是流域管理与行政区管理相结合的水管理体制，但实际上是以各省（市、自治区）到地方各级的水管理机构为主的分块管理机制在发挥主导作用，而以流域机构为主体的流域统一管理机制并未发挥其应有功能。因此，在我国要深入推行流域统一管理，仍需对水资源管理体制进一步改革。

第三节　水资源管理的法规体系

依法治国，是《中华人民共和国宪法》所确定的治理国家的基本方略。水资源关系国民经济、社会发展的基础，在对水资源进行管理的过程中，也必须通过依法治水才能实现水资源开发、利用和保护的目的，满足经济、社会和环境协调发展的需要。

一、概述

法规体系，也叫立法体系，是指国家制定并以国家强制力保障实施的规范性文件系统，是法的外在表现形式所构成的整体。水资源管理的法规体系就是现行的有关调整各种水事关系的所有法律、法规和规范性文件组成的有机整体。水法规体系的建立和完善是水资源管理制度建设的关键环节和基础保障。

中国古代有关水资源管理的法规最早可追溯到西周时期，在我国西周时期颁布的《伐崇令》中规定："毋坏屋、毋填井、毋伐树木、毋动六畜。有不如令者，死无赦。"这大概是我国古代最早颁布的关于保护水源、动物和森林的法令。此后，我国历代封建王朝都曾颁布过类似的法令。历代著名的法典如《唐六典》《唐律疏义》《水部式》等都有水法规可考。在欧洲，水法规则最早体现于罗马法系，其中著名的《十二铜表法》颁布于公元前450年前后，而《查士丁尼民法大全》于公元534年完成，后来体现于大陆法系和英美普通法系的民法中。

近代经济社会发展对水资源的需求不断增加，很多地方出现了供水水源不足、水污染、生态环境恶化的趋势。世界各国都开始重视水资源管理的法规制定，很多国家制定了关于水资源开发、利用和保护等各项水事活动的综合性水法，有些国家还制定了水资源开发利用的专项法律，如美国的《水资源规划法规》，日本的《河川法》《水资源开发促进法》《水污染防治法》《防洪法》等专项法规。

我国在1930年颁布了《河川法》，1942年颁布了《水利法》。此后，随着水问题的不断发展，我国的水资源管理的法规也在不断修改、不断完善。

新中国成立后，我国在水资源方面颁布了大量具有行政法规效力的规范性文件，如1961年颁布的《关于加强水利管理工作的十条意见》，1965年颁布的《水利工程水费征收使用和管理试行办法》，1982年颁布的《水土保持工作条例》等。1984年颁布施行的《中华人民共和国水污染防治法》是中华人民共和国的第一部水法律。1988年颁布的《中华人民共和国水法》是我国调整各种水事关系的基本法。此后又颁布了《中华人民共和国环境保护法》《中华人民共和国水土保持法》《中华人民共和国防洪法》等法律。此外，国务院和有关部门还颁布了相关配套法规和规章，各省、自治区、直辖市也出台了大量地方性法规，这些法规和规章共同组成了一个比较科学和完整的水资源管理的法规体系。针对形势的变化和一些新出现的问题，我国在2002年8月29日又通过修改后的《中华人民共和国水法》，并已于2002年10月1日开始实施。新《中华人民共和国水法》吸收了十多年来国内外水资源管理的新经验、新理念，对原水法在实施实践中存在的问题做了重大修改。新《中华人民共和国水法》规定，开发、利用、节约、保护水资源和防治水害，应当全面规划、统筹兼顾、标本兼治、综合利用、讲求效益，发挥水资源的多种功能，协调好生活、生产经营和生态用水。因此，水法对于合理开发、利用、节约和保护水资源，防治水害，实现水资源的可持续利用，适应国民经济和社会发展的需要具有重要意义。它的出台，标志着中国进入了依法治水的新阶段。

二、水资源管理法规体系的作用、性质和特点

水资源管理的法规与其他法律规范一样，具有规范性、强制性、普遍性等特点，但因其主要调整与水资源开发、利用、保护等行为相关的过程中人与人的关系、人与自然的关系，因此又具有其特殊的性质和特点。

（一）水资源管理法规体系的作用

水资源是人类赖以生存和发展的一种必需的自然资源，随着人类社会和经济的发展，

对水资源的需求范围也越来越广，需求量越来越大。然而水资源又是一种有限资源，因此必然会出现水资源的供需矛盾。这一矛盾的加剧又会带来水资源开发利用中人与人之间、人与自然之间的冲突发展。因此，必须用法律法规来规范人类的活动，进行有效的水资源管理。概括地说，水资源管理的法规体系，其主要作用就是借助国家强制力，对水资源开发、利用、保护、管理等各种行为进行规范，解决与水资源有关的各种矛盾和问题，实现国家的管理目标。具体表现在以下几个方面。

1. 确立水资源管理的体制。水资源管理是关系水资源可持续开发利用的事业，是关系国计民生的工作，其有效开展需要社会各界、方方面面的配合。因此，就需要建立高效的组织机构来承担指导和协调任务。一方面要确保有关水资源管理机构的权威性，另一方面要尽量避免管理机构及其人员滥用职权。因此，有必要在有关水资源管理的法规中明确规定有关机构设置、分工、职责和权限，以及行使职权的程序。我国水资源管理的法规规定了我国对水资源实行流域管理与行政区域管理相结合的管理体制，这是我国水管理的基本原则。同时，法规科学地界定了水行政主管部门、流域管理机构和有关部门的职责分工，明确了各级水行政主管部门和流域管理机构负责水资源统一管理和监督工作，各级人民政府有关部门按照职责分工负责水资源开发、利用、节约和保护的有关工作。

2. 确立一系列水资源管理制度和措施。水资源管理的法律法规确立了进行水资源管理的一系列制度，如水资源配置制度、取水许可制度、水资源有偿使用制度、水功能区划制度、排污总量管理制度、水质监测制度、排污许可审批制度、饮用水水源保护制度等，并以法律条文的形式明确了进行水资源开发、利用、保护的具体措施。这些具有可操作性的制度和措施，以法律的形式固定下来，成为有关主体必须遵守的行为规范，更好地指导人们进行水资源开发、利用和保护工作。

3. 确定有关主体的权利、义务和违法责任。各种水资源管理的法律、法规规定了不同主体（指依法享有权利和承担义务的单位或个人，主要包括国家、国家机关、企事业单位、其他社会组织和公民个人）在水资源开发利用中的权利和义务，以及违反这些规定时应依法承担的法律责任。有关法规使人们明确什么样的行为是法律允许的，保障主体依法享有对水资源进行开发、利用的权利。同时，也使得主体明确什么行为是被禁止的，违反法律规定要承担什么样的责任。只有对违法者进行制裁，受害人的权利才能得到有效保障。通过对主体权利、义务和责任的规定，法规对人们的水事活动产生规范和引导作用，使其符合国家的管理目标，有利于促进水资源的可持续利用。

4. 为解决各种水事冲突提供了依据。各国水资源管理的法律法规中都明确规定了水事法律责任，并可以利用国家强制力保证其执行，对各种违法行为进行制裁和处罚，从而为解决各种水事冲突提供了依据。而且，明确的水事法律责任规定，使各行为主体能够预期自己行为的法律后果，从而在一定程度上避免了某些事故、争端的发生，或能够减少其不利影响。

5. 有助于提高人们保护水资源和生态环境的意识。通过对各种水资源管理相关的法律法规的宣传，对违法水事活动的惩处等，能够有效地推动不同群体、不同个人对节约用水、保护水资源和生态环境等理念的认识，这也是提高水资源管理效率，实现水资源可持续利用的根本目标。

（二）水资源管理法规体系的性质

对于法的性质，马克思主义法学认为，法是统治阶级意志的体现，是统治阶级意志的一种形态，而统治阶级意志的内容是由统治阶级的物质生活条件来决定的，指出了法的阶级性和社会性。

水资源管理法规是环境法的一个分支，而环境法是随着各国社会、经济的发展而产生的调整人们在资源开发利用中人与人之间关系的法律规范，是法律总体系中的一个重要组成部分，它具有一般法律的共性，也就是阶级性和社会性的统一。但其产生并不是因为阶级矛盾的不可调和，而是因为人与自然矛盾的加剧；现代环境法的目的——实现可持续发展——具有很强的公益性；而且，环境法的制定不但受统治阶级意志和社会规律制约，更受到客观自然规律的制约。因此，环境法的社会性更为突出。而水资源管理的法规体系，作为环境法体系的一部分，也具有阶级性和社会性统一、社会性更突出的特点。

（三）水资源管理法规体系的特点

水资源管理的有关法规，除了具有普通法律法规所具备的规范性、强制性、普遍性等特点以外，因其调节对象本身的原因，还具有以下特点。

1. 调整对象的特殊性。水资源管理的法律规范所调整的对象，与其他法律规范一样，也是人与人之间的关系。它通过各种相关的制度安排，规范人们的水事活动，明确人们在水资源开发利用当中的权利和义务关系，从而调整人与人之间的关系。但是，水资源管理的法律规范，其最终目的是通过调整人与人之间的关系达到调整人与自然关系的目的，促进人类社会与水资源、生态环境之间关系的协调。这也是所有环境法规的最终目的，通过间接调整人与人的关系，实现最终对人与自然关系的调整。但是这一过程的实现又依赖于人类对人与自然关系认识的不断深入。

2. 技术性。水资源管理法规的调整对象包括了人与水资源、生态环境之间的关系，而水资源系统的演变具有其自身固有的客观规律，只有遵循这些自然规律才能顺利实现水资源管理的目标。同时，要制定能够实现既定管理目标的法律规范，必须依赖于人们对水资源相关的客观规律的研究和认识。这就使得水资源管理的法规具有了很强的科学技术性，众多的技术性规范如水质标准、排放标准等都是水资源管理的法规体系中的基础。

3. 动态性。随着人类社会的发展，对水资源的需求不断增加，所面临的水问题也越来越复杂。相关的水问题是在不断发展、不断演化的，因此与其配套的水资源管理的法规必然也具有不断发展、不断演化的动态特性。

4. 公益性。水资源具有公利、公害双重特性。不管是规范水资源开发利用行为、促进水资源高效利用的法律制度安排，还是防治水污染、防洪抗旱的法律制度安排，都是为了实现人类社会的持续发展，具有公益性。

三、水资源管理的法规体系分类

水资源管理的法规体系包括了一系列法律法规和规范性文件，按照不同的分类标准可以分为不同的类型。

从立法体制、效力等级、效力范围的角度来看，水资源管理的法规体系由宪法、与水有关的法律、水行政法规和地方性水法规等构成。

从水资源管理的法规内容、功能来看，水资源管理的法规体系应包括综合性水事法律和单项水事法律法规两大部分。综合性水事法律是有关水的基本法，是从全局出发，对水资源开发、利用、保护、管理中有关重大问题的原则性规定，如世界各国制定的《水法》《水资源法》等。单项水事法律法规则是为解决与水资源有关的某一方面的问题而进行的较具体的法律规定，如日本的《水资源开发促进法》、荷兰的《防洪法》《地表水污染防治法》等。目前，单项水事法律法规的立法主要从两个方面进行，分别是与水资源开发、利用有关的法律法规，和与水污染防治、水环境保护有关的法律法规。

此外，水资源管理的法规体系还可以分为实体法和程序法，专门性的法律法规和与水资源有关的民事、刑事、行政法律法规，奖励性的法律法规和制裁性的法律法规等。对一些单项法律法规还可以根据所属关系或调整范围的大小分为一级法、二级法、三级法、四级法等。

四、我国水资源管理的法规体系构成

我国从20世纪80年代以来，先后制定、颁布了一系列与水有关的法律法规，如《中华人民共和国水污染防治法》《中华人民共和国水法》《中华人民共和国水土保持法》《中华人民共和国防洪法》等。尽管我国进行水资源管理立法的时间较短，但立法数量却大大超过一般的部门法，初步形成了一个由中央到地方、由基本法到专项法再到法规条例的多层次的水资源管理的法规体系。下面将按照立法体制、效力等级的不同对我国水资源管理的法规体系进行介绍。

（一）宪法中的有关规定

宪法是一个国家的根本大法，具有最高法律效力，是制定其他法律法规的依据。《中华人民共和国宪法》中有关水的规定也是制定水资源管理相关的法律法规的基础。宪法第9条第一、第二款分别规定，“水流属于国家所有，即全民所有”“国家保障自然资源的合理利用”。这是关于水权的基本规定以及合理开发、利用和保护水资源的基本准则。对于国家环境保护方面的基本职责和总政策，宪法第二十六条做了原则性的规定，“国家保护和改善生活环境和生态环境，防治污染和其他公害”。

（二）基本法

1988年颁布实施的《中华人民共和国水法》是我国第一部有关水的综合性法律，在整个水资源管理的法规体系中，处于基本法地位，其法律效力仅次于宪法。但由于当时认识上的局限以及资源法与环境法分别立法的传统，原《中华人民共和国水法》偏重于水资源的开发、利用，而关于水污染防治、生态保护方面的内容较少。2002年，在原《中华人民共和国水法》的基础上经过修订，颁布了新的《中华人民共和国水法》，内容更为丰富，是制定其他有关水资源管理的专项法律法规的重要依据。其主要内容叙述如下。

《中华人民共和国水法》规定：水资源属于国家所有。水资源的所有权由国务院代表国家行使。农村集体经济组织的水塘和由农村集体经济组织修建管理的水库中的水，归各农村集体经济组织使用。

《中华人民共和国水法》第一章（总则）规定：国家对水资源依法实行取水许可制度和有偿使用制度。国家保护水资源，采取有效措施，保护植被，植树种草，涵养水源，防治水土流失和水体污染，改善生态环境。国家厉行节约用水，大力推行节约用水措施，推广节约用水新技术、新工艺，发展节水型工业、农业和服务业，建立节水型社会。各级人民政府应当采取措施，加强对节约用水的管理，建立节约用水技术开发推广体系，培育和发展节约用水产业。单位和个人有节约用水的义务。

《中华人民共和国水法》第二章（水资源规划）规定：开发、利用、节约、保护水资源和防治水害，应当按照流域、区域统一制定规划。制定规划，必须进行水资源综合科学考察和调查评价。规划一经批准，必须严格执行。建设水工程，必须符合流域综合规划。在国家确定的重要江河、湖泊和跨省、自治区、直辖市的江河、湖泊上建设水工程，其工程可行性研究报告在报请批准前，有关流域管理机构应当对水工程的建设是否符合流域综合规划进行审查并签署意见；在其他江河、湖泊上建设水工程，其工程可行性研究报告报请批准前，县级以上地方人民政府水行政主管部门应当按照管理权限对水工程的建设是否符合流域综合规划进行审查并签署意见。水工程建设涉及防洪的，依照防洪法的有关规定执行；涉及其他地区和行业的，建设单位应当事先征求有关地区和部门的意见。

《中华人民共和国水法》第三章（水资源开发利用）规定：开发、利用水资源，应当坚持兴利与除害相结合，兼顾上下游、左右岸和有关地区之间的利益，充分发挥水资源的综合效益，并服从防洪的总体安排；应当首先满足城乡居民生活用水，并兼顾农业、工业、生态用水以及航运等需要，在干旱和半干旱地区开发、利用水资源，还应当充分考虑生态用水需要。国家鼓励开发、利用水能资源。在水能丰富的河流，应当有计划地进行多目标梯级开发。建设水力发电站，应当保护生态系统，兼顾防洪、供水、灌溉、航运、竹木流放和渔业等方面的需要。国家鼓励开发、利用水运资源。在水生生物洄游通道、通航或者竹木流放的河流上修建永久性拦河闸坝，建设单位应当同时修建过鱼、过船、过木设施，或者经国务院授权的部门批准采取其他补救措施，并妥善安排施工和蓄水期间的水生生物保护、航运和竹木流放，所需费用由建设单位承担。

《中华人民共和国水法》第四章（水资源、水域和水工程的保护）规定：在制定水资源开发、利用规划和调度水资源时，应当注意维持江河的合理流量和湖泊、水库以及地下水的合理水位，维护水体的自然净化能力。从事水资源开发、利用、节约、保护和防治水害等水事活动，应当遵守经批准的规划；因违反规划造成江河和湖泊水域使用功能降低、地下水超采、地面沉降、水体污染的，应当承担治理责任。国家建立饮用水水源保护区制度，禁止在饮用水水源保护区内设置排污口。禁止在江河、湖泊、水库、运河、渠道内弃置、堆放阻碍行洪的物体和种植阻碍行洪的林木及高秆作物。禁止围湖造地，禁止围垦河道。单位和个人有保护水工程的义务，不得侵占、毁坏堤防、护岸、防汛、水文监测、水文地质监测等工程设施。

《中华人民共和国水法》第五章（水资源配置和节约使用）规定：县级以上地方人民政府水行政主管部门或者流域管理机构应当根据批准的水量分配方案和年度预测来水量，

制定年度水量分配方案和调度计划，实施水量统一调度；有关地方人民政府必须服从。国家对用水实行总量控制和定额管理相结合的制度。水行政主管部门根据用水定额、经济技术条件以及水量分配方案确定的可供本行政区域使用的水量，制定年度用水计划，对本行政区域内的年度用水实行总量控制。直接从江河、湖泊或者地下取用水资源的单位和个人，应当按照国家取水许可制度和水资源有偿使用制度的规定，向水行政主管部门或者流域管理机构申请领取取水许可证，并缴纳水资源费，取得取水权。

《中华人民共和国水法》第六章（水事纠纷处理与执法监督检查）规定：不同行政区域之间发生水事纠纷的，应当协商处理；协商不成的，由上一级人民政府裁决，有关各方必须遵照执行。在水事纠纷解决前，未经各方达成协议或者共同的上一级人民政府批准，在行政区域交界线两侧一定范围内，任何一方不得修建排水、阻水、取水和截（蓄）水工程，不得单方面改变水的现状。单位之间、个人之间、单位与个人之间发生的水事纠纷，应当协商解决；当事人不愿协商或者协商不成的，可以申请县级以上地方人民政府或者其授权的部门调解，也可以直接向人民法院提起民事诉讼。在水事纠纷解决前，当事人不得单方面改变现状。县级以上人民政府水行政主管部门和流域管理机构应当对违反水法的行为加强监督检查并依法进行查处。

《中华人民共和国水法》第七章（法律责任）规定出现下列情况的将承担法律责任（包括刑事责任、行政处分、罚款等）：水行政主管部门或者其他有关部门以及水工程管理单位及其工作人员，利用职务上的便利收取他人财物、其他好处或者工作玩忽职守；在河道管理范围内建设妨碍行洪的建筑物、构筑物，或者从事影响河势稳定、危害河岸堤防安全和其他妨碍河道行洪活动的；在饮用水水源保护区内设置排污口的；未经批准擅自取水以及未依照批准的取水许可规定条件取水的；拒不缴纳、拖延缴纳或者拖欠水资源费的；1 建设项目的节水设施没有建成或者没有达到国家规定的要求，擅自投入使用的；侵占、毁坏水工程及堤防、护岸等有关设施，毁坏防汛、水文监测、水文地质监测设施的；在水工程保护范围内，从事影响水工程运行和危害水工程安全的爆破、打井、采石、取土等活动的；侵占、盗窃或者抢夺防汛物资，防洪排涝、农田水利、水文监测和测量以及其他水工程设备和器材，贪污或者挪用国家救灾、抢险、防汛、移民安置和补偿及其他水利建设款物的；在水事纠纷发生及其处理过程中煽动闹事、结伙斗殴、抢夺或者损坏公私财物、非法限制他人人身自由的；拒不执行水量分配方案和水量调度预案的，拒不服从水量统一调度的，拒不执行上一级人民政府的裁决的，引水、截（蓄）水、排水，损害公共利益或者他人合法权益的。

（三）单项法规

在我国水资源管理的法规体系中，除了有基本法外，还针对我国水污染防治、水土保持、洪水灾害防治等的需要，制定了《中华人民共和国水污染防治法》《中华人民共和国水土保持法》和《中华人民共和国防洪法》等专项法律，为我国水资源保护、水土保持、洪水灾害防治等工作的顺利开展提供法律依据。

（四）由国务院制定的行政法规和法规性文件

从 1985 年《水利工程水费核定、计收和管理办法》到 2001 年《长江三峡工程建设移民条例》期间，由国务院制定的与水有关的行政法规和法规性文件达20多件，内容涉及水利工程的建设和管理、水污染防治、水量调度分配、防汛、水利经济、流域规划等众多方面。如《中华人民共和国河道管理条例》《中华人民共和国防汛条例》《国务院关于加强水土保持工作的通知》和《中华人民共和国水土保持法实施条例》《取水许可制度实施办法》等，与各种综合性法律相比，这些行政法规和法规性文件的规定更为具体、详细。

（五）由国务院及所属部委制定的相关部门行政规章

由于我国水资源管理在很长一段时间内实行的是分散管理的模式，因此不同部门从各自管理范围、职责出发，制定了很多与水有关的行政规章，以环境保护部门和水利部门分别形成的两套规章系统为代表。环境保护部门侧重于水质、水污染防治，主要是针对排放系统的管理，出台的相关行政规章主要有：管理环境标准、环境监测的《环境标准管理办法》《全国环境监测管理条例》；管理各类建设项目的《建设项目环境管理办法》及《建设项目环境保护管理程序》；行政处罚类的《环境保护行政处罚办法》及《报告环境污染与破坏事故的暂行办法》；排污管理方面的《水污染物排放许可证管理暂行办法》《排放污染物申报登记管理规定》《征收排污费暂行办法》《关于增设“排污费”收支预算科目的通知》《征收超标准排污费财务管理和会计审核办法》等。水利部门则侧重于水资源的开发、利用，出台的相关行政规章主要有：涉及水资源管理方面的，如《取水许可申请审批程序规定》《取水许可水质管理办法》《取水许可监督管理办法》等；涉及水利工程建设方面的，如《水利工程建设项目管理规定》《水利工程质量监督管理规定》《水利工程质量管理规定》等；有关水利工程管理、河道管理的，如《水库大坝安全鉴定办法》《关于海河流域河道管理范围内建设项目审查权限的通知》等；关于水文、移民方面的，如《水利部水文设备管理规定》《水文水资源调查评价资质和建设项目水资源论证资质管理办法》；以及关于水利经济方面的，如《关于进一步加强水利国有资产产权管理的通知》《水利旅游区管理办法》等。

（六）地方性法规和行政规章

水资源时空分布往往存在很大差异，不同地区的水资源条件、面临的主要水资源问题以及地区经济实力等都各不相同。因此，水资源管理需要因地制宜地开展，各地方可制定与区域特点相符合、能够切实有效解决区域问题的法律法规和行政规章。目前，我国已颁布很多件与水有关的地方性法规、省级政府规章及规范性文件。

（七）各种相关标准

为了方便水资源管理工作的开展，控制水污染，保护水资源，保证水环境质量，保护人体健康和财产安全，由行政机关根据立法机关的授权而制定和颁布的各种相关标准，同样具有法律效力，是水资源管理的法规体系的重要组成部分，如《地面水环境质量标准》《渔业水质标准》《农田灌溉水质标准》《生活饮用水卫生标准》《景观娱乐用水水质标准》《污水综合排放标准》和其他各行业分别执行的标准等。这些标准一经批准颁布，各有关单位必须严格贯彻执行，不得擅自变更或降低。

（八）立法机关、司法机关的相关法律解释

这是指由立法机关、司法机关对以上各种法律法规、规章、规范性文件做出的说明性文字，或是对实际执行过程中出现问题的解释、答复，大多与程序、权限、数量等问题相关。如《全国人大常委会法制委员会关于排污费的种类及其适用条件的答复》《关于“特大防汛抗旱补助费使用管理办法”修订的说明》等，这些都是水资源管理法规体系的有机构成。

（九）其他部门法中相关的法律规范

由于水资源问题涉及社会生活的各个方面，除了以上直接与水有关的综合性法律、单项法规、行政法规和部门规章外，其他的部门法如《中华人民共和国民法通则》《中华人民共和国刑法》《中华人民共和国农业法》中的有关规定也适用于水法律管理。

新中国成立以来，我国十分重视有关水利、水资源保护与管理方面的法制建设，并先后通过或颁布一些有关的法规、条例和技术规范。

第四节　水资源管理的经济措施

水资源管理是一项复杂的水事行为，包括很广的管理内容。要实现水资源管理的目标，协调好水资源管理中方方面面的关系，需要借助于一系列的手段实现，如行政、法律、经济、技术和教育等手段。其中，经济手段是在市场经济体制不断完善的条件下，经济理论应用在水资源管理实践中的产物。运用经济理论进行水资源管理，可以综合考虑水资源的实际特点，制定科学合理的经济政策，有针对性地选择和运用相应的经济措施和经济手段，对于充分发挥经济机制和市场机制的作用、协调主体间的利益、缓解水资源供需矛盾、促进水资源的优化配置、合理利用和有效保护水资源等都具有重要意义。

因此，水资源管理的经济手段，就是以经济理论作为依据，由政府制定各种经济政策，运用有关的经济政策作为杠杆，来间接调节和影响水资源的开发、利用、保护等水事活动，促进水资源可持续利用和经济社会可持续发展。具体来说，水资源管理的经济措施，目前应用比较广泛的有水价和水费政策、排污收费制度、补贴措施，以及水权和水市场等，下面分别进行详细介绍。

一、水价和水费政策

（一）水价、水费和水资源费

水价是水资源使用者为获得水资源使用权和可用性需支付给水资源所有者的一定货币额，它反映了资源所有者与使用者之间的经济关系，体现了对水资源有偿使用的原则、水资源的稀缺性、所有权的垄断性及所有权和使用权的分离，其实质就是对水资源耗竭进行补偿。在不同的时期，人们对水价内涵认识不同，由此核定的水费也不同。

水费是水利工程管理单位（如电灌站、闸管所）或供水单位（如自来水公司）为用

户提供一定量的水而收取的一种用于补偿所投入劳动的事业性费用。水费的标准应当在核算供水成本的基础上，根据国家经济政策和当地的水资源状况、经济水平等制定，并由省、自治区、直辖市人民政府核定。

水资源费是指根据《中华人民共和国水法》直接取用地下水、江河、湖泊等地表水的单位和个人，向水资源主管部门缴纳的费用。它是由水资源的稀缺性、国家对水资源的所有权、水资源开发利用的间接费用和外部成本等所决定的。

水费和水资源费是水资源用户向供水单位或水资源主管部门缴纳的水资源有偿使用的费用，而水价是其确定的基础。当水价为供水价格时，在数量上等于水费。当水价为严格意义上的水资源资产价格时，水资源费是水价中的资源水价部分；就我国现行情况来看，水费在数量上要小于水价。

（二）我国的水价制度

水价制度作为一种有效的经济调控杠杆，涉及经营者、普通用户、政府等多方面因素，用户希望获得更多的低价用水，经营者希望通过供水获得利润，政府则希望实现其社会稳定、经济增长等政治目标。但从整体角度来看，水价制度的目的在于在合理配置水资源，保障生态系统、景观娱乐等社会效益用水以及可持续发展的基础上，鼓励和引导合理、有效、最大限度地利用可供水资源，充分发挥水资源的间接经济、社会效益。

新中国成立以来，我国的供水行业经历了公益性无偿供水阶段（1949—1965 年）、政策性有偿供水阶段（1965—1985 年）、水价改革起步阶段（1985—1995 年）和水价改革发展阶段（1995—2003 年）。1949—1965 年，全国各地基本上实现无偿供水，不收取水费，无水价可言，包括国家投资修建大量水利工程提供的水源，其工程的维修、运行和水利管理等经费都靠国家拨款来维持。1965 年 10 月 13 日，由原水利电力部制定的《水利工程水费征收使用和管理试行办法》，经国务院批准颁布实施，该办法建立了水费制度，但是这时的水费属于计划经济体制下的部分成本核算回收，收费标准很低，远低于实际的供水价格，并且在实践中由于种种原因，没能贯彻执行。1985 年国务院颁布《水利工程水费核定、计收和管理办法》，规定“工业、农业和其他一切用水户，都应按规定向水利工程管理单位交付水费”，这使得我国进入有偿供水、核算成本、按量收费的阶段。1994 年和 1997 年，水利部继续颁布文件，再次强调对水利工程供水价格加强管理、核定供水成本的内涵，水价政策实行成本补偿、合理收益的原则，并区别不同用途，逐步调整到位。2002 年我国新修订的《中华人民共和国水法》颁布，规定使用水利工程供应的水，应当按照国家规定向供水单位缴纳水费。2003 年 7 月国家发展和改革委员会与水利部联合发布《水利工程供水价格管理办法》，并于 2004 年 1 月 1 日在我国正式实行，这也是我国现行的水价政策。该办法将水费由“费”推向“价”的层次，将水费从行政事业性收费的性质推向经营性收费，完全纳入市场经济的商品价格范畴，不再作为预算外资金纳入财政专户管理。水价属于商品价格范畴，按商品核算法则计算交易价格，并建立了规范的水价核定和执行机制，我国的水价开始以供水价格的形式出现。2004 年 4 月，国务院办公厅印发了《关于推进水价改革促进节约用水保护水资源的通知》，把水资源费、水利工程供水价格、城市供水价格、污水处理费、再生水价格作为一个有机的水价体系，确立了水价改革的目标。2006 年 2 月，国务院第 460 号令公布了《取水许可和水资源费征收管理条例》，明确了《中华人民共和国水法》中规定的水资源费征收制度。2015 年底前，设市城市原则上要全面实行居民阶梯水价制度；具备实施条件的建制镇也要积极推进。各地要按照不少于三级设置阶梯水量，第一级水量原则上按覆盖 80% 居民家庭用户的月均用水量确定，保障居民基本生活用水需求；第二级水量原则上按覆盖 95% 居民家庭用户的月均用水量确定，体现改善和提高居民生活质量的合理用水需求；第一、二、三级阶梯水价按不低于 1∶1.5∶3 的比例安排，缺水地区应进一步加大价差。

建立完善居民阶梯水价制度，要以保障居民基本生活用水需求为前提，以改革居民用水计价方式为抓手，通过健全制度、落实责任、加大投入、完善保障等措施，充分发挥阶梯价格机制的调节作用，促进节约用水，提高水资源利用效率。

实施居民阶梯水价要全面推行成本公开，严格进行成本监审，依法履行听证程序，主动接受社会监督，不断提高水价制定和调整的科学性和透明度。

各地实施居民阶梯水价制度要充分考虑低收入家庭经济承受能力，通过设定减免优惠水量或增加补贴等方式，确保低收入家庭生活水平不因实施阶梯水价而降低。地方应尽快制定具体实施方案，限期完成“一户一表”改造。今后凡调整城市供水价格的，必须同步建立起阶梯水价制度。已实施阶梯水价的城镇，要进一步完善。

我国的水价体系正逐步完善，水价总体水平在逐步提高，我国水价管理工作已经进入了法治化、规范化、合理化、科学化的轨道。

（三）“三元”水价

随着人们水环境保护意识的增强和市场经济的发展、水资源价值理论的逐步成熟，水价的构成理论也逐步完善，理论研究的进步为指导实践中水价的确定提供了依据。那么，水价究竟要包含哪些部分？2000 年，水利部时任部长汪恕诚在《水权和水市场——谈实现水资源优化配置的经济手段》的讲话中提出：“水价有 3 个组成部分，即资源水价、工程水价和环境水价。资源水价是水资源费，卖的是使用水的权利；工程水价是生产成本和产权收益，卖的是一定量和质的水体；环境水价是水污染处理费，卖的是环境容量。三者构成完整意义上的水价。”他在 2003 年出版的《资源水利——人与自然和谐相处》一书中再次强调了这一观点。现在学术界普遍的观点就是认为水价由资源水价、工程水价、环境水价三部分构成，即所谓的“三元”水价。用公式表示为：

$$P = P_1 + P_2 + P_3$$

式中：P——水价；

P_1——资源水价；

P_2——工程水价；

P_3——环境水价。

资源水价，是水资源资产归国家所有在经济上的实现，即国家作为水资源资产的拥有者，让个人或企业使用水资源所获得的报酬。它包括水资源耗费的补偿、水生态环境影响的补偿，为加强对短缺水资源的保护、促进技术开发、促进节水、保护水资源和海水淡化技术进步的投入等。它是通过对使用者收取水资源费来实现的。从本质上看，资源水价的制定其实是国家政治权力的体现。资源水价是虚幻价格，是无法用计算劳动价值的方法来计算的，没有规定的计算模式，只能以“赋税”的决策方式，形成“垄断”的价格。它是根据国家政治、经济的需要，参照相似土地资源的“绝对租、级差租、稀缺租”以及自然水所应承担的义务等虚幻价值因子，进行宏观分析、微观决策而形成的。

工程水价，即指通过具体的或抽象的物化劳动把资源水变成产品水进入市场成为商品水所花费的代价，它体现了从水资源的取用开始到形成水利工程供水这一商品的全部劳动价值量。按照《水利工程管理单位财务制度》表述，主要包括 4 个部分：成本、费用、利润和税金。其基本构成如图 10－2 所示。工程水价是在经济活动中客观发生的，相对固定。它只随工程投资的大小和运行成本的高低而变化。目前，我国所采取的水价制度，基本上还在沿用政府定价模式，主要考虑的还是工程水价，并没有反映水资源的真正价值。

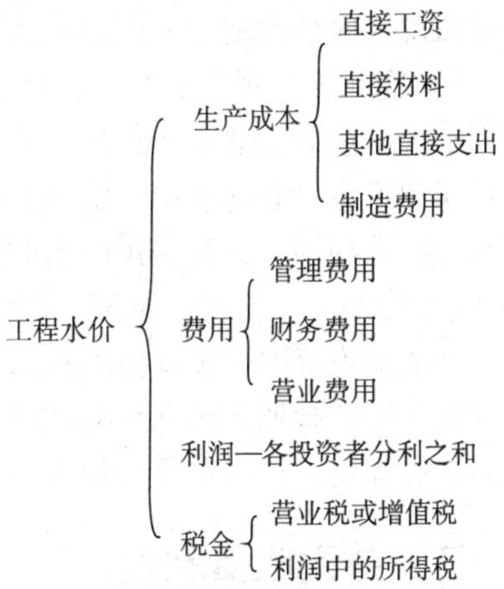

图 10－2　工程水价的基本构成

环境水价，是指经过使用的水排出用户范围后，污染了他人或公共的水环境，而为治理污染和保护水环境所付出的代价。它是为获得排污的环境容量必须支付的环境代价，可以通过治污的机会成本（机会成本是指把一定资源投入某一用途后所放弃的在其他用途中可能获得的最大利益）计算，即污水处理设施的生产成本和产权收益。环境水价从本质上来说，是社会力作用的结果，其形成受人们对退水（废污水）治理效用性认识程度的影响而调整。它可以由专家根据不同行业对水环境的污染程度来制定不同的费率确定。

（四）我国水价的制定方法

我国目前的水价制定主要以《水利工程供水价格管理办法》为依据，基本上是行政主管部门核算，全面实行有利于用水户合理负担的分类水价。根据用水的不同性质，统筹考虑不同用水户的承受能力，实行了分类水价体系，报经物价部门核定批准后执行。近年来全国各地积极探索适合本地的水价管理方式，全国绝大多数省区适当下放了水价审批权，实行按区域定价和按单价工程定价相结合的管理办法。城市供水价格引入了听证会制度，水价决策的规范化、民主化和透明化程度逐步提高。

（五）我国现行《水利工程供水价格管理办法》简介

我国现行的水价政策，是以《水利工程供水价格管理办法》（以下简称《水价办法》）为指导的。该办法是根据《中华人民共和国价格法》《中华人民共和国水法》，为健全水利工程供水价格形成机制、规范水利工程供水价格管理、保护和合理利用水资源、促进节约用水、保障水利事业的健康发展而制定的。

《水价办法》中的水利工程供水价格，是指供水经营者通过拦、蓄、引、提等水利工程设施销售给用户的天然水价格，并规定水利工程供水价格由供水生产成本、费用、利润和税金构成。供水生产成本是指正常供水生产过程中发生的直接工资、直接材料费、其他直接支出以及固定资产折旧费、修理费、水资源费等制造费用。供水生产费用是指为组织和管理供水生产经营而发生的合理销售费用、管理费用和财务费用。利润是指供水经营者从事正常供水生产经营获得的合理收益，按净资产利润率核定。税金是指供水经营者按国家税法规定应该缴纳，并可计入水价的税金。

《水价办法》规定水利工程供水实行分类定价。水利工程供水价格按供水对象分为农业用水价格和非农业用水价格。农业用水价格按补偿供水生产成本、费用的原则核定，不计利润和税金。非农业用水价格在补偿供水生产成本、费用和依法计税的基础上，按供水净资产计提利润，利润率按国内商业银行长期贷款利率加 2 ~ 3 个百分点确定。

《水价办法》指出，水利工程供水应逐步推行基本水价和计量水价相结合的两部制水价。具体实施范围和步骤由各省、自治区、直辖市价格主管部门确定。基本水价按补偿供水直接工资、管理费用和 50% 的折旧费、修理费的原则核定。计量水价按补偿基本水价以外的水资源费、材料费等其他成本、费用以及计入规定利润和税金的原则核定。

二、排污收费制度

排污收费制度是对于向环境排放污染物或者超过国家排放污染物标准的排污者，根据规定征收一定的费用。这项制度运用经济手段可以有效地促进污染治理和新技术的发展，又能使污染者承担一定污染防治费用。排污收费制度是我国现行的一项主要的环境管理制度，在水资源管理过程中，也发挥着重要的作用。

我国现行的排污收费制度，主要是遵照《排污费征收使用管理条例》和《排污费征收标准管理办法》《排污费资金收缴使用管理办法》等执行。

《排污费征收使用管理条例》和《排污费征收标准管理办法》中规定：对向水体排放污染物的，按照排放污染物的种类、数量计征排污费；超过国家或者地方规定的水污染物排放标准的，按照排放污染物的种类、数量和本办法规定的收费标准计征的收费额加一倍征收超标准排污费。对向城市污水集中处理设施排放污水、按规定缴纳污水处理费的，不再征收污水排污费。对城市污水集中处理设施接纳符合国家规定标准的污水，其处理后排放污水的有机污染物（化学需氧量、生化需氧量、总有机碳）、悬浮物和大肠菌群超过国家或地方排放标准的，按上述污染物的种类、数量和本办法规定的收费标准计征的收费额加一倍向城市污水集中处理设施运营单位征收污水排污费，对氨氮、总磷暂不收费。对城市污水集中处理设施达到国家或地方排放标准排放的水，不征收污水排污费。在《排污费征收标准管理办法》中详细规定了污水排污费征收标准及计算方法。

对于征收到的排污费资金，则纳入财政预算作为环境保护专项资金管理，主要用于污染防治项目和污染防治新技术、新工艺推广项目的拨款补助和贷款贴息，以达到促进污染防治、改善环境质量的目的。此外，通过向企业征收排污费，使得企业承担起污染环境的责任，同时，企业为了减少缴纳的排污费，会进行工艺的改革、减少污染物的排放，这样也可以使得企业达到清洁生产的目标。

三、补贴措施

补贴措施是消除水资源开发利用活动所产生的外部性的一个重要手段。外部性理论是环境经济学的基础理论之一。外部性是指在实际经济活动中，生产者或消费者的生产或消费活动对其他的生产者或消费者带来的非市场性的影响。这种影响可以是有利的，也可以是不利的。如果是有利的影响称为外部经济性，也叫正外部性；如果是不利的影响则称为外部不经济性，也叫负外部性。

在水资源管理过程中，除了制定水价、征收水费这一经济措施外，对于那些在市场经济中产生正外部性的企业、由于自身实力较差而产生负外部性的企业，政府相关部门都可以根据实际情况进行适当的补贴，以消除外部性对资源配置的不利影响，增加社会总福利。可以收到补贴的对象主要有以下 3 类。

1. 为水环境保护做出贡献的企业。由于水环境的公共性很强，在完全的市场机制条件下，那些从事水资源保护、水污染治理等的企业，虽然其生产行为可以为社会带来益处，产生巨大的正外部性，但是就企业自身而言，因为企业的净收益很少，企业的生产积极性会受到影响，最终可能会缩减生产规模。通过补贴，可以使这些对水环境保护有贡献的企业生产的积极性增强，有利于产生更多的正外部性。

2. 水环境的污染者。我国水资源时空分布不均匀，人均水资源量更是远低于世界平均水平。在一些水资源较为短缺的地区，再加上受某些经济技术条件限制，一些单位或企业对有限的水资源过度开发、利用，排放超过水环境承载能力的污染物，会造成水环境的严重污染。这时，如果不从外部注入一种资金和机制就不可能改善环境。此时的补贴手段主要是政府对造成水环境的污染者补足其减少污染前后的收益差额，使得企业在减少污染产生量的同时仍然可以得到原来的收益。常用的方式有发放补助金、提供低息贷款、减免税款等。通过政府对这类企业的技术、资金援助，帮助其改善生产工艺水平，减少污染物排放量，减轻对水环境的不利影响。但是，这类补贴手段的总体效果不如征税（征费）手段理想，实际应用中不一定能保证企业减少污水排放或促进污染者研制和采用先进的污染控制技术，甚至有可能导致污染企业故意提高补贴前的污染水平以获得更多的补助金。

3. 水环境污染的受害者。受害者包括两类：①水环境破坏过程中的受害者，如取用受污染水体进行养殖的渔业单位；②在治理污染过程中的受害者，如为治理环境停开的一些排污较严重的企业。对于这些受害者，政府给予的补贴应等于其受害前后收益的差额。这种补贴形式的缺点是有可能导致受害者减少甚至放弃使用防污措施，尤其当被污染者采取防污措施的成本低于污染者采取治污措施的成本时，政府补贴措施的经济效益就会损失。

四、水权和水市场

（一）水权

1. 概念及内涵。水权，是水资源所有权，包括占有权、使用权、收益权、处分权以及与水资源开发利用相关的各种权利和义务的总称，也可以称为水资源产权。在经济学中，产权表现为人与物之间的某些归属关系，是以所有权为基础的多种权利组合，具有明确性、排他性、可变性、强制性等特点。因此，就决定了水权和其他产权一样，权属明确，受法律保护，不可能同时被两个人拥有，但在双方自愿的基础上，可转变权属关系。

以水权为基础构建的水权制度，其核心是产权（财产权）的明晰和确立。它是在水资源开发、利用、治理、保护和管理过程中，调节个人之间、地区之间和部门之间以及个人、集体和国家之间使用水资源行为的一整套规范、规则。

2. 我国水权制度的发展。水权制度的起源是由于水资源的短缺、不足引起的。在水资源丰沛、人口稀少的地方，水资源取之不尽、用之不竭，也就谈不到水权。随着经济的发展、人口的增长，水资源逐渐成为一种稀缺资源，这时水权制度就在国民经济发展的过程中逐渐产生并逐步完善。

水权制度在欧洲、美国、澳大利亚、日本等发达国家，以及印度、巴基斯坦、墨西哥、秘鲁等发展中国家，早已得到确立和广泛应用。在我国，水权制度正处于迅速发展阶段。改革开放以来，随着水资源稀缺范围扩大，我国逐步建立了水资源行政分配和计划用水体系，明确了一部分地区、团体和个体的用水控制指标。由于水价的提高和用水竞争的加剧，以及市场经济改革带来行政权力下放和地方利益增强，为了提高用水效率、吸引水利投资和调节水冲突，客观上要求赋予各地区、团体和个体更为明确的用水权利。此种形势催生了“所有权与使用权分离”的改革思路，即国家仍然持有水资源的所有权，将水的使用权赋予用水户，它的实质是在强调国家对水的政治权力的同时，一定程度上承认用水户合法的用水权益。这一改革思路在2000年左右引发了热烈的“水权和水市场”大讨论，水权因此成为社会关注的热点话题。

2001年，水利部提出了完整的水权制度建设方案，即“总量控制和定额管理相结合”的改革思路，主张确立总量和定额两套指标。一套是宏观的总量指标，把用水指标逐级分解，把水资源的使用权量化到每个流域、每个地区、每个城市、每个单位，层层有控制指标；另一套是微观定额指标，结合总量指标，核定单位工业产品、人口、灌溉面积的用水定额。两套指标同时实施，实行总量和定额双控制，把水权落实到每一个用水单元。近几年来，政策制定部门在上述思路的指导下，在水权法规建设方面取得了一系列新的进展。在2002年的新《中华人民共和国水法》中，明确了总量控制与定额管理制度，强调加强用水管理，实施取水许可制度和水资源有偿使用制度，首次提出取水权的概念。

2005年1月，水利部颁布了《水权制度建设框架》，要求各级水利部门要充分认识水权制度建设的重要性，结合实际，有重点、有步骤、有计划地开展相关制度建设，逐步建立符合我国国情的水权制度体系。同时发布的还有《关于水权转让的若干意见》，对水权转让提出了具体指导意见，该文件进一步推进了水权制度建设，规范了水权转让行为，推动了水市场的发展。

2006年2月，国务院公布了《取水许可和水资源费征收管理条例》，对1993年颁布的《取水许可制度实施办法》作了全面修订，从内容与程序方面完善了取水许可制度，有助于实践中落实水权管理，推进可交易的水权制度建设，也有助于推动水权转让的实践。

2007年颁布的《物权法》，将取水权纳入了用益物权（用益物权是指权利人依法对他人的不动产或者动产享有占有、使用和收益的权利，比如土地承包经营权、建设用地使用权、宅基地使用权）的保护范畴，是水权质量得到提高的一个重要标志。

3. 水权的意义。水权的出现，水权制度的建立和发展，对社会、经济、环境的协调可持续发展，无论是在宏观层次上还是在微观层次上都具有重要意义。主要表现在以下几个方面。

第一，消除了水资源的公共物品属性，使其在一定意义上归私人所有，避免了在水资源使用过程中滥用、浪费的现象，使其得到合理、高效地利用。这有利于实现水资源的可持续利用，节省了资源，也保护了环境。

第二，利用水权作为一种产权具有可变性的特点，可以使其在不同的用户间进行转让，水资源有富余的区域或用户可以通过市场交易，跟缺水区域或用户间进行水权流转。通过水市场，让水资源流向最需要的地方，交易双方实现双赢，最终达到水资源的优化配置。

第三，防治水污染现象。水资源权属明确，水资源所有者为了能够更好地对水资源进行开发利用，必然会加强对其水资源的保护和治理。如果一些单位或个人随意向水环境中排放污染物，将可能会侵犯他人的合法权益，需要依法对他人进行赔偿。这在一定程度上也遏制了随意排污行为，起到防治水污染的效果。

第四，水资源权属明确，有利于避免水资源开发利用中的一些水事纠纷发生，可以有效化解各种利害冲突。比如，河流流域范围内上下游不同区域间的用水竞争问题等，可以通过明晰水权，得到有效解决。

第五，水权的明晰，水权制度的建立，增强了各级政府、企业、社会团体以及公民个人对水资源作为一种资源资产价值的认识，培养了公众的节水意识。

（二）水市场

1. 概述。从广义上来说，水市场是指水资源及与水相关商品的所有权或使用权的交易场所，以及由此形成的人与人之间各种关系的总和。水权制度的发展，也使得水市场的相关研究取得了显著进展。实际上，水市场包含的范围非常广泛，如取水权市场、供水市场、排污权市场、废水处理市场、污水回用市场等。因此，从严格意义上来讲，水费的征收也可以看作是水权明晰下的供水市场交易。

目前，我国的水市场刚刚起步，在水市场的建设和相关研究中，比较受人们关注的还是水权市场，通过水权交易实现水资源相关权利在不同主体间进行流转。随着我国市场经济的发展、水权制度的不断完善，水市场也更加成熟，更加繁荣，在我国水资源优化配置中发挥重要的作用。

2. 水市场的作用。水市场是市场经济作用下的一个产物，是实现水资源高效管理、水资源优化配置的一个有效的经济手段，具体地说，它的作用主要有以下几个方面：①水市场可以优化水资源配置，通过市场交易，使水资源流向最需要的用户，不同用水户之间通过市场交易可以使得各自的需要得到满足；②水市场的出现，运用市场机制和经济杠杆调节水价，促进了节约用水，提高了用水效率，减少了水资源的无谓浪费；③水市场的建立是以水权明晰为前提，同时水市场的发展也促使了水权制度的改进和完善；④通过水市场进行水权及水相关商品的交易，缓解了不同用户间的用水竞争，减少了水事纠纷；⑤排污权市场、废水处理市场、污水回用市场等的出现，有助于有效地防治水污染，并促进了污水的回收再利用，水环境保护力度加大；⑥运用市场机制，拓宽资金筹集渠道，有利于促进水利基础设施建设；⑦水市场的构建和发展，有助于培养公众对水是一种战略性经济资源的认识，培养公众形成水资源与水环境有偿使用、水权有偿取得和有偿转让的观念，从而使得全社会的节水意识、水环境保护意识增强。

3. 水市场交易原则。水市场是市场经济条件下的产物，在进行水资源及水相关商品的所有权或使用权的市场交易时，除了要遵循市场经济条件下市场的交易原则外，因水资源本身的特殊性，还有一些特殊的原则需要考虑。结合水利部《关于水权转让的若干意见》，总结水市场交易原则如下。

第一，持续性原则。水资源是关系国计民生的基础自然资源，在进行水市场交易时，除了尊重水的商品属性和价值规律外，更要尊重水的自然属性和客观规律。水资源的开发利用必须从人类长远利益出发，保证人类社会可持续发展的需求，协调好水资源开发利用和节约保护的关系，充分发挥水资源的综合功能，实现水资源的可持续利用。

第二，公平和效率原则。水市场交易要充分发挥效率原则，利用经济规律作用，使得水资源向低污染、高效率产业转移。此外，市场经济在追求效率的同时，也要兼顾公平的原则，必须保证城乡居民生活用水，保障农业用水的基本要求，满足生态系统的基本用水；防止为了片面追求经济效益，而影响到用水户对水资源的基本需求。

第三，有偿转让和合理补偿的原则。水市场中交易的双方主体平等，应遵循市场交易的基本准则，合理确定双方的经济利益。因转让对第三方造成损失或影响的必须给予合理的经济补偿。

第四，整体性原则。水资源交易时，应着眼于整体利益，达到整体效益最佳，即实现社会效益、经济效益、环境效益的统一。在实现水资源高效配置，取得较大经济效益的同时，也要考虑到社会效益、环境效益。

第五，政府调控与市场调节相结合的原则。在市场经济条件下，能够高效地实现水资源的优化配置，但是市场经济过分追求效益的同时，会失去很多对公平的考虑。为了能够保证遵循公平原则、整体性原则进行水市场交易，在注重市场对水资源配置调节的同时，政府的宏观调控也是必不可少的。国家对水资源实行统一管理和宏观调控，各级政府及其水行政主管部门依法对水资源实行管理。要建立起政府调控与市场调节相结合的水资源配置机制。

4. 前景。2000 年东阳 - 义乌水权交易开始，实践中有越来越多的水市场交易事件涌现。例如，漳河利用水市场手段实现跨省调水、调节用水矛盾；甘肃张掖农民用水户之间的灌溉水权转让；宁夏、内蒙古两自治区“投资节水、转让水权”大规模、跨行业的水权转换……水市场的引入，实现了水资源优化配置和科学管理，提高了水资源利用效率和效益，缓解了水资源供求矛盾。

经过一系列理论和实践探索，我国水利部已经形成了一套完整的“明晰水权、引入市场”的水权改革思路。2005 年 1 月，水利部正式发布了《关于水权转让的若干意见》，将可转让的水权转让的主体界定为在一定期限内拥有节余水量或者通过工程节水措施拥有节余水量的取水人，该文件的出台对水权转让提出了具体指导意见，进一步推进了水权制度建设，规范了水权转让行为，推动了水市场的发展。展望将来，随着水权明晰工作的推进，水权市场的事例还将越来越多的涌现。然而，水市场的建立和发展会涉及一系列复杂的经济、社会和生态问题，因此单独依靠水权或水市场构建我国水资源配置的体系是不够的，需要加入政府的宏观调控。同时，要想使得水市场在我国资源配置中更充分地发挥作用，需要完善水市场的监管体制，构建一个完整的水市场模型。这需要理论研究的不断深入和实践的不断发展作为基础。

第五节 水资源管理的技术措施

人类社会的不断发展，使得水资源问题越来越突出，类型也越来越复杂。解决人类所面临的各种水问题，实现对水资源合理的开发、利用和保护，是水资源管理的主要目标，而这一目标的实现，需要借助于各种手段。现代科学技术的不断发展与进步，为人类进行科学的水资源管理提供了有利的技术支持，使得水资源管理工作的开展更科学、合理和高效。“3S”技术、计算机信息技术、节水灌溉技术、污水处理技术等在水资源管理中都发挥了有力的作用。本节将对这些技术作简单介绍。

一、“3S”技术

（一）“3S”技术简介

所谓“3S”技术是以地理信息系统（GIS）、遥感技术（RS）、全球定位系统（GPS）为基础，将GIS、RS、CPS三种技术与其他高科技（如网络技术、通信技术等）有机结合成一个整体而形成的一项新的综合技术。它充分集成了RS、GPS高速、实时的信息获取能力和GIS强大的数据处理和分析能力，可以有效地进行水资源信息的收集处理和分析，为水资源管理决策提供强有力的基础信息资料和决策支持。

地理信息系统（GIS）是以空间地理数据库为基础，利用计算机系统对地理数据进行采集、管理、操作、分析、模拟显示，并用地理模型的方法，实时提供多种空间信息和动态信息，为地理研究和决策服务而建立起来的综合的计算机技术系统。GIS以计算机信息技术作为基础，增强了对空间数据的管理、分析、处理能力，有助于为决策提供支持。

遥感（RS）技术是20世纪60年代发展起来的，是一种远距离、非接触的目标探测技术和方法，它根据不同物体因种类和环境条件不同而具有反射或辐射不同波长电磁波的特性来提取这些物体的信息，识别物体及其存在环境条件的技术。遥感技术可以更加迅速、更加客观地监测环境信息，获取的遥感数据也具有空间分布特性，可以作为地理信息系统的一个重要的数据源，实时更新空间数据库。

全球定位系统（GPS）是利用人造地球卫星进行点位测量导航技术的一种。通过接收卫星信息来给出（记录）地球上任意地点的三维坐标以及载体的运行速度，同时它还可给出准确的时间信息，具有记录地物属性的功能，具有全天候、全球覆盖、高精度、快速高效等特点，在海空导航、精确定位、地质探测、工程测量、环境动态监测、气候监测以及速度测量等方面应用十分广泛。

"3S"技术的出现，为科学研究、政府管理、社会生产提供了新一代的观测手段、描述语言和思维工具。但是三者各有优缺点，"3S"结合应用，取长补短，RS和GPS向GIS提供或更新区域信息及空间定位，GIS进行相应的空间分析，从RS和GPS提供的海量数据中提取有用的信息，并进行综合集成，以辅助科学决策。三者的集成利用，大大提高了各自的应用效率，在水资源管理中发挥着重要的作用。

（二）"3S"技术在水资源管理中的应用

1. 水资源调查、评价。根据遥感获得的研究区卫星相片可以准确查清流域范围、流域面积、流域覆盖类型、河长、河网密度、河流弯曲度等。使用不同波段、不同类型的遥感资料，容易判读各类地表水的分布，还可以分析饱和土壤面积、含水层分布以及估算地下水储量。利用GPS进行野外实地定点定位校核，建立起勘测区域校核点分类数据库，可对勘测结果进行精度评价。

2. 实时监测。RS具有获取迅速、及时、数据精确等特点，GPS有精确的空间定位功能，GIS具有强大的空间数据分析能力，可以用于水资源和水环境的实时监测。利用"3S"技术，可以对河流的流量、水位、河流断流、洪涝灾害等进行监测，可以对水环境质量进行监测，也可以对造成水环境污染的污染源、扩散路径、速度等进行监测等。"3S"技术的出现使人类更方便、快捷、及时地掌握水体的水量和水质相关信息，方便进行水文预测、水文模拟和分析决策。

3. 水文模拟和水文预报。GIS对空间数据具有强大的处理、分析能力。将所获取的各种水文信息输入GIS中，使GIS与水文模型相结合，充分发挥GIS在数据管理、空间分析、可视化等方面的功能，构建基于数字高程模型的现代水文模型，模拟一定空间区域范围内的水的运动。也可以通过RS接收实时的卫星云图、气象信息等资料，结合实时监测结果，基于GIS平台并利用预测理论和方法，对各水文要素如降水、洪峰流量及其持续时间和范围等进行科学、合理的预测。水文模拟和水文预报在水资源管理中应用非常广泛。比如，可以利用水文模拟进行水库优化调度，利用水文预报为水量调度和防汛抗灾等决策提供科学、合理和及时的依据等。

4. 防洪抗旱管理。"3S"技术在洪涝灾害防治以及旱情分析预报等工作中都有应用。基于GIS的防洪决策支持系统可以建立防洪区域经济社会数据库，结合GPS和RS可以动态采集洪水演进的数据、分析洪水情势，并借助于系统强大的数据管理、空间分析等功能，帮助决策者快速、准确地分析滞洪区经济社会重要程度，选择合理的泄洪方案。此外，"3S"技术的结合还可对洪灾损失及灾后重建计划进行评估，也可以利用GIS结合水文学和水力学模型用于洪水淹没范围预测。同样，"3S"技术也可以用于旱灾的实时监测和抗旱管理中。遥感传感器获取的数据可以及时地直接或间接反映干旱情况，再利用GIS的数据处理、分析等功能，显示旱情范围、程度，预测其发展趋势，辅助决策制定。

5. 水土保持和泥沙淤积调查。利用"3S"技术可以建立影响水土流失因素（地质条件、地貌类型等因素）的数据库，具体方法目前主要是根据各类主题图进行数字化输入，然后从卫星影像上提取已经变化的土地利用类型和植被覆盖度，再从数字高程模型中计算出坡度、坡长，利用水土流失量和各流失因子之间的数学模型计算出流失量，进行土壤侵蚀和水土流失研究，最后输出结果。根据上述水土流失各因子的数据库和自然因素的变化，考虑人类活动影响的现状及将来的发展趋势，可在GIS的支撑下作出水土保持规划。此外，利用遥感技术能够真实、具体、形象、及时地反映下垫面情况的特点，可以作为河道、河口、湖泊、水库等泥沙淤积调查的首选工具，并在监测的基础上基于GIS平台对淤积及由此引起的水势变化进行分析、预测，为防洪、航运、水库调度等提供决策支持。

6. 构建水资源管理信息系统。基于"3S"技术，结合网络、通信、数据库、多媒体等技术可以构建水资源管理信息系统，自动生成流域自然地理和社会要素地图，以及流域水资源供需图、灌溉规划图、水污染分布图、土地利用图等，利用这些图库的属性数据结合空间数据，支持水资源规划和管理活动，可以有效地提高效率、减少重复劳动、节约投资。

7. 水资源工程规划和管理。"3S"技术也可应用于大型水利水电工程及跨流域调水工程对生态环境的监测和评价中。如利用"3S"技术进行水利水电枢纽工程地质条件的调查、评价及动态监测，对水利工程的选址进行勘察、分析、评价，对水库上游水土流失调查以及对水库淤积进行趋势预测等。"3S"技术的应用，也为流域综合规划和管理提供了有效的技术手段。

二、水资源监测技术

水资源监测技术是有关水资源数据的采集、存储、传输和处理的集成，可以为水资源管理提供支持。① 随着科技水平的不断发展，水资源监测技术也在不断进步。特别是"3S"技术的发展，也推动着水资源监测在实时性、精确性、自动化水平等方面的提高。

水资源监测技术主要指的是水文监测，主要监测江、河、湖泊、水库、渠道和地下水等的水文参数，如水位、流量、流速、降雨（雪）、蒸发、泥沙、冰凌、墒情、水质等。传统的人工监测技术对数据的记录以模拟方式为主，精确度不高，即使是数字方式的记录也很难方便地输入计算机进行处理，且数据处理基本靠人工处理判断，费时易错；采集的水文信息实时性和准确性都较差。自动化技术的发展，使得水文监测的效率大大提高，如用于监测水位的浮子式水位计、压力式水位计、电子水尺和超声波水位计等，用于降雨量监测的翻斗式雨量计，都可以自动完成相关数据的采集，并通过数据采集终端与通信网络实时传输到各个需要的地方，为当地和全国的防汛救灾、水资源调度等提供了重要基本资料。

水质监测是水资源监测中的一项重要内容。特别是由于水污染的不断加剧，对水质的监测越来越引起人们的重视。早期的水质监测主要是定时定点地在某些监测站点抽取水样，带回实验室分析，这种监测方法称为实验室监测。但是这种人工抽查式的监测方法不能及时、准确地获取水质不断变化的动态数据，也使得决策的成效大大减弱。为了及时发现水质的异常变化，进行水质污染预报，并追踪污染源、辅助决策制定、研究水的自净规律，国际上在完善实验室监测的同时，发展了水质移动监测系统和自动监测系统。水质移动监测系统以移动监测车为基本监测单元，以便携水质实验室和现场水质多参数分析仪为

① 王莹．水资源管理信息系统中的信息采集传输技术［J］．信息化建设，2015，206（10）：240.

分析工具，可以对采集的样本迅速进行现场监测，测定其基本污染物质，采录污染现场，并通过 GPRS/GSM 移动通信设备及时将第一手资料回传至上级部门和信息管理中心。水质自动监测系统以监测水质污染综合指标及其某些特定项目为基础，通过在一个水系或一个地区设置若干个有连续自动监测仪器的监测站，由一个中心站控制若干个子站，随时对该区的水质污染状况进行连续自动监测，形成一个连续自动监测系统。监测所得到的水质状况实时信息也可以通过通信网络实时地传回水质监测中心。

物理学、化学、生物学、计算机科学、通信技术、"3S" 技术等的发展，都为水资源监测技术的发展提供了有力的学科基础和技术支持，推动了水资源监测更及时、更准确、更有效地开展，从而为水资源管理决策提供了更精确、实时的信息来源，使得决策更科学合理。

三、节水技术

地球上水资源总量丰富，而易于人类直接开发利用的淡水资源量却极为有限，不到全球水资源总量的1%。随着人口的增长和经济的发展，人类对淡水资源的需求量也在不断增加，加上水质恶化，使得缺水成为制约社会和经济发展的主要因素。为了解决这一问题，很多国家都行动起来，通过经济、技术、法律、行政、宣传教育等一系列手段，在各行各业中推广节水技术。我国目前也在大力推行节水工作，并在 2005 年 4 月由国家发展和改革委员会、科学技术部会同水利部、建设部和农业部组织制定了《中国节水技术政策大纲》，以求建立一个节水型社会。

节水管理的进行，除了借助于经济、法律、教育、行政等措施外，还依赖于节水技术的发展与进步。目前，就各国所推广的各种节水技术来看，主要是从农业、工业、城市生活等几个方面推广节水技术。

农业节水方面，发达国家推广的节水技术主要有以下几类：①采用计算机联网进行控制管理，精确灌水，达到时、空、量、质上恰到好处地满足作物不同生长期的需水；②培育新的节水品种，从育种的角度更高效地节水；③通过工程措施节水，如采用管道输水和渠道衬砌提高输水效率；④推广节水灌溉新技术；⑤推广保水增墒技术和机械化旱地农业，如保护性与带状耕作技术、轮作休闲技术、覆盖化学剂保墒技术等。根据《中国节水技术政策大纲》，我国所积极推广的节水技术除了以上几个方面以外，还包括降水和回归水利用技术，如降水滞蓄利用技术、灌溉回归水利用技术、雨水集蓄利用技术等；非常规水利用技术，如海水淡化、人工增雨等技术；另外，还有养殖业节水技术以及村镇节水技术等。

工业用水主要包括冷却用水、热力和工艺用水、洗涤用水。工业节水可以通过以下几个途径进行：①加强污水治理和污水回用；②改进节水工艺和设备，提倡一水多用，提高水的利用效率；③减少取水量和排污量；④减少输水损失；⑤开辟新的水源。据此，常用的工业节水技术有工业节水重复利用技术，如在工厂内部建立闭合水循环系统、发展蒸汽冷凝水回收再利用技术、外排废水回用和"零排放"技术等。冷却节水技术，工业冷却水用量要占工业用水总量的80%左右，节水空间巨大，具体的冷却节水技术如高效换热技术、高效循环冷却水处理技术、空气冷却技术等。此外，还有热力和工艺系统节水技术，洗涤节水技术，给水和废水处理节水技术，输用水管网、设备防漏和快速堵漏修复技术，非常规水资源利用技术等。

随着城市化进程的不断加快，城市生活用水占城市用水总量的比例也越来越高。因此，城市生活节水对于促进城市节水具有重要意义。目前，在各国采用的城市生活节水技术中，非常普遍的一种就是采用节水型器具，如节水龙头、节水马桶、节水淋浴头、节水洗衣机等。有些国家甚至通过一定的法律规章对节水器具的节水标准进行强制性要求，要求生产商只能生产低耗水的卫生洁具。此外，城市生活节水技术还有城市再生水利用技术，包括城市污水处理再生利用技术、建筑中水处理再生利用技术和居住小区生活污水处理再生利用技术等；城区雨水、海水、苦咸水利用技术；城市供水管网的检漏和防渗技术；公共建筑节水技术；市政环境节水技术等。

节水技术的发展，可以大大地提高水资源的利用效率，有效缓解水资源短缺的压力，而节水技术的发展，除了要以科技进步作为基础外，还需要配套的法制建设、行政管理以及经济刺激等机制。

四、水处理技术

大量工业废水、生活废水及农业废水的产生，使得清洁的淡水资源受到污染，加剧了水资源短缺的危机，更严重的是威胁到了人类健康。因此，治理水污染目前已经成为全球水资源可持续利用和国民经济可持续发展的重要战略目标。在污水处理过程中，“无害化”是人们要达到的一个目标，而随着水资源短缺问题的不断加剧，“资源化”成为污水处理的另一个追求。特别是城市生活废水，因其来源、数量、性质都比较稳定，处理流程固定，经过处理后可成为城市用水的一个很好水源，在一定程度上可以大大缓解城市缺水问题。

目前，人类所使用的水处理方法按照作用原理不同可以分为物理处理法、化学处理法、生物处理法三大类。常用的物理处理法有过滤、沉淀、离心分离、气浮等；常用的化学处理法有中和、混凝、化学沉淀、氧化还原、吸附、萃取等；生物处理法有好氧生物处理、厌氧生物处理等。

随着物理学、化学、生物学研究的不断发展，水处理的技术也得以不断进步，一些新兴的、绿色高效的水处理方法不断产生。如高级氧化技术，它是通过强活性自由基来降解有机污染物的一种先进水处理技术，根据强活性自由基产生的条件不同，又有湿式氧化方法、超临界水氧化技术、光化学氧化技术、电化学氧化技术等；纳米技术，纳米材料有高的比表面积和大的表面自由能，在机械性能、磁、光、电、热等方面与普通材料有着很大的不同，具有较强的辐射、吸收、催化和吸附等特性，用其作为催化剂的载体可以提高反应速度，作为吸附剂可以进行离子交换吸附，用于过滤时具有优良的截流率。

在废水处理过程中，根据废水中的污染物类型、性质，可以选择不同的处理方法，联合起来构成废水处理的工艺流程进行废水处理，实现废水无害排放的目标。同时，根据实际情况也可以对废水经过多级处理之后，达到一定回用水水质要求，实现废水的循环再利用。

五、海水利用技术

地球上虽然淡水资源有限，但是海水资源却极其丰富，如果能将海水资源合理地开发利用以满足人们的用水需求，在很大程度上可以解决水资源短缺问题，并能解决沿海城市超采地下水所造成的环境问题。沿海地区距海近，海水资源丰富，开发利用的优势非常显著。目前，世界上已经有很多国家将目光投向海洋，开发利用海水资源，取得了显著的经济效益，也使得水资源管理工作得以顺利、高效地开展。在缓解沿海地区所面临的淡水资源短缺危机方面，海水淡化和海水直接利用是经济、有效的最佳选择。

海水淡化包括从苦涩的高盐度海水以及含盐量比海水低的苦咸水通过脱盐生产出淡水。海水淡化技术的发展已经经历了半个多世纪之久，国外在 20 世纪 40 年代就开始了以蒸馏法为主的海水淡化技术研究。美国最早于 1952 年首先开发了电渗析盐水淡化技术，继而在 60 年代初又开发了反渗透淡化技术。近年来反渗透技术飞速发展，因其具有投资小、能耗低、占地少、建造周期短、安全可靠等优势，在水工业中得到广泛应用。我国也在 20 世纪 50 年代末期开始了电渗析的研究，之后的几十年中，海水淡化技术的研究取得了长足发展并被广泛地应用。目前，中国已掌握了国际上商业化的蒸馏法和膜法海水淡化主流技术，在天津、河北、山东、浙江等地建立了大量海水淡化工程，进行海水淡化以满足各种用水需求。海水淡化的方法按脱盐过程来分，主要有热法、膜法和化学方法三大类。其中，热法海水淡化技术主要有蒸馏法和结晶法，前者主要包括多级闪蒸、多效蒸馏和压汽蒸馏等方法，后者则由冷冻法和水合物法构成；膜法海水淡化技术包含了反渗透法和电渗析法等方法；化学方法主要是离子交换法。目前，使用较广的方法有蒸馏法、反渗透法和电渗析法等。

海水除了经淡化满足生活、工业等用水需求外，还可以直接利用。海水直接利用技术是以海水为原水，直接代替淡水作为工业用水、生活杂用水和灌溉用水等有关技术的总称。海水直接利用途径主要有三个方面：一是用海水替代淡水直接作为工业用水，其中用量最大的是工业冷却用水，其次是用于工业生产工艺，如印染、洗涤、溶剂、脱硫、除尘等；二是作为生活杂用水，主要是利用海水代替淡水冲厕；三是用于农业，主要用在农业灌溉、水果和蔬菜洗涤、牲畜饮用、沿海水禽养殖等方面。这些技术目前在我国及世界都有广泛的应用。然而，由于海水水质较差，直接利用涉及的技术问题很多，其中最主要的一个是系统腐蚀问题，另一个是海洋生物附着问题。要解决这些问题，必须不断进行新技术、新方法的研发工作。

对海水资源的开发利用，除了海水淡化和直接利用外，还可以加大海洋地质调查研究的深度和广度，认识海底淡水资源的形成和分布规律，并在此基础上进行海底淡水资源的开发利用。

六、现代信息技术

20 世纪人类最伟大的创举之一就是造就了信息技术，并使其迅速发展，因其本身数据处理能力强大、运算速度快、效率高等优势，被迅速地应用于各个领域。在水资源管理中，水资源管理对象复杂，内容庞杂，对实效性要求高，信息技术的应用大大提高了水资源管理的效率，是构建水资源管理信息系统必不可少的硬件。先进的网络、通信、数据库、多媒体、"3S"等技术，加上决策支持理论、系统工程理论、信息工程理论可以建立起水资源管理信息系统，通过该系统可将信息技术广泛地应用于陆地和海洋水文测报预报、水利规划编制和优化、水利工程建设和管理、防洪抗旱减灾预警和指挥、水资源优化配置和调度等各个方面。

除了以上所谈到的技术措施外，在水资源管理过程中所用到的技术手段还有很多。从开源、节流、减排、治污等几个方面进行考虑，加强管理，可以找到更多提高水资源利用效率、解决水问题的技术措施，保证水资源管理工作的高效开展。

第六节　水资源管理信息系统

人口剧增、社会发展，使得水问题越来越复杂。要解决好各种水问题，实现水资源的优化调度，必须加强对水资源综合管理，构建一个考虑全面的、功能强大的水资源管理系统。而科技发展，计算机、网络、通信、数据库、多媒体、"3S"等高新技术的出现为构建这样一个系统提供了强有力的支持和保障，使得水资源管理进入了系统化、信息化的管理阶段。水资源管理信息系统应运而生。本节将简要介绍水资源管理信息系统的特点、建设目标和设计原则、结构和功能等内容。

一、水资源管理信息系统的特点

水资源管理信息系统是传统水资源管理方法与系统论、信息论、控制论和计算机技术的完美结合，它具有规范化、实时化和最优化管理的特点，是水资源管理水平的一个飞跃。

二、水资源管理信息系统的建设目标和设计原则

（一）目标

水资源管理信息系统的建立，是实现新时期水利信息化的一个重要方面。其总体目标是根据水资源管理的技术路线，以可持续发展为基本指导思想，体现和反映经济社会发展对水资源的需求，分析水资源开发利用现状及存在的问题，利用先进的网络、通信、遥测、数据库、多媒体、地理信息系统等技术，以及决策支持理论、系统工程理论、信息工程理论，建立一个能为政府主要工作环节提供多方位、全过程服务的管理信息系统。系统应具备实用性强、技术先进、功能齐全等特点，并在信息、通信、计算机网络系统的支持下，达到以下几个具体目标：①实时、准确地完成各类信息的收集、处理和存储；②建立和开发水资源管理系统所需的各类数据库；③建立适用于可持续发展目标下的水资源管理模型库；④建立自动分析模块和人机交互系统；⑤具有水资源管理方案提取及分析功能，辅助科学决策。

（二）设计原则

为了确保水资源管理信息系统建设的目标实现，在系统设计时应遵循以下原则。

1. 实用性原则。系统各项功能的设计和开发必须紧密结合实际，满足实际所需，使其能够真正运用于生产过程中。

2. 先进性原则。要保证系统使用先进的软件开发技术和硬件环境建立，以确保系统具有较强的生命力，高效的数据处理、分析等能力。

3. 简洁性原则。系统的使用对象并非全都是计算机专业人员，因此要求系统的表现形式简单、直观，操作简便，界面友好，窗口清晰。

4. 标准化原则。系统要强调结构化、模块化、标准化，特别是接口要标准统一，保证连接通畅，可以实现系统各模块之间、各系统之间的资源共享。

5. 灵活性原则。一方面指系统各功能模块之间能灵活实现相互转换，另一方面指系统能随时为使用者提供所需的信息和动态管理决策。

6. 开放性原则。系统与外界系统界面为开放状态，可以获得外界数据来源，保证系统信息实时更新；同时，系统也可以实现与其他外界系统的资源共享。

三、水资源管理信息系统的结构和功能

为了完成水资源管理信息系统的主要工作，一般的水资源管理信息系统应由数据库、模型库、人机交互系统三个部分组成。各部分有以下主要功能。

（一）数据库功能

1. 数据录入。所建立的数据库应能录入水资源管理需要的所有数据，并能快速简便地供管理信息系统使用。

2. 数据修改、记录删除和记录浏览。可以修改一个数据，也可修改多个数据，或修改所有数据；可删除单个记录、多个记录和所有记录。

3. 数据查询。可进行监测点查询、水资源量查询、水工程点查询以及其他信息查询等。

4. 数据统计。可对数据库进行数据处理，包括排序、求平均值以及其他统计计算等。

5. 打印。用于原始数据表打印和计算结果表打印。

6. 维护。为了避免意外事故发生，系统应设计必要的预防手段，进行系统加密、数据备份、文件读入和文件恢复。

（二）模型库功能

模型库是由所有用于水资源管理信息处理、统计计算、模型求解、方案寻优等的模型块组成，是水资源信息系统完成各种工作的中间处理中心。

1. 信息处理。与数据库连接，对输入的信息有处理功能，包括各种分类统计、分析。

2. 水资源系统特性分析。包括水文频率计算、洪水过程分析、水资源系统变化模拟、水质模型以及其他模型。

3. 经济社会系统变化分析。包括经济社会主要指标的模拟预测、需水量计算等。

4. 生态系统变化分析。包括环境评价模型、生态系统变化模拟模型等。

5. 水资源管理优化模型。这是用于水资源管理方案优选的总模型，可以根据以上介绍的方法来建立模型。

6. 方案拟定与综合评价。可以对不同水资源管理方案进行拟定和优选，同时对不同方案的水资源系统变化结果以及带来的各种社会、经济、环境效益进行综合评价。

（三）人机交互系统功能

人机交互系统是为了实现管理的自动化，进行良好的人机交互管理而开发的一种界面。目前，开发这种界面的软件很多，如 Visual Basic、Visual C 等。

在实际工作中，人们希望建立的水资源管理信息系统至少具有信息收集与处理、辅助管理决策功能，并具有良好的人机对话界面。因此，水资源管理信息系统与决策支持系统（Decision Support System，简称 DSS）比较接近。DSS 以数据库、模型库和知识库为基础，把计算机强大的数据存储、逻辑运算能力和管理人员所独有的实践经验结合在一起，它将管理信息系统与运筹学、统计学的数学方法、计算模型等其他方面的技术结合在一起，辅助支持各级管理人员进行决策，是推进管理现代化与决策科学化的有力工具。同时，DSS 也是一个集成的人机交互系统，它利用计算机硬件、通信网络和软件资源，通过人工处理、数据库服务和运行控制决策模型，为使用者提供辅助的决策手段。

水资源管理信息系统是以水资源管理学、决策科学、信息科学和计算机技术为基础，建立的辅助决策者解决水资源管理中的半结构化决策问题的人机交互式计算机软件系统。它主要由数据库管理系统、模型库管理系统，以及问题处理和人机交互系统三部分组成（见图 10－3），具有 DSS 的基本特征。

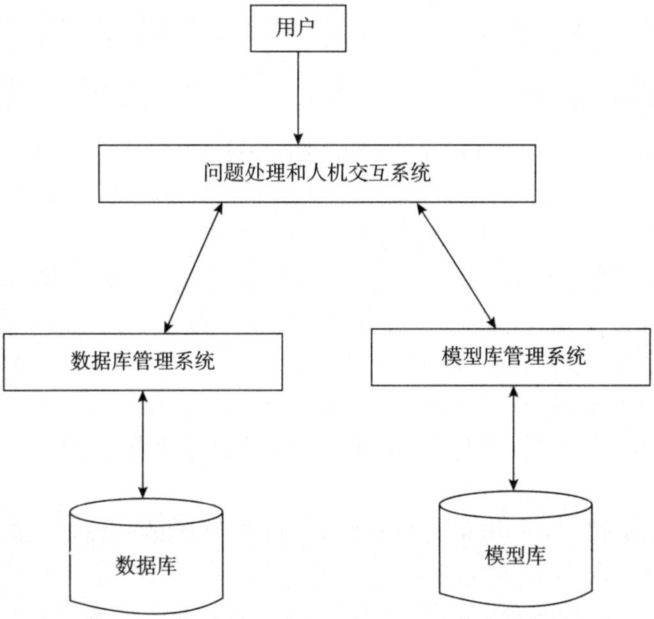

图 10－3　水资源管理信息系统的基本结构图

四、新疆博斯腾湖流域水资源管理信息系统介绍

（一）概述

为了科学管理博斯腾湖流域水资源，实现水资源管理信息化，在大量调查和研究的基础上，开发了博斯腾湖流域水资源管理信息系统软件。该软件是基于水资源可持续利用理论研究和应用研究成果，采用比较流行的 Visual Basic 6.0 操作系统面向对象，可直接为博斯腾湖水资源可持续利用管理服务，为水管理者决策提供技术支持，为水管理部门制定水资源调度预案提供依据。这里把它作为一个实例来简单介绍水资源管理信息系统的应用。

（二）系统的主要功能及特点

该系统的主要功能包括三部分：第一是资料的浏览、数据添加、数据修改和查询；第二是计算功能部分，包括水文频率计算、洪水过程分析、特征水位确定、水资源系统变化预测、湖泊水量调度等模块；第三是系统帮助部分。

该系统软件开发的基本指导思想是程序模块化、人机交互界面友好、操作方便。采用功能强大、应用普遍、面向对象的 Visual Basic 6.0 和 Access 等作为系统软件开发工具，选用 Windows 2000 作为软件开发平台。

该系统软件具有以下特点：①具有功能齐全的资料浏览、添加、修改、查询等管理功能，可以作为水资源管理的工具软件，进行动态管理；②系统管理与决策相结合。该软件不仅有数据和信息管理功能，而且可以进行水文频率计算、洪水过程分析、特征水位确定等一些常规的分析功能，同时也具有湖泊水位变化、矿化度变化、下泄水量计算等预测功能以及湖泊水量调度的决策功能；③模块化管理、工作流程清晰。在软件开发方面，采用模块化的开发思路，对每一模块均按实际的工作流程，实现工作流程计算机化。

（三）系统安装与运行

该软件是用 Access 作为后台数据库支持系统的单机版本，采用 Visual Basic 6.0 系统开发，可在多种操作系统平台如 Windows 98、Windows 2000、Windows XP 下安装，运行环境为 586 以上多媒体微机，使用方便，操作简单。

该软件安装与一般的 Windows 应用程序安装方法一致，主要过程为启动 Windows，并将系统安装光盘插入 CD－RAM；从安装光盘上找到安装文件“setup.exe”，点击后就可以一步一步安装；在安装过的计算机中，就可以从“开始”菜单中运行该软件。

在主界面启动之前，该软件设立了：①欢迎界面；②登录密码识别；③一段美妙的音乐。只有输入正确的用户名称和密码，系统才可能进入主界面。用户可以在“帮助”菜单中更改密码。

主界面既是系统的入口，也是系统的出口，反映系统的整体功能概貌。通过主界面，用户根据需要可进入系统的所有功能模块，并可方便地实现各功能模块之间的转换。系统主界面由标题栏（显示系统名称）和文件管理、资料管理、水文频率计算、洪水过程分析、特征水位、水资源系统变化预测、发展态势、湖泊水量调度，以及系统帮助等功能模块组成。

（四）水资源管理资料信息模块

在水资源管理过程中，对资料的收集、统计、分析及整理要求较高。一般的水资源基础信息主要包括降水量、蒸发量、径流量、生态系统状况（如养殖、芦苇等）、灌溉面积、引水量统计及其他经济社会指标等。该软件在资料管理模块中包括降水量、蒸发量、径流量、水质（矿化度）、灌溉面积、引水量及其他经济社会发展指标。

其功能包括以下几个方面。

1. 资料浏览。当用户需要查询数据库中的某些数据，而这些数据又非常集中且没有什么特殊条件时，用户就可以用“数据库浏览”来查询这些数据。数据库浏览就是浏览数据库中不同表的全部内容。点击菜单栏中的“流域基本资料”，再点击“资料浏览”，用户便可以选择要浏览的数据表的类型及数据表的名称，进入浏览界面，接着用户可以对所浏览的数据表进行各种操作，包含“第一个”“下一个”“上一个”“最后一个”“另存为”“退出”。

2. 数据添加。这是对数据库中原来数据的动态添加，追加录入新的数据记录。这就需要执行系统中的“数据添加”菜单下的命令，进行数据添加。

3. 数据修改。数据库中的数据需要不断地更新，不光要添加，而且还会删除、修改，以此来整理和维护数据库。点击菜单栏中的“流域基本资料”“数据修改”，再选择要修改的数据名称，即可进行修改和删除。

4. 数据查询。点击菜单栏中的“流域基本资料”“数据查询”，出现查询界面，选择数据表名称、“条件字段”，输入条件，根据所列条件，对数据进行自动查询。

（五）计算功能模块

为了实现水资源管理目标，在水资源管理信息系统中需要针对具体特点和要求，开发一些必要的计算功能模块。在博斯腾湖流域水资源管理信息系统中，主要的计算功能模块包括水文频率计算、洪水过程分析、特征水位确定、水资源系统变化预测、湖泊水量调度等模块。

1. 水文频率计算。水文现象受众多因素的影响，在其发生、发展和演变的过程中包含着必然性的一面，也包含着随机性的一面。从必然性方面探索水文现象短期的变化规律就是水文预报中常用的成因分析法，而从随机性方面研究水文现象长期性的变化规律就需要用到水文频率统计方法。

水文频率统计方法的实质在于以统计数学的理论来研究和分析随机水文现象的统计变化特性，并以此为基础对水文现象未来可能的长期变化做出在概率意义下的定量预测，以满足工程计算的各种需要。水文频率计算是水文学中非常重要的一种分析方法，也是该软件模型库中很重要的基础模块之一。

该软件关于水文频率计算的途径设计为两种，一种是从一般的计算方法入手，从数据的读入、计算、特征值的选取、频率计算再到最后结果显示，可以适用于不同类型水文频率计算；另一种是针对博斯腾湖实际需要计算的几个问题直接进行选择，这里包括径流量（各水文站）、降水量（主要观测站）、蒸发量（主要观测站），可以通过点击这些选择，进行资料追加和频率计算。

2. 洪水过程分析。这一模块是进行博斯腾湖洪水调节计算的基础模块，其主要功能有：①洪水频率分析。可以选择最大一日洪量或最大一月洪量，采用水文频率计算方法，对其进行频率分析；②典型洪水过程线确定。根据历史上发生的洪水，按照一定频率确定不同水文站的典型洪水过程线；③洪水演进过程。根据洪水演进模型，计算上游洪水演进到入湖时的时间和洪水量大小。通过这一计算，可以随时预报入湖洪水的时间和大小，对湖泊调度和防洪有十分重要的意义。

3. 特征水位确定。根据特征水位的确定方法，主要完成两方面的重要计算：兴利调节计算和洪水调节计算。分别计算不同的特征水位和特征库容，包括兴利库容、正常蓄水位、防洪库容、防洪限制水位、防洪水位等。

4. 水资源系统变化预测。合理计算不同条件和调度运行方式下的湖泊水量水质变化是一项十分重要的工作。这里包括湖泊水位变化预测、湖泊水体矿化度变化预测、下泄水量预测。其计算的前提条件是在其他基础条件一定的情况下，通过模型计算得到不同的输出结果。

5. 湖泊水量调度。这一模块又包括两个子模块：①湖泊调度图绘制与调度。这是常规的水库调度方法，根据计算确定的特征水位，考虑历史的湖泊水位变化过程，根据调度图绘制方法绘制常规的水库调度图，作为博斯腾湖水资源调度的参考依据；②湖泊优化调度方案。根据对该湖泊水资源可持续利用的研究，采用优化调度函数方法，确定该湖泊的优化调度方案，主要包括下泄流量确定、湖泊适宜水位确定，并确定相应的调度对策，主要包括防洪或抗旱方案的确定、调度策略等。

（六）帮助系统

本次开发的软件系统，和任意一个完整的软件系统一样，建立了一个为用户提供详细的、易于理解的联机帮助文档。该帮助文档的建立，利用了 Microsoft 公司的 HTML Help Workshop 软件。首先采用 Front Page 2000 软件做一套帮助文件的网页，然后再利用 HTML Help Workshop 将做好的帮助文件网页编译为标准的帮助文件。

该帮助文档内容包括对各种功能以及软件的使用说明，基本上能满足该软件运用时的各种疑难问题的解答和使用向导。

第七节　水资源管理综合运行管理

水资源管理工作是一项涉及范围广、内容多、非常复杂的工作。在水资源管理中很重要的一项内容就是进行水资源合理配置、优化调度，实现水资源高效开发利用。水资源系统综合运行管理正是以此为目标提出来的。本节将简要介绍水资源综合运行管理的内容及灌溉、供水、水能、航运系统运行管理的任务。

一、水资源系统综合运行管理概述

水资源系统是一个动态的系统，在水资源系统运行过程中，如何实现对水资源的利用是水资源系统综合运行管理主要解决的问题。水资源系统综合运行管理包括与水资源配置、调度和控制有关或有影响的所有内容，如供水系统（包括城市、工业、农业供水等）、污水处理（直接排放的污水、经处理后的污水）、水力发电（蓄水、河川径流等）、航运、渔业、休闲和娱乐等。

在水资源的开发利用过程中，为了实现某些效益可能会带来其他的一些损失。因此，要实现水资源的合理利用，需要在一定的约束条件下，构建水资源利用的优化模型，通过模型分析求解可得到水资源系统的最优运行策略，指导水资源开发利用实践。水资源系统综合运行管理涉及很多方面，可以对区域水资源系统进行运行管理，也可以对某一部门内部的水资源系统进行运行管理。以下以灌溉系统、供水系统、水能系统、航运系统为例进行简要介绍。

二、灌溉系统

灌溉系统是指从水源取水，通过渠道、管道及附属建筑物输水、配水至农田进行灌溉的工程系统。灌溉系统在许多国家已存在了数千年，并对这些国家农业及经济的发展起到十分重要的作用。

灌溉系统运行管理主要是通过对灌溉系统中水资源动态变化的分析，并根据作物的需水情况，制定合理的灌溉用水策略，确定供水时间、供水地点及供水数量，达到既不超出水资源承载能力，又能提高作物产量的目的。

三、供水系统

供水系统是指从水源取水，经过净化、传输等过程，将水配给最终用户的工程系统。供水系统是保证人民生活、生产的基础设施，对国家的稳定、国民经济的发展也起到非常重要的作用。

随着人口的剧增，社会、经济的发展，水资源短缺问题也越来越严峻。特别是城市缺水问题更为严重，甚至影响到城市居民的生产生活。供水系统运行管理主要的任务就是通过对水资源的优化配置，尽可能确保供水区域居民的各种权益，实现经济效益、社会效益、环境效益的最优。具体的运行管理中，根据供水区域水源与用户的实际分布情况确定供水模式，可以选择集中连片供水模式或分散供水模式，构建水资源配置模型，选取优化配置对策，辅助决策进行，实现水资源优化配置，并保证各种效益最优以达到推动节水工作开展的目的。

四、水能系统

水能资源是水资源的重要组成部分，是清洁可再生的绿色能源，具有独特的自然属性、社会属性和经济属性，是我国经济社会发展的战略性能源资源。[①] 开发利用水能资源是水资源管理的重要内容。水能作为水在流动过程中产生的能量，是水的动能和势能的统

① 张富能．加强水能管理推进有序开发［J］．中国农村水电及电气化，2005.

一体，属于水资源的范畴，是水资源具有的一种功能。水能系统是采用设备利用水的动能或势能，通过物理过程产生各种形式的能源，经过传输、转化满足人类需求的工程系统。

水能资源的用途多样，水力发电只是其中的一种。由于水能开发利用成本低、效益显著，加上管理欠缺，在其利用过程中水能资源过度开发、资源无偿使用、抢占资源现象严重，水事纠纷较多。水能系统运行管理的出现，完善了水资源管理的内容，主要任务是协调水能利用与水环境保护、水资源其他利用方式（如供水）之间的矛盾，在规章、法规、政策等的指导下，在不影响水环境、不损害水资源正常利用的条件下，充分发挥水能资源优势，满足经济社会发展对能源的需求。

五、航运系统

航运系统是由船舶、港口、航道、通信及支持系统共同组成的综合系统。航运是国民经济发展的基础产业之一，它具有基本建设投资大、建设期长、国民经济效益显著等特点。航运的发展可以缓解铁路、飞机等的压力，降低货物运输或出行成本。

目前，由于水资源短缺问题加剧，部分河段某些时间可能出现断流的情况，在一定程度上限制了航运的发展。同时，航运的发展在某种程度上会加剧水体污染。如何在发展航运、便利交通的同时避免对水环境的不利影响，提高航运的经济效益，这正是航运系统运行管理所要解决的问题。航运系统运行管理的主要任务就是通过对航道水文情势的监测、分析、预报，选择合适的航行时间、航行路线等，取得较高的经济效益，同时尽可能减轻对水环境的不利影响。

第十一章　水资源保护

人类所能利用的水资源是有限的，有限的水资源还很容易被污染等破坏，因此人类必须倍加珍惜和保护这一有限的水资源。水资源保护，就是通过行政、法律、工程、经济等手段，保护水资源的质量和供应，防止水污染、水源枯竭、水流阻塞和水土流失，尽可能地满足经济社会可持续发展对水资源的需求。

本章将介绍有关水资源保护方面的基本知识，主要内容包括：水污染特征分析，水功能区划，污染源调查和预测，水资源保护的内容、步骤和措施，地表水资源保护，地下水资源保护。

第一节　水污染特征分析

一、水体中污染物的来源

（一）水体

水体是一个自然生态综合体，是水集中的场所，包括自然水、水体底质、水生生物和水体边界。这里的自然水是指水及其所包含的气体成分、主要离子、特殊微量元素、有机物及悬浮固体物质（生物残体、生活代谢物质）。水体底质是水体底部的沉积物质（淤泥），是水体中非可溶性物质及超量溶解物质的沉积产物，包括水环境中的碎屑物质、胶体物质、生物残体、各种有机质和无机化学沉积物及水中生物的代谢产物。水生生物包括漂浮生物（水浮莲、浮萍）、浮游生物（硅藻、绿藻）、底栖生物和自游生物（鱼、虾）。水体边界通常由隔水或相对隔水的固体物质组成，随着水体的演变，其存在状态也发生变化。

水体是一个开放系统，在其形成和演变的过程中与外界发生着复杂的物质和能量的交换作用，不断改变自身的状态和环境特征。自然界的水在地球引力和太阳辐射的作用下，通过蒸发、水汽流动、凝结、降水、入渗、径流，进行着从海洋到陆地的水分大循环以及海洋（陆地）范围的小循环。水中的各种溶解和运载物质也随之循环。在蒸发过程中，水汽很少挟带盐分和其他成分，而在水汽凝结和降水过程中，大气中的气体及凝结核是降水中的主要成分，构成了自然界水中的原始物质成分，这些物质使降水具有弱酸性，使其具有较强的氧化和溶解能力。在降水到达地表产生地表径流及深入岩层形成地下径流的过程中，将其所遇到的可溶性物质冲刷淋溶并带走。水中的溶解物质在随水迁移的过程中，受水热条件和物理化学环境的制约，伴随着溶解和沉淀、胶溶和凝聚、氧化与还原及吸附离子简化等物理化学作用，以及生物的吸收、代谢分解等生物化学作用，使水质在时间和空间上进行演变。

（二）水体污染物的来源

依据《中华人民共和国水污染防治法》定义，水污染是指水体因某种物质的介入，而导致其化学、物理、生物或者放射性等方面特性的改变，从而影响水的有效利用，危害人体健康或者破坏生态环境，造成水质恶化的现象。

由于人类活动的影响和参与，引起天然水体污染的物质来源，称为污染源。它包括向水体排放污染物的场所、设备和装置等（通常也包括污染物进入水体的途径）。

一般来说，形成水体污染物质的来源主要包括以下几个方面。

1. 工业废水。工业废水指的是工业企业排出的生产中使用过的废水，是水体产生污染的最主要的污染源。工业废水的量和成分是随着生产及生产企业的性质而改变的，一般来说，工业废水种类繁多，成分复杂，毒性污染物最多，污染物浓度高，难以净化和处理。工业废水大多未经处理直接排向河渠、湖泊、海域或渗排进入地下水，且多以集中方式排泄，为最主要的点污染源。

工业废水的性质则往往因企业采用的工艺过程、原料、药制、生产用水的量和质等条件的不同而有很大的差异。根据污染物的性质，工业废水可分为：①含无机物废水，如水力发电厂的水力冲灰废水，采矿工业的尾矿水以及采煤炼焦工业的洗煤水等；②含有机物废水，如食品工业、石油化工工业、焦化工业、制革工业等排放的废水中含有碳水化合物、蛋白质、脂肪和酚、醇等耗氧有机物，炼油、焦化、煤气化、燃料工业等排放的含有稠多环芳烃和芳香胺的致癌有机物；③含有毒的化学性质物质废水，如电镀工业、冶金工业、化学工业等排放的废水中含有汞、镉、铅、砷等；④含有病原体工业废水，如生物制品、制革、屠宰厂，特别是医院污水含有伤寒、霍乱等病原菌，医院的废水中含有病毒、病菌和寄生虫等病原体；⑤含放射性物质废水，如原子能发电厂、放射性矿、核燃料加工厂排放的冷却水，倾倒的核废料；⑥生产用冷却水，如热电厂、钢铁废水。

2. 生活污水。生活污水是人们日常生活产生的各种污水的总称，它包括由厨房、浴室、厕所等场所排出的污水和污物。其来源除家庭生活污水外，还有各种集体单位和公用事业等排出的污水。生活污水源主要来自城市。其中，99% 以上是水，固体物质不到 1%，多为无毒的无机盐类（如氯化物、硫酸盐、磷酸和 Na、K、Ca、Mg 等重碳酸盐）、需氧有机物（如纤维素、淀粉、糖类、脂肪、蛋白质和尿素等）、各种微量金属（如 Zn、Cu、Cr、Mn、Ni、Pb 等）、病原微生物及各种洗涤剂。生活污水一般呈弱碱性，pH 值为 7.2 ~ 7.8。

3. 农业污水。农业污水包括农业生活污水、农作物栽培、牲畜饲养、食品加工等过程排出的污水和液态废物等。在作物生长过程中喷洒的农药和化肥，含有氮、磷、钾和氨，这些农药、化肥只有少部分留在农作物上，绝大多数都随着农业灌溉、排水过程及降雨径流冲刷进入地表径流和地下径流，造成水体的富营养化污染。除此之外，有些污染水体的农药半衰期（指有机物分解过程中，浓度降至原有值的 1/2 时所需要的时间）相当长，如长期滥用有机氯农药和有机汞农药，污染地表水，会使水生生物、鱼贝类有较高的农药残留，加上生物富集，如食用会危害人类的健康和生命。牲畜饲养场排出的废物是水体中生物需氧量和大肠杆菌污染的主要来源。农业污水是造成水体污染的面源，它面广、分散，难于收集、难于治理。

4. 大气降落物（降尘和降水）。大气中的污染物种类多，成分复杂，有水溶性和不溶性成分、无机物和有机物等，它们主要来自矿物燃烧和工业生产时产生的二氧化硫、氮氧化物、碳氢化合物以及生产过程中排除的有害、有毒气体和粉尘等物质，是水体面源污染的重要来源之一。这种污染物质可以自然降落或在降水过程中溶于水中被降水挟带至地面水体内，造成水体污染。例如，酸雨及其对地面水体的酸化等。

5. 工业废渣和城市垃圾。工业生产过程中所产生的固体废弃物随工业发展日益增多，其中冶金、煤炭、火力发电等工业排放量大。城市垃圾包括居民的生活垃圾、商业垃圾和市政建设、管理产生的垃圾。这些工业废渣和城市垃圾中含有大量的可溶性物质或在自然风化中分解出许多有害的物质，并大量滋生病原菌和有害微生物，绝大多数未经处理就任意堆放在河滩、湖边、海滨或直接倾倒在水中，经水流冲洗或随城市暴雨径流汇集进入水体，造成水体污染。

6. 其他污染源。油轮漏油或者发生事故（或突发性事件）引起石油对海洋的污染，因油膜覆盖水面使水生生物大量死亡，死亡的残体分解可造成水体再次污染。

二、水污染的分类

（一）按照污染物的性质分类

水污染可分为化学型污染、物理型污染和生物型污染三种主要类型。化学型污染系指随废水及其他废弃物排入水体的酸、碱、有机和无机污染物造成的水体污染。物理型污染包括色度和浊度物质污染、悬浮固体污染、热污染和放射性污染。色度和浊度物质来源于植物的叶、根、腐殖质、可溶性矿物质、泥沙及有色废水等；悬浮固体污染是由于生活污水、垃圾和一些工农业生产排放的废物泄入水体或农田水土流失引起的；热污染是由于将高于常温的废水、冷却水排入水体造成的；放射性污染是由于开采、使用放射性物质，进行核试验等过程中产生的废水、沉降物泄入水体造成的。生物型污染是由于将生活污水、医院污水等排入水体，随之引入某些病原微生物造成的。

（二）按照污染源的分布状况分类

水污染可分为点源污染和非点源污染。点源污染就是污染物由排水沟、渠、管道进入水体，主要指工业废水和生活污水，其变化规律服从工业生产废水和城镇生活污水的排放规律，即季节性和随机性。非点源污染，在我国多称为水污染面源。污染物无固定出口，是以较大范围形式通过降水、地面径流的途径进入水体。面源污染主要指农田径流排水，具有面广、分散、难于收集、难于治理的特点。据统计，农业灌溉用水量约占全球总用水量的 70%。随着农药和化肥的大量使用，农田径流排水已成为天然水体的主要污染来源之一。资料表明，一个饲养 1.5 万头牲畜的饲养场雨季时流出的污水中，其 BOD 相当于一个 10 万人口的城市的排泄量。面源污染的变化规律主要与农作物的分布和管理水平有关。

（三）按照受污染的水体分类

1. 河流污染。河流是陆地上分布最广、与人类关系最密切的水体，一般大的工业区和城市多建立在滨河或近河地带，利用河渠供水，继而又向河流排泄废水和废物，所以河系又称为陆地上最大的排污系统。

污染物进入河流后，不能马上与河水均匀混合，而是先呈带状分布，随后在河流的水动力弥散作用和河水自净的作用下，逐渐扩散、混合、运移和稀释，直到一定距离后，才会达到全部河流断面上均匀混合和水体水质的净化。该距离的长短与河流流量、流速大小及河流断面特征、排污量及污染物质的性质、排污方式和位置因素有关。

河水的污染程度是由河流的径流量与排污量的比值（径污比）决定的。河流的流量大，稀释条件好，相应污染程度低，反之污染严重。河流污染对人的影响很大，可直接通过饮用水、水生生物，也可间接通过灌溉农田，危害人体健康。但因河水交替快、自净能力强、水体范围较小，其污染相对易于控制。

2. 湖泊、水库的污染。湖泊、水库是水交替缓慢的水体，水面广阔，流速小，沉淀作用强，稀释、混合能力较差，污染物主要来源于汇水范围内的面流侵蚀和冲刷、汇湖河流污染物、湖滨和湖面活动产生的污染物直接排入等。

湖泊、水库大多地势低洼，通过暴雨径流汇集流域内的各种工农业废水、废渣和生活污水。污染物多在排污口附近沉淀、稀释，浓度逐渐向湖心减小，形成浓度梯度。污染物在湖流和风浪作用下能与湖水均匀混合。湖泊、水库的水温随季节变化明显，夏季出现分层现象，底部因水流停滞水温低，微生物活动因含氧量不足形成厌氧条件，使底层铁、二氧化碳、锰、硫化氢含量增加。湖泊的污染造成藻类的大量繁殖，生物代谢和繁衍产生大量的有机物，有机物分解常使水体产生大量的还原性气体，水体形成恶臭，需氧生物死亡，水质恶化，底质物质发育，加速湖泊老化。

3. 地下水污染。地下水赋存于分散细小的岩土层空隙系统中，地下水流动一般都非常缓慢，因此地下水污染过程也较缓慢，且不易察觉。地下水污染的主要作用有水动力弥散、分子扩散、过滤和离子交换吸附、生物降解作用等。

地下水污染途径有直接与间接两种。前者是指污染物随各种补给水源和渗漏通道集中或面状直接渗入使水体污染，有间歇入渗（污染物随雨水或灌溉水间断地渗入蓄水层）、连续入渗（污水聚集地或受污染的地表水体连续向含水层渗漏）、越流型（污染物从已受污染的含水层转移到未受污染的含水层）和径流型（污染物通过地下水径流进入含水层污染潜水或承压水）4 种污染方式。后者是指污染过程改变了地下水的物理化学条件，使地下水在含水层介质发生新的地球化学作用，产生原来水中没有的新污染物，使地下水污染。

地下水污染埋藏深，较难净化复原，应以预防为主，最根本的保护措施是尽量减少污染物进入地下水。

三、水污染的主要危害

（一）化学性污染

1. 酸碱污染。酸碱污染会改变水体的 pH 值，抑制细菌和其他微生物的生长，影响水体的生物自净作用，还会腐蚀船舶和水下建筑物，影响渔业，破坏生态平衡，并使水体不适于做饮用水源或其他工、农业用水。

酸、碱污染物不仅能改变水体的 pH 值，而且可大大增加水中的一般无机盐类和水的硬度，原因是酸碱中和可产生某些盐类，酸、碱与水体中的矿物相互作用也产生某些盐类。水中无机盐的存在能增加水的渗透压，对淡水生物和植物生长有不良影响。世界卫生组织规定的饮用水标准中 pH 值的合适范围是 7.0～8.5，极限范围是 6.5～9.2，在渔业水体 pH 值一般不低于 6.0 或不高于 9.2；pH 值为 5.0 时，其他某些鱼类的繁殖率下降，某些鱼类死亡。对于农业用水 pH 值在 4.5～9.0。世界卫生组织规定的饮用水标准中无机盐总量最大合适值是 500mg/L，极限值是 1500mg/L。对农业用水来说，无机盐总量一般以低于 500mg/L 为宜。

2. 重金属污染。重金属是指比重大于或等于 5.0g/cm^3 的金属。重金属在自然环境的各部分均存在着本底含量，在正常的天然水中含量均很低。重金属对人体健康及生态环境的危害极大，重金属污染物最主要的特性是不能被生物降解，有时还可能被生物转化为毒性更大的物质（如无机汞被转化成甲基汞）；能被生物富集于体内，既危害生物，又能通过食物链成千上万倍地富集，而达到对人体相当高的危害程度。在环境污染方面所说的重金属主要指 Hg、Cd、Pb、Cr 等生物毒性显著的重元素，还包括具有重金属特性的 Zn、Cu、Co、Ni、Sn 等。

Hg（汞）具有很强的毒性，人的致死剂量为 1～2g，Hg 的浓度为 0.006～0.01mg/L 时可使鱼类或其他水生动物死亡，浓度为 0.01mg/L 时可抑制水体的自净作用。甲基汞能大量积累于脑中，引起乏力、动作失调、精神错乱甚至死亡。最著名的例子就是 1953—1968 年日本水俣病事件。

Cd（镉）是一种积累富集型毒物，进入人体后，主要累积于肝、肾内和骨骼中。能引起骨节变形，自然骨折，腰关节受损，有时还引起心血管病。这种病潜伏期 10 多年，发病后难以治疗。Cd 浓度为 0.2～1.1mg/L 时可使鱼类死亡，浓度为 0.1mg/L 时对水体的自净作用有害，如 1955—1968 年日本富山痛痛病事件。

Pb（铅）也是一种积累富集型毒物，如摄取 Pb 量每日超过 0.3～1.0mg 时，就可在人体内积累，引起贫血、肾炎、神经炎等症状。Pb 对鱼类的致死浓度为 0.1～0.3mg/L，Pb 浓度达到 0.1mg/L 时，可破坏水体自净作用。

3. 非金属毒物污染。这类物质包括毒性很强且危害很大的氰化物、As（砷）、有机氯农药、酚类化合物、多环芳烃等。

氰化物是剧毒物质，一般人只要误服 0.1g 左右的 KCN 或 NaCN 便立即死亡。含氰废水对鱼类有很大毒性，当水中 CN^- 含量达 0.3～0.5mg/L 时，鱼便死亡，世界卫生组织定出了鱼的中毒限量为游离氰 0.03mg/L；生活饮水中氰化物不许超过 0.05mg/L；地表水中最高容许浓度为0.1mg/L。

As是传统的剧毒物，As_2O_3即砒霜，对人体有很大毒性。长期饮用含As的水会慢性中毒，主要表现是神经衰弱、腹痛、呕吐、肝痛、肝大等消化系统障碍，并常伴有皮肤癌、肝癌、肾癌、肺癌等发病率增高现象。

水体中的酚浓度低时能影响鱼类的繁殖，酚浓度为0.1～0.2mg/L时鱼肉有酚味，浓度高时引起鱼类大量死亡，甚至绝迹。酚有毒性，但人体有一定解毒能力。如经常摄入的酚量超过解毒能力时，人会慢性中毒，发生呕吐、腹泻、头疼头晕、精神不安等症状。酚浓度超过0.002～0.003mg/L时，若用氯法消毒，消毒后的水有氯酚臭味，影响饮用。根据酚在水中对人的感官影响，一般规定饮用水挥发酚浓度为0.001mg/L，水源的水中最大允许浓度可以是0.002mg/L，地表水最高容许浓度为0.01mg/L。

4. 需氧性有机物污染（耗氧性有机物污染）。有机物在无氧条件下和在厌氧微生物作用下转化，主要产物为CH_4、CO_2、H_2O、H_2S、NH_3等，其产物既有毒害作用，又有恶臭味，严重影响环境卫生，造成公害，有机物在有氧分解过程中要消耗水体或环境中的溶解氧，会使水中溶解氧的含量下降，当水中溶解氧降至4mg/L以下时，鱼类和水生生物将不能在水中生存。如果完全缺氧，则有机物将转入厌氧分解。

5. 营养物质污染。氮、磷等物质过量排入湖泊、水库、港湾、内海等水流缓慢的水体，会造成藻类大量繁殖，导致水质恶化，水体外观呈红色或其他色泽，通气不良，溶解氧含量下降，鱼类死亡，严重的还可导致水草丛生，湖泊退化。1972年8月，日本濑户内海一次严重的赤潮，死鱼达1420万尾，损失达71亿日元。另外，硝酸盐超过一定量时有毒性，当亚硝酸盐进入人体后，有致畸、致癌的危险。

（二）物理性污染

1. 悬浮物污染。悬浮物污染造成的危害主要是提高了水的浊度，增加了给水净化工艺的复杂性；降低了光的穿透能力，减少了水的光合作用；水中悬浮物可能堵塞鱼鳃，导致鱼的死亡；吸附水中的污染物并随水漂流迁移，扩大了污染区域。

海洋石油污染的最大危害是对海洋生物的影响。水中含油0.01～0.1mL/L时对鱼类及水生生物就会产生有害影响。油膜和油块能粘住大量鱼卵和幼鱼。有人做过试验，当油的浓度为10.4～10.5mL/L时，到出壳的瞬间只有55%～89%的鱼卵有生活能力。在含油浓度为4～10mL/L时，所有破卵壳而出的幼鱼都有缺陷，并在一昼夜内死亡。在石油浓度为5～10mL/L时，畸形幼鱼的数量是23%～40%。所以说，石油污染对幼鱼和鱼卵的危害很大。

2. 热污染。热污染主要来源于工矿企业向江河排放的冷却水，当温度升高后的水排入水体时，将引起水体水温升高，溶解氧含量下降，微生物活动加强，某些有毒物质的毒性作用增加等，对鱼类及水生生物的生长有不利的影响。

3. 放射性污染。放射性物质是指各种放射性元素，如铀238、镭236和钾40等。这类物质通过自身的衰变而放射具有一定能量的射线，如α、β、γ射线，能使生物和人体组织因电离而受到损伤，引起各种放射性病变，最易产生病变的组织有血液系统和造血器官、生殖系统、消化系统、眼睛的水晶体及皮肤等。引起的病变有白血病和再生障碍性贫血，诱发癌症如肝癌、血癌、皮肤癌等，胚胎畸形或死亡，免疫功能破坏加速衰老，肠胃系统失调，出血及白内障等畸形或慢性病变。

（三）生物性污染

生物性污染主要指致病病菌及病毒的污染。生活污水，特别是医院污水和某些工业（如生物制品、制革、酿造、屠宰等）废水污染水体，往往可带入一些病原微生物，它们包括致病细菌、寄生虫和病毒。常见的致病细菌是肠道传染病菌，如伤寒、霍乱和细菌性疾病等，它们可以通过人畜粪便的污染而进入水体，随水流而传播。一些病毒（常见的有肠道病毒和肝炎病毒等）及某些寄生虫（如血吸虫、蛔虫等）也可通过水流传播。这些病原微生物随水流迅速蔓延，给人类健康带来极大威胁。如印度新德里市 1955—1956 年发生了一次传染性肝炎，全市 102 万人，将近 10 万人患肝炎，其中黄疸型肝炎 29300 人。

第二节　水功能区划

一、水功能区划的目的和意义

水是重要的自然资源。随着我国经济社会的发展和城市化进程的加快，水资源短缺、水污染严重已经成为制约国民经济可持续发展的重要因素。一些城市的供水水源地水质恶化，直接影响到人民身体健康。造成这些现象，主要是因为工业及生活废污水大量增加、废污水不经达标处理直接排放、水域保护目标不明确、入河排污口不能规范管理、污水随意排放等。

为了解决目前水资源开发利用和保护存在的不协调，为了保护我们珍贵的水资源，使水资源能够持续利用，需要根据流域或区域的水资源状况，同时考虑水资源开发利用现状和经济社会发展对水量和水质的需求，在相应水域划定具有特定功能、有利于水资源的合理开发利用和保护的区域，如将河流源头设置为水资源保护区、将经济较发达的区域设置为水资源开发利用区、考虑经济社会的发展前景设置水资源保留区等，使水资源充分合理利用，发挥最大的效益。同时通过水功能区划，实现了水资源利用和水资源保护的预先协调，极大地避免了水资源先使用后治理的问题。

水功能区划的内容是依据国民经济发展规划和水资源综合利用规划，结合区域水资源开发利用现状和社会需求，科学合理地在相应水域划定具有特定功能、满足水资源合理开发利用和保护要求并能够发挥最佳效益的区域（即水功能区）；确定各水域的主导功能及功能顺序，制定水域功能不遭破坏的水资源保护目标；科学地计算水域的水环境容量，达到既能充分利用水体自净能力、节省污水处理费用，又能有效地保护水资源和生态系统、满足水域功能要求的目标；进行排污口的优化分配和综合整治，将水资源保护的目标管理落实到污染物综合整治的实处，从而保证水功能区水质目标的实现；通过各功能区水资源保护目标的实现，保障水资源的可持续利用。因此，水功能区划是全面贯彻《中华人民共和国水法》，加强水资源保护的重要举措，是水资源保护措施实施和监督管理的依据，对实现以水资源的可持续利用保障经济社会可持续发展的战略目标具有重要意义。

二、水功能区划指导思想及原则

（一）指导思想

水功能区划是针对水资源三级区内的主要河流、湖库、国家级及省级自然保护区、跨流域调水及集中式饮用水水源地、经济发达城市水域，结合流域、区域水资源开发利用规划及经济社会发展规划，根据水资源的可再生能力和自然环境的可承受能力，科学、合理地开发和保护水资源，既满足当代和本区域对水资源的需求，又不损害后代和其他区域对水资源的需求。促进经济、社会和生态的协调发展，实现水资源可持续利用，保障经济社会的可持续发展。

（二）区划原则

1. 前瞻性原则。水功能区划应具有前瞻性，要体现社会发展的超前意识，结合未来经济社会发展需求，引入本领域和相关领域研究的最新成果，为将来高新技术发展留有余地。如在工业污水排放区，区划的目标应该以工艺水平提高、污染治理效果改善后工业潜在的污染为区划的目标，减少排放区污染物浓度，减少水资源保护的投入，增大水资源的利用量。

2. 统筹兼顾，突出重点原则。水功能区划涉及上下游、左右岸、近远期以及经济社会发展需求对水域功能的要求，应借助系统工程的理论方法，根据不同水资源分区的具体特点建立区划体系和选取区划指标，统筹兼顾，在优先保护饮用水水源地和生活用水前提下，兼顾其他功能区的划分。

3. 分级与分类相结合原则。水资源开发利用涉及不同流域、不同行政区，大到一个流域、一个国家，小到一条河、一个池塘。水功能区的划分应在宏观上对流域水资源的保护和利用进行总体控制，协调地区间的用水关系；在整体功能布局确定的前提下，再在重点开发利用水域内详细划分各种用途的功能类别和水域界线，协调行业间的用水关系，建立功能区之间横向的并列关系和纵向的层次体系。

4. 便于管理，实用可行原则。水资源是人们赖以生存的重要的自然资源，水资源质和量对地区工业、农业、经济的发展起着重要的作用。如一些干旱地区，没有灌溉就没有产量；城市如果缺水可能导致社会的不安定。为了合理利用水资源，杜绝“抢”“堵”“偷”等不正当的水资源利用现象，也为了便于管理，实现水资源利用的“平等”，水功能的分区界限尽可能与行政区界一致。利用实际使用的、易于获取和测定的指标进行水功能区划分。区划方案的确定既要反映实际需求，又要考虑技术经济现状和发展，力求实用、可行。

5. 水质水量并重原则。水功能区划分，既要考虑对水量的需求，又要考虑对水质的要求，但常规情况下对水资源单一属性（数量和质量）要求的功能不作划分，如发电、航运等。

三、水功能区划步骤和依据

我国江、河、湖、库水域的地理分布、空间尺度有很大差异，其自然环境、水资源特征、开发利用程度等具有明显的地域性。对水域进行的功能划分能否准确反映水资源的自然属性、生态属性、社会属性和经济属性，很大程度上取决于功能区划体系（结构、类型、指标）的合理性。水功能区划体系应具有良好的科学概括、解释能力，在满足通用性、规范性要求的同时，类型划分和指标值的确定与我国水资源特点相结合，是水功能区划的一项重要的标准性工作。

遵照水功能区划的指导思想和原则，通过对各类型水功能内涵、指标的深入研究、综合取舍，我国水功能区划采用两级体系，如图 11－1 所示，即一级区划和二级区划。

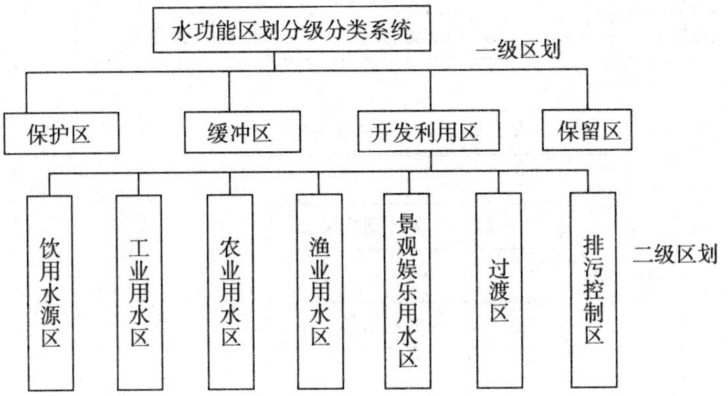

图 11－1　水功能区划分级分类体系

一级区划宏观上解决水资源开发利用与保护的问题，主要协调地区间关系，并考虑发展的需求；二级区划主要协调用水部门之间的关系。

水功能区划的一级划分在收集分析流域或区域的自然状况、经济社会状况、水资源综合利用规划以及各地区的水量和水质的现状等资料的基础上，按照先易后难的程序，依次划分规划为保护区、缓冲区和开发利用区及保留区。二级区划则首先确定区划的具体范围，包括城市现状水域范围和城市规划水域范围，然后收集区域内的资料，如水质资料、取水口和排污口资料、特殊用水资料（鱼类产卵场、水上运动场）及城区规划资料，初步确定二级区的范围和工业、饮用、农业、娱乐等水功能分布，最后对功能区进行合理检查，避免出现低功能区向高功能区跃进的衔接不合理现象，协调平衡各功能区位置和长度，对不合理的功能区进行调整。水功能区划程序如图 11－2 所示。

（一）水功能一级区分类及划分指标

1. 保护区。保护区指对水资源保护、饮用水保护、生态环境及珍稀濒危物种的保护具有重要意义的水域。

具体区划依据：①源头水保护区，即以保护水资源为目的，在主要河流的源头河段划出专门涵养保护水源的区域，但个别河流源头附近若有城镇，则划分为保留区；②国家级

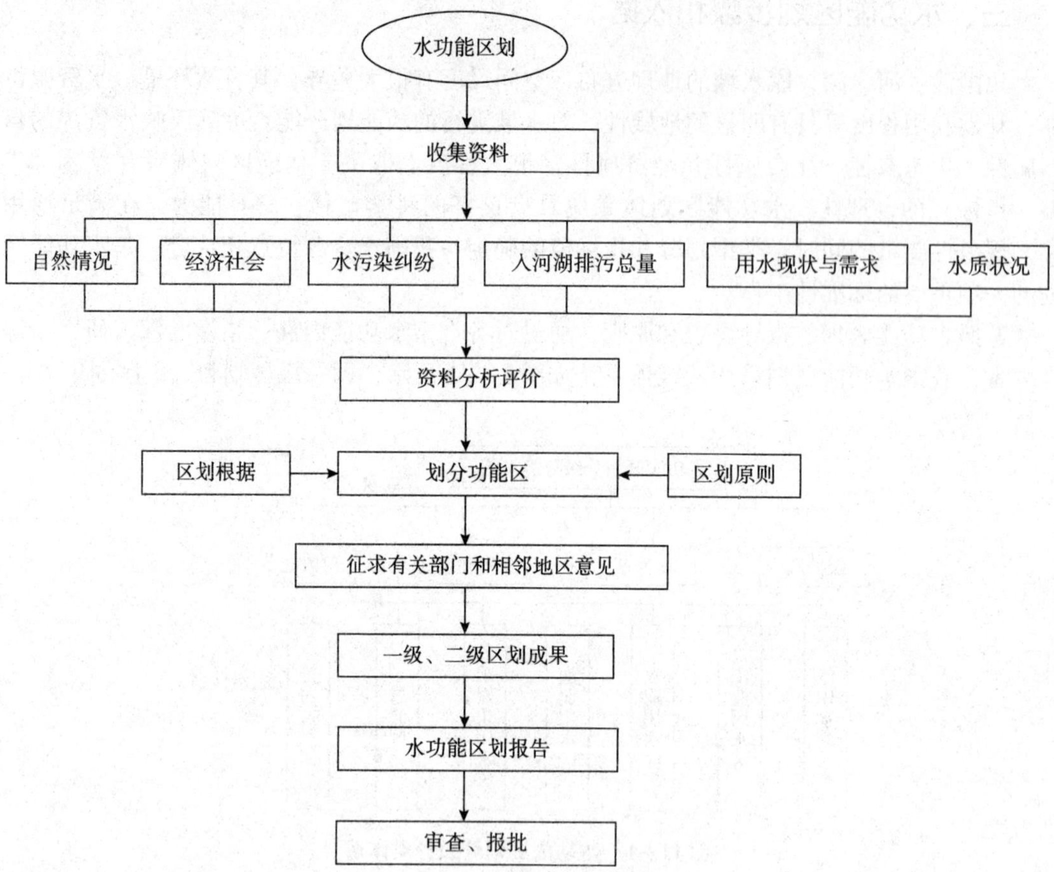

图 11－2　水功能区划程序图

和省级自然保护区范围内的水域；③已建和规划水平年内建成的跨流域、跨省区的大型调水工程水源地及其调水线路，省内重要的饮用水源地；④对典型生态、自然生境保护具有重要意义的水域。

2. 缓冲区。缓冲区指为协调省际、矛盾突出的地区间用水关系，协调内河功能区划与海洋功能区划关系，以及在保护区与开发利用区相接时，为满足保护区水质要求需划定的水域。

具体划分依据：跨省、自治区、直辖市行政区域河流、湖泊的边界水域；省际边界河流、湖泊的边界附近水域；用水矛盾突出地区之间水域。

3. 开发利用区。开发利用区主要指具有满足工农业生产、城镇生活、渔业、娱乐和净化水体污染等多种需水要求的水域和水污染控制、治理的重点水域。

具体划分依据：取（排）水口较集中，取（排）水河长较大的水域，如流域内重要城市江段、具有一定灌溉用水量和渔业用水要求的水域等。开发利用程度采用城市人口数量、取水量、排污量、水质状况及城市经济的发展状况（工业值）等能间接反映水资源开发利用程度的指标，通过各种指标排序的方法，选择各项指标较大的城市河段，化为开发利用区。

4. 保留区。保留区指目前开发利用程度不高，为今后开发利用和保护水资源而预留的水域。该区内水资源应维持现状不遭破坏。

具体划区依据：受人类活动影响较少，水资源开发利用程度较低的水域；目前不具备开发条件的水域；考虑到可持续发展的需要，为今后的发展预留的水域。

（二）水功能二级区分类及划分指标

1. 饮用水源区。饮用水源区指城镇生活用水需要的水域。功能区划分指标包括人口、取水总量、取水口分布等。

具体划区依据：已有的城市生活用水取水口分布较集中的水域，或在规划水平年内城市发展设置的供水水源区；每个用水户取水量需符合水行政主管部门实施取水许可制度的细则规定。

2. 工业用水区。工业用水区指城镇工业用水需要的水域。功能区划分指标包括工业产值、取水总量、取水口分布等。

具体划区依据：现有的或规划水平年内需设置的工矿企业生产用水取水点集中的水域；每个用水户取水量需符合水行政主管部门实施取水许可制度的细则规定。

3. 农业用水区。农业用水区指农业灌溉用水需要的水域。功能区划分指标包括灌区面积、取水总量、取水口分布等。

具体划区依据：已有的或规划水平年内需要设置的农业灌溉用水取水点集中的水域；每个用水户取水量需符合水行政主管部门实施取水许可制度的细则规定。

4. 渔业用水区。渔业用水区指具有鱼、虾、蟹、贝类产卵场、索饵场、越冬场及洄游通道功能的水域，养殖鱼、虾、蟹、贝、藻类等水生动植物的水域。功能区划分指标包括渔业生产条件及生产状况。

具体划区依据：具有一定规模的主要经济鱼类的产卵场、索饵场、洄游通道，历史悠久或新辟人工放养和保护的渔业水域；水文条件良好，水交换畅通；有合适的地形、底质。

5. 景观娱乐用水区。景观娱乐用水区指以景观、疗养、度假和娱乐需要为目的的水域。功能区划分指标包括景观娱乐类型及规模。

具体划区依据：休闲、度假、娱乐、运动场所涉及的水域；水上运动场；风景名胜区所涉及的水域。

6. 过渡区。过渡区指为使水质要求有差异的相邻功能区顺利衔接而划定的区域。功能区划分指标包括水质与水量。

具体划区依据：下游用水要求高于上游水质状况；有双向水流的水域，且水质要求不同的相邻功能区之间。

7. 排污控制区。排污控制区指接纳生活、生产污废水比较集中，所接纳的污废水对水环境无重大不利影响的区域。功能区划分指标包括排污量、排污口分布。

具体划区依据：接纳污废水中污染物可稀释降解，水域的稀释自净能力较强，其水文、生态特性适宜作为排污区。

第三节　污染源调查和预测

一、污染源调查

（一）污染源调查的目的和内容

在环境科学的研究工作中，把污染源、环境和人群健康看成一个系统。污染源向环境中排放污染物是造成环境问题的根本原因。污染源排放污染物质的种类、数量、方式、途径及污染源的类型和位置，直接关系到它危害的对象、范围和程度。污染源调查就是要了解、掌握上述情况及其他有关问题。通过污染源调查，可以找出一个工厂或一个地区的主要污染源和主要污染物，资源、能源及水资源的利用现状；为企业技术改造、污染治理、综合利用、加强管理指出方向；为区域污染综合防治指出防治什么污染物，在哪防治；为区域环境管理、环境规划、环境科研提供依据。因此，污染源调查是污染综合防治的基础工作。

污染源调查的内容丰富而广泛，按污染源分类的不同和调查目的的不同，可分为工业污染源调查、农业污染源调查、生活污染源调查、交通污染源调查，也可分为大气污染源调查、水污染源调查、噪声污染源调查等。水体污染源的调查是控制水体污染、保护水资源的重要环节。调查内容随污染源的分类而不同。

在进行一个地区的污染源调查，或某一单项污染源调查时，都应进行自然环境背景调查和社会背景调查。根据调查的目的不同及项目不同，可以有所侧重，自然背景包括地质、地貌、气象、水文、土壤、生物；社会背景调查包括居民区、水源区、风景区、名胜古迹、工业区、农业区和林业区。

1. 面污染源调查。面污染源调查包括：①水体所在流域内地表径流的数量，经地表径流带入水体内污染物的种类和数量；②水体水面大气降水的数量及经大气降水（包括降尘）带入水域内污染物的种类和数量；③水域内化肥、农药使用情况，农田灌溉后排出水体的数量及所含污染物的种类、浓度；④水域内地下水流入水体的数量及挟带污染物的种类和浓度；⑤水域内的村镇等居民状况，直接或间接排入水体的人、畜用水的数量及挟带污染物的种类和浓度。

2. 点污染源调查。点污染源调查包括：①排污口的地理位置及分布；②污水量及其所含污染物的种类、浓度或各种污染物的绝对数量；③排污方式，污水是经过污水处理厂后排入水体还是未经处理直接排入水体，是岸边排放还是送入水体中间排放，是明渠排放还是管道排放等；④排放规律，是稳定排放还是非稳定排放，是连续排放还是间断排放，以及间断的时间、次数等；⑤排污对水体环境的影响，污染物进入水体后对浮游植物、浮游动物、鱼贝等水生生态系统的影响及对周围居民身体健康的影响（直接或间接）等。

3. 工业污染源调查。工业污染源调查的主要内容是企业所在地的地理位置、地形地貌、四邻状况及所属环境功能区（如商业区、工业区、居民区、文化区，风景区、农业区、林业区及养殖区等）的环境现状；企业名称、规模、厂区占地面积、水源类型、供水方式、工艺流程、生产水平、水平衡、堆渣场位置、企业环境保护机构名称、环境保护管理机构编制、环境管理水平、工艺改革、治理方法、治理规划或设想等反映污染物种类、数量、成分、性质、排放方式、规律、途径、排放浓度、排放量（日每年）、排放口位置、类型、数量、控制方法、历史情况、事故排放等方面的内容。

4. 生活污染源调查。生活污染源主要指住宅、学校、医院、商业及其他公共设施。它排放的主要污染物有污水、粪便、垃圾、污泥、废气等。调查内容包括城市总人数、总户数、流动人口、人口构成、人口分布、密度、居住环境；城市集中供水（自备水源）、不同居住环境每人用水量、办公楼、旅馆、商店、医院及其他单位的用水量，下水道设置情况（有无下水道、下水去向）；垃圾种类、成分、数量，垃圾输送方式、处置方式、处理站自然环境，处理效果，垃圾场的分布、投资、运行费用、管理人员、管理水平。

5. 农业污染源调查。农业是环境污染的主要受害者，由于它施用农药、化肥，当使用不合理时也产生环境污染，自身也受害。调查内容有农药品种，使用剂量、方式、时间，施用总量，年限，有效成分含量（有机氯、有机磷、汞制剂、砷制剂等）；化肥的品种、数量、使用方式、使用时间，农作物秸秆、牲畜粪便、农用机油渣；汽车和拖拉机台数、耗油量、行驶范围和路线，其他机械的使用情况等。

6. 水污染事故调查。大量高浓度污水排入水体，有毒物质大量泄漏或翻沉进入水体，以及其他易出现或突发性水质恶化的事件，都属于水污染事故。一般水污染事故由当地水环境监测中心协同有关部门进行调查。应调查发生的时间、水域、污染物数量、人员受害和经济损失情况。重大水污染事故应调查事故发生的原因、过程，采取的应急措施，处理结果，事故直接、潜在或间接的危害，社会影响，遗留问题和防范措施等。跨地、市和重大水污染事故由省水环境监测中心协同有关部门进行调查或经授权由省级水环境监测中心组织调查；跨省河流和重要江、河干流发生水污染事故由流域水环境监测中心组织调查。此外，对污染事故可能影响的水域，应组织实施监视性监测；对大污水团集中下泄造成的污染事故，当地水环境监测中心应跟踪调查和监测。

7. 污染物入河量调查。入河排污口是指直接排入水功能区水域的排污口。由排污口进入功能区水域的废污水量和污染物量，统称废污水入河量和污染物入河量。以入河排污口为调查对象，调查的主要内容为入河排污口的分布、位置、类型，对应污染源的名称、污染源距入河排污口的距离、入河排污口的废污水入河量和主要污染物（污水量、COD、BOD、pH 值、SS、氨氮、挥发酚、总氮、总磷、汞、镉及区域特征污染物，其中污水量、COD 和氨氮为必选项）排放量等。重点分析流经大城市的河段和水域的入河排污口及其排污情况。

（二）污染源调查程序与方法

1. 污染源调查程序。根据污染源调查的目的和要求，先制定出调查工作计划、程序、步骤、方法，一般污染源调查可分为 3 个阶段：准备阶段、调查阶段、总结阶段。

（1）准备阶段：明确调查目的、制定调查计划、做好调查准备（组织准备、资料准备、分析准备、工具准备）、搞好调查试点（普查试点、详查试点）。

（2）调查阶段：生产管理调查、污染物治理调查、污染物排放情况调查、污染物危害调查、生产发展调查。其中，污染物排放情况调查包括污染源种类、排放量、排放方式、释放规律等方面的内容。

(3) 总结阶段：数据处理、建立档案、评价、文字报告、污染源分布图。

2. 调查方法。污染源的调查，一般可采用点面结合的方法，分为详查和普查两种。详查是对重点污染源调查。普查是对区域内所有的污染源进行全面调查，但各类污染源应有各自的侧重点，同类污染源中，应选择污染物排放量大、影响范围广、危害程度大的污染源作为重点污染源。

普查一般多由主管部门发放普查表，以填表方式进行。对于调查表格，可以依据特定的调查目的自行制定表格，进行一个地区的污染源调查时，要统一调查时间、项目、方法、标准和计算方法。

详查一般在普查之后进行，在做详查时，应派调查小组蹲点到详查单位进行调查，详查的工作内容从广度和深度上都超过普查，重点污染源对一地区的污染影响较大，要认真调查好。

（三）污染物排放量的计算

污染物排放量的确定是污染源调查的核心问题。确定污染物排放量的方法有三种：物料衡算法、经验计算法（排放系数、排污系数法）和实测法。

1. 物料衡算法。根据物质不灭定律，在生产过程中，投入的物料量应等于产品所含这种物料的量与这种物料流失量的总和。计算公式为：

$$Q = \sum G - \sum G_1 - \sum G_2$$

式中：Q——污染物排放量，g/s；

$\sum G$——单位时间内投入物料总量，g/s；

$\sum G_1$——单位时间内生产的产品中所含这种物料的量，g/s；

$\sum G_2$——单位时间内物料总流失量，g/s。

如果物料的流失量全部由烟囱排放或由排水排放，则污染物排放量（或称源强）就等于物料流失量。

2. 经验计算法。根据生产过程中单位产品的排放系数进行计算，求得污染物的排放量，该方法称为经验计算法。计算公式为：

$$Q = KW$$

式中：K——单位产品经验排放系数，kg/t；

W——单位产品的单位时间产量，t/h。

关于各种污染物排放系数的计算，国内外文献中已有大量报道，都是在特定条件下产生的。由于各地区、各单位的生产技术条件不同，污染物排放系数和实际排放系数可能有很大差距。因此，在选择时，应根据实际情况加以修正，在有条件的地方，应调查统计出本地区的排放系数。

对拟建工程的污染源进行排放量预测时，若上述两种方法均无法进行，则可采用类比法进行预测，收集国内外和拟建工程性质、规模、工艺、产品、产量大体相近的生产厂（或设备）的污染物排放系数，作为参考数据，估算拟建工程污染源的排放量。

3. 实测法。实测法是通过对某个污染源现场测定，得到污染物的排放浓度和流量(烟气或废水)，然后计算出排放量，计算公式为：

$$Q = CL$$

式中：C——实测的污染物算术平均浓度；

L——烟气或废水的流量。

这种方法只适用于已投入的污染源。测流量的方法有流速仪法、堰板法、浮标法、容器法等。具体方法和适用范围可查有关文献资料。废水中污染物的浓度，可在各采样点取得样品，测定不同时间的浓度值，也可以按流量的大小加权计算，取某一时段浓度加权平均值。

(四) 污染物入河量估算

1. 污染物入河系数。水功能区对应的陆域范围内的污染源所排放的污染物，仅有一部分能最终流入功能区水域，进入功能区水域的污染物量占污染物排放总量的比例即为污染物入河系数。

影响入河系数的因素很多，情况复杂，区域差异大。污染物入河系数可通过对不同地区典型污染源的污染物排放量和入河量的监测、调查，充分利用各职能部门的污染物排放量和污染物入河量资料确定。在确定现状污染物入河系数时，应考虑已建成的污水处理厂的效应。

2. 污染物入河量。对有水质监测资料的入河排污口，根据废污水排放量和水质监测资料，按下式估算主要污染物排放量为：

$$W_{排} = Q_{排} C_{排}$$

式中：$W_{排}$——污染物入河量；

$Q_{排}$——废污水入河量；

$C_{排}$——污染物的入河浓度。

二、水污染源预测

(一) 污染源预测

污染源预测，就是对未来某个水平年或几个水平年污染源所排放的污染物的特性、排污量、污染物种类及浓度等指标，做出具体的估计。常用预测的方法有时间统计模型、弹性系数模型和投入产出模型等。由于预测范围不同，需要掌握资料的多少和准确度及选用的预测方法与精度均不相同，视具体情况而定。下面介绍时间统计模型、弹性系数模型。

1. 时间统计模型。时间统计模型方法视各级历年污染源监测资料，寻求污染物或污水排放量与时间的关系进行预测。在经济社会结构没有重大变化的情况下，这种方法简单易行。若污染源排放的污染物或排放量与时间呈简单的线性关系，则可用下式预测，即：

$$Q = a + bt$$

式中：Q——预测年的污染物或污水排放量；

t——基准年到预测年份的时间；

a、b——常数，可以根据多年监测数据用最小二乘法求得。

如果污染物或污水排放量与时间不呈线性关系，也可采用下面的指数关系式预测，即：

$$Q = Q_0 (1 + a)^{(t-t_0)}$$

式中：Q、Q_0——预测年、基准年的污染物或污水排放量；

t、t_0——预测年、基准年；

a——参数，表示年增长率，可根据历史资料求得。

2. 弹性系数模型。这里的弹性系数是指污染物或污水量的年增长率与国民生产总值的年增长率的比值。如果由历史资料求得弹性系数，就可以根据国民生产总值的发展趋势来预测污染物或污水排放量。

设α、β分别为污染物、污水排放量的年增长率与国民生产总值的年增长率的比值，则：

$$Q = Q_0 (1 + \alpha)^{t-t_0}$$

$$M = M_0 (1 + \beta)^{t-t_0}$$

因而可求得：

$$\varepsilon = \frac{\alpha}{\beta} = \frac{\left(\frac{Q}{Q_0}\right)^{\frac{1}{t-t_0}} - 1}{\left(\frac{M}{M_0}\right)^{\frac{1}{t-t_0}} - 1}$$

如果已经知道M_0、Q_0和M，就可以计算预测年的污染物或污水：

$$Q = Q_0 \left\{1 + \varepsilon\left[\left(\frac{M}{M_0}\right)^{\frac{1}{t-t_0}} - 1\right]\right\}^{(t-t_0)}$$

式中：M、M_0——历史资料终止年（t）、初始年（t_0）的国民生产总值；

Q、Q_0——历史资料终止年（t）、初始年（t_0）的污染物或污水排放量；

t、t_0——历史资料终止年（t）、初始年（t_0）；

ε——弹性系数。

（二）工业废水排放量预测

工业废水排放量预测，通常采用下式，即：

$$W_t = W_0 (1 + r_m)^t$$

式中：W_t——预测年工业废水排放量；

W_0——基准年工业废水排放量；

r_m——工业废水排放量年平均增长率；

t——基准年至某水平年的时间间隔。

在上式中，预测工业废水排放量的关键是求出r_m，如果资料比较充足，则可采用统计回归方法求出r_m，如果资料不太完善，可结合经验判断方法估计r_m。

（三）工业污染物排放量预测

工业污染物排放量预测可采用下式进行，即：

$$W_i = (q_i - q_0)\rho_{B0} \times 10^{-2} + W_0$$

式中：W_i——预测年份某污染物排放量，t；

q_i——预测年份工业废水排放量，万 m^3；

q_0——基准年工业废水排放量，万 m^3；

ρ_{B0}——含某污染物废水工业排放标准或废水中污染物浓度，mg/L；

W_0——基准年某污染物排入量，t。

（四）生活污水量预测

对于生活污水，其排放预测可据下式计算，即：

$$Q = 0.365AF$$

式中：Q——生活污水量，万 m^3；

A——预测年份人口数，万人；

F——人均生活污水量，L/(人·d)；

0.365——单位换算系数。

通常，预测年份人均生活污水量可用人均生活用水量替代，这可根据国家有关标准换算。预测年份人口可采用地方人口规划数据，无地方人口规划数据时，可根据基准年人口增长率计算获得。其计算式为：

$$A = A_0 (1 + p)^n$$

式中：A_0——基准年人口；

p——人口增长率；

n——规划年与基准年的年数差值。

（五）污染物入河量的预测

1. 规划水平年污染物入河系数的确定。规划水平年污染物入河系数的确定，要在对区域现状污染物入河系数进行调查计算的基础上，对规划水平年区域城市化水平和城市发展规划进行充分的分析，研究城市规模发展、截污工程建设、管网改造、污水入河方案调整和排污口优化等基础设施的改变及对污染物入河系数的影响。要紧密结合规划水平年区域及城市产业布局和工业结构调整的规划，对可能造成预测区域污染物组成和污染物入河系数变化的因素，予以充分考虑和修正。

污染物入河系数与城市污水处理厂的治理情况密切相关，但在拟定规划水平年污染物入河系数时，一般不应考虑目前未列入建设计划的污水处理厂治理削减效应。

在实际工作中，可参考已取得的现状污染物入河系数，根据实际情况和在综合考虑上述因素的基础上，经对现状值进行适当的修正和调整后，作为规划水平年污染物的入河系数。

在其他条件不变的情况下，污染物入河系数确定的一般规律是集中排污比分散排污值大，有收水管网条件的比无收水管网条件的值大，无集中污水处理设施的比有集中污水处理设施的值大，短距离排污比长距离排泄值大，不易降解的废污水比易降解的废污水轻。因排水区域环境状况不同和污水性质的差异，污染物入河系数一般为0.5～0.9。

2. 规划水平年污染物入河量计算。以水功能区为单元对规划水平年废污水和污染物的入河量进行预测，并按行政区和水资源分区进行汇总统计，得到规划水平年各统计范围的废污水和主要污染物入河量。将各规划水平年的污染物排放量预测值与相应规划水平年污染物入河系数相乘，得到规划水平年的污染物入河量。

第四节　水资源保护的内容、步骤和措施

水环境容量是指在不影响水的正常用途的情况下，水体所能容纳的污染物的量或自身调节净化并保持生态平衡的能力。

水环境容量的影响因素主要是水体特征、水质目标和污染物特性。

第一，水体特征。包括水体的几何参数，如河宽、水深；水文参数，如流量、流速；地球化学背景参数，如主要水化学成分、污染源的背景水平、水的 pH 值；水体的物理自净作用，如稀释、扩散、沉降、分子态吸附；物理化学自净作用，如离子态吸附；化学自净作用，如水解、氧化、光化学等；生物降解作用，如水解、氧化还原、光合作用等。这些参数决定着水体对污染物的扩散稀释能力和自净能力，从而决定着水体环境容量的大小。

第二，水质目标。水体对污染物的纳污能力是相对于水体满足一定的使用功能而言的。水体的用途不同，允许存在于水体的污染物浓度也不同。我国将地面水质标准按污染程度分为五类，每类水体允许的水质标准影响水环境容量的大小。

第三，污染物特性。污染物本身具有的化学特性和在水体中的含量不同，则水体对污染物自净作用不同；不同污染物对人体健康的影响和对水生生物的毒性作用是不相同的，相应地，允许存在于水体的污染物浓度也不相同。所以，针对不同的污染物有不同的水环境容量。

一、污染物排放总量控制

（一）实施污染物排放总量控制的意义

我国在水环境监测和管理上，多年来一直采用浓度控制的管理模式。浓度控制就是控制废污水的排放浓度，要求排入水域的污染物的浓度达到污染物排放标准，即达标排放。污染物排放标准有行业排放标准和国家污水综合排放标准等。

应该说，浓度控制对污染源的管理和水污染的控制是有效的，但也存在一些问题。由于没有考虑受纳水体的承受能力，有时候即使污染源全部都达标排放，但由于没法控制排放总量，受纳水体水质还是被严重污染；加上全国性的工业废水排放标准往往不能把所有地区和所有情况都包括进去，在执行中会遇到一些具体问题，如对于不同纳污能力的水体，同一行业执行同一标准，环境效益却不同，纳污能力大的水体能符合要求，而纳污能力小的水体可能已受到污染。这些问题的解决，一方面，可通过制定更加严格的地区水污染排放标准；另一方面，就是实行总量控制。

总量控制是根据受纳水体的纳污能力，将污染源的排放数量控制在水体所能承受的范

围之内，以限制排污单位的污染物排放总量。1996 年我国开始推行“一控双达标”的环保目标。“一控”指的是污染物总量控制，就是控制各省、自治区、直辖市所辖区主要污染物的排放量在国家规定的排放总量指标内。总量控制并非对所有的污染物都控制，而是对二氧化硫、工业粉尘、化学需氧量、汞、镉等 12 种主要工业污染物进行控制。“双达标”指的是工业污染源要达到国家或地方规定的污染物排放标准；空气和地表水按功能区达到国家规定的环境质量标准。按功能区达标指的是城市中的工业区、生活区、文教区、商业区、风景旅游区、自然保护区等，不是执行一个环境质量标准，而是分别达到不同的环境质量标准。我国从 2000 年开始实行污染物总量控制。

污染物排放总量可依据功能区域水域纳污能力，反推允许排入水域的污染物总量，这种方法称为容量控制法。也可依据一个既定的水环境目标或污染物削减目标，正推限定排污单位污染物排放总量，称为目标总量控制法。由此可见，在研究水功能区纳污能力，建立功能区水质目标与排放源的输入响应关系的基础上，将功能区污染物入河量分配到相应陆域各排放源，是总量控制的重要环节，也是总量控制中的技术关键问题。只有了解和掌握水域污染物控制量和削减量，才能达到有效控制水污染的目的。因此，制定污染物控制量和削减量方案是实施污染物排放总量控制的前提，对于控制水环境污染，改善和提高水环境质量具有重大的意义。

（二）污染物控制量和削减量的确定

1. 污染物入河控制量。为了保证功能区水体的功能，水质要达到功能区水质目标，在一定的规划设计水平条件下，功能区水体的纳污能力是一定的，必须要对进入功能区水体的污染物入河总量进行控制。

根据水功能区的纳污能力和污染物入河量，综合考虑功能区水质状况、当地技术经济条件和经济社会发展，确定污染物进入水功能区的最大数量，称为污染物入河控制量。污染物入河控制量是进行功能区水质管理的依据。不同的功能区入河控制量按不同的方法分别确定，同一功能区不同水平年入河控制量可以不同。

不同的水功能区入河控制量可采用以下方法来确定，即当污染物入河量大于水环境容量时，以水环境容量作为污染物控制量；当污染物入河量小于水环境容量时，以现状条件下污染物入河量作为入河控制量。

2. 污染物入河削减量。水功能区的污染物入河量与其入河控制量相比较，如果污染物入河量超过污染物入河控制量，其差值即为该水功能区的污染物入河削减量。

功能区的污染物入河控制量和削减量是水行政主管部门进行水功能区管理的依据；是水行政主管部门发现污染物排放总量超标或水域水质不满足要求时，提出排污控制意见的依据；同时，也是制定水污染防治规划方案的基础。

3. 污染物排放控制量。为保证功能区水质符合水域功能要求，根据陆域污染源污染物排放量和入河量之间的输入响应关系函数，由功能区污染物入河控制量所推出的功能区相应陆域污染源的污染物排放最大数量，称为污染物排放控制量。污染物排放控制量在数值上等于该功能区入河控制量除以入河系数。

4. 污染物排放削减量。水功能区相应陆域的污染物排放量与排放控制量之差，即为该功能区陆域污染物排放削减量，陆域污染物排放削减量是制定污染源控制规划的基础。

水污染物排放削减量有两种分配方法：一是将规划区域的水污染物允许排放量作为总量控制目标，分配到各个水污染控制单元，然后再根据污染现状和污染变化预测，分别计算各个污染控制单元的各个污染源的削减量；二是由全规划区域统一计算出总的水污染物削减量，作为主要水污染物排放总量削减指标，直接分配到各个水污染源。

二、水环境容量的分配

环境容量是一种功能性资源，它具有商品的一般属性，排污权分配的实质是对环境容量资源这种特殊商品的一种配置。排污指标应该有价值和使用价值。排污指标被企业无偿占有，其弊端有二：一是失去了用经济手段调整污染项目的市场准入功能；二是企业占用的现有排污指标无法流通，市场配置环境资源的功能难以发挥出来。

水环境容量的分配就是以污染物排放总量控制为目标，根据排污地点、数量和方式，结合污染物排污总量削减的优先顺序，考虑技术、经济的可行性等因素，用水环境中污染物最大允许排放量分配各控制区域的环境容量资源，确定各污染源的最大允许排放量或需要削减量。

根据污染负荷总量分配出发点的不同，可以将其分为优化分配和公平分配两种。前者以环境经济整体效益最优化为目标，后者则追求公平，要兼顾效率与公平。

（一）总量分配原则

污染物允许总量的分配关系到各污染源的切身利益，分配应以公平性原则为根本，同时追求经济效益，即以较低的社会成本达到区域内总的允许排放量最大的环境效益。

尽管在社会资源、利益分配上关于公平的度量还有很多争议，难以有一个被普遍接受的“公平原则”，但就污染物总量分配而言，以下原则可以指导具体污染源的排放总量的分配。

1. 考虑功能区域差异。在污染物允许排放量的分配中应该考虑到不同功能区域中不同行业的自身特点。按照不同的功能区域进行划分，由于各种行业间污染物产生数量、技术水平或污染物处理边际费用的差异，处理相同数量污染物所需费用相差很大或生产单位产品排放污染物数量相差甚远，因此在各个功能区域间分配污染物允许排放量时应该兼顾这种功能划分的差别，适当进行调整，以较小的成本实现环境的达标。

2. 环境容量充分利用。各个排污系统或各单元分配的容量要使得区域的允许排放总量为最大，以体现环境容量得到充分利用。

3. 集中控制原则。对于位置邻近、污染物种类相同的污染源，首先要考虑实行集中控制，然后再将排放余量分配给其他污染源。

4. 规模差异原则。在已经划分的功能区内部，污染物允许排放量与企业规模成正比。在新开发区的具体实践中，推荐采用按照地块面积分配区域内部污染排放量的方法。

5. 清洁生产原则。允许排放量的分配中应该按照行业先进的生产标准设计排污指标，促使企业采用清洁生产技术。削减废水排放量与降低生产、生活用水量有密切关系，合理开发利用水资源、节约用水、提高水的重复利用率是削减废水排放量的根本途径。

（二）常用的总量分配方法与特点

1. 等比例分配方法。等比例分配方法是在承认各污染源排放现状的基础上，将受总量控制的允许排放总量等比例地分配到各水功能区或污染控制单元所对应的污染源中，各污染源等比例分担排放责任。该方法思路简单，通过绝对量上的公平进行总量分配，但是忽略了排污企业的生产工艺、生产设备、能源结构、资源利用率、污染治理水平等多方面的差别。

2. 按贡献率削减排放量分配方法。该方法是依据各个污染源对总量控制区域内环境质量的影响程度大小，按污染物贡献率大小来削减污染负荷。即以浓度排放标准和等标准污染负荷率值控制标准加权平均，求得各污染源的基础允许排放量和基础削减量。该方法在一定程度上体现了每个污染源平等共享环境容量资源，同时也平等承担超过其允许负荷量的责任。但是它不能反映不同行业污染治理费用的差异，因而在污染治理费用方面存在一定不公平性。

3. 费用最小分配方法。该方法是以治理费用最小作为目标函数，以环境目标值作为约束条件，建立优化数学模型，求得各污染源的允许排放负荷，使系统的污染治理投资费用总和最小。该方法只是从理论上追求社会整体效益最大，忽略了各排污者之间的公平性问题，忽略了监督和管理的成本因素和实践中污染治理效率、边际治理费用的高低，这将导致管理得力的污染源负担更多的削减量。允许排放量分配的不公平不利于企业在平等的市场交换条件下开展竞争，严重挫伤企业防治污染的积极性，激发企业的抵触情绪，从而导致规划方案难以落实，国内外的大量实践均表明，只依照最小费用方法分配允许排放量的做法在实践中遇到了极大的阻力。

除了以上三种应用最为广泛的分配方法外，还有排污指标有偿分配方法、行政协调分配方法、多目标加权评价方法等多种分配方法。这些分配方法对推动我国总量控制工作的深入开展起到了积极的作用，但是由于方法的局限性和地区的差异性，各种负荷分配方法都很难在较大范围内得到推广。无论采用什么分配方法都要与本地区的社会、经济和环境状况相适应。

三、水资源保护的内容、目标和步骤

水是人类生产、生活不可替代的宝贵资源。合理开发、利用和保护有限的水资源，对保证工农业生产发展、城乡人民生活水平稳步提高，以及维护良好的生态环境，均有重要的实际意义。

我国水资源总量居世界第六位，人均、耕地亩均占有水资源量却远低于世界平均水平。加上地区分布不均，年际变化大、水质污染与水土流失加剧，使水资源供需矛盾日益突出，加强水资源管理，有效保护水资源已迫在眉睫。

为了防止因不恰当地开发利用水资源而造成水源污染或破坏水源，所采取的法律、行政、经济、技术等综合措施，以及对水资源进行积极保护与科学管理，称为水资源保护。

水资源保护内容包括地表水和地下水的水量与水质。一方面，是对水量合理取用及其补给源的保护，即对水资源开发利用的统筹规划、水源地的涵养和保护、科学合理地分配水资源、节约用水、提高用水效率等，特别是保证生态需水的供给到位；另一方面，是对水质的保护，主要是调查和治理污染源、进行水质监测、调查和评价、制定水质规划目标、对污染排放进行总量控制等，其中按照水环境容量的大小进行污染排放总量控制是水质保护方面的重点。

水资源保护的目标是在水量方面必须要保证生态用水，不能因为经济社会用水量的增加而引起生态退化、环境恶化以及其他负面影响；在水质方面，要根据水体的水环境容量来规划污染物的排放量，不能因为污染物超标排放而导致饮用水源地受到污染或威胁到其他用水的正常供应。

水资源保护工作的步骤是在收集水资源现状、水污染现状、区域自然、经济状况资料的基础上，根据经济社会发展需要，合理划分水功能区、拟定可行的水资源保护目标、计算各水域使用功能不受破坏条件下的纳污能力、提出近期和远期不同水功能区的污染物控制总量及排污削减量，为水资源保护监督管理提供依据。水资源保护工作的步骤如图 11－3 示。

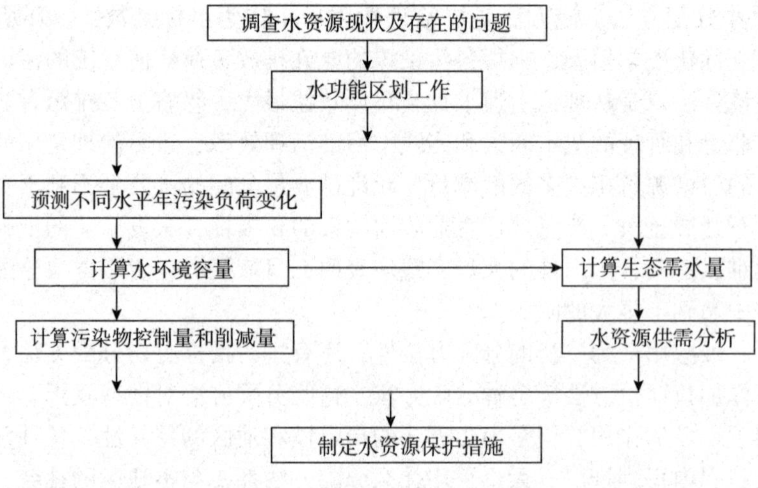

图 11－3　水资源保护工作的步骤

四、水资源保护工程措施

（一）水利工程措施

水利工程在水资源保护中具有十分重要的作用。通过水利工程的引水、调水、蓄水、排水等各种措施，可以改善或破坏水资源状况。因此，要采用正确的水利工程来保护水资源。

1. 调蓄水工程措施。通过江河湖库水系上一系列的水利工程，改变天然水系的丰、枯水期水量不平衡状况，控制江河径流量，使河流在枯水期具有一定的水域来稀释净化污染物质，改善水体质量。特别是水库的建设，可以明显改变天然河道枯水期径流量，改善水环境状况。

2. 进水工程措施。从汇水区来的水一般要经过若干沟、渠、支河而流入湖泊、水库，在其进入湖库之前可设置一些工程措施控制水量水质：①设置前置库。对库内水进行渗滤或兴建小型水库调节沉淀，确保水质达到标准后才能汇入到大中型江、河、湖、库之中；②兴建渗滤沟。此种方法适用于径流量波动小、流量小的情况，这种沟也适用于农村、畜禽养殖场等分散污染源的污水处理，属于土地处理系统。在土壤结构符合土地处理要求且有适当坡度时可考虑采用；③设置渗滤池。在渗滤池内铺设人工渗滤层。

3. 湖、库底泥疏浚。这是解决内源磷污染释放的重要措施。能将污染物直接从水体取出，但是又产生污泥处置和利用问题。可将疏浚挖出的污泥进行浓缩，上清液经除磷后打回湖、库中。污泥可直接施向农田，用做肥料，并改善土质。

（二）农林工程措施

1. 减少面源。在汇流区域内，应科学管理农田，控制施肥量，加强水土保持，减少化肥的流失。在有条件的地方，宜建立缓冲带，改变耕种方式，以减少肥料的施用量与流失量。

2. 植树造林，涵养水源。植树造林，绿化江河湖库周围山丘大地，以涵养水源，净化空气，减少氮干湿沉降，建立美好生态环境。

3. 发展生态农业。建立养殖业、种植业、林果业相结合的生态工程，将畜禽养殖业排放的粪便有效利用于种植业和林果业，形成一个封闭系统，使生态系统中产生的营养物质在系统中循环利用，而不排入水体，减少对水环境的污染和破坏。积极发展生态农业，增加有机肥料，减少化肥施用量。

（三）市政工程措施

1. 完善下水道系统工程，建设污水/雨水截流工程。截断向江河湖库水体排放污染物是控制水质的根本措施之一。我国老城市的下水道系统多为合流制系统，这是一种既收集、输送污水，又收集、输送降雨后地表排水的下水道系统。在晴天，它仅收集、输送污水至城市污水处理厂处理后排放。在雨天，由于截流管的容量及输水能力的限制，仅有一部分雨水、污水的混合污水可送至污水处理厂处理，其余的混合污水则就近排入水体，往往造成水体的污染。为了有效地控制水体污染，应对合流下水道的溢流进行严格控制，其措施与办法主要为源控制、优化排水系统、改合流制为分流制、加强雨水及污水的贮存、积极利用雨水资源。

2. 建设城市污水处理厂并提高其功能。进行城市污水处理厂规划，选择合理流程是一个十分重要又十分复杂的过程。它必须基于城市的自然、地理、经济及人文的实际条件，同时考虑到城市水污染防治的需要及经济上的可能；它应该优先采用经济价廉的天然净化处理系统，也应在必要时采用先进高效的新技术新工艺；它应满足当前城市建设和人民生活的需要，也应预测并满足一定规划期后城市的需要。总之，这是一项系统工程，需要进行深入细致的技术经济分析。

3. 城市污水的天然净化系统。城市污水天然净化系统的特点，是利用生态工程学的原理及自然界微生物的作用，对废水污水实现净化处理。在稳定塘、水生植物塘、水生动物塘、湿地、土地处理系统以及上述处理工艺的组合系统中，菌藻及其他微生动物、浮游动物、底栖动物、水生植物和农作物及水生动物等进行多层次、多功能的代谢过程，还有相伴随的物理的、化学的、物理化学的多种过程，可使污水中的有机污染物、氮、磷等营养成分及其他污染物进行多级转换、利用和去除，从而实现废水的无害化、资源化与再利用。因此，天然净化符合生态学的基本原则，而且具有投资省、运行维护费低、净化效率高等优点。

（四）生物工程措施

利用水生生物及水生态环境食物链系统达到去除水体中氮、磷和其他污染物质的目的。其最大特点是投资省、效益好，且有利于建立合理的水生生态循环系统。

第五节　地表水资源保护

一、水质标准

制定合理的水质标准，是水资源保护的基础工作。保护水资源的目标，并非使自然水体处于绝对纯净状态，而是使受污染的水体恢复到符合当地经济发展最有利的状态，这就需要针对不同用途制定相应的水质标准。

水环境质量标准是根据水环境长期和近期目标而提出的、在一定时期内要达到的水环境的指标，是对水体中的污染物或其他物质的最高容许浓度所做的规定。除了制定全国水环境质量标准外，各地区还要参照实际水体的特点、水污染现状、经济和治理水平，按水域主要用途，会同有关单位共同制定地区水环境质量标准。按水体类型可分为地表水质量标准、海水质量标准和地下水质量标准等；按水资源的用途可分为生活饮用水水质标准、渔业用水水质标准、农业用水水质标准、娱乐用水水质标准和各种工业用水水质标准等。由于各种标准制定的目的、适用范围和要求不同，同一污染物在不同标准中规定的标准值也是不同的。

目前，我国已经颁布的水质标准中主要的水环境质量标准有《地表水环境质量标准》《地下水质量标准》《海水水质标准》《生活饮用水卫生标准》《渔业水质标准》《农田灌溉用水水质标准》等。此外，排放标准有《污水综合排放标准》《医院污水排放标准》和一批工业水污染物排放标准有《造纸工业水污染物排放标准》《甘蔗制糖工业水污染物排放标准》《石油炼制工业水污染物排放标准》《纺织染整工业水污染物排放标准》等。

二、水质监测

水质监测的目的：①对江、河、水库、湖泊、海洋等地表水和地下水中的污染因子进行经常性的监测，以掌握水质现状及其变化趋势；②对生产、生活等废（污）水排放源排放的废（污）水进行监视性监测，掌握废（污）水排放量及其污染物浓度和排放总量，评价是否符合排放标准，为污染源管理提供依据；③对水环境污染事故进行应急监测，为分析判断事故原因、危害及制定对策提供依据；④为国家政府部门制定水环境保护标准、法规和规划提供有关数据和资料；⑤为开展水环境质量评价和预测预报及进行环境科学研究提供基础数据和技术手段。

（一）水质监测项目

水质监测项目受人力、物力、财力的限制，不可能将所有的监测项目都加以测定，只能是对那些优先监测污染物（难以降解、危害大、毒性大、影响范围广、出现频率高和标准中要求控制）加以监测。

1. 地表水监测项目。水温、pH 值、溶解氧、高锰酸盐指数、化学需氧量、五日生化需氧量、氨氮、总氮（湖、库）、总磷、铜、锌、硒、砷、汞、镉、铅、铬（六价）、氟化物、氰化物、硫化物、挥发酚、石油类、阴离子表面活性剂、粪大肠菌群。

2. 生活饮用水监测项目。肉眼可见物、色、嗅和味、浑浊度、pH 值、总硬度、铝、铁、锰、铜、锌、挥发酚类、阴离子合成洗涤剂、硫酸盐、氯化物、溶解性总固体、耗氧量、砷、镉、铬（六价）、氰化物、氟化物、铅、汞、硒、硝酸盐、氯仿、四氯化碳、细菌总数、总大肠菌群、粪大肠菌群、游离余氯、总 α 放射性、总 β 放射性。

3. 废（污）水监测项目。第一类是在车间或车间处理设施排放口采样测定的污染物。包括总汞、烷基汞、总镉、总铬、六价铬、总砷、总铅、总镍、总铍、总银、总 α 放射性、总 β 放射性；第二类是在排污单位排放口采样测定的污染物。包括 pH 值、色度、悬浮物、生化需氧量、化学需氧量、石油类、动植物油、挥发性酚、总氰化物、硫化物、氨氮、氟化物、磷酸盐、甲醛、苯胺类、硝基苯类、阴离子表面活性剂、总铜、总锌、总锰。

（二）水质监测站网规划

水质监测站网是开展水质监测工作的基础。我国 1974 年开始筹建水质监测化验室，截至 2003 年，水利系统已建成由水利部、流域、省及其地（市）水环境监测中心、分中心，共 251 个监测机构组成的四级水质监测体系；水质监测站点 3240 处，基本覆盖了全国主要江河湖库。水质监测站网的布设多采用划区设站法，即：首先根据水质状况划分若干个自然区域；其次，按人类活动影响程度划分次级区；最后，按影响类别进一步划出类型区。每个区域设站的数目要根据该区域面积大小、水资源的实际价值，以及设站难易程度来确定。各类型区设站的具体数目要考虑区域的特殊性、重要性、地区大小、污染特征、污染影响等因素。

国家水质监测站可分为四类。

1. 本底站（基准站）。设在自然状态区域内或水源受人为污染影响微小的地方，最好设在水资源将有可能被利用而尚未污染的水域，以便监测到自然状态的水质资料。

2. 受污站（影响站）。设在水资源已被利用、水质受到人类活动影响的地方，以便提供污染状态下的水质资料。此类站一般分为基本站和辅助站两种。基本站是为长期掌握水质变化动态、收集积累水质基本资料而设置的测站。辅助站则是为配合基本站，进一步掌握水质状况而设的测站。

3. 国际站。设在具有国际性或全球意义的重大河流或湖泊上，一般安排在政治或地理分界线附近，有的则根据国际性水环境研究需要按大区布设，或作为国际性学术研究站网的组成部分。这种站可能是本底站，也可能是受污站。

4. 实验站。为专门研究农业、矿山，城市降雨产流、产污和污水出流规律，或在受污河段深入研究水体自净、水环境容量等课题而设的测站，一般均设在有代表性的区域或河段上。

（三）水质监测断面布设

对于流经城镇和工业区的一般河流（污染区对水体水质影响较大的河流），监测断面可分对照断面、基本断面和削减断面 3 种布设。

1. 对照断面。布设在河流进入城镇或工业排污口前，不受本污染区影响的地方。

2. 基本断面（又称控制断面）。布设在能反映该河段水质污染状况的地方，一般设在排污口下游 500 ~ 1000m 处。

3. 削减断面。布设在基本断面下游、污染物得到稀释的地方，一般设在至少离排污口下游 1500m 处。

湖（库）采样断面应按水域部位分别布设在主要出入口，以及湖（库）的进水区、出水区、浅水区、中心区。或者根据水的用途在饮用取水区、娱乐区、鱼类产卵区等布设断面。

（四）采样位置、采样时间和采样频次

1. 采样位置。对于江、河水系的每个监测断面，当水面宽小于 50m 时，只设 1 条中泓垂线；水面宽 50 ~ 100m 时，在左右近岸有明显水流处各设 1 条垂线；水面宽为 100 ~ 1000m 时，设左、中、右 3 条垂线（中泓、左、右近岸有明显水流处）；水面宽大于 1500m 时，至少要设置 5 条等距离采样垂线；较宽的河口应酌情增加垂线数。

在一条垂线上，当水深小于或等于 5m 时，只在水面下 0.3 ~ 0.5m 处设 1 个采样点；水深 5 ~ 10m 时，在水面下 0.3 ~ 0.5m 处和河底以上约 0.5m 处各设 1 个采样点；水深 10 ~ 50m 时，设 3 个采样点，即水面下 0.3 ~ 0.5m 处 1 点，河底以上约 0.5m 处 1 点，1/2 水深处一点；水深超过 50m 时，应酌情增加采样点数。

对于湖、库监测断面上采样点位置和数目的确定方法与河流相同，这里不再赘述。

2. 采样时间和采样频次。除特殊要求外，采样频次及采样时间规定如下。

河流基本站至少每月取样 1 次，最高、最低水位期间，应适当增加测次。辅助站则根据水质污染程度和丰、平、枯水期的水质特征，每年采样 6 ~ 12 次。专用实验站的采样次数由监测目的和要求确定。

湖泊（水库）一般每两个月采样一次。大于 100km^2 的湖泊（水库），每年采样 3 次，布置在丰、平、枯水期。对污染严重的湖（库），按不同时期每年采样 8 ~ 12 次。

三、水质评价

为表示某一水体水质污染情况，常利用水质监测结果对各种水体质量进行科学的评定。水质评价的目的是准确地反映水质污染状况，找出主要污染物的影响，为水资源保

护、水污染防治和水质管理提供依据。关于地表水质评价的详细内容已在本书第四章第三节介绍过，这里不再赘述。

四、地表水资源保护途径

（一）减少工业废水排放.

1. 改革生产工艺。通过改革生产工艺，尽量减少生产用水；尽量不用或少用易产生污染的原料、设备及生产工艺。如发展海水型工业，将大量的冷却、冲洗用水以海水代替；发展气冷型工业，把水冷变成风冷；采用无水印染工艺，可消除印染废水的排放；采用无氰电镀工艺，可以使废水中不再含氰化物；用易于降解的软型合成洗涤剂代替难以降解的硬型合成洗涤剂，可大大减轻或消除洗涤剂的污染。

2. 重复利用废水。采用重复用水及循环用水系统，以使废水排放量减至最少。根据不同生产工艺对水质的不同要求，可将甲工段排的废水送往乙工段使用，实现一水两用或一水多用，即为重复用水。如利用轻度污染废水作为锅炉的水力排渣用水或作为炼焦炉的洗焦用水。

将生产废水经适当处理后，送回本工段再次利用，称为循环用水。如高炉煤气洗涤废水经沉淀、冷却后可再次用来洗涤高炉煤气，并可不断循环，只需补充少量的水补偿循环中的损失。循环用水的最终目标是达到零排放。

3. 回收有用成分。尽量使流失至废水中的原料和成品与水分离，就地回收，这样做既可减少生产成本，增加经济效益，又可大大降低废水浓度，减轻污水处理负担。如造纸废水碱度大、有机物浓度高，是一种重要的污染源。如能从中回收碱和其他有用物质，即可变污染源为生产源。含酚浓度为 1500 ~ 2000mg/L 的废水，经萃取回收后，可使含酚浓度降至 100mg/L 左右，即可从每立方米废水中回收 2kg 酚。

（二）妥善处理城市及工业废水

采取上述措施后，仍将有一定数量的工业废水和城市污水排出。为了确保水体不受污染，必须在废水排入水体之前，对其进行妥善处理，使其实现无害化，不致影响水体的卫生性及经济价值。

废水中的污染物质是多种多样的，不能预期只用一种方法就能够把所有污染物质都去除干净。不论对何种废水，都往往需要通过几种方法组成的处理系统，才能达到处理的要求。按照不同的处理程度，废水处理系统可分一级处理、二级处理和深度处理等不同阶段。一级处理只去除废水中呈悬浮状态的污染物。废水经一级处理后，一般仍达不到排放要求，尚须进行二级处理，因此对于二级处理来说，一级处理是预处理。二级处理的主要任务是大幅度地去除废水中呈胶体和溶解状态的有机污染物。通过二级处理，一般废水均能达到排放标准。但在处理后的废水中，还残存有微生物不能降解的有机物和氮、磷等无机盐类。一般情况下，它们数量不多，对水体无大危害。深度处理是进一步去除废水中的悬浮物质、无机盐类及其他污染物质，以便达到工业用水或城市用水所要求的水质标准。

（三）对城市污水的再利用

随着工业及城市用水量的不断增长，世界各国普遍感到水资源日益紧张，因此开始把处理过的城市污水开辟为新水源，以满足工业、农业、渔业和城市建设等各个方面的需要。实践表明，城市污水的再利用优点很多，它既能节约大量新鲜水，缓和工业与农业争水以及工业与城市生活争水的矛盾，又可大大减轻纳污水体受污染的程度。

1. 城市污水回用于工业。城市污水一般可回用于冷却水、锅炉供水、生产工艺供水以及其他用水，如油井注水、矿石加工用水、洗涤水及消防用水等。其中尤以冷却水最为普遍。利用城市污水做冷却水时，应保证在冷却水系统中不产生腐蚀、结垢，以及对冷却塔的木材不产生水解侵蚀作用。此外，还应防止产生过多的泡沫。

2. 城市污水回用于农业。随着城市污水的大量增加，利用污水灌溉农田的面积也在急剧扩大，据统计，1963 年我国污灌面积仅有 63 万亩，1980 年为 2000 万亩，1998 年污灌面积发展为 5427 万亩，占全国灌溉总面积的 7.3%。尽管污灌水都是经二级处理后的城市污水，但是还是含有这样或那样的有害物质，若使用不当、盲目乱灌，也会对环境造成污染危害，甚至导致作物明显减产或土壤污毒化、盐碱化，所以应根据土壤性质、作物特点及污水性质，采用妥善的灌溉制度和方法，并制定严格的污水灌溉标准。

3. 城市污水回用于城市建设。城市污水回用于城市建设，主要用做娱乐用水或风景区用水。在把处理过的城市污水用于与人体接触的娱乐及体育方面的用途时，必须符合相关标准，对水质的要求必须洁净美观，不含有刺激皮肤及咽喉的有害物质，不含有病原菌。

第六节　地下水资源保护

地下水具有水质好、水量稳定、分布广、供水延续时间长以及可恢复性等特点，目前已广泛应用于工农业生产和城市供水。据统计，全国地下淡水天然资源多年平均量为 8800 亿 m^3，约占全国水资源总量的 1/3，其中山区为 6500 亿 m^3，平原为 2300 亿 m^3；地下淡水可开采资源多年平均量为 3500 亿 m^3，其中山区为 2000 亿 m^3，平原为 1500 亿 m^3。全国地下水开采量主要集中在平原、山间盆地，大部分又集中在北方平原地区。如海滦河流域水资源利用中地下水占 44%，淮河干流以北地区占 29%，河北、山东、河南三省的井灌区面积分别相当于各省总灌溉面积的 78%、49%、56%。

人类经济社会活动对地下水资源的量与质产生着日益深刻而剧烈的影响，随之出现诸如水质污染、地下水位大面积下降、地面沉降等一系列环境问题。2003 年全国地下水资源评价调查显示，全国 195 个城市中，97% 的城市地下水受到不同程度的污染，全国约有 1/2城市市区的地下水污染比较严重，地下水水质呈下降趋势。因此，保护地下水资源已成为一项十分紧迫而艰巨的任务。

一、地下水污染特征

1. 地下水污染过程缓慢，不易被觉察。由于地下水存蓄于岩石、土壤空隙中，流速缓慢，污染物在地下水的弥散作用很慢，一般从开始污染到监测出污染征兆要经过相当长时间。同时，污染物通过含水层时有部分被吸附和降解，从观测井（孔）取得的水样都是一定程度净化了的水样。这些都给地下水质的监测、预报、控制带来很大困难。

2. 地下水污染程度与含水层特性密切相关。地下水埋藏于地下，其贮存、运动、补给、开采等过程都与含水层特性有密切关系，这些又直接影响到地下水污染状况的变化。地下含水层特性主要指它的水理性质，即容水性、给水性和透水性，而其中最主要的是透水性。含水层按透水性能可分为强透水含水层、弱透水含水层；按空间变化可分为均质含水层与非均质含水层；按透水性和水流方向的关系又可分为各向同性含水层与各向异性含水层。如污染源处于地下水流上游方向，且含水层透水性向下游方向越来越强，则污染物随补给进入地下后，可能向下游方向移动相当远的距离；如污染源处于地下水汇流盆地中心处，且含水层透水性很弱，则污染物不易向四周扩散，污染程度会日益增强。

3. 确定地下水污染源难，治理更难。由于地区间水文地质结构千差万别，岩石透水性的强弱不仅取决于空隙大小、空隙多少和形态，而且与裂隙、岩溶发育情况直接有关。可以说污染物从污染源排出后进入地下水的通道是错综复杂的。附近的污染源可能由于坐落在不透水岩层上，而使所排的污染物难以进入地下水体；相反，较远处的污染源排出的污染物，可能通过岩层裂隙或地下溶洞很容易污染地下水域。这就给确定污染源带来较大困难，而且水量更替周期长，加之即使切断污染物补给源，吸附于含水层中的污染物在一定时期内仍能污染流经其中的地下水。因此，可以说地下水一旦污染，很难治理。

二、地下水污染物及其来源

（一）地下水污染物

一般情况下，地下水的污染物质分为以下几类：①构成地下水化学类型和反映地下水性质的常规化学组成的一般理化指标为 K^+、Na^+、Ca^{2+}、Mg^{2+}、SO_4^{2-}、Cl^-、HCO_3^-、CO_3^{2-}、NH_4^+、NO_2^-、NO_3^-、pH 值、矿化度、总硬度等；②常见的金属和非金属物质为 Hg、Cr、As、Cd、F、CN^- 等；③有机有害物质为酚、石油、有机磷、有机氯等；④生物污染物为细菌、病毒、寄生虫卵等。

（二）地下水污染来源

地下水的污染源和污染途径主要有以下几方面。

1. 工业生产中的废物。工业生产中往往有不少“三废”（废水、废渣、废气）排入环境，其中，工业废水可能直接或间接进入地下水；向大气排放的污染物可能由于重力沉降、雨水淋洗等作用而降落到地表面，然后有可能被水挟带而渗入地下水；周围固体废弃物中的有害物质，则可通过淋滤作用而进入地下水。

2. 现代农业的废物。现代农业的废物主要是由于污水灌溉、农药及化肥的使用造成地面污染，通过大气降水的淋滤作用而进入地下水。有害物质可以通过施肥（化肥、厩肥、生活垃圾、工业废液、水处理厂污泥等）、喷药（杀虫剂、杀菌剂、除草剂等）、污水灌溉回归等形式渗滤地下，污染地下水。

3. 矿山开采中的废物。采矿所产生的地下水污染物主要是有色金属、放射性矿物和酸性矿水等。如采煤时会引起共生矿物黄铁矿氧化而产生硫酸污染地下水。油田开采中漏油或勘探中使用的某些化学药品，都可能进入淡水含水层而污染地下水。

4. 自然灾害。许多自然灾害可能直接或间接造成地下水污染。例如，火山爆发将喷发出大量的熔岩流、火山灰和有害气体，它们均可能直接或间接污染地下水；地震可能造成局部构造的破坏，从而增强地面污水向地下水的入渗；洪水泛滥将会增大向地下水的入渗量，同时将会较多地挟带污染物进入地下。

三、地下水质量评价

国民经济的用途不同，对地下水质提出的要求也不尽相同，通过对地下水质进行评价，可以确定其满足某项要求的程度，为地下水资源的合理开发利用提供科学依据。关于地下水质评价的详细内容已在本书第四章第三节介绍过，这里不再赘述。

四、地下水污染的控制与治理

1. 加强“三废”治理，减少污染负荷。地下水中的污染物主要来源于工业“三废”、城市污水和农业的污染（污水灌溉，农药、化肥的下渗）。因此，地下水污染的控制首先要抓污染源的治理。

第一，必须搞好污染源调查。在城市及工业企业地区，主要查明有多少工厂，生产什么产品和副产品，生产过程使用什么化学药品，“三废”物质的成分、浓度、排放量，以及各工厂的“三废”处理措施及效果等。在农村，主要查明农药、化肥的用量及品种，耕地土质情况，灌溉水源的水质及渠道位置、集中积肥堆肥位置等。在矿区，应调查矿区范围、矿产品种及所含物质，矿渣堆放场及运输情况等。

第二，加强污染源治理。使污染物在排放前进行无害化处理，杜绝超标排放。在工矿企业中通过改革生产工艺，逐步实现无污染、少污染工艺或实行闭路循环系统，以最大限度地减少排污负荷。对于超标排污的单位，要限期治理。在限期内不能治理的，应通过行政和法律手段，令其关、停、并、转。

第三，要防止新污染源的产生。对新建和扩建的建设项目，必须经过论证，有关部门审批，严格执行“三同时”（建设项目中防治污染的设施必须与主体工程同时设计、同时施工、同时投产使用）原则和环境影响报告书制度。

2. 建立地下水监测系统。为掌握地下水动态变化和查明污染程度、范围、成分、来源、危害情况与发展趋势，应在水源地及水源地周围可能影响地区建立专门观测井孔，形成监测网，进行长期监测。同时，还应经常观察周围污水排放、污水灌溉、传染病发病等情况。目的是随时了解地下水质变化情况，以便及时采取必要的防污治污措施。

3. 加强对地下水资源开发的管理。当前，不少地区出现严重的水资源紧缺状况，地下水资源盲目开采、任意污染的现象相当普遍。为了充分有效地开发利用地下水资源，避免水质污染，并尽量预见未来发展和对策，必须加强对地下水资源的管理。

首先，要建立权威性水资源管理机构，实现水资源统一管理。过去，城建、水利、地质、环保等部门“多龙治水”，给地下水管理工作带来很大困难，必须理顺各部门间的关系，建立一个真正有权威的水资源管理机构，加强水资源保护的监督和协调作用。

其次，制定切实可行的地下水开发利用规划和水资源保护规划，对地下水的开发利用、防护与治理，实行科学管理、统筹安排、宏观调控，以达到既充分利用水资源，发挥其最大经济效益，又避免发生不良性后果的目的。

最后，增强法制观念，依法治水。目前，国家已颁布有《中华人民共和国环境保护法》《中华人民共和国水法》《中华人民共和国水污染防治法》《中华人民共和国海洋环境保护法》等有关法律，各地区也制定了一些法令、规定、实施细则等法律文件，给依法治水创造了良好条件。地下水资源的开发要做到有法必依，执法必严，违法必究。

第七节　水环境保护新技术

一、水环境修复概述

（一）环境修复概念与分类

1. 环境修复的概念。修复本来是工程上的一个概念，是指借助外界作用力使某个受损的特定对象部分或全部恢复到初始状态的过程。严格说来，修复包括恢复、重建、改建等三个方面的活动。恢复是指使部分受损的对象向原初状态发生改变；重建是指使完全丧失功能的对象恢复至原初水平；改建则是指使部分受损的对象进行改善，增加人类所期望的“人造”特点，减小人类不希望的自然特点。修复的三个过程，如图 11－4。

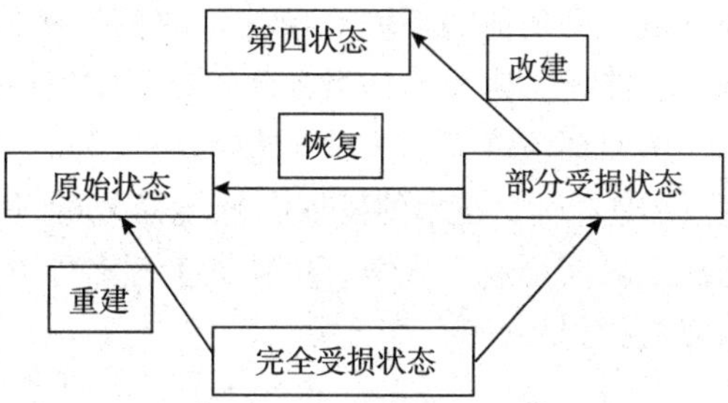

图 11－4　修复的三个过程

环境修复是指对被污染的环境采取物理、化学、生物和生态技术与工程措施，使存在于环境中的污染物质浓度减少、毒性降低或完全无害化，使得环境能够部分或完全恢复到原初状态。环境修复可以从三个方面来理解。

一是界定污染环境与健康环境。环境污染实质上是任何物质或者能量因子的过分集中，超过了环境的承载能力，从而对环境表现出有害的现象。故污染环境可定义为任何物质过度聚集而产生的质量下降、功能衰退的环境。与污染环境相对的就是健康环境。最健康的环境就是有原始背景值的环境。但当今地球上似乎再也难找到一块未受人类活动影响的“净土”。即使人类足迹罕至的南极、珠穆朗玛峰，也可监测到农药的存在。因此，健康环境只是相对的，特指存在于其中的各种物质或能力都低于有关环境质量标准。

二是界定环境修复和环境净化。环境有一定的自净能力。当有污染物进入环境时，并不一定会引起污染。只有当这些物质或能量因子超过了环境的承载能力才会导致污染。环境中有各种各样的净化机制，如稀释、扩散、沉降、挥发等物理机制，氧化还原、中和、分解、离子交换等化学机制，有机生命体的代谢等生物机制。这些机制共同作用于环境，致使污染物的数量或性质向有利于环境安全或健康的方向发生改变。环境修复与环境净化之间既有共同的一面，也有不同的一面。它们两者的目的都是使进入环境中的污染因子的总量减少或强度降低或毒性下降。但环境净化强调的是环境中内源因子作用的过程，是自然的、被动的一个过程。而环境修复则强调人类有意识的外源活动对污染物质或能量的清除过程，是人为的、主动的过程。

三是界定环境修复与“三废”治理。传统“三废”治理强调的是点源治理，需要建造成套的处理设施，在最短的时间内以最高效的速度使污染物无害化、减量化、资源化和能源的回收利用。而环境修复是近几十年才发展起来的环境工程技术，它强调的是面源治理，即对人类活动的环境（面源）进行治理。环境修复和“三废”治理都是控制环境污染，只不过“三废”治理属于环境污染的产中控制，环境修复属于产后控制，而污染预防则属于产前控制。它们三者共同构成污染控制的全过程体系，是可持续发展在环境中的重要体现。

2. 环境修复的类型。环境修复可以从以下几方面来分类。

依照环境修复的对象分，可分为土壤环境修复、水体环境修复、大气环境修复和固体废弃物环境修复等。其中水体环境包括湖泊水库、河流和地下水。

依照污染物所处的治理位置分，可分为原位修复和异位修复。其中，原位修复指在污染的原地点采用一定的技术措施修复；异位修复指移动污染物到污染控制体系内或邻近地点采用工程措施进行。异位生物修复具有修复效果好但成本高昂的特点，适合于小范围内、高污染负荷的环境对象。而原位修复具有成本低廉但修复效果差的特点，适合于大面积、低污染负荷的环境对象。将原位生物修复和异位修复相结合，便产生了联合生物修复；它能扬长避短，是当今环境修复中应用较普遍的修复措施。

依照环境修复的方法与技术手段分，分为物理修复、化学修复、生物修复和生态修复。① 随着科学技术的发展，环境修复的理论研究不断深入，工程技术手段也不断更新，形成了目前物理、化学、生物、工程多种方法共存的局面，并有由物理化学方法向生物方法发展的趋势。

（二）水环境修复的目标、原则和内容

1. 水环境修复的目标和原则。水环境修复技术是利用物理的、化学的、生物的和生态的方法减少水环境中有毒有害物质的浓度或使其完全无害化，使污染了的水环境能部分或完全恢复到原始状态的过程。

在水污染严重、水资源短缺的今天，水作为环境因子，逐渐成为威胁和制约社会经济可持续发展的关键性因素。因此，水体修复的目标是在保证水环境结构健康的前提下，满足人类可持续发展对水体功能的要求，用水包括饮用水、生态环境用水、工业用水、农业用水等，如图 11－5 所示。

具体的目标包括：①水质良好，达到相应用水质量标准的要求，是人类和生物所必需

① 李树文，孟文芳，巩学敏，等．污染环境生物修复技术的应用前景［J］．河北建筑科技学院学报（自然科学版），2005.

的；②水生态系统的结构和功能的修复，也包括生态系统组分的所有生物因素；③自然水文过程的改善、水域形态特征的改变等。

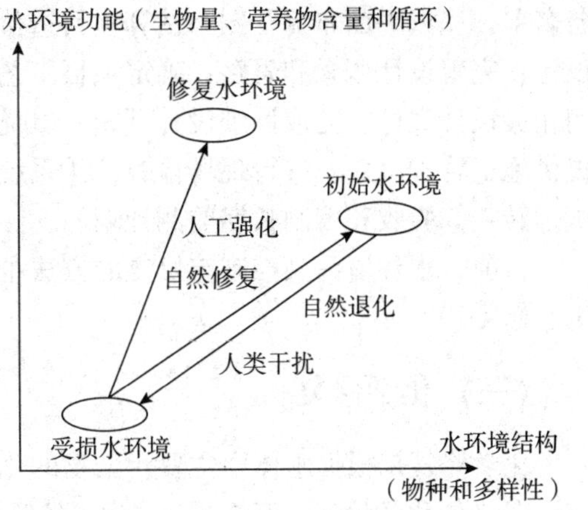

图11-5　水环境修复目标示意图

水环境修复所遵循的原则不同于传统的环境工程学。在传统环境工程领域，处理对象能够从环境中分离出来例如废水或者废弃物，需要建造成套的处理设施，在最短的时间内，以最快的速度和最低的成本，将污染物净化去除。而在水环境修复领域，所修复的水体对象是环境的一部分，不可能建造出能将整个修复对象包容进去的处理系统。如果采用传统治理净化技术，即使对于局部小系统的修复，其运行费用也将是天文数字。在水环境修复的过程中，需要保护周围的环境。水环境修复的专业面更广，包括环境工程、土木工程、生态工程、化学、生物学、毒理学、地理信息和分析监测等，需要将环境因素融入技术中。

水环境修复的基本原则如下：

第一，遵循自然规律原则。要立足于保护生态系统的动态平衡和良性循环，坚持人与自然的和谐相处；要针对造成水生态系统退化和破坏的关键因子，提出顺应自然规律的保护与修复措施，充分发挥自然生态系统的自我修复能力。

第二，最小风险的最大效益原则。在对受损水生态系统进行系统分析、论证的基础上，提出经济可行的保护与修复措施，将风险降到最低程度。同时，还应尽力做到在最小风险、最小投资的情况下获得最大效益，包括经济效益、社会效益和环境效益。

第三，保护水生态系统的完整性和多样性原则。不仅要保护水生态系统的水量和水质，还要重视对水土资源的合理开发利用、工程与生态措施的综合运用。

第四，因地制宜的原则。水生态系统具有独特性和多样性，保护措施应具有针对性，不能完全照搬其他地方成功的经验。

2. 水环境修复的基本内容。水环境修复的基本内容包括现场调查和设计。

水环境现场调查包括：对修复现场进行科学调查，确定水环境污染现状，包括污染区域位置、大小，污染区域特征、形成历史，污染变化趋势和程度等。除了上述之外，还需调查外部污染源范围和类型、内在污染源变化规律、积泥土壤环境形态和性质、水动力学特征等。

水环境修复设计原则如下：①制定合理的修复目标以及遵循有关法律法规；②明确设计概念思路，比较各种方案；③现场调研；④考虑操作、维修、公众的反应、健康和安全问题；⑤估算投资、成本和时间等限制，结构施工容易程度，以及编制取样检测操作维修手册等。

水环境修复主要设计程序如下：①项目设计计划。综述已有的数据和结论；确定设计目标；确定设计参数指标；完成初步设计；收集现场信息；现场勘察；列出初步工艺和设备名单；完成平面布置草图；估算项目造价和运行成本；②项目详细设计。重新审查初步设计；完善设计概念和思路；确定项目工艺控制过程；详细设计计算、绘图和编写技术说明相关设计文件；完成详细设计评审；③施工建造接收和评审投标者并筛选最后中标者；提供施工管理服务；进行现场检查；④系统操作，编制项目操作和维修手册；设备启动和试运转；⑤验收和编制长期监测计划。

目前，水环境污染控制与修复的方法主要有四类：化学修复、物理修复、生物修复和生态修复。①

（三）化学修复

化学修复是根据水体中主要污染物的化学特征，采用化学方法进行修复，改变污染物的形态（如化学价态、存在形态等），降低污染物的危害程度。化学修复见效快，成本高，有效期短，需反复投加，易产生二次污染，且不能从根本上解决问题。通常适用于突发性水污染或小范围严重水污染的修复。

1. 投絮凝剂。借助絮凝剂如铁盐、铝盐等的吸附或絮凝作用与水体中无机磷酸盐共沉淀的特性，降低水体富营养化的限制因子磷的浓度，控制水体的富营养化。在荷兰的 Braakman 水库和 Grote Rug 水库，运用该方法使水体总磷和藻类生产量大幅度降低。同时，铝盐能够形成氢氧化铝沉淀，在沉积物表层形成“薄层”，阻止沉积磷的释放。

2. 投除藻剂。常用的除藻剂主要有硫酸铜、高锰酸盐、硫酸铝、高铁酸盐复合药剂、液氯、ClO_2、O_3和 H_2O_2等。其中，由于蓝藻对硫酸铜特别敏感。因此，含铜类药剂是研究和应用较早和较多的杀藻药品。但是由于化学杀藻剂仅能在短时间内对水体中藻类有控制作用，需要反复投加除藻剂，成本增加，且只治标不治本。同时，死亡的藻体仍保留存在水体中，不断释放藻毒素，其分解消耗大量氧气。此外，杀藻剂本身往往对鱼类及其他水生生物产生毒副作用，造成二次污染。因此，投加杀藻剂需要科学评估其风险，除非应急和健康安全许可，一般不宜采用。

3. 投除草剂。除草剂是控制水草疯长的有效途径。目前大部分除草剂在推荐的使用浓度下都有良好的除草效果，而对其他鱼类、无脊椎动物和鸟类毒性低微，在食物网中也无残留作用。有时只在水草堵塞的水体使用除草剂。但除草剂也有潜在的水质问题，如杀死的水草腐败耗氧，释放营养物质等。如果选择颗粒状除草剂，在水草长出之前就撒入水中，可避免发生这种现象。有的除草剂或其降解产物对鱼类或鱼类饵料生物有毒，如敌草快等。

（四）物理修复

水体功能受损的主要特征是水体富营养化，即水环境中氮磷等营养物质浓度高，可能导致水体藻类疯长、溶解氧下降、浊度增加、透明度下降、水质劣化、变黑变臭等，进而导致水生态系统崩溃。目前，国内外在水环境修复中所采用的主要物理措施有稀释/冲刷、曝气、机械/人工除藻、底泥疏浚等。物理修复方法效果明显，见效也快，不会给水体带

① 江惠霞，肖继波．污染河流生态修复研究现状与进展［J］．环境科学与技术，34（03）：138－143.

来二次污染。但是没有改变污染物的形态，未能从根本上解决水环境污染问题。因此，物理修复通常和其他修复方法联合应用，相互弥补缺点，以达到最好的处理效果。

1. 稀释/冲刷。稀释和冲刷是采用向污染的河道或湖泊水体注入未受污染的清洁水体，以达到降低水体中营养盐浓度、将藻类冲出水体的目的，是经常搭配使用的常用技术之一。稀释包括了污染物浓度的降低和生物量的冲出，而冲刷仅仅指生物量的冲出。对于稀释来说，稀释水的浓度必须低于原水，且浓度越低，效果越好。对于冲刷来说，冲刷速率必须足够大，使得藻类的流失速率大于其生长繁殖速率。这种技术可以有效降低污染物的浓度和负荷，减少水体中藻类的浓度，加快污染水体流动，缩短换水周期，提升水体自净功能，提高水环境承载力。此外，水体稀释与冲刷还能够影响到污染物质向底泥沉积的速率。在高速稀释或冲刷过程中，污染物质向底泥沉积的比例会减小。但是，如果稀释速率选择不当，水中污染物浓度可能不降反升。稀释水与被稀释成分对比见表 11 - 1，稀释技术效果举例见表 11 - 2。稀释水与湖泊水体比较明显清洁。通过水体稀释，原来水体总磷浓度下降了 54%，叶绿素水平下降了 63%，而塞氏透明度增加了 54%。目前，在我国南京玄武湖、杭州西湖以及昆明滇池内海等都采用外流引水进行稀释和冲刷。

表 11 - 1　稀释水与被稀释成分对比（单位：μg/L）

项目	总磷	总氮	活性磷	NO_3-N
水体	148	1331	90	1096
稀释水	25	308	8	19

表 11 - 2　稀释技术效果

时间/a	稀释速率/（%/d）	总磷/（μg/L）	叶绿素 α/（μg/L）	塞氏透明度/m
1969 - 1970	1.0	158	71	0.6
1977 - 1979	10.0	71（54%）	26（63%）	1.3（54%）

2. 曝气。污染水体在接纳大量需氧有机污染物后，有机物降解将造成水体溶解氧浓度急剧降低。同时，由于藻类的疯长，消耗大量的氧气导致水体表层以下呈厌氧状态。溶解氧浓度低甚至厌氧状态导致溶解盐释放，硫化氢、硫醇等恶臭气体产生，使水体变黑变臭。通过曝气设备将空气中的氧强制向水体中转移的过程。曝气法增加本区域和下游水体中的溶解氧含量，避免水生物的缺氧死亡，改善水生生物的生存环境，提高水环境的自净能力，有效限制底层水体中磷的活化和向上扩散，从而限制浮游藻类的生产力。目前，经常采用橡胶坝、太阳能曝气泵等实现富氧的目的。

3. 机械/人工除藻。利用机械/人工方法收获水体中的藻类，可有效减轻局部水华灾害，增加营养物的输出量，减轻藻体死亡分解引起的藻毒素污染及耗氧，起到标本兼治的作用。

人工打捞藻类是控制蓝藻总量最直接的方式。目前，在太湖、巢湖、滇池仍有采用人工打捞的方式除藻，由于人工打捞收集手段落后，时间有限，导致效率低、费用高。机械除藻一般应用在蓝藻富集区（借助风向、风力等将蓝藻围栏集中在某一区域），采用固定式除藻设施和除藻船对区域内湖水进行循环处理，有效清除浮藻层，为化学或生物除藻等措施的实施创造条件。图 11 -6 为机械除藻治理滇池蓝藻水华的工艺流程图。

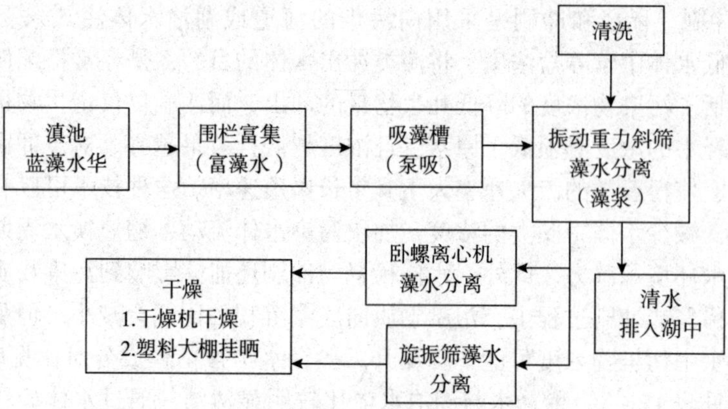

图 11 -6　机械除藻治理滇池蓝藻水华的工艺流程图

除此之外，可采用投加絮凝剂和机械除藻相结合的方式，如投加蓝藻专用复合絮凝剂，利用絮凝反应器使藻浆与絮凝剂充分混合并形成絮体；在重力浓缩段，利用蓝藻絮体自身重力脱去游离水；在压滤段，利用竖毛纤维的附着性及机械力的挤压使蓝藻絮体中的水分充分脱去，最终形成块状藻饼。工艺流程如图 11 -7 所示。

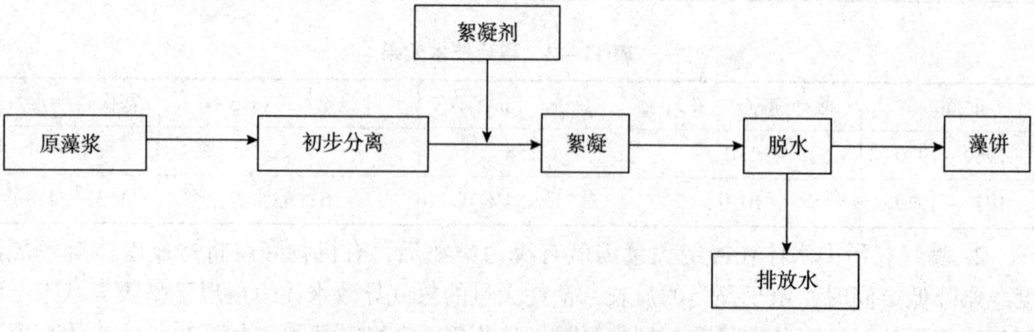

图 11 -7　投加絮凝剂与机械除藻复合模式除藻的工艺流程

4. 底泥疏浚。底泥是水体中氮磷类营养物质重要的源和汇。当水体中氮磷类营养物质浓度降低、水温升高或 pH 值变化时，底泥中的氮磷类营养盐大量释放到水体中，造成水体的二次污染。底泥中磷的释放对水体中磷浓度补充是不可忽略的来源。底泥疏浚能够去除底泥中所含的污染物，清除水体内源污染，从而改善水质、提高水体环境容量、促进水生生态环境的恢复，有利于水资源的开发、美化和创造旅游开发环境，产生较大的环境效益、社会效益和经济效益。

环境疏浚与工程疏浚不同。前者旨在清除水体中的污染底泥，并为水生生态系统的恢复创造条件，同时还需要与湖泊综合整治方案相协调。而后者则主要为某种工程的需要（如流通航道、增容等）而进行的。两者的具体区别见表 11 -3。

表 11－3 环境疏浚与工程疏浚的区别

项目	环境疏浚	工程疏浚
生态要求	为水生植被恢复创造条件	无
工程要求	清除存在于底泥中的污染物	增加水体容积，维持航行深度
边界要求	按污染土壤分层确定	地面平坦，断面规则
疏浚泥层厚度	较薄，一般小于 1m	较厚，一般几米至几十米
对颗粒物扩散限制	避免扩散及水体浑浊	无
施工精度	5～10m	20～50m
设备选型	标准设备改造或专用设备	标准设备
工程监控	专项分析，严格控制	一般控制
底泥处置	泥、水根据污染性质特殊处理	泥水分离后一般堆置

底泥疏浚分为干式疏浚和带水疏浚。前者在小型河流中应用为主，在实际中应用有限，后者因疏浚精度高、减少对水体干扰、减少二次污染等优点而得到广泛采用。目前，最先进的环保式底泥疏浚设备是绞吸式挖泥船，其管道在泥泵的作用下吸起表层沉积物并远距离输送到陆地上的堆场。但底泥疏浚值得注意的有以下两点：其一为底泥深层疏浚、疏浚量在 60%～80% 为宜，将挖泥行动对底泥表层的干扰（这是由于底泥表层是底栖生物的聚集区）降至最低；其二是疏浚过程中保证水体清澈透明，要定期进行监测。目前，在滇池、杭州西湖、太湖、巢湖、长春南湖等湖泊的清淤挖泥，曾收到暂时的效果，但未能从根本上解决富营养化问题。这说明底泥疏浚往往效果不理想，如能配合其他治理措施（如生物治理），方能达到事半功倍的效果。

（五）生物修复

生物修复是利用培育的植物或培养、接种的微生物的生命活动，对水中污染物进行转移、转化及降解，从而使水体得到净化的技术。生物修复强调人类有意识地利用动物、植物和微生物的生命代谢活动使水环境得到净化。而与生物修复概念相近的生物净化强调的是自然环境系统利用本身固有的生物体进行的环境无害化过程，是一种自发的过程。与现代物理、化学修复方法相比，生物修复具有污染物可在原地降解、就地处理操作简便、经济适用、对环境影响小、不产生二次污染等优点而成为水环境修复中最活跃的生长点之一。

针对水污染环境的生物修复常用的方法包括微生物修复、植物修复和动物修复等。在采用生物修复过程中，需要注意以下几点：①优先选择土著生物，避免外来种入侵的风险；②选择经济、美观、生物量大、快速生长、耐性强的生物；③需要管理，包括收获及处理等。

1. 微生物修复。利用多种土著微生物或工程菌菌群混合后制成微生物水剂、粉剂、固体剂。向水体中投加微生物制剂，微生物与水中的藻类竞争营养物质，从而使藻类缺乏营养而死亡。微生物修复工程中以应用土著微生物为主，因为其具有巨大的生物降解潜力，不涉及外来种入侵问题，但接种的微生物在污染水体中难以持续保持高活性。而工程菌针对污染物处理效果好，但受到诸多政策限制，出于安全的考虑，应用要慎重。目前，克服工程菌安全问题的方法是让工程菌携带一段“自杀基因”，使其在非指定环境中不易生存。生物制剂的选择要考察气候条件、具体的水文水质条件等因素的影响，且需定期投放。表 11－4 所示为常见的净化水体的有益微生物。

表 11－4　常见的净化水体的有益微生物种类

名称	类型	名称	类型
光合细菌	光能自养	乳酸菌	化能异养
硫化细菌	化能自养	酵母菌	化能异养
硝化细菌	化能自养	放线菌	化能异养
芽孢杆菌	化能自养	反硝化细菌	化能异养

（1）CBS 菌剂：CBS 是 Central Biological System（集中式生物系统）的简称，是美国 CBS 公司开发研制，目前已广泛应用到水环境治理中。CBS 是由几十种具备各种功能的微生物组成的良性循环的微生物生态系统，主要包括光合菌、乳酸菌、放线菌、酵母菌等构成功能强大的“菌团”。CBS 的作用原理是利用其含有的微生物唤醒或者激活河道中、污水中原本存在的可以自净的、但被抑制而不能发挥其功效的微生物。通过它们的迅速增殖，强有力地钳制有害微生物的生长和活动。同时，CBS 系统利用向水体河道喷洒生物菌团使淤泥脱水，实现泥水分离，然后再消灭有机污染物，达到硝化底泥、净化水资源的目的。

（2）EM 菌剂：EM 为高效复合微生物菌群的简称，是由 5 科 10 属 80 多种有益微生物经特殊方法培养而成的多功能微生物菌群。EM 菌群在其生长过程中能迅速分解污水中的有机物，同时依靠相互间共生增殖及协同作用，代谢出抗氧化物质，生成稳定而复杂的生态系统，抑制有害微生物的生长繁殖，激活水中具有净化水功能的原生动物、微生物及水生植物，通过这些生物的综合效应从而达到净化与修复水体的目的。

2. 植物修复。植物修复就是利用植物的生长特性治理底泥、土壤和水体等介质污染的技术。植物修复技术包括植物萃取、植物稳定、根际修复、植物转化、根际过滤、植物挥发技术。植物提取是依靠植物的吸收、富集作用将污染物从污染介质中去除；植物稳定是依靠植物对污染物的吸附作用把污染物固定下来，减少污染物对环境的影响；根际修复是依靠植物的根际效应对污染物进行降解；植物转化是依靠植物把污染物吸收到体内，通过微生物或酶的作用使污染物降解；根际过滤是依靠根际固定和吸附污染物；植物挥发是依靠植物将污染物中可以气化的某些污染物（例如汞、氮等），挥发到大气中去。在利用植物修复过程中，要针对不同的污染物筛选不同的植物种类，使其对特定的污染物有较高的吸收能力，且耐受性较强。

水体植物修复技术具有很多优点：①具有美学价值，合理的设计能让人在视觉上得到美的享受；增加水中的氧气含量，或抑制有害藻类的生长繁殖，遏制底泥营养盐向水中的再释放；②植物根际为微生物提供了良好的栖息场所，联合处理效果更佳；③植物回收后可以再利用；④投资和维护成本低，操作简单，不造成二次污染，且具有保护表土、减少侵蚀和水土流失等作用。总之，高等植物能有效地用于富营养化湖水、河道生活污水等方面的净化，是一项既行之有效又保护生态环境的环保技术。

水环境修复可供选择的植物包括水生植物、湿生植物和边坡植物等。

水生植物主要有水葱、泽泻、香蒲、美人蕉、茭白、鸢尾、乌菱、矮慈姑、鸭舌草、水竹、千屈菜、小芦荻、芦苇、菖蒲、水花生、流苏菜、眼子菜、聚藻、水蕴草、金鱼藻、伊乐藻、睡莲、田字草、满江红、布袋莲等。要做好水生材料的造景设计，应根据水生植物的生物特征和景观的需要进行选择，荷花、睡莲、玉蝉花等浮水植物的根茎都生在河水的泥土中，要参考水体的水面大小比例、种植床的深浅等进行设计。为了保证水面植物景观疏密相间的效果，不影响水体岸边其他景观倒影的观赏，不宜把水生植物作满岸的种植，特别是挺水植物如芦苇、水竹、水菖蒲等以多丝小片种植较好。

湿地植物是指湿生树种或耐湿耐淹能力强的树种如水松、池杉、落羽杉、垂柳、旱柳、柽柳、枫杨、构树、水杉等很多树种都可广泛推广应用。在兼具盐碱特性的湿地，需选择应用既有一定耐湿特性又有一定耐盐碱能力的植物材料，这类树种主要有柽柳、紫穗槐、白蜡、女贞、夹竹桃、杜梨、乌桕、旱柳、垂柳、桑、构树、枸杞、楝树、臭椿等。在通过合理整地而排水良好处，也可应用耐湿能力稍弱而具有耐盐碱特性的树种，如刺槐、白榆、皂荚、栾树、泡桐、黄杨、合欢、黑松等。在合理选择上层木本绿化植物种类的基础上，选择适生实用的下层草本植物如百喜草、狗芽根、奥古斯丁草、地毯草、类地毯草、假俭草、野牛草、结缕草等，以构成复层群落。

边坡植物是指河道常水位以下，大多应选用耐水性好、扎根能力强的植物，如池杉、垂柳、枫杨、青檀、赤杨、水杨梅、黄馨、雪柳、簸柳、水马桑、醉鱼草、陆英、多花木蓝等，种植形式以自然为主，植物间的配置突出季相。地被也应选用耐水湿且固土能力强的品种，如大米草、香蒲、结缕草、南苜蓿、金栗兰、石蒜等。常水位以上岸坡，应尽量采用乔灌草结合的方式。

3. 动物修复。根据生物操纵理论，通过对水生生物群（包括藻类、周丛动物、底栖动物和鱼类）及其栖息地的一系列调节，以增强其中的某些相互作用，促使浮游植物生物量下降。周丛动物、底栖动物在水域中摄食细菌和藻类，有效地控制水中生物的数量，达到稳定水系的作用。鱼类修复技术主要采用混养技术，控制上、中和底层鱼的比例，鱼的残饵、粪便培肥水质，起到“肥水”的效果，而肥水鱼通过滤食浮游生物、细小有机物，起到所谓“压水”的作用，稳定水体的生态平衡。

经典生物操纵理论认为，放养食鱼性鱼类以消除食浮游生物的鱼类，或捕除（或毒杀）湖中食浮游生物的鱼类，借此壮大浮游动物种群，然后依靠浮游动物来遏制藻类。这是生物操纵的主要途径之一。许多实验表明这种方法对改善水质有明显效果。美国明尼苏达富营养化的隆德（Round）湖面积 126 000m^2，最大深度 10.5m，平均深度 2.9m。优势鱼类有浮游生物食性鱼类的蓝鳃太阳鱼、刺目鱼和底栖动物食性的黑色回鱼。用鱼藤酮消灭原有的浮游生物食性和底食性鱼类，重新投放鱼食性的大嘴黑鲈和大眼狮鲈，使其与蓝鳃太阳鱼的比例为 1∶2.2，重建前为 1∶165。还投放美洲回鱼以防止底食性鱼类的发展。重建后大型浮游动物（蚤状溞）由稀少成为优势种，透明度由 2.1m 增至 4.8m，总氮、总磷也呈下降趋势。Benndorf 等 1984 年将河鲈和虹鳟引入到一个小水塘以控制和消除浮游生物食性鱼类。结果轮虫和小型浮游动物（如象鼻溞）减少，透明溞和僧帽蚤等大型水蚤增加，小型浮游植物减少，形态有碍牧食的大型浮游植物（如卵胞藻）增加，透明度也有所增加。Shapiro 总结了美国 24 个湖泊应用生物操纵的成果，表明该项技术在改善湖泊水质方面是行之有效的。

而非经典生物操纵理论则将生物控制链缩短，控制凶猛鱼类，放养食浮游生物的滤食性鱼类直接以藻类为食。中国科学院水生生物研究所淡水生态学研究中心谢平等通过在武汉东湖的一系列围隔实验发现，鲢、鳙控制蓝藻水华的作用机制主要有两点：改变藻类群落结构以及导致小型藻类占优势。他在原位围隔实验中发现，没有放养鲢、鳙的围隔内，出现蓝藻水华；而在放养鲢、鳙的围隔内，藻类的生物量处于低水平，并且蓝藻未能成为优势种群。而在另一项实验中，在发生蓝藻水华的围隔中加入了鲢、鳙后，蓝藻水华在短期内消失。由此得出了鲢、鳙等滤食性鱼类能够控制蓝藻水华的结论，从而揭示了东湖蓝藻水华消失之谜。另外，鲢、鳙在成功控制了蓝藻水华之后，也有效降低了东湖的磷内源负荷。

有人专门研究了“以藻抑藻”的控藻方法，以黑藻为材料，通过共培养和养殖水培养两种方式研究了黑藻对铜绿微囊藻生长的影响。研究发现，黑藻通过向水体中释放某些化学物质，使铜绿微囊藻的细胞壁、膜的破坏，类囊体片层的损伤直至细胞解体，生长量显著降低，繁殖受到抑制等。还有人研究了金藻控制蓝藻水华的试验，金藻能引起培养的单细胞微囊藻在短时间内大量消失；蓝藻“水华”发生期间的高温、偏碱性 pH 值等环境条件不影响金藻吞噬微囊藻的速率；金藻在水华的发生过程中能够生长，并且对控制微囊藻水华有一定的作用。

（六）生态修复

1. 水环境生态修复的概念和特点。生态修复是在生态学原理指导下，以生物修复为基础，结合各种物理修复、化学修复以及工程技术措施，通过优化组合，使之达到最佳效果和最低耗费的一种综合的修复污染环境的方法。

水环境生态修复是利用可持续的特点以增加生态系统的价值和生物多样性的活动，即修改受损河流物理、生物或生态状态的过程，以使修复工程后的河流较目前状态更加健康和稳定。用生态学诺贝尔奖获得者 Edward O. Wilson 博士的话来说：“生物多样性越强，则生态系统的稳定性越好”。正是基于这一原理，从整个水体生态系统着眼，使水体中有益的水生植物、微生物、鱼类等都得到充分发展，使水体生物多样性达到最大化，从而使得水体生态系统长期稳定，提高水体的自净能力，最终获得人与自然的和谐。

水环境生态修复的特点包括以下几点：①综合治理，标本兼治，节能环保；②设施简单，建设周期短，见效快；③因地制宜，擅长解决现有水体的水质问题；④综合投资成本低，运行维护费用低，管理技术要求低；⑤生物群落本土化，无生态风险；⑥生物多样性强，生态系统稳定；⑦对污染负荷波动的适应能力强。

水环境生态修复技术主要包括人工浮岛技术、人工湿地技术、前置库技术、近自然修复技术等。

2. 人工浮岛技术。人工浮岛技术是日本率先将其用于富营养化水体污染控制的新技术。所谓人工浮岛技术，是人工把水生植物或改良驯化的陆生植物移栽到水面浮岛上，植物在浮岛上生长，通过根系吸收水体中的氮磷等营养物质、降解有机污染物和富集重金属，从而达到净化水质的目的。人工浮岛的最大优点是构建和维护方便，改善景观，恢复生态，而且还有利于营养盐和浮游植物的去除及消浪作用。

人工浮岛技术净化机理可分为五个方面：①浮岛植物吸收和吸附水体中氮磷物质：浮岛植物通过根系吸附并吸收水体中氮磷等营养盐供给自身生长，从而改善水质；②植物根系增大水体接触氧化的表面积，并能分泌大量的酶，加速污染物质的分解；③浮岛植物的抑藻效用。一些植物能针对性地抑制相应藻类的生长，如芦苇对形成水华的铜绿微囊藻、小球藻都有抑制效应；④浮岛植物与微生物形成共生体系。浮岛植物输送氧气至根区，形成好氧、兼性的小生境，为多种微生物的生存提供适宜的环境。同时，微生物可以把一些植物不能直接吸收的有机物降解成植物能吸收的营养盐类；⑤浮岛的日光遮蔽作用。浮岛在水域占据一定的水面，在富营养化的水体中能减弱藻类的光合作用，延缓水华的暴发。

生态浮岛主要由浮岛框体、浮岛床体、浮岛基质和浮岛植物四部分组成。人工浮岛的框架一般由木材、竹材、塑料管、泡沫、废旧轮胎高分子纤维等材料加工而成。在选择污染水体修复的浮岛植物时，通常除了选择生物量大、适应性强、耐污性好、污染物去除率高的一种或几种水生植物组合外，还应综合考虑区域特点、耐寒能力、季节等因素。可供选择的植物包括能够分泌抑藻物质的水浮莲、满江红、浮萍、紫萍、狐尾藻、金鱼藻、马蹄莲、轮藻、石菖蒲、芦苇等，以及其他的植物，包括美人蕉、水蕹菜、牛筋草、香蒲、芦苇、荻、水稻、水芹、黄花水龙、向香根草等。

井艳文等人在北京地区什刹海周围进行浮岛工程示范，采用适宜北京等北方水系环境生长的几种主要植物：旱伞草、高秆美人蕉、矮秆美人蕉、紫叶美人蕉、空心菜等作为浮岛植物，在蓝藻泛滥的水域中栽种，经过两个月试验后，试验区封闭水体的透明度明显好于湖中天然水体，TN、TP 含量明显下降，修复效果良好。

当然，人工浮岛技术也在不断完善中。改进生态浮岛结构是提高浮岛净化效果的方式之一。目前，生态浮岛结构改造主要是以浮岛系统与接触氧化系统、曝气系统、水生动物、微生物、填料、生物净化槽等中的一个或多个组合而成，充分利用浮岛立体空间，延长浮岛系统食物链以及强化浮岛的微生物富集特性，从而提高净化效果。上海市农业科学院生态环境保护研究所范洁群等人利用生物共生机制原理分别开发了由植物填料微生物组成的新型框式浮岛，其净化效果明显优于传统浮岛。李伟等构筑了以水生植物、水生动物及微生物为主体的组合立体浮岛生态系统，提高了污染物的去除率。生态浮岛结构的改变使污染物的去除由植物为主转变为植物填料微生物共同作用，但是各部分如何有机组合才能更有效地提高净化效果有待今后继续深入研究。

3. 人工湿地技术。人工湿地主要利用土壤、人工介质、植物、微生物的物理、化学、生物三重协同作用，对污水、污泥进行处理，最后湿地系统更换填料或收割栽种植物将污染物最终除去。其作用机理包括吸附、滞留、过滤、氧化还原、沉淀、微生物分解、转化、植物遮蔽、残留物积累、蒸腾水分和养分吸收及各类动物的作用。其中，湿地系统中的微生物是降解水体中污染物的主力军。

与污水处理厂相比，人工湿地的优点如下。

第一，人工湿地具有投资少、运行成本低等明显优势。在农村地区，由于人口密度相对较小，人工湿地同传统污水处理厂相比，一般投资可节省1/3～1/2。在处理过程中，人工湿地基本上采用重力自流的方式，处理过程中基本无能耗，运行费用低，污水处理厂处理每吨废水的价格在1元左右，而人工湿地平均不到0.2元。因此，在人口密度较低的农村地区，建设人工湿地比传统污水处理厂更加经济。

第二，污水处理厂使用的化学方法和生物方法，在处理过程中会产生大量富含有害化学成分的淤泥、废渣影响环境，容易形成二次污染。而人工湿地使用纯生物技术进行水质净化，则不存在二次污染。

第三，人工湿地以水生植物水生花卉为主要处理植物，在处理污水的同时还具有良好的景观效果，有利于改造农村环境。另外，在人工湿地上可选种一些具备净化效果和一定经济价值较高的水生植物，在污水处理的同时产生经济效益。

第四，人工湿地的运行管理简单、便捷，因为人工湿地完全采取生物方法自行运转，因此基本不需专人负责，只需定期清理格栅池、隔油池、每年收割一次水生植物即可。

人工湿地分为表面流人工湿地、水平潜流人工湿地和垂直潜流人工湿地。

表面流人工湿地是水面位于湿地基质层以上，水深一般0.3～0.5m，水流呈推流式前进。污水从入口以一定速度缓慢流过湿地表面，部分污水或蒸发或渗入地下，出水由溢流堰流出。近水面部分为好氧层，较深部分及底部通常为厌氧层。表面流人工湿地优点是投资少、运行费用低、维护简单，缺点是水力负荷低、占地面积大、易受季节影响等。

潜流湿地系统是目前较多采用的人工湿地类型。根据污水在湿地中流动的方向不同可将潜流型湿地系统分为水平潜流人工湿地和垂直潜流人工湿地两种类型。不同类型的湿地对污染物的去除效果不同，具有各自的优缺点。水平潜流人工湿地因污水从一端水平流过填料床而得名。湿地主要由植物、填料床和布水系统三部分组成。填料床结构剖面图及布水系统自下而上依次为防渗层、卵石层、砾砂层、黏土层等。卵石层和砾砂层对进入此层的污水起到过滤作用，还可以通过滤料上的生物膜对污水中的污染物质进行降解，上层土壤存在大量的植物根系、微生物和土壤矿物对污水中污染物质起到吸收、降解、置换等物理化学及生物作用，达到净化污水的目的。与表面流人工湿地相比，水平潜流人工湿地的水力负荷和污染负荷大，对BOD、COD、重金属等污染指标的去除效果好，且很少有恶臭和滋生蚊蝇现象，是目前国际上较多研究和应用的一种湿地处理系统。它的缺点是控制相对复杂，脱氮、除磷的效果不如垂直流人工湿地。垂直潜流湿地系统使用的基质以碎石、沙砾石和沸石为主。其特点是使污水从湿地表面纵向流向填料床的底部，床体处于不饱和状态，氧可通过大气扩散和植物传输进入人工湿地系统。该系统的硝化能力高于水平潜流湿地，可用于处理氨氮含量较高的污水。其缺点是对有机物的去除能力不如水平潜流人工湿地系统。

随着人工湿地技术的发展，近年来出现了许多复合和改进工艺，如波形潜流人工湿地以及潜流人工湿地的复合利用，使人工湿地的处理效果得到了提高。

4. 前置库技术。前置库技术就是在大型河流、湖泊水库内入水口处设置规模相对较小的水域，将河道来水先蓄存在小水域内，在小水域中实施一系列水净化措施，同时沉淀来水挟带的泥沙后，再排入河湖、水库。前置库技术是控制河湖外源来水、控制面源污染的有效途径。前置库，通常利用天然或人工库塘拦截暴雨径流或外来污水，工艺流程如下：径流污水→沉砂池→配水系统→植物塘→入河湖。在前置库中，水体所含的营养物质首先通过浮游植物从溶解态转化成颗粒态，接着浮游植物和其他颗粒物质在前置库与主体湖泊（水库）连接处沉降下来。整个沉降过程包括自然过程和絮凝沉降。这种沉降过程由于天然沉淀剂和絮凝剂的存在而增强，尤其是排水区域的地球化学条件更能影响营养盐的去除。整个前置库内营养盐的去除过程（在水深和光照相互作用情况下）如图 11－8 所示。

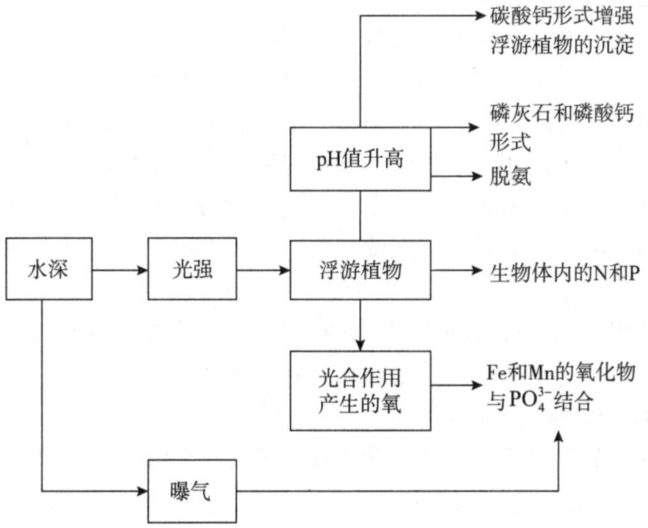

图 11－8　前置库内氮与磷去除的控制过程

水生植物也是前置库中不可缺少的主要组成部分，其从水体和底质中去除氮磷能力的大小依次为沉水植物、浮叶植物和挺水植物。通过静态试验研究微污染状态下各种水生植物单一和组合时的净化能力，结合水生植物的生长状况、区域环境特点等，筛选出繁殖竞争能力较强，净水效果佳，观赏性和经济性好，易于栽培、管理、收获、控制的水生植物系统，为前置库植物群落的配置提供依据。值得注意的是，水生植物的选择要因地制宜，优先选择地区土著种，要配置不同高度、不同形态的植物，并注重种类的多样性；要定期收割、移除该前置库系统。此外，依据本地区的水质状况、现状分析，筛选出前置库区投放的鱼类，不对底泥造成扰动，不影响水体景观和生物安全。

目前，该技术在国内太湖、滇池、山东云蒙湖等都有所应用。在实际应用中，在前置库的技术上有所改进，即在景观水体项目中，专门做水体分层。整个水系有几个湖或塘，一层层跌水下来，形成阶梯湖，湖与湖之间多是用墙体拦截，景观效果极好。通过拦截坝围出的原水处理区域也能够实现分层跌水效果，同时工艺运行中也使整个水体流动，为景观添彩。除此之外，该技术也在不断地创新之中。张毅敏等人在传统前置库技术基础上，研发生态透水坝与砾石床、生态库塘、固定化菌强化净化等关键技术。

5. 近自然修复技术。近自然修复技术，是以生态学理论为指导，选择适合于河道、河岸、河漫滩乃至流域的生物、生态修复方法，达到接近自然、经济美观的、应用于河流湖泊治理的新技术。近自然型河岸可分为三种模式。

(1) 全自然型护岸：采用“土壤生物工程法”，利用木桩与植物梢、棍相结合，植物切枝或植株将其与枯枝及其他材料相结合，乔灌草相结合，草坪草和野生草种相结合等技术来防止侵蚀，控制沉积，同时为生物提供栖息地，可以有效地维护河道的自然特性。但这种护岸抵抗洪水的能力较差，抗冲刷能力不足。这种模式适用于用地充足，岸坡较缓，侵蚀不严重的河流及一些局部冲刷的地方。在修复过程中，最关键的问题是植物物种的选择与配置。主要采用根系发达的固土植物进行护岸，即在水中种植柳树、水杨、白杨以及芦苇、野茭白、菖蒲等具有喜水特性的植物；而在坡面上撒播或铺上草坪，也可以种植一些植物如沙棘林、刺槐林、龙须草、常青藤、香根革等。

(2) 工程生态型护岸：对冲刷较为严重、防洪要求较高的河段，如果单纯采用自然方法是难以满足防洪安全要求的，必须采用一些工程措施，才能有效地保护河岸的结构稳定性和安全性，同时还必须采用生态措施，维护好河岸的生态环境。工程生态型护岸不仅种植植被，还采用天然石材、木材护底，如在坡脚设置各种种植包、采用石笼或木桩等护岸，斜坡种植植被，实行乔灌结合。在此基础上，再采用钢筋混凝土等材料，确保大的抗洪能力。

这种修复模式以防止岸坡冲刷为主，在材料选用上常常采用浆砌或干砌块石、现浇混凝土和预制混凝土块体等硬质且安全系数相对较高的材质。在结构形式上常用重力式浆砌块石挡墙、工型钢筋混凝土挡墙等结构。

第一，大型护坡软件排。水下部分采用软体排或松散抛石，而水上部分则是在柔性的垫层（土工织物或天然织席）上种植草本植物，并且垫层上的压重抛石不应妨碍草本植物生长。

第二，干砌块石或打木桩。水下部分采用干砌块石或打木桩的方法，并在块石或木桩间留有一定的空隙，以利于水生植物的生长。水上部分可参考自然原型护岸的做法，铺上草坪或者栽上灌木。

第三，纤维织物袋装土护岸。由岩石坡脚基础、砾石反滤层排水和编织袋装土的坡面组成。如由可降解生物（椰皮）纤维编织物（椰皮织物）盛土，形成一系列不同土层或台阶岸坡，然后栽上植被。

第四，面坡箱状石笼护岸法。将钢筋混凝土柱或耐水圆木制成梯形箱状框架，并向其中投入大的石块，形成很深的鱼巢。再在箱状框架内埋入柳枝。

此外，还可以利用丁坝等使原来较直的河岸人工形成河湾，并设计不同的深潭、浅滩及沙心洲，使河湾大小各异，形状、深度、底质也可富于变化。在此基础上，既可采用全自然型措施，又可采用其他工程型措施。

(3) 景观生态型护岸：随着经济社会的不断发展，人民生活水平的普遍提高，人们对河流的治理、河岸的建设提出了更高的要求，要求河流除了保证防洪、抗旱的安全保障外，能够给社会生活提供越来越多的服务。河道两岸已成为人们休闲娱乐和旅游的理想场所。为满足人们对景观、休闲和环境的需求，需构筑具有亲水功能的景观河岸，营造人与自然和谐的氛围。在确保防洪和人类活动安全的同时，河岸带的修复需与景观、道路、绿化以及休闲娱乐设施相结合，即景观生态型护岸。

景观生态型护岸主要是从满足景观功能的角度对河道加以治理，将河道的生态要求和景观要求综合考虑，充分考虑河道所处的地理环境、风土人情，沿河设置一系列的亲水平台、休憩场所、休闲健身设施、旅游景观、主题广场、艺术小品、特色植物园和各种水上活动区，力图在河道纵向上，营造出连续、动感的景观特质和景观序列；在河道横断面景观配置上，多采用复式断面的结构形式，保持足够的景深效果。

这种生态修复方法将各种独立的人文景观元素有规律地组合在一起，构成了当地人们的生活方式。它将美学作为一个和谐和令人愉快的整体，充分体现了"以人为本""人与自然和谐相处"的理念。很多城市在建设过程中重点打造景观河岸，将河岸带建设成为城市的窗口、旅游胜地和休闲中心。

二、农村微污染水源保护与饮水安全

微污染水源水是指受到有机物污染，部分水质指标超过《地表水环境质量标准》Ⅲ类水体标准的水体。其成分主要包括有机物（天然有机物 NOM 和人工合成有机物 SOC）、氨（水体中常以有机氮、氨、亚硝酸盐和硝酸盐形式存在）、嗅味、"三致"物质（致畸、致癌、致突变的物质）、铁锰等。一般来说，受污染江河水体中主要包括石油烃、挥发酚、氯氮、农药、COD、重金属、砷、氰化物等，这些污染物种类较多，性质较复杂，但浓度比较低微，尤其是那些难于降解、易于生物积累和具有"三致"作用的优先控制有毒有机污染物，对人体健康毒害很大。

（一）农村饮水安全现状

1. 农村饮水现状。农村饮水安全，是指农村居民能够及时、方便地获得足量、洁净、负担得起的生活饮用水。农村饮水安全工程是一项重大的民生工程。饮水安全事关亿万农民的切身利益，是农村群众最关心、最直接、最现实的利益问题，是加快社会主义新农村建设和推进基本公共服务均等化的重要内容。党中央、国务院高度重视此项工作，新中国成立以来，投入了大量财力、物力和人力帮助解决农村群众饮水问题。特别是近年来，各级政府不断加大投入和工作力度，加快农村饮水安全问题解决步伐，取得了显著成效。但是，我国是一个人口众多的发展中国家，受自然、地理、经济和社会等条件的制约，农村饮水困难和饮水不安全问题仍然突出。特别是占国土面积72%的山丘区，地形复杂，农民居住分散，很多地区缺乏水源或取水困难，不少地区受水文地质条件、污染以及开矿等人类活动的影响，地下水中氟、砷、铁、锰等含量以及氨、氮、硝酸盐、重金属等指标超标，必须经过净化处理或寻找优质水源才能满足饮水卫生安全要求。

2. 农村饮水不安全的原因。我国农村饮水不安全体现在以下 3 个方面。

第一，水污染加剧，部分饮用水水源水质恶化。农村饮用水污染源主要包括采矿业废水、乡镇企业排放污水的污染、农业生产活动造成的污染、生活污水及人畜粪便的污染和固体废弃物随降雨产生的二次污染等。农村饮用水微污染物大致可分为有机污染物、无机污染物和病原微生物三大类。农村饮用水中的有机污染物主要来源于农药和化肥的过量使用。农村饮用水中的无机污染物主要是氟化物、重金属污染物和硝酸盐污染物等。饮用水中的含氟量偏高或偏低对人体健康都是不利的，缺氟会引起龋齿。氟含量太高则要患不同程度的氟斑牙，甚至导致严重的氟骨症。重金属污染具有累积性，如当人体镉的富集量达到一定程度时，会导致骨痛病。Gatseva 等研究发现饮用水中硝酸盐含量过高会引起易感人群（尤其是农村的儿童和孕妇）甲状腺功能紊乱。此外，病原微生物对部分农村生活饮用水也存在污染。

第二，气候干旱，水源来水减少，部分工程水源枯竭。干旱缺水是造成我国部分地区农村饮水不安全的重要因素，在北方干旱半干旱地区较易发生。主要原因是过去的供水工程标准太低，水源保证率低，不具备抵御干旱等自然灾害的能力。水源保证率低的情况主要发生在分散供水方式下。分散供水的形式抵御干旱等自然灾害的能力较弱，干旱季节可能会出现短时间缺水的情况；遇有大旱年或连续干旱年，甚至会出现常年无水的情况。同时，气候变化等原因造成江河溪流水量减少，部分地区地下水超采，造成地下水位下降，使得饮用水源水量大幅减少甚至枯竭。

第三，已建工程建设标准低，老化失修严重。20 世纪 90 年代以前建设的工程，建设标准偏低，经过多年运行，现已达到或接近报废年限，许多工程老化破损严重，有的已报废失效。同时，部分已有集市供水工程缺少处理设备和消毒设施，造成一些地区饮用水中微生物超标问题很严重。大部分乡镇水厂和村庄水厂，无检验设备、也不进行日常化验，多数单村供水工程投入运行后就没有再进行过水质化验，分散供水更谈不上进行水质检测，随着农村饮水水质恶化问题的不断加剧，存在严重的安全隐患。

第四，饮水标准提高增加饮水供给压力。由于饮用水水质标准提高导致农村饮水安全工程面临更大的压力。2005 年开展农村饮水安全现状调查评估时，衡量饮水是否安全的一项主要依据就是《生活饮用水卫生标准》及《农村实施生活饮用水卫生标准准则》。2007 年新的《生活饮用水卫生标准》开始实施。新标准与原标准相比，水质指标由 35 项增加至 106 项，其中 7 项指标实施了更加严格的限值。对农村小型集中式供水和分散式供水的部分水质指标，氟化物限值由原来的 1.5mg/L 调整为 1.2mg/L；氯化物由原来的 450mg/L 调整为 300mg/L；硫酸盐由原来的 400mg/L 调整为 300mg/L；溶解性总固体由原来的 2000mg/L 调整为 1500mg/L；总硬度由原来的 700mg/L 调整为 550mg/L 等，这就导致饮水不安全人数有所增加。

第五，异地安置群众以及国有农（林）场的饮水问题需要安排解决。近年来，各地在开展新农村建设，实施生态移民、抗震安居工程过程中，对许多群众进行集中异地安置，其饮用水问题需要安排解决。

（二）农村饮水安全存在的困难和问题

1. 饮水安全工程建设任务仍然繁重。据统计，截至 2004 年底，全国农村分散式供水人口为 58106 万人，占农村人口的 62%；集中式供水人口为 36343 万人（主要为 200 人以上或日供水能力在 $20m^3$ 以上集中式供水工程的受益人口），占农村人口的 38%。截至 2015 年底，全国仍有 4 亿多农村人口的生活饮用水采取直接从水源取水、未经任何设施或仅有简易设施的分散供水方式，占全国农村供水人口的 42%，其中 8572 万人无供水设施，直接从河、溪、坑塘取水。除原农村饮水安全现状调查评估核定剩余饮水不安全人口外，由于饮用水水质标准提高、农村水源变化、水污染以及早期建设的工程标准过低、老化报废、移民搬迁、国有农林场新纳入规划等原因，还有大量新增饮水不安全人口需要纳入规划解决，农村饮水安全工程建设任务仍然繁重。

2. 工程长效运行机制尚不完善。受农村人口居住分散、地形地质条件复杂、农民经济承受能力低、支付意愿不强等因素制约，农村供水工程规模小、供水成本高、水价不到位，难以实现专业化管理，建立农村饮水安全工程良性运行机制难度很大。目前绝大多数农村饮水安全工程只能维持日常运行，无法足额提取工程折旧和大修费，不具备大修和更新改造的能力。另外，一些地方农村饮水安全工程因电价偏高、税费多等因素又增大了运行成本。与城市供水相比，农村饮水安全工程的长效运行机制有待完善。

3. 部分地区现行工程建设人均投资标准偏低。由于近年来建筑材料和人工费持续上涨，各地农村饮水安全工程建设投资增加较多，现行人均投资标准难以满足工程实际需求。特别是内蒙古、吉林、黑龙江等东北地区和青海、甘肃、新疆、新疆生产建设兵团等西北高寒、高海拔、偏远山丘区、牧区，建设条件差，施工难度大，工程投资高，现行补助标准明显偏低；广西、贵州等大石山区、喀斯特地貌区，山高坡陡，地表蓄不住水，只能兴建分散的水柜、水池，人均工程投资高出全国平均投资的数倍，现行补助标准与实际需求差距较大。

4. 水源保护和水质保障工作薄弱。农村饮用水水源类型复杂、点多面广，保护难度大，加之目前农业面源污染以及生活污水、工业废水不达标排放问题严重，进一步加大了水源地保护的难度，甚至南方部分水资源相对丰富的地区也很难找到合格水源。农村饮用水源保护工作涉及地方政府多个部门以及群众切身利益，涉及面广、解决难度大，特别是受现阶段农村经济发展水平和地方财力状况等因素制约，水源地保护措施难以落实。目前部分农村供水工程，特别是先期建设的单村供水工程存在设计时未考虑水质处理和消毒设施，或者设计了但未按要求配备，配备了但不能正常使用等现象，造成部分工程的供水水质不能完全达标。由于缺乏专项经费，一些地方缺乏水质检测设备和专业技术人员，水质检测工作十分薄弱。

5. 部分地区项目前期工作深度不够。由于一些地方对前期工作重视不够，投入的技术力量不足，前期工作与项目管理经费不落实，部分地区缺少科学合理的县级供水总体规划，有的地方虽然也编制了总体规划，但与建设、扶贫、卫生等部门的专项规划缺乏衔接，造成有的工程水源可靠性论证不充分，部分工程设计规模不合理，一些地方存在低水平重复建设以及因移民搬迁而废弃现象，不少工程供水水质难以得到保证，良性运行难以实现。

6. 基层管理和技术力量不足。基层水利部门机构和人员状况与饮水安全工作面临的形势和任务很不适应。造成基层管理和技术力量薄弱的主要原因：一是村镇供水工程大规模建设时间紧、任务重，工程技术人员和管理人员的培训滞后，技术储备不足；二是村镇供水工程大多地处偏远乡村，条件差、待遇低，对专业技术和管理人员缺乏吸引力。此外，目前适宜农村特点、处理效果好、成本低、操作简便的特殊水质处理技术仍然缺乏。在缺乏优质饮用水源的高氟水、苦咸水地区，饮用水必须经过处理，但目前成熟的除氟等特殊水处理技术制水成本高、管理复杂，难以在农村推广使用，需加快研发适合农村特点的特殊水处理技术。

（三）农村饮水安全措施

1. 水源工程选择与保护。

第一，水源选择。依据国家和地方关于水资源开发利用的规定，通过勘查与论证，对水源水质、水量、工程投资、运行成本、施工、管理和卫生防护条件等方面进行技术经济方案比较，选择供水系统技术经济合理、运行管理方便、供水安全可靠的优质水源。优先选择能自流引水的水源；需要提水时，选择扬程和运行成本较低的水源；充分利用当地现有的蓄水、引水等水利工程，有条件且必要时，也可结合防汛、抗旱需要规划建设中小型水库作为农村供水水源。缺水地区的水源论证，要把水源保证率放到重要位置考虑。

第二，水源保护。按照水资源保护相关法规的要求，采取有效措施，加强水源保护。水源保护区划分、警示标志建设、环境综合整治等工作，应与供水工程设计及建设同步开展。主要措施包括：①划定水源保护区或保护范围。规模以上集中供水工程，根据不同水源类型，按照国家有关规定，综合当地的地理位置、水文、气象、地质、水动力特征、水污染类型、污染源分布、水源地规模以及水量需求等因素，合理划定水源保护区，并利用永久性的明显标志标示保护区界线，设置保护标志；规模以下集中供水工程和分散供水工程，也要根据当地实际情况，明确水源保护范围；②加强水源防护。以地表水为水源时，要有防洪、防冰凌等措施。以地下水为水源时，封闭不良含水层；水井设有井台、井栏和井盖，并进行封闭，防止污染物进入；大口井井口还需要保证地面排水畅通。以泉水为水源时，设立隔离防护设施和简易导流沟，避免污染物直接进入泉水；引泉池应设顶盖封闭，池壁应密封不透水。

第三，水污染防治。采取措施，加大各项治污措施落实力度，切实加强"三河三湖"等重点流域和区域水污染防治，严格控制在水源保护区上游发展化工、矿山开采、金属冶炼、造纸、印染等高污染风险产业；加强地下水饮用水源污染防治，严格控制地下水超采；加强水源保护区环境监督执法，强化企业排污监管，清理排污口、集约化养殖、垃圾、厕所等点源污染；通过发展有机农业，合理施用农药、化肥，种植水源保护林，建设生态缓冲带等措施涵养水源、减少水土流失和控制面源污染；加快农村环境综合整治，将农村饮用水源保护作为其工作重点。

2. 供水工程建设。根据水源条件、用水需求、地形、居民点分布等条件，通过技术经济比较，因地制宜、合理确定工程类型。提倡建设净水工艺简单、工程投资和运行成本低、施工和运行管理难度小的供水工程。山丘区可充分利用地形条件和落差，兴建自流供水工程；平原区可采用节能的变频供水技术和设备，兴建无塔供水工程。对于氟、砷、苦咸水和铁锰等水质超标地区，确无优质水源时，可因地制宜采用适宜的水处理技术，实行分质供水。处理后的优质水用于居民饮用及饲养牲畜；利用原有供水设施（如简易手压井、自来水、水窖）提供洗涤等生活杂用水。在水源匮乏、用户少、居住分散、地形复杂、电力不能保障等情况下，才考虑建造分散式供水工程，并应加强卫生防护和生活饮用水消毒。

特别地区，依据各项用水量现状调查，参照相似条件、运行正常的供水工程情况，综合考虑水源状况、气候条件、用水习惯、居住分布、经济水平、发展潜力、人口流动等情况，合理确定供水规模，在满足所需水量前提下，保证工程建设投资合理性和工程运营经济性，避免规模过大导致“大马拉小车”的现象。采用人均综合用水量法进行工程供水规模测算，不同区域人均综合用水量可参考表 11－5。表中人均综合用水量即为最高日用水量（不需再乘日变化系数），包括居民生活、家庭饲养畜禽、企业、公共建筑及设施、消防、浇洒道路和绿地用水量以及管网漏失和未预见水量。

表 11－5　不同地区人均综合用水量参考表

地区	西北	东北	华北	西南	中南	华东
用水量 L/(人·d)	50～70	50～80	60～90	60～90	70～100	80～110

根据原水水质、工程规模、当地实际条件等因素，参照相似条件已建工程，通过工程技术经济比较，因地制宜地采用适宜技术。规模以上农村饮水安全工程宜采用净水构筑物，供水规模小于 1000m^3/d 或受益人口小于 1 万人的农村饮水安全工程可采用一体化净水装置。农村饮水安全工程选用的输配水管材、防护材料、滤料、化学处理剂，以及净水装置中与水接触部分应符合卫生安全要求。

加强和重视农村饮用水的消毒问题。消毒措施应根据供水规模、供水方式、供水水质和消毒剂供应等情况确定。规模较大的水厂，采用液氯、次氯酸钠或二氧化氯等对净化后的水进行消毒；规模较小的水厂，采用次氯酸钠、二氧化氯、臭氧或紫外线等对净化后的水进行消毒；分质供水站可采用臭氧或紫外线等对净化后的水进行消毒；分散供水工程可采用漂白粉、含氯消毒片或煮沸等家庭消毒措施等对饮用水进行消毒。

集中供水工程按《生活饮用水卫生标准》《村镇供水工程技术规范》和《村镇供水单位资质标准》的要求，对水源水、出厂水和管网末梢水进行检验。规模较大的供水工程需设化验室，并配备相应的水质检测设备；规模较小的供水工程可配备自动检测设备或简易检验设备，也可委托具有生活饮用水化验资质的单位进行检测。

3. 水质检测能力建设。为加强农村饮水安全工程的水质检测，保证供水安全，提高预防控制和应急处置农村饮用水卫生突发事件的能力，针对农村饮水安全工程规模小、分散广、检测能力弱的特点，充分利用现有县级水质检测机构，统筹优化水质检测资源配置，在无法满足检测需求的地方，合理布局建设农村饮水安全水质检测室（中心），全面提高县级水质检测能力，加快建立完善水厂自检、县域巡检、卫生行政监督等相结合的水质管理体系。

（四）农村饮水中不同污染类型采取的净水技术或工艺

1. 浊度超标水的净水工艺。凡以地表水（山溪水、水库水、江河湖泊水）为水源，原水浊度长期低于 20NTU，瞬间不超过 60NTU，其他水质指标符合《地表水环境质量标准》要求时，可采用直接过滤加消毒的净水工艺，如图 11－9 所示。

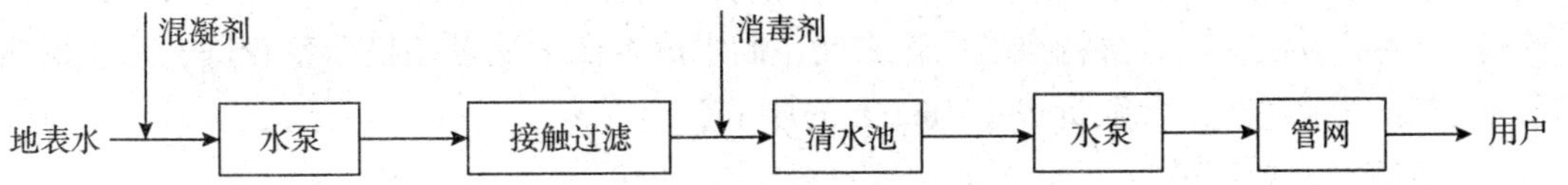

图 11－9　低浊度地表水净化工艺流程

当原水长期低于500NTU、瞬间不超过1000NTU时，可采用混凝、沉淀（澄清）、过滤加消毒的净水工艺（图11－10）。

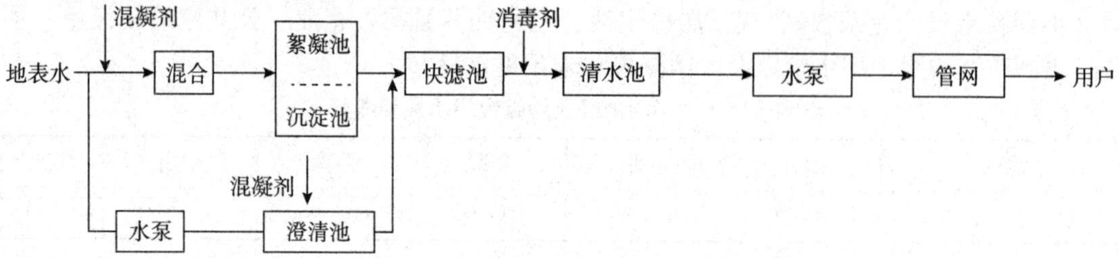

图11－10　地表水常规净水工艺流程

2. 氟超标水体的处理措施。氟超标水体的处理措施有以下3种方法。

第一种，吸附过滤法。含氟水通过由吸附剂组成的滤层，氟离子被吸附在滤层上，以此达到除氟目的。

主要吸附剂有：活性氧化铝、骨炭、活化沸石、多介质吸附剂、多孔球状羟基磷灰石饮用水除氟粒料（如HAP－F环保除氟粒料）等。

活性氧化铝吸附法是目前我国较成熟的除氟方法，该法处理效果好坏与水中氟含量、pH值和活性氧化铝的粒径有关，一般在偏酸性（pH值＝5.5～6.5）溶液中活性氧化铝的吸氟容量较高。工程实践中一般将原水加酸调pH值控制在6.0～7.0之间，以提高吸附容量，延长过滤周期。

骨炭具有吸附速度快、效率高，无需调节原水pH值，吸氟容量高于活性氧化铝，但机械强度低，吸附能力衰减快。

活化沸石除氟，其特点是价格便宜，但吸附容量较低。

上述三种吸附剂，在工程中采用任一种吸附剂时，当滤池出水中含氟量＞1mg/L时，都要对滤料进行再生处理。

多介质过滤法系利用复合式多介质滤料对水中氟化物进行吸附过滤。复合式多介质滤料具有高吸附容量的特点，使用周期为12～72个月（介质使用周期与原水中氟含量有关）。该方法工程流程简单，操作方便无须调pH值，无须化学药剂再生，仅用清水冲洗即可，反冲洗耗水率低。缺点是滤料价格较高。

第二种，膜法。利用半透膜分离水中氟化物的方法，其特点是在除氟的同时，也去除水中的其他离子，尤其适用于含氟水、苦咸水的淡化。

该法处理成本较高，平均2.2～3.0元/m^3。该法在河北沧州、内蒙古河套等地区应用较广。膜法处理包括电渗析及反渗透两种方法。

第三种，混凝沉淀法。混凝沉淀法除氟是在含氟水中投加混凝剂（聚合氯化铝、三氯化铝、硫酸铝等），使之生成絮体而吸附水中的氟离子，再经沉淀和过滤将其去除，以达到除氟目的的方法。该方法特点是操作方便，制水成本低。缺点是投药量较高，产生的污泥量较大，一般适用于含氟量小于4mg/L的原水。

3. 苦咸水的处理措施。

（1）电渗析法：在外加直流电场的作用下，利用阴、阳离子交换膜，使水中阴、阳离子反向迁移，达到苦咸水淡化的目的。特点是操作简便，设备紧凑，占地面积小，水的利用率可达 60%～75%。缺点是产生大量的浓盐水、极水，需要妥善处置，适用于分质供水。

（2）反渗透：在压力作用下，原水透过半透膜时，只允许水透过，其他物质不能透过而被截留在膜表面的过程。其特点是占地少、建设周期短，净水效果好，出水水质稳定，但是对原水水质要求高；要增加预处理工艺，运行成本较高，产生大量废水要妥善处置，适用于分质供水。

4. 铁锰超标水的处理。锰和铁的化学性质相近，所以常共存于地下水中，铁的氧化还原电位比锰低，因此锰比铁难以去除。地下水除铁、除锰常采用下列工艺：①当原水中含铁量低于 6mg/L、含锰量低于 1.5mg/L 时，可采用原水曝气，单级过滤；②当以空气作为氧化剂时，经接触过滤除铁，再加氯或高锰酸钾接触过滤除锰；③当含铁量大于 10mg/L，含锰量大于 2mg/L 时，也可采用两级曝气，两级过滤，一级过滤用作接触氧化除铁，二级过滤用作生物除锰；④当以空气为氧化剂的接触过滤除铁和生物固锰除锰相结合时，该滤池的滤层为生物滤层，除铁与除锰在同一滤池完成。

地下水除铁、锰工艺流程的选择及构筑物的选型，应根据原水水质，处理后水质要求，通过技术经济比较后确定。

5. 微污染水处理技术。当常规处理工艺难以使微污染水达到饮用水水质标准时，一般可采取增加预处理或深度处理等措施，以满足要求。措施的选择，可根据原水水质采用一种或多种组合工艺。微污染水处理技术措施包括预处理、强化常规处理和深度处理。①

三、城市微污染水处理技术

针对微污染水源水处理问题，国内外进行了大量的研究和实践。按照处理工艺的流程，可以分为预处理、常规处理、深度处理。常规处理工艺（混凝、沉淀、过滤、消毒）不能有效去除微污染原水中的有机物、氨氮等污染物；液氯很容易与原水中的腐殖质结合产生消毒副产物（DBP_s）三卤甲烷（THM_s），直接威胁饮用者的身体健康。由于传统净水工艺已不能有效处理被污染的水源，而且限于目前的经济实力，我们无法在较短的时间内控制水源污染、改变水源水质低劣的现状，退而求其次，人们不得不采取新的方法来保证饮用水的安全和人们的健康。因此，从 20 世纪 70 年代开始，水处理研究人员开发出许多水的净化新技术，包括预处理技术、强化传统工艺和深度处理技术，这些技术中有的已经在实际中得到应用，取得了较好的效果。

（一）预处理技带

预处理通常是指在常规水处理工艺前面采用适当物理、化学和生物的处理方法，对水中的污染物进行初级去除，以使后续的常规处理工艺能更好地发挥作用。预处理在减轻常规处理和深度处理的负担、发挥水处理工艺整体作用的同时，又提高了对水中污染物的去除效果，改善饮用水质和提高饮用水的卫生安全。

① 关大银，王钦．微污染水源水处理技术研究进展和对策［J］．中国市场，2016（34）：228.

目前的预处理技术主要有水库贮存法、吸附预处理技术、生物预处理技术、化学氧化预处理技术等。

1. 水库贮存法。水库存储可使水中部分悬浮物沉淀而降低水源水浊度，一些有机物也可通过生物降解等综合作用而被去除。目前此法逐渐被广泛使用，但水库存储适合于大水量处理，且需连续运行，基建费用巨大，而且在实际使用中还存在藻类大量滋生等问题。

2. 吸附预处理技术。吸附预处理技术主要有粉末活性炭吸附和黏土吸附等。国外利用粉末活性炭去除水源水中色、臭、味等物质，已取得了成功的经验和较好的祛除效果。粉末活性炭投加量应根据水质特点实验确定，国内目前在工程应用方面的实例较少，且只能做一次性使用，目前还没有很好的回收再生利用法，作为一种预处理方式其运行费用相对较高，只能作为一种解决水质突然恶化的应急措施。后者的投加量足够大时，对水源水中的有机物常表现出较好的去除效果，但是大量黏土投加到混凝池后，会增加沉淀池的排泥量，给生产运行带来一定困难。

3. 生物预处理技术。水源水生物处理技术的本质是水体天然净化的人工化，通过微生物的降解，去除水源水中包括腐殖酸在内的可生物降解的有机物及可能在加氯后致突变物质的前驱物和 NH_3-N，NO^{2-} 等污染物，再通过改进的传统工艺的处理，使水源水质大幅度提高。常用方法有生物滤池、生物转盘、生物流化床，生物接触氧化池和生物活性炭滤池。这些处理技术可有效去除有机碳及消毒副产物的前体物，并可大幅度地降低 NH_3-N，对铁、锰、酚、浊度、色、嗅、味均有较好的祛除效果，费用较低，可完全代替预氯化。此外，集生态性、景观性于一体的水体生物—生态修复技术之一的人工湿地技术也是处理微污染水的有效手段之一。

4. 化学氧化预处理技术。化学氧化预处理技术是指凭借氧化剂自身的氧化能力，对水中污染物的结构进行破坏分解，从而达到转化、去除污染物的预期目的。它主要包括预氯化、高锰酸钾预氧化、臭氧预氧化、H_2O_2预氧化等处理技术。将化学氧化预处理这一短语分解开来，化学氧化毋庸置疑是属于一种化学反应，而预处理是指在常规工艺之前，运用与之相符合的物理、生物、化学的处理办法来去除水中所存在的污染物。与此同时，这还会促使常规处理技术更好地发挥自身的作用，从而为常规处理以及深度处理减轻负担，使水处理技术的整体性作用更完美地凸显出来，更好地改善饮用水的水质情况。常用的化学氧化剂有氯气、臭氧、高锰酸钾、过氧化氢、二氧化氯、光催化氧化。

目前饮用水预处理技术正逐渐推广使用臭氧化的方法。臭氧氧化法不会像预氯化那样产生有害卤代化合物，由于臭氧具有很强的氧化能力，它可以通过破坏有机污染物的分子结构以达到改变污染物性质的目的。

（二）强化常规处理技术

强化处理是针对当前不断提高的水质标准，在现有的工艺基础上经过改进、优化和新增以去除浊度、病毒微生物、有机污染物以及有机污染物引起的色度、嗅味、藻类、藻毒素、卤仿前质、致突变物质等为主要目标的，使之达到不断提高的水质标准的水处理工艺均为水的强化处理工艺，其中最重要的工艺环节是强化混凝、强化过滤和强化沉淀技术。

1. 强化混凝技术。对于某一确定的原水，必定有一最佳混凝剂及最佳混凝工艺。强化混凝技术主要是通过改善混凝剂性能和优化混凝工艺条件，提高混凝沉淀工艺对有机污染物的去除效果。美国环保局（USEPA）推荐强化混凝为控制水中天然有机物的最好方法。Joseph 等比较了三种主要的天然有机物去除工艺的特征（表 11－6），认为强化混凝是去除水中天然有机物较经济、实用的一种工艺。

表 11－6　主要的有机物去除工艺比较

处理工艺	NOM 去除效果	工艺复杂性	工艺成本
强化混凝	较好	低或中	低
GAC 吸附	好	中或高	中
纳滤	极好	中	中或高

强化混凝主要方式有：①提高混凝剂投加量使水中胶体脱稳，凝聚沉降；②增加絮凝剂或助凝剂用量，增强吸附和架桥作用，使有机物絮凝下沉；③投加新型高效的混凝/絮凝药剂；④改善混凝/絮凝条件，如优化水力学条件，调整工艺和 pH 值等。其中，增投助凝剂和采用新型高效处理药剂是强化混凝技术的主要措施和发展方向。以高锰酸钾作助凝剂、铁盐作混凝剂可以强化对微污染水源水的处理效果。采用新型高锰酸盐复合药剂可以强化混凝效果，同时发挥高锰酸盐的氧化作用，有效提高水源水中的有机污染物的去除效率。

2. 强化过滤技术。强化过滤技术，可针对普通滤池进行生物强化，滤料由生物滤料和石英砂滤料组合而成。强化过滤技术则是在不预加氯的条件下，在滤料表面培养繁育微生物，利用微生物的生长繁殖活动去除水中的有机物。采用新型、改性滤料等可以提高过滤工艺对浊度、有机物等的去除效果。据研究表明，通过对传统工艺中的普通滤池进行生物强化，可以使原水中的氨氮去除率由原来的 30%～40%，提高到 93%；亚硝酸盐氮的去除率由零提高到 95%；有机物（COD_{Mn}）的去除率由 20% 提高到 40% 左右，出水浊度保证在 1NTU 以下，消毒后能满足卫生学指标的要求。美国也有研究表明，以生物快滤池作为末级处理，能得到低浊且具有生物稳定性的出水。该工艺无须新增处理构筑物，既可以起到生物作用，又可以起到过滤作用，在经济和技术上是可行的，但对于其前处理的要求、运行管理的方法以及微生物的控制等各方面的特性，还需进一步研究。

3. 强化沉淀技术。沉淀分离是常规给水处理工艺的重要组成部分，沉淀分离的效果对后续处理工艺和最终出水水质有较大影响。微污染水源水由于有机污染的增加，水中除了含有悬浮物和胶体物质外，还含有大量的可溶性有机物、各种金属离子、盐类、氨氮等有机和无机成分，对常规沉淀去除效果带来了一定的影响，加强沉淀作用能提高对有机物的去除效率。

主要可以通过以下几种方式加强沉淀处理：①投加高效新型高分子絮凝剂，提高絮凝体的沉降特性；②优化改善沉淀池的水力学条件，提高沉淀效率；③提高絮凝颗粒的有效浓度，提高对原水中有机物进行的连续性网捕、扫裹、吸附、共沉等作用，从而提高其沉淀分离效果。

华北水利水电学院教授邵坚等采用高密度沉淀池—超滤组合工艺对黄河微污染水源进

行处理，对藻类的去除率达到100%，并能够完全去除病毒、细菌等。

（三）微污染水深度处理技术

深度处理通常是指在常规处理工艺后，采用适当的物理、化学处理方法，将常规处理工艺不能有效去除的污染物或消毒副产物的前体物加以去除，从而提高和保证饮用水水质。目前的预处理技术主要有生物活性炭深度处理技术、臭氧—生物活性炭联用深度处理技术、膜处理技术等。

1. 活性炭技术。利用活性炭巨大的比表面积能够吸附水环境中的污染物的特性，将活性炭技术应用于微污染水深度处理、饮用水深度处理、饮用水物化预处理、优质直饮水纯净水生产等。

活性炭的吸附效果除与自身性能有关以外，还与被吸附物（吸附质）的特性密不可分。一般情况下，活性炭对相对分子质量在500～3000的有机物具有良好的去除效果，而对相对分子质量小于500或大于3000的就效果极差。同时，对同样大小的有机物，其溶解度越小、亲水性越差、极性越弱的，活性炭吸附效果则越好，反之就越差，有研究认为，活性炭吸附对水中臭味、腐殖质、溶解性有机物、微污染物、总有机碳（TOC）、总有机卤化物（TOX）和总三卤甲烷（THM）有明显去除作用。Anderson等研究发现，活性炭对氯化产生的$CHCl_3$，去除率为20%～30%，而对水中的微生物和溶解性金属离子的去除效果则不明显。采用活性炭的饮用水深度处理工艺如图11－11所示。

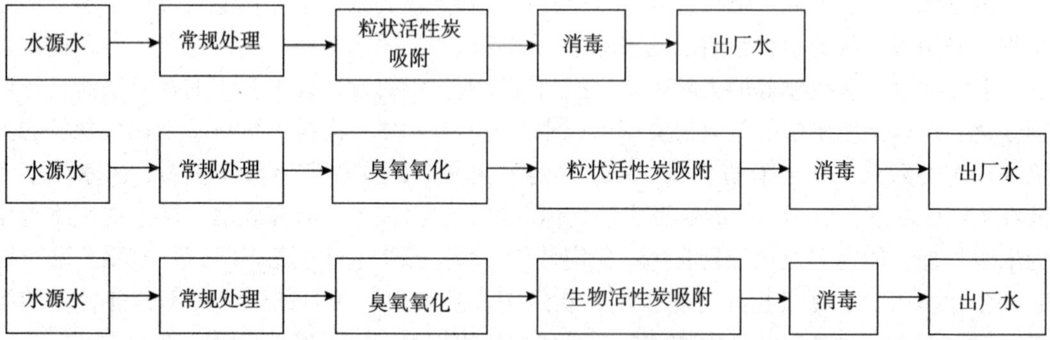

图11－11　采用活性炭的饮用水深度处理工艺

在上述工艺流程中，粒状炭（GAC）吸附单元的设计方案一般有三种可供选择：第一种是用GAC与砂滤料构成双层滤料滤池，GAC厚度为1.0～1.2m，承托层砂滤料厚度2.5m（一般采用大一小一大分级配置，即8～16mm、4～8mm、2～4mm、4～8mm、8～16mm，每层厚度均为50mm）；第二种是全部由GAC填充滤池，厚度多为1.5m；第三种是在砂滤池后建GAC滤池，先经砂滤，再经GAC吸滤，从而延长GAC使用周期。在给水处理中，最常用的过流方式是下向流重力式滤床，其次是下向流压力式滤床，其他的（如上向流以及移动床、流动床吸附）则应用不多。

2. 磁性离子交换技术。一些研究表明，阴离子型磁性离子交换树脂（MIEX）对水中的NOM有一定的去除作用，能够减少水中消毒副产物前体，MIEX还能够减少混凝剂用量，改善混凝效果，且再生性能良好，可反复使用。因此 MIEX 在饮用水处理中受到越来越广泛的关注。

3. 生物活性炭技术。生物活性炭技术即为利用粒状活性炭巨大比表面积及发达孔隙结构，对水中有机物及溶解氧有很强的吸附特性，将其作为生物载体替代传统的生物填料，并充分利用活性炭的吸附以及活性炭层内微生物有机分解的协同作用。该技术利用微生物的氧化作用来增加水中溶解性有机物的去除效率，延长活性炭的再生周期，减少运行费用，同时水中的氨氮可以被生物转化为硝酸盐，从而减少了氯化的投氯量，降低了三卤甲烷的生成量。有资料表明，活性炭附着的硝化菌还可以转化水中的氨氮化合物，降低水中的 NH_3-N 的浓度，NH_3-N 去除率可达 75%～96.7%。生物活性炭通过有效地去除水中有机物和臭味，从而提高饮用水化学、微生物安全性，是自来水深度净化的一个重要途径。目前，世界许多国家已在污染水源净化、工业废水处理及污水再利用的工程中得到应用。

4. 臭氧氧化技术。据马放等对吉林前郭炼油厂饮用水深度净化工程进行色质联机分析后确认，原水中的 160 多种有机污染物经臭氧氧化后变成了 40 多种易生物降解的中间产物。同时，臭氧通过氧化分解细菌内部葡萄糖所需的酶，破坏细胞器、DNA 等，改变细胞膜通透性等达到灭菌消毒的功效。但是，仍有某些稳定性强的有机污染物及已经形成的消毒副产物 THMs 难以被氧化去除。因此，在应用中多采用臭氧氧化与其他处理技术相结合，形成组合工艺，如臭氧/活性炭吸附、臭氧/生物活性炭、臭氧/过氧化氢等。

在饮用水处理工艺流程中，一般根据臭氧投加点位置的不同分为前段投加、中段投加和后段投加三种方式。前段投加称为臭氧化预处理或臭氧预氧化处理，中段投加称为中间氧化，后段投加称为臭氧消毒。图 11－12 表示常规水处理流程（混凝→沉淀→过滤→消毒）中根据臭氧使用的目的不同而在不同位置进行投加所起的作用。在实际水处理时，可以根据具体情况实行一点投加，也可以多点同时投加。投加量及接触时间因处理对象的不同而异：一般用于杀菌消毒的为 1～3mg/L、5～15min；除臭脱色的为 1～3mg/L、10～15min；除 CN^-、酚的为 5～10mg/L、10～15min。

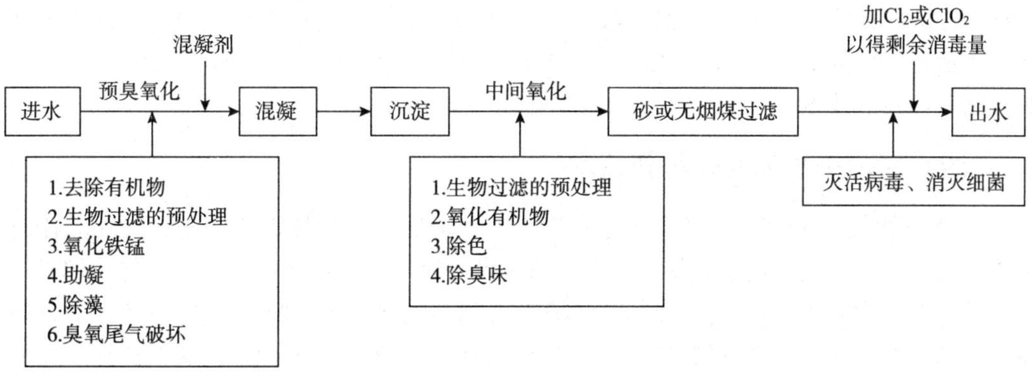

图 11－12　饮用水处理中的臭氧投加点及作用

5. 臭氧－生物活性炭联用技术。臭氧—生物活性炭深度水处理技术被称为饮用水净化的第二代净水技术。它采用臭氧氧化和生物活性炭滤池联用的方法，将原水先臭氧化后活性炭吸附，集臭氧化学氧化、臭氧灭菌消毒、活性炭物理化学吸附和微生物氧化降解四种技术于一体，其主要目的是在常规处理之后进一步去除水中有机污染物、氯消毒副产物的前体物、异臭、异味、色度，去除部分重金属、氰化物、放射性物质、氨氮等，降低出水中的 BDOC 和 AOC，保证净水工艺出水的化学稳定性和生物稳定性。其工艺流程如图 11－13 所示。

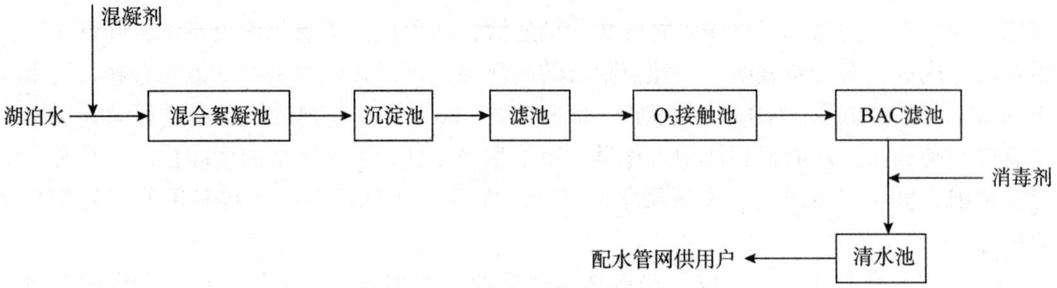

图 11－13　臭氧氧化－BAC 过滤深度处理工艺流程

6. 膜过滤技术。从膜滤法的功能上看，反渗透能有效地去除水中的农药、表面活性剂、消毒副产物、THMs、腐殖酸和色度等。纳滤膜用于分子量在 300～1000 范围内的有机物质的去除。而超滤和微滤膜可去除腐殖酸等大分子量（大于 1000）的有机物。因此，膜滤技术是解决目前饮用水水质不佳的有效途径。膜法能去除水中胶体、微粒、细菌和腐殖酸等大分子有机物，但对低分子量含氧有机物如丙酮、酚类、酸、丙酸几乎无效。膜法进一步应用到给水处理中的障碍是基建投资和运转费用高，易发生堵塞，需要高水平的预处理和定期的化学清洗，还存在浓缩物处置的问题。然而，随着清洗方式的改进，膜堵塞和膜污染问题的改善以及各种膜价格的降低，相信在不久的将来，膜法一定会在给排水领域得到较广泛的应用。

7. 吹脱技术。吹脱法过去主要用于去除水中溶解的 CO_2、H_2S、NH_3 等气体，同时增加溶解氧来氧化水中的金属。直到 20 世纪 70 年代中期，该技术才开始用于去除水中低浓度挥发性的有机物。在饮用水深度处理中，吹脱法费用低，是采用活性炭达到同样去除效果所需运行费用的 1/2～1/4。因此，美国环境保护协会（USEPA）指定其为去除挥发性有机物最可行的技术。

（四）微污染水体的处理新技术

1. 光氧化法光化学氧化法是在化学氧化和光辐射的共同作用下，使氧化反应在速率和氧化能力上比单独的化学氧化、辐射有明显提高的一种水处理技术。光氧化法均以紫外光为辐射源，同时水中需预先投入一定量氧化剂如过氧化氢，臭氧或一些催化剂，如染料、腐殖质等。它对难降解而具有毒性的小分子有机物去除效果极佳，光氧化反应使水中产生许多活性极高的自由基，这些自由基很容易破坏有机物结构。属于光化学氧化法的如光敏化氧化，光激发氧化，光催化氧化等。

光激发氧化法是以臭氧、过氧化氢、氧和空气等作为氧化剂，将氧化剂的氧化作用和光化学辐射相结合，可产生氧化能力很强的自由基。紫外—臭氧联用技术可以氧化臭氧所不能氧化的微污染水中的有机物，如三氯甲烷、六氯苯、四氯化碳、苯，使之变成CO_2和H_2O，降低水中的致突变物活性，其氧化效果比单独使用UV和O_3要好。但是，紫外—臭氧工艺对有机物或THMs的去除能力还有待进一步探讨，而且该工艺费用较高，还不容易推广应用。

光催化氧化法是在水中加入一定数量的半导体催化剂（如TiO_2、WO_3、Fe_2O_3及CdS等），在紫外线辐射下产生强氧化能力的自由基，能氧化水中的有机物。利用光催化氧化技术对$CHCl_3$、CCl_4等九种饮用水中常见优先控制污染物去除效果的试验过程中发现，该技术对这些有机优先控制污染物有很强的氧化能力，能有效地予以分解和去除。该方法的强氧化性、对作用对象的无选择性与最终可使有机物完全矿化的特点，使光催化氧化在饮用水深度处理方面具有较好的应用前景。但是TiO_2粉末颗粒细微，不便加以回收，同传统净水工艺相比，光催化氧化处理费用较高，设备复杂，近期内推广使用受到限制。光催化氧化投入实际应用所需要解决的主要问题是确定长期运行过程中催化剂中毒情况及寻求理想的再生方法；解决催化剂的分离回收或固定化问题；反应器的设计及提高光能利用率等。可以预见，随着研究的不断深入，光催化氧化必将越来越得到重视。

光敏化降解主要的研究对象是水环境中的石油污染物直链烷烃。敏化剂能够从直链烷烃的碳原子上夺取氢原子后生成羟基，在氧的作用下使其降解为酮、烯、醛、醇等。这些化合物均比烷烃更加容易被水环境中的微生物所降解。光敏化降解常用的敏化剂是蒽醌。

光化学氧化法目前尚处于研制阶段，由于运行成本较大，尚难大规模地在生产中应用，但该项技术发展很快，在生产上的应用将为期不远。

2. 高梯度磁滤技术。高梯度磁滤技术是近几年发展起来的新兴水处理技术，也是处理微污染水的一个新途径。磁分离的物理作用是利用废水中杂质颗粒的磁性进行分离的，对于水中非磁性或弱磁性的颗粒，利用磁性接种技术可使它们具有磁性。在高强度磁场中，实现磁性颗粒物与水的分离。磁滤技术对水中污染物质去除的效果高，对浊度、色度、细菌、重金属及磷酸盐等都有很好的去除效果，无论是夏季高浊时期还是低温低浊期间，处理后的水都能达到饮用水水质标准。

1970年，澳大利亚国立研究组织开发了基于磁种絮凝与磁场相结合的给水处理工艺——Sirofloc工艺，通过调节pH值实现污染物在磁体表面的吸附和脱附，利用磁场回收磁种。目前全球有包括英国约克郡水厂在内的近十家给水处理厂采用该工艺。该技术的污水处理工艺流程如图11－14所示。在国内，常州自来水公司将高梯度磁分离技术应用于常州运河水的处理。在磁种投量为200～300mg/L，混凝剂投量5～12mg/L，磁场强度为0.2～0.4t的条件下，可将浊度在100～150NTU的河水一次净化到5NTU以内，去除率在98.5%以上，对悬浮物、细菌、重金属、色度等都有很好的去除效率，一次净化后的水质达到或接近饮用水标准。

高梯度磁滤技术使混凝工艺的分离速度较常用的斜管沉降法提高10～50倍，可极大地提高水处理速度和减少占地面积，易于实现自动化控制及小型集成化设备，在给水、工业废水及生活污水处理等领域均有广泛的发展前景。虽然它在给水排水处理中的应用尚有许多进一步研究的课题，但它的初步应用研究已充分显示出巨大的优越性和广阔的应用前景并且随着科学技术的发展、超导磁分离技术的出现将进一步扩大高梯度磁分离技术在给

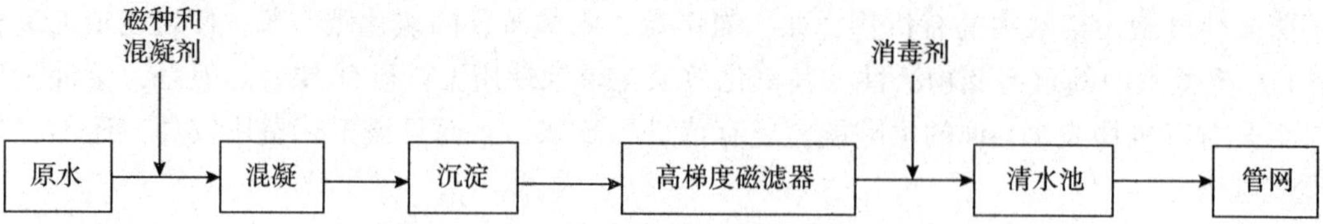

图 11－14　高梯度磁滤技术给水处理流程

水排水处理中的应用范围。目前限制高梯度磁过滤技术的主要问题在于磁种的选择、制造及磁种回收工艺需要研究改进。

3. 超声空化技术。频率在 20kHz 以上的超声波辐射溶液会引起许多化学变化，称为超声空化效应。降解有机物的途径主要为热解、自由基氧化、超临界水氧化和机械剪切作用。当足够强度的超声波辐射溶液时，在声波负压相内，空化泡形成长大，而在随后的声波正压相中，气泡被压缩，空化泡在经历一次或数次循环后达到不平衡状态，受压迅速崩溃，产生瞬时高温（>5000K）和高压（>20MPa），即所谓的“热点”。空化泡中的水蒸气在这种极端环境中发生分裂及链式反应，产生氧化活性相当强的氢氧自由基和过氧化氢，并伴有强大的冲击波和射流。研究表明，超声空化对脂肪烃、卤代烃、酚、芳香族类、醇、天然有机物、农药等均有较好地降解，超声频率、声强、饱和气体性质、污染物性质浓度、温度均会影响降解效果。

4. 基于联用的组合技术。无论是预处理技术还是深度处理技术都有其优点和缺点，为了扬长避短，目前往往采用多种技术的联合技术。例如采用微絮凝－侧向流过滤－超滤工艺、生物接触氧化－臭氧活性炭工艺、活性炭—光催化等应用到微污染水的处理中，对保障饮水水质安全提供强大的保障。

5. 电生物反应器。将电极装置与生物反应器组合起来就构成了所谓电生物反应器。通过对水的电解，阴极提供电子，产生氢，而氢作为电子供体与硝酸盐发生反应，使生化反应速率及去除率得以提高，从而减少了水中硝酸盐的含量。从原理上讲，这种方法除了可以实现反硝化处理外，还可以去除水体中的有机物，但目前对电生物反应器尚处于基础理论和动力学研究阶段，离实际应用还有相当一段距离。

6. 仿生植物净化技术。以重建健康的河流生态系统为基础，用具有很强弹性、韧性和柔性的材料仿照河流生态系统中的沉水植物轮藻设计而成。仿生植物以河道中原有的天然生物菌群作为种源，在填料丝表面经过生物的自然富集形成生物膜，通过微生物的生命活动去除水中的污染物质。

该技术在有效净化微污染水体的同时还具有如下特点：不影响河流的航运和泄洪等功能；不破坏河流生态系统；适合河流复杂多变的水流条件；比表面积大，空隙率高；化学与生物稳定性强，不溶出有害物质；价格便宜，便于安装。

（五）污染地下水修复技术

污染地下水的修复技术包括抽提技术、气提技术、空气吹脱技术、生物修复技术、渗透反应墙技术、原位化学修复等。

1. 抽提技术。抽提处理是采用水泵将地下水抽出来，在地面得到合理的净化处理，并将处理后的水重新注入地下或排入地表水体。这种处理方式对抽取出来的水中污染物能够进行高效去除，但不能保证全部地下水尤其是岩层中的污染物得到有效去除。

2. 气提技术。利用真空泵和井，在受污染区域利用负压诱导或正压产生气流，将吸附态、溶解态或自由相的污染物转变为气相，抽提到地面，然后再进行收集和处理。典型的气提系统如图 11－15 所示，包括抽提井、真空泵、湿度分离装置、气体收集装置、气体净化处理装置和附属设备等。

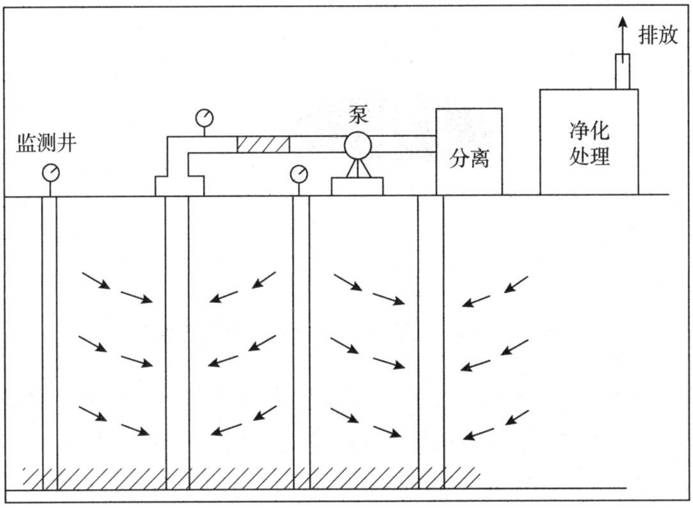

图 11－15　典型的气提系统示意图

气提技术的主要优点包括：①能够原位操作，比较简单，对周围干扰小；②有效去除挥发性有机物；③在可接受的成本范围内，能够处理较多的受污染地下水；④系统容易安装和转移；⑤容易与其他技术组合使用。在美国，气提技术几乎已经成为修复受加油站污染的地下水和土层的“标准”技术。气提技术适用于渗透性均质较好的地层。

3. 空气吹脱技术。空气吹脱是在一定的压力条件下，将压缩空气注入受污染区域，将溶解在地下水中的挥发性化合物，吸附在土颗粒表面上的化合物，以及阻塞在土壤空隙中的化合物驱赶出来。空气吹脱包括三个过程：①现场空气吹脱；②挥发性有机物的挥发；③有机物的好氧生物降解。相比较而言，吹脱和挥发作用进行较快，而生物降解进程缓慢。在实际应用中，通常将空气吹脱技术与气提技术组合，得到单一技术无法达到的效果。这种组合的典型示意图，如图 11－16 所示。

4. 生物修复技术。生物修复是利用微生物降解地下水中污染物，并将其最终转化为无机物质的技术，分为原位强化生物修复法和生物反应器法。原位强化生物修复是在污染土壤不被搅动情况下，在原位和易残留部位之间进行处理。这个系统主要是将抽提地下水系统和回注系统（注入空气或 H_2O_2、营养物和已驯化的微生物）结合起来，来强化有机污染物的生物降解。而生物反应器的处理方法是强化生物修复方法的改进，就是将地下水抽提到地上部分用生物反应器加以处理的过程。近年来，生物反应器的种类得到了较大的发展。连泵式生物反应器、连续循环升流床反应器、泥浆生物反应器等在修复污染的地下水方面已初见成效。

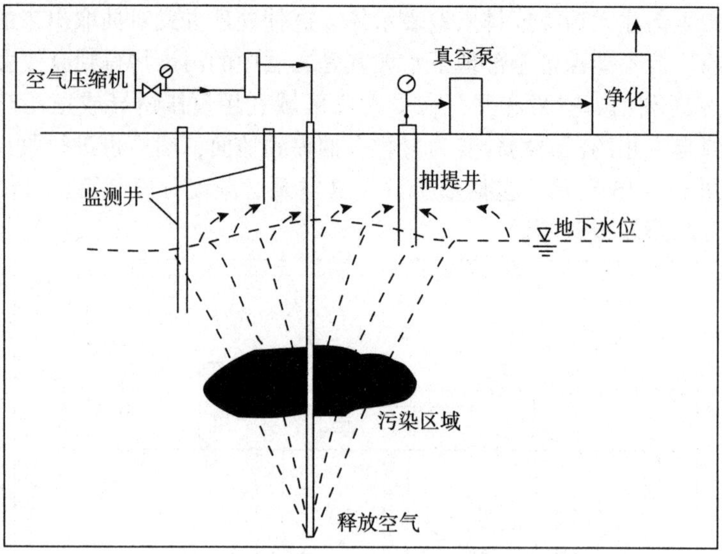

图 11－16　吹脱与抽提技术的组合示意图

5. 渗透反应墙（PRB）技术。渗透反应墙技术是近年来迅速发展的适用于地下水污染的原位修复技术，又称为活性渗滤墙。它是在污染物区域下游设置具有高渗透性的活性材料墙体，使得污染羽中的污染物被截留并得到处理，地下水得到净化。美国环保局（UNEP）将 PRB 定义为一个填充有活性材料的被动反应区，当含有污染物的地下水在天然水力坡度下通过预先设计好的介质时，溶解有机物、金属、核素等污染物能被降解、吸附，沉淀或去除。屏障中含有降解挥发性有机物的还原剂、固定金属的络（螯）合剂、微生物生长繁殖所需的营养物和氧气或其他物质。其中，活性材料选择是 PRB 修复效果良好与否的关键。活性材料通常要求具有以下特性：①对污染物吸附降解能力强，活性保持时间长；②在天然地下水条件下保持稳定；③墙体变形较小；④抗腐蚀性较好；⑤材料稳定性好，生态安全性良好，不能导致有害副产品进入地下水。

当前，实验室研究的活性材料，主要有：用于物理吸附的活性炭、沸石、有机黏土；用于化学吸附的磷酸盐、石灰石、零价铁和生物作用的微生物材料等。目前，最常用的材料为零价铁。图 11－17 中（a）（b）（c）（d）分别为典型的 PRB 系统、连续墙系统、烟囱—门系统及串联多通道系统等。

与传统的地下水处理技术相比较，PRB 技术是一个无须外加动力的被动系统。特别是，该处理系统的运转在地下进行，不占地面空间，比原来的泵抽取技术要经济、便捷。PRB 一旦安装完毕，除某些情况下需要更换墙体反应材料外，几乎不需要其他运行和维护费用。实践表明，与传统的地下水抽出再处理方式相比，该基础操作费用至少节约 30% 以上。

最新研究成果是将零价纳米铁（NZVI）介质与超声波联用，协同处理地下水中的污染物。协同作用的优势在于 NZVI 的比表面积大，吸附能力强，能将超声空化产生的微气泡吸附在其表面，强化超声波的空化作用同时超声波产生极强烈的冲击波、微射流，以其振动和搅拌作用去除降解过程中纳米、铁表面形成的钝化层，强化界面间的化学反应和传

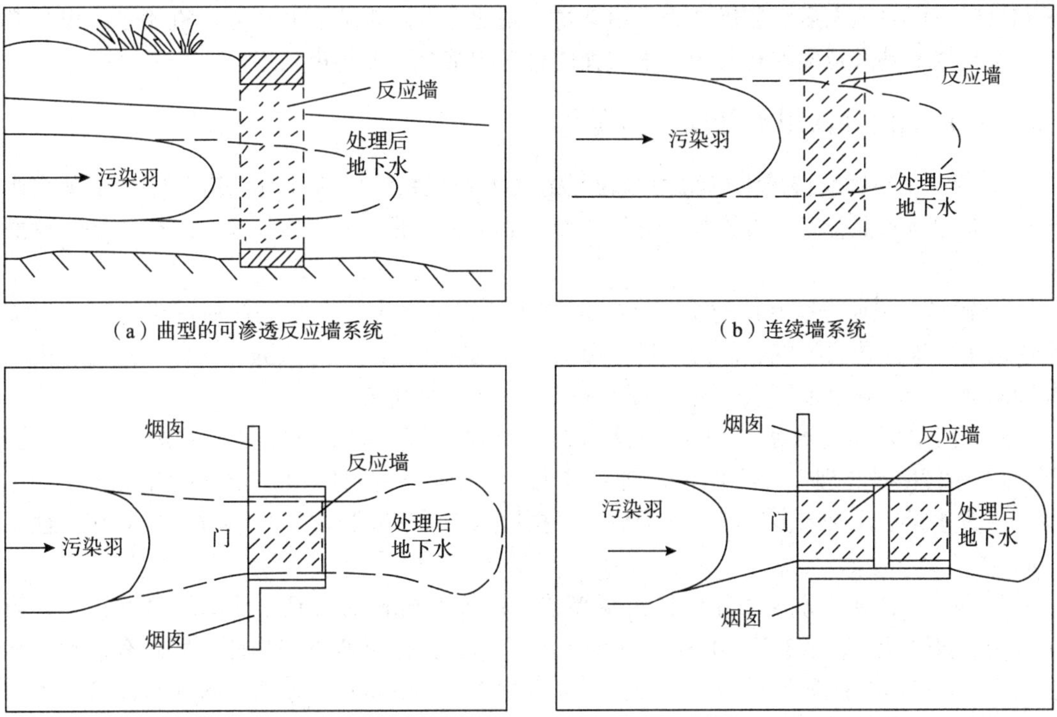

（a）曲型的可渗透反应墙系统　（b）连续墙系统　（c）烟囱—门系统　（d）串连多通道系统

图 11－17　地下水处理的反应墙的类型

递过程，促进反应界面的更新。在超声作用下，水体中产生的空化微泡增多，搅拌强度加强，可加快反应物的传递速率和铁表面活化，强化界面上的还原降解反应，提高去除率。

6. 原位化学修复技术。化学还原修复技术是利用化学还原剂将污染环境中的污染物质还原从而去除的方法，多用于地下水的污染治理，是目前在欧美等发达国家新兴起来的用于原位去除污染水中有害组分的方法，主要修复地下水中对还原作用敏感的污染物，如铬酸盐、硝酸盐和一些氯代试剂，通常反应区设在污染土壤的下方或污染源附近的含水土层中。根据采用的不同还原剂，化学还原修复法可以分为活泼金属还原法和催化还原法。前者以铁、铝、锌等金属单质为还原剂，后者以氢气及甲酸、甲醇等为还原剂，一般都必须有催化剂存在才能使反应进行。常用的还原剂有 SO_2、H_2S 气体和零价 Fe 胶体等。其中零价 Fe 胶体是很强的还原剂，能够还原硝酸盐为亚硝酸盐、氮气或氨氮。零价 Fe 胶体能够脱掉很多氯代试剂中的氯离子，并将可迁移的含氧阴离子如 CrO_4^{2-} 和 TcO_4^{-} 及 UO_2^{2+} 等含氧阳离子转化成难迁移态。零价 Fe 既可以通过井注射，又可以放置在污染物流经的路线上，或者直接向天然含水土层中注射微米甚至纳米零价 Fe 胶体。

7. 电动力学修复。电化学动力修复技术是利用电动力学原理对土壤及地下水环境进行修复的一种绿色修复新技术，可以用来清除一些有机污染物和重金属离子，具有环境相容性、多功能适用性、高选择性、适于自动化控制、运行费用低等特点。在电动修复过程中，金属和带电荷的离子在电场的作用下发生定向迁移，然后在设定的处理区进行集中处理；同时在电极表面发生电解反应，阳极电解产生氢气和氢氧根离子，阴极电解产生氢离子和氧气，而对于大多数非极性有机污染物，则通过电渗析的方式去除。近年来，电化学动力修复技术越来越多地和其他技术或辅助材料相结合，如超声技术。

（六）国内外饮用水处理工艺简介

1. 荷兰。阿姆斯特丹水厂采用极为复杂的水处理系统，共计有九道工序：莱茵河水与自然净化池水混合、一级快滤、臭氧、粉末活性炭、混凝、二级快滤、慢砂过滤、脱酸和安全加氯。

2. 德国。威斯巴登水厂过去河水经河岸渗滤即可供水，由于莱茵河污染，因此目前采用的水处理工艺为曝气、沉淀、折点加氯、加三氯化铁混凝、快滤、活性炭过滤、由水井和水池内渗滤补给地下水、地下水曝气、慢滤和安全加氯。

3. 瑞士。苏黎世城水厂 1982 所建成的水处理工艺：①机械处理——格网、沉砂池、预处理；②生物处理——活性污泥池；③化学处理——活性污泥池中加混凝剂；④过滤——微絮凝、双层或多层滤池。今后，根据原水水质变化情况，拟再增加臭氧和活性炭过滤。

4. 芬兰。图尔库水厂采用两段混凝浮选法改善有机物的去除。原水取自奥拉河，第一段用三价铁盐，在 pH 值 =4.8～5.1 时混凝浮选对去除腐殖质和降低浊度是有效的。然后加入石灰使 pH 值提高到 10～10.5，吹入压缩空气约 30min，曝气时部分锰被氧化为二氧化锰，而二价铁被氧化为三价铁。接着第二段加铝盐混凝，将 pH 值维持在 8.0 左右。在第二加药点加氯供消毒与氧化腐殖质吸附的锰。再将混凝浮选后的水经 1m 厚的颗粒活性炭滤床，用氢氧化钠调整 pH 值到最终值。

5. 日本。千叶县柏井净水厂采用粉末活性炭和颗粒活性炭分别作预处理和深度处理。其详细工艺流程如图 11－18 所示。

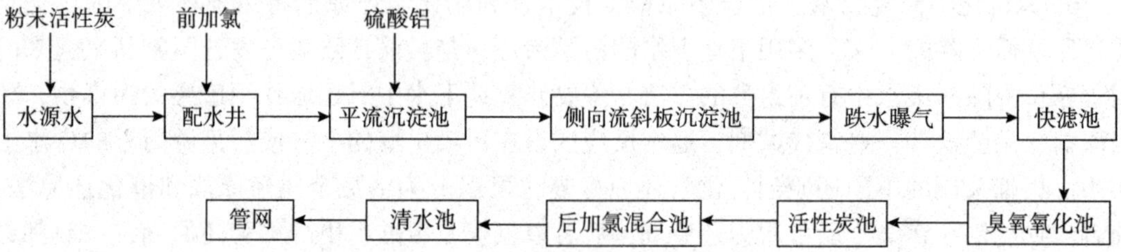

图 11－18　日本千叶县柏井净水厂工艺流程

6. 中国。北京田村山水厂采用原水混凝－砂滤－臭氧氧化－活性炭过滤的工艺，作为常规处理工艺基础上的深度处理，目前使用效果较好。

参考文献

[1] 何俊仕，林洪孝. 水资源规划及利用［M］. 北京：中国水利水电出版社，2006.

[2] 何俊仕. 水资源概论［M］. 北京：中国农业大学出版社，2006.

[3] 李广贺. 水资源利用与保护［M］. 北京：中国建筑工业出版社，2002.

[4] 裴源生，赵勇，陆垂裕，等. 经济生态系统广义水资源合理配置［M］. 郑州：黄河水利出版社，2006.

[5] 魏群. 城市节水工程［M］. 北京：中国建材工业出版社，2006.

[6] 魏永霞，王丽学. 工程水文学［M］. 北京：中国水利水电出版社，2005.

[7] 徐恒力. 水资源开发与保护［M］. 北京：地质出版社，2001.

[8] 赵宝璋. 水资源管理［M］. 北京：中国水利水电出版社，2005.

[9] 郑在洲，何成达. 城市水务管理［M］. 北京：中国水利水电出版社，2003.

[10] 左其亭，窦明，吴泽宁. 水资源规划与管理［M］. 北京：中国水利水电出版社，2003.